施耐德

TM241 PLC、触摸屏、变频器

应用设计与调试

王兆宇　沈伟峰　编著

中国电力出版社
CHINA ELECTRIC POWER PRESS

内 容 提 要

本书从实际工程的角度出发，以 TM241 PLC 为基础详细说明了 SoMachine 软件平台的应用、编程、通信和调试，触摸屏以 GXU 为主，给出了 Vijeo－Designer 触摸屏软件各项功能介绍，并对施耐德御系列变频器 ATV320、ATV340、ATV610、ATV630、ATV930 和伺服控制器的产品特点、设计和通信应用进行了详细的说明。

本书按照基础、实践和通信应用的结构体系，由浅入深、循序渐进地介绍了 PLC、触摸屏、伺服控制器和变频器在不同通信应用实例中的设备选型、接口选配、梯形图设计、变频器参数设置和调试方法。通过本书中的实例，读者可以快速掌握 PLC 在实际工作中的程序编制、触摸屏的项目创建和应用、驱动电动机带动不同负载运行的变频器的参数设置，以及伺服控制器 LXM32 的控制方法，从而精通 CANopen、ProFidive、EtherNetIP、Modbus TCP、PROFINET、Profibus 的通信网络的原理和应用，这些实例还可以稍做修改直接移植到网络工程中使用。

本书深入浅出、图文并茂，具有实用性强、理论与实践相结合等特点。在书中相应位置还配有 34 个视频讲解，扫描二维码即可观看。每个网络的通信案例都提供具体的设计任务、详细的操作步骤，注重解决工程实际问题。本书可供自动化控制系统研发的工程技术人员学习使用，也可供各类自动化、计算机应用、机电一体化等专业的师生参考。

图书在版编目（CIP）数据

施耐德 TM241 PLC、触摸屏、变频器应用设计与调试 / 王兆宇，沈伟峰编著．—北京：中国电力出版社，2019.6

ISBN 978-7-5198-3099-1

Ⅰ. ①施…　Ⅱ. ①王…②沈…　Ⅲ. ①PLC 技术　Ⅳ. ①TB4

中国版本图书馆 CIP 数据核字（2019）第 071732 号

出版发行：中国电力出版社
地　　址：北京市东城区北京站西街 19 号（邮政编码 100005）
网　　址：http://www.cepp.sgcc.com.cn
责任编辑：崔素媛（010-63412392）
责任校对：黄　蓓　李　楠
装帧设计：赵姗姗
责任印制：杨晓东

印　　刷：三河市航远印刷有限公司
版　　次：2019 年 6 月第一版
印　　次：2019 年 6 月北京第一次印刷
开　　本：787 毫米×1092 毫米　16 开本
印　　张：22.25
字　　数：514 千字
印　　数：0001—2000 册
定　　价：98.00 元

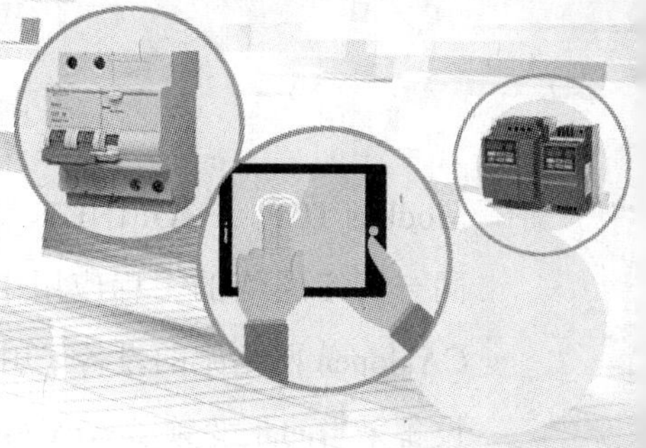

前 言

可编程序控制器 PLC、触摸屏、变频器和伺服控制器是电气自动化工程系统中的主要控制设备，本书 PLC 主要以施耐德 SoMachine 支持的 TM241 PLC 系列为主体，触摸屏以 GXU 为对象，并对施耐德御系列变频器 ATV320、ATV340、ATV610、ATV630、ATV930 和伺服控制器的产品特点、设计和通信应用进行了详细的说明，对工程中的 CANopen、CANopen、EtherNetIP、Modbus TCP、PROFINET、Profibus 通信网络的通信要点、通信配置、以及参数的设置进行了详细介绍。

可编程序控制器 PLC 部分以施耐德 SoMachine 支持的 PLC 系列为核心，演示了施耐德 SoMachine 支持的 PLC 组建系统的项目创建、硬件组态、符号表制作、数字量和模拟量模块的接线以及模块的参数设置，在相关知识点学习中对 PLC 中的数据类型和 I/O 寻址给予了充分的说明和介绍，对 SoMachine 控制平台中比较重要的基本指令和计数器指令也进行了应用说明。

触摸屏 HMI 部分以 Vijeo－Designer 这个模块化的画面组态软件为核心，演示了 HMI 的项目创建、组态、画面制作、网络通信和通信参数设置，在相关知识点中对人机界面产品 HMI 的硬件和 Vijeo－Designer 画面组态软件给予了充分的说明和介绍，对 HMI 项目中比较重要的画面创建、按钮、指示灯和趋势图都进行详细的应用说明，利用 HMI 的显示屏显示，通过输入单元（如触摸屏、键盘、鼠标等）写入工作参数或输入操作命令，实现人与机器的信息交互，从而使用户建立的人机界面能够精确地满足生产的实际要求。

伺服控制器部分通过对施耐德的独立型和同步型两大类的控制器的介绍，使读者对 LXM16、LXM28、LXM32、LXM52、LXM62、LMC078、M262 的产品特点和功能应用能有详细的了解，通过伺服 LXM32 与 PLC 的 EtherNetIP 的通信控制，还能使读者在精通 LXM32 伺服控制器的工程应用的同时，掌握 EtherNetIP 网络的元件配置和参数设置。

变频器部分以施耐德御系列 ATV9x0 为目标，编写了电气工程中常用的功能应用的电气设计与参数设置，包括：施耐德御程 ATV9x0 系列变频器地点动运行、正反转运行、多段速正反转运行、三线制的正反转速度控制、按钮加减速运行，以及小型起重机手动控制的电气设计与变频器的参数设置、变频器的主从控制等。

本书的另一个重点就是网络通信，目前工程中应用最多的就是 CANopen、EtherNetIP、

Modbus TCP、PROFINET、Profibus 这些通信网络，由于工控行业的设备生产商很多，在同一网络通信的工程应用中不同的设备厂商的相互融合也是当前的趋势之一，本书在CANopen 网络中的设备采用的是 TM241 PLC 与变频器 ATV320、在 ProFidive 通信网络中设备采用的是变频器 ATV340 与西门子 S7–1200 PLC，在 EtherNetIP 通信网络中设备采用的是变频器 ATV930 与罗克威尔 Controllogix 系列 PLC，在 Modbus TCP 通信网络中设备采用的是变频器 ATV340、TM241 PLC 与西门子 S7–1200 PLC，在 PROFINET 通信网络中设备采用的是变频器 ATV630 与西门子 S7–1200 PLC、在 Profibus 通信网络中设备采用的是变频器 ATV610 与西门子 S7–1200 PLC，在 EtherNetIP 通信网络中设备采用的是罗克威尔 Rslogix5000 系列 PLC 与伺服 LXM32，读者在了解了不同的变频器的各种基本功能之后，还可以与笔者一起在网络实例中，结合变频器的这些功能了解参数的设置要点，网络端口电路的配接和不同功能在生产实践中的应用，并掌握变频器的频率设定功能、运行控制功能、电动机控制方式、PID 功能、通信功能和保护及显示等功能。这样就能够尽快熟练地掌握变频器的使用方法和技巧，PLC 的程序编制，触摸屏的变量连接，从而避免大部分故障的出现，让各种网络的通信控制系统运行得更加稳定。

本书在编写过程中，王锋锋、王庭怀、付正、赵玉香、张振英、于桂芝、王根生、马威、张越、葛晓海、袁静、王继东、何俊龙、张晓琳、樊占锁、龙爱梅提供了许多资料，张振英和于桂芝参加了本书文稿的整理和校对工作，在此一并表示感谢。

限于作者水平和时间，书中难免有疏漏之处，希望广大读者多提宝贵意见。

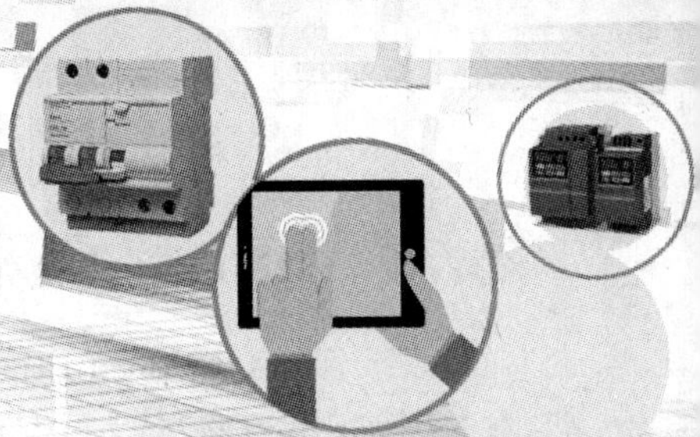

目 录

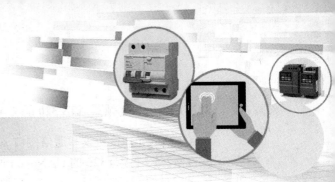

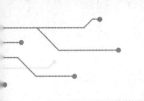

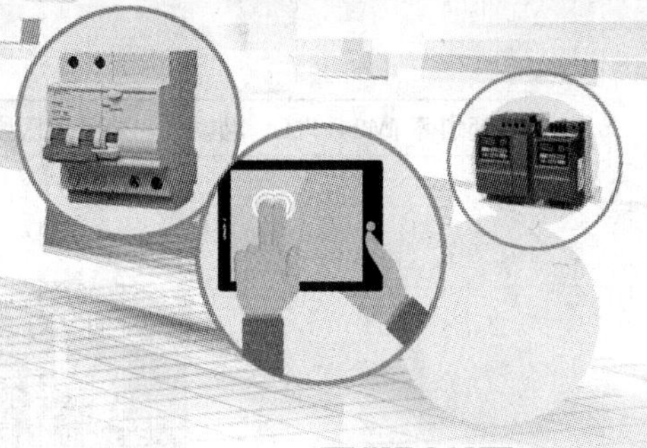

第一章

TM241 PLC 的介绍及应用

扫码看视频

自动控制系统（Automatic Control Systems）是指在无人直接参与下可使生产过程或其他过程按照期望规律或预定程序进行的控制系统。自动控制的对象是系统，而系统是由相互制约的各个部分组成的具有一定功能的整体。例如，我们人类吃进去的食物在各种酶的作业下转化成能量，这就是一个生物系统；自动化生产线自动生产出产品，这就是一个工程系统；在电脑屏幕上显示出股票实时行情，这就是一个股票交易系统等。通常情况下，我们把能够对被控制对象的工作状态进行自动控制的系统，称为自动控制系统。

本章将首先介绍自动控制系统的原理和分类，然后对 TM241 PLC、触摸屏和“御程”系列变频器以及电动机的工作原理和主要功能进行了详细说明，以便读者在实际的工程实践中具有扎实的理论基础，更好地掌握自动控制的方法。

第一节　TM241 PLC 的工作原理和应用场合

可编程控制器（Programmable Logic Controller，PLC）是专门为在工业环境下应用而设计的数字运算操作的电子装置。随着生产规模的逐步扩大，市场竞争日趋激烈，对成本和可靠性的要求也越来越高，继电器控制系统已经难以适应工业生产的需要，PLC 控制系统已基本取代大型的继电器控制系统，并广泛应用于工业的各个部门，在传统工业生产中起着重要作用。PLC 控制系统使用可编程的存储器来存储指令，并实现逻辑运算、顺序运算、计数、定时和各种算术运算等功能，用来对各种机械或生产过程进行控制。

本节首先介绍了 TM241 PLC 的工作原理与结构，以及组成 TM241 PLC 的硬件设备和工作环境，并说明了 TM241 PLC 的选型与系统配置原则。

一、TM241 PLC 的应用场合

施耐德 Modicon M241 可编程控制器简称 TM241 PLC，适用于具有速度控制和位置控制功能的高性能一体型设备。TM241 PLC 的实物图如图 1－1 所示。

TM241 PLC 具有速度控制和位置控制功能，内置以太网通信端口，可以提供 FTP 和网络服务器功能，能够更为便捷地整合到控制系统架构中，通过智能手机、平板电脑及计算机等终端应用，实现远程监控和维护。

TM241 PLC 控制器内置功能包括 Modbus 串行通信端口、USB 编程专用端口、用于分布式架构的 CANopen 现场总线、位置控制功能（伺服电动机控制的高速计数器和脉冲

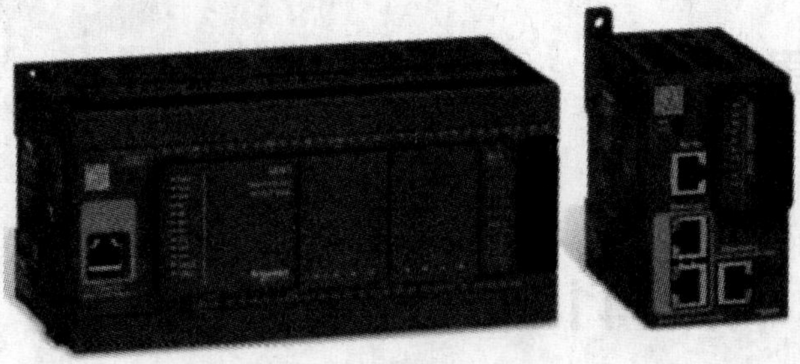

图1-1 TM241 PLC的实物图

输出)。目前,TM241 PLC在国内外已广泛应用于水处理、石油、化工、电力、建材、机械制造、汽车、轻纺、交通运输、环保及文化娱乐等各个行业,使用情况大致可归纳为开关量的逻辑控制、模拟量控制、运动控制、过程控制、数据处理、通信及联网。

二、TM241 PLC的工作环境要求

TM241 PLC要求工作的环境温度在-10～55℃之间,安装时不能放在发热量大的元件下面,四周通风散热的空间应该足够大。

TM241 PLC的存储温度为-40～70℃,为了保证PLC的绝缘性能,空气的相对湿度应该保持在5%～95%(无凝露)。

TM241 PLC的工作海拔为0～2000m;存储环境海拔为0～3000m。

TM241 PLC的抗机械压力能力如下。抗震性符合IEC/EN61131-2,即5～8.4Hz(振幅3.5mm);8.4～150Hz(加速度1g)。对于船运:5～13.2Hz(振幅1.0mm);13.2～100Hz(加速度0.7g)。

施耐德PLC对于电源线带来的干扰具有一定的抵制能力,但在可靠性要求很高或电源干扰特别严重的环境中,读者可以安装一台带屏蔽层的隔离变压器,以减少设备与地之间的干扰或者使用24V电源供电的TM241 PLC。一般PLC都有直流24V输出提供给输入端,用户也可以使用外部的直流电源,当输入端使用外接直流电源时,应选用直流稳压电源。因为普通的整流滤波电源,由于纹波的影响,容易使PLC接收到错误信息。

另外,在实际的工程应用中,读者应该使PLC远离强烈的振动源,防止振动频率为10～55Hz的频繁或连续振动,当使用环境不可避免振动时,必须采取减振措施,如采用减振胶等。

同时,PLC也要避免有腐蚀和易燃的气体,例如氯化氢、硫化氢等。对于空气中有较多粉尘或腐蚀性气体的环境,可以将PLC安装在封闭性较好的控制室或控制柜当中。

三、TM241 PLC的工作原理和扫描机制

(一)TM241 PLC的工作原理

TM241 PLC的设计理念是将计算机系统的功能完备、灵活、通用与继电器控制系统的简单易懂、操作方便、价格便宜等优点结合起来,制造出的一种新型的工业控制设备。

同时，TM241 PLC 是一种数字运算操作的电子系统，是为工业环境应用而专门设计制造的计算机，主要用于代替继电器实现逻辑控制，是当今机械电气控制中技术水平最高和应用最为广泛的电器之一。它具有 PID、A/D 转换、D/A 转换、算术运算、数字量智能控制、监控及通信联网等多方面的功能。另外，PLC 已经逐渐变成了一种实际意义上的工业控制计算机，广泛应用于机电控制、电气控制、数据采集等多个领域，还具有丰富的输入/输出接口和网络通信能力，较强的驱动能力等。

由于 TM241 PLC 属于程序控制方式，其控制功能是通过存放在存储器内的程序来实现的，也就是说，如果要对控制功能加以修改，读者只需要改变软件指令就可以实现，不需要过多地改变硬件，这样就能够实现硬件的软件化管理。

TM241 PLC 的工作过程的流程图如图 1－2 所示。

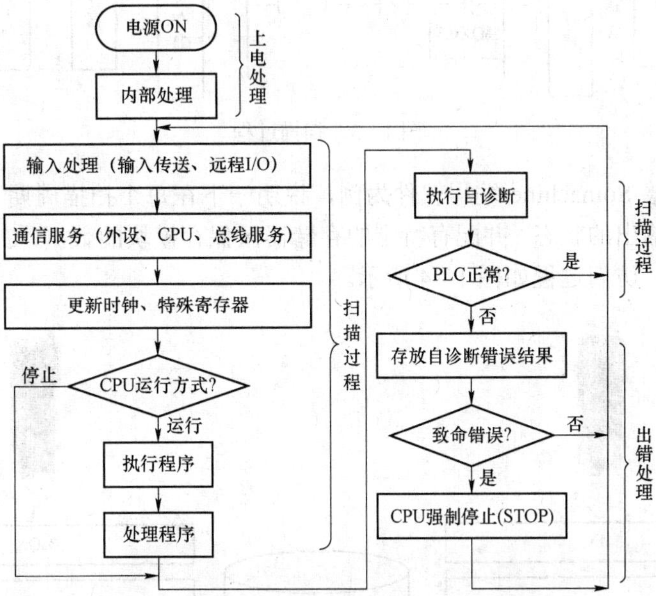

图 1－2　TM241 PLC 的工作过程流程图

（二）PLC的扫描机制

可编程控制器可以被看成是在系统软件支持下的一种扫描设备，它一直在周而复始地循环扫描，并执行由系统软件规定好了的任务。

PLC 的扫描周期能够保证系统正常运行的公共操作、系统与外部设备信息的交换和用户程序的顺利执行。

另外，不同可编程控制器的运算速度不同，执行不同指令所用的时间也不同。一般来说，PLC 执行指令的时间越短，越能缩短扫描周期，也就越能保证系统的高响应性能。

1. PLC 的扫描过程

PLC 的扫描规定了从扫描过程中的一点开始，经过顺序扫描又回到该点的过程为一个扫描周期。

PLC 的扫描周期由三部分组成：第一部分的扫描时间基本是固定的，随机器类型而有所不同；第二部分并不是每次扫描都有的，占用的扫描时间也是变化的；第三部分随用户控制程序的变化而变化，程序有长有短，而且程序长短也会在各个扫描周期中随着条件的不同而变化。

当 PLC 通电运行后，就由左往右、自上向下地循环执行程序，并不停地刷新输入输出映像寄存器区，如此循环运行不止，这就是 PLC 的扫描概念，把扫描执行一次所需要的周期时间称为扫描周期，扫描过程如图 1-3 所示。

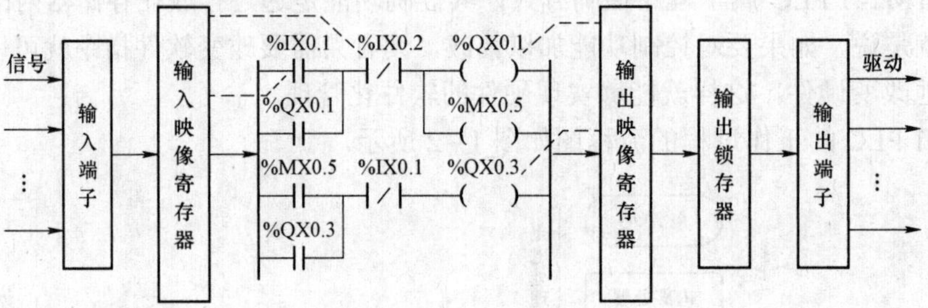

图 1-3 扫描过程

这里以施耐德 Somachine 编程软件为例，说明一下在每个扫描周期 PLC 系统的 CPU 都会检查输入和输出的状态，并配有特定的存储器区保存模块的数据，CPU 在处理程序时访问这些寄存器，访问过程如图 1-4 所示。

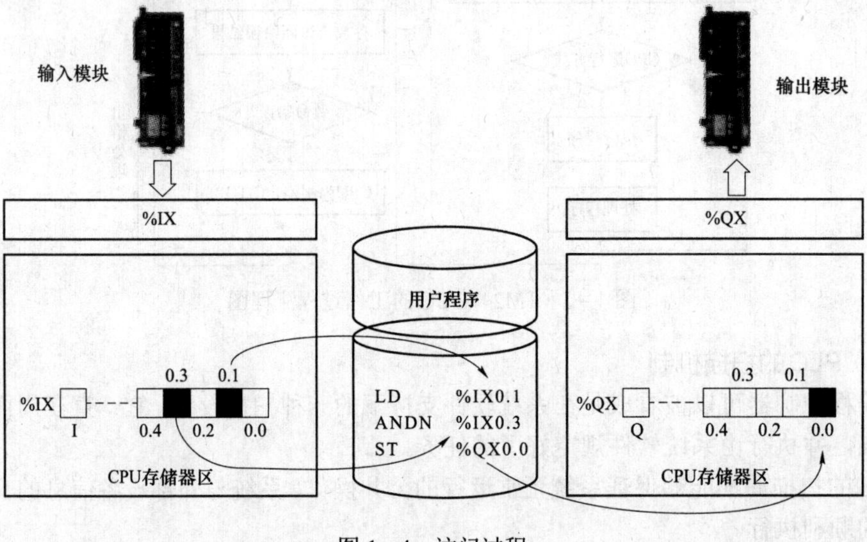

图 1-4 访问过程

图 1-4 中，触点 1 连接的是端子%IX0.1，触点 2 连接的端子是%IX0.3，线圈 1 连接的是%QX0.0，过程映像输入%IX 建立在 CPU 存储器区，所有输入模块的信号状态都存放在这里，过程映像输出%QX 包含程序执行的结果值，在扫描结束时会传送到实际输出的模块上。在用户程序中检查输入时，如输入的%IX0.1 和%IX0.3 使用的是 CPU 存储区里的状态，就可以保证在一个扫描周期内使用相同的信号状态，程序的执行原理如图 1-5 所示。

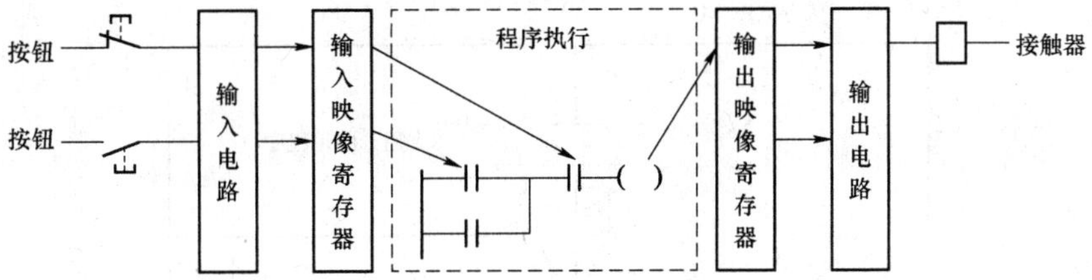

图 1-5　程序的执行原理

另外，为了增强 PLC 的抗干扰能力，提高其可靠性，PLC 的每个开关量输入端都采用了光电隔离等技术。

2. PLC 的中断处理过程

一般微机系统的 CPU，在每一条指令执行结束时都要查询有无中断申请。而 PLC 对中断的响应则是在相关的程序块结束后再查询有无中断申请，或者在执行用户程序时查询有无中断申请，如有中断申请，则转入执行中断服务程序。如果用户程序以块式结构组成，则在每个块结束或执行块调用时来处理中断申请。

四、TM241 PLC 的结构和功能特点

TM241 PLC 由电源、输入电路、输出电路、存储器和通信接口电路几大部分组成，其内部结构如图 1-6 所示。

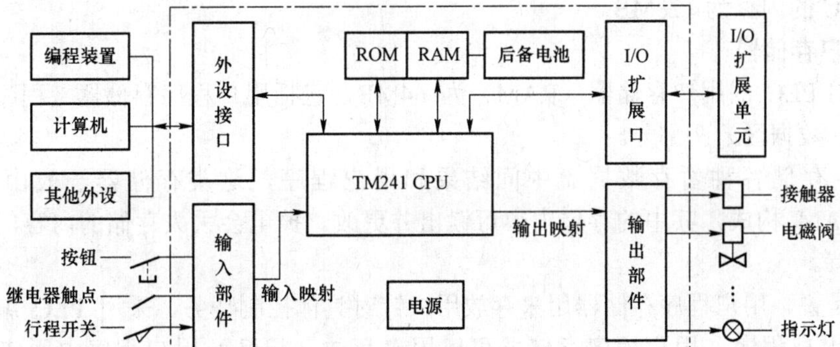

图 1-6　TM241 PLC 的内部结构

(一) TM241 PLC CPU的作用

TM241 PLC 的 CPU 实际上就是中央处理器，配置了双核 CPU，能够进行各种数据的运算和处理，将各种输入信号输入存储器，然后进行逻辑运算、计时、计数、算术运算、数据处理和传送、通信联网以及各种应用指令。再对编制的程序进行运行、执行指令，把结果送到输出端，去响应各种外部设备的请求。

(二) TM241 PLC的存储器

TM241 PLC 系统中的存储器主要用于存放系统程序、用户程序和工作状态数据，PLC 的存储器包括系统存储器和用户存储器，如图 1-7 所示。

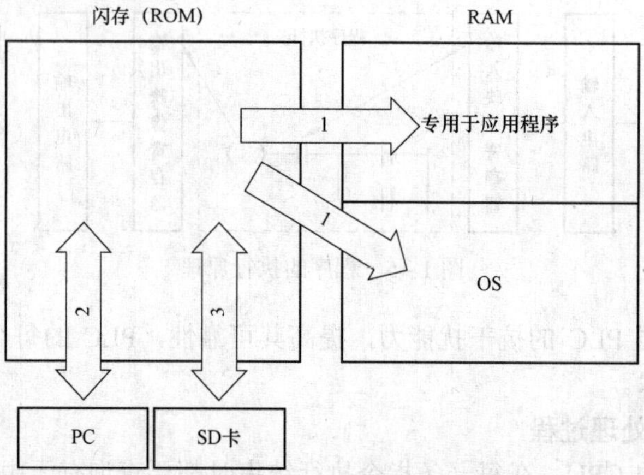

图 1－7　TM241 PLC 的存储器

图中箭头 1 表示从闪存将文件传输到 RAM，RAM 的内容将被覆盖；箭头 2 表示除 INVALID_OS 外，使用 PC 下载、上传；箭头 3 表示所有状态都可以使用 SD 卡下载、上传、更新固件。

1. 系统存储器

系统存储器（ROM）用以存放系统管理程序、监控程序及系统内部数据，这些程序及数据在 PLC 出厂前已由厂家将其固化在闪存中用户不能更改。闪存（Flash Memory）是一种特殊的 EPROM，断电不丢失数据，具有体积小、功耗低、不易受物理破坏的特点。TM241 PLC 的闪存为 128MB。

2. 用户存储器

TM241 PLC 的用户存储器（RAM）为 64MB，包括用户程序存储器（程序区）和数据存储器（数据区）两部分。

RAM 存储各种暂存数据、中间结果和用户程序，这类存储器一般由低功耗的 CMOS－RAM 构成，其中的存储内容可读出并更改。掉电会丢失存储的内容，一般用锂电池来保持。

也就是说，用户程序存储器用来存放用户针对具体控制任务、采用 PLC 编程语言编写的各种用户程序。用户程序存储器可以用来存放（记忆）用户程序中所使用器件的 ON/OFF 状态和数据等，其内容可以由用户修改或增删。用户存储器的大小关系到用户程序容量的大小，是反映 PLC 性能的重要指标之一。

PLC 为了便于读出、检查和修改，用户程序一般存于 CMOS 静态 RAM 中，用锂电池作为后备电源，以保证掉电时不会丢失信息。

存放在 RAM 中的工作数据是 PLC 运行过程中经常变化和经常存取的一些数据，用来适应随机存取的要求。在 PLC 的工作数据存储器中，设有存放输入输出继电器、辅助继电器、定时器、计数器等逻辑器件的存储区，这些器件的状态都是由用户程序的初始设置和运行情况而确定的。根据需要，部分数据在掉电时用后备电池维持其现有的状态，这部分在掉电时可保存数据的存储区域称为保持数据区。

（三）TM241 PLC的开关量输入/输出（I/O）接口

开关量的输入/输出（I/O）接口是与工业生产现场控制电器相连接的接口。

开关量的输入/输出接口采用光电隔离和 RC 滤波，实现了 PLC 的内部电路与外部电路的电气隔离，并减小了电磁干扰。同时满足工业现场各类信号的匹配要求，如开关量输入接口电路采用光电耦合电路，将限位开关、手动开关、编码器等现场输入设备的控制信号转换成 CPU 所能接受和处理的数字信号。

1. TM241 PLC 本体的输入接口

通常 PLC 的输入接口电路用来接收、采集外部输入的信号，并将这些信号转换成 CPU 可接受的数字信息，通常有直流输入、交流输入和交直流输入 3 种形式。

TM241 PLC 的输入接口是直流输入接口，其等效电路如图 1－8 所示。

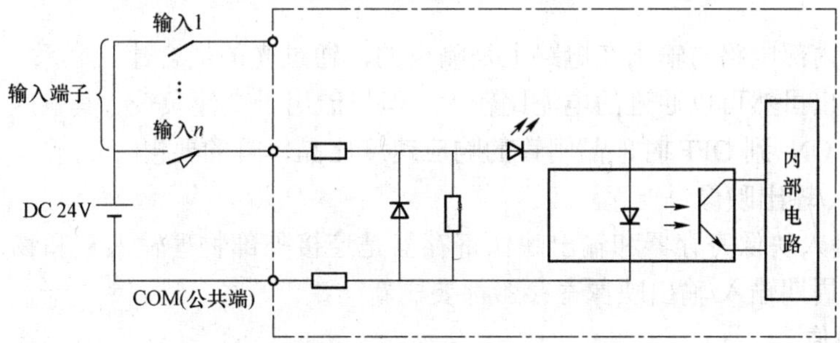

图 1－8　TM241 PLC 直流输入接口等效电路

2. TM241 PLC 本体的输出接口

PLC 的输出接口电路是 PLC 与外部负载之间的桥梁，能够将 PLC 向外输出的信号转换成可以驱动外部执行电路的控制信号，以控制如接触器线圈等电器的通断电。

开关量输出接口电路有继电器输出、晶闸管输出和晶体管输出 3 种形式。但 TM241 PLC 本体的输出接口只有继电器和晶体管输出接口 2 种，继电器输出接口的等效电路如图 1－9 所示。

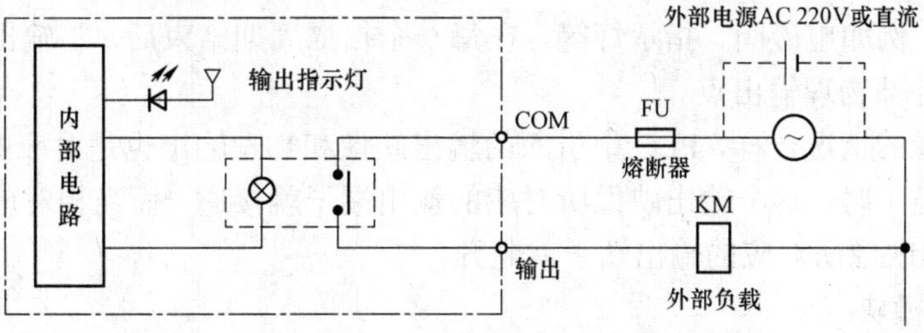

图 1－9　TM241 PLC 继电器输出接口等效电路

继电器输出的响应速度慢，带负载能力大，每个口输出的最大电流为 2A，可接交流或直流负载，但吸合频率较慢。继电器线圈与内部电路（输出锁存器等）相接，继电器触点则直接用于连接用户电路。这里的继电器还起到 PLC 与外电路隔离的作用，继电器输出接外部的接触器线圈时，建议在接触器线圈加装浪涌抑制元件，这样可以减少线圈吸合时的浪涌电流。

晶体管输出的响应速度快，带负载能力小，每个口输出的最大电流为几十毫安，有源型与漏型两种，可以连接直流负载。TM241 PLC 本体的晶体管输出接口等效电路如

图 1－10 所示。

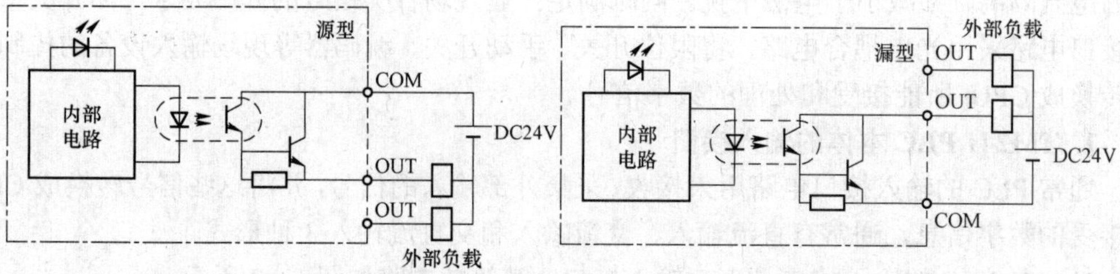

图 1－10　TM241 PLC 晶体管输出接口等效电路

晶体管的内部电路与输出在电路上是隔离的，通过光的耦合建立联系。

晶闸管输出虽然可以通过的电流比较大，但只能用于交流负载。其响应速度比继电器的快，但当从 ON 到 OFF 时，晶闸管的响应速度比晶体管的要慢。

（四）输入/输出映像

PLC 的输入映像寄存器和输出映像寄存器是连接外部物理输入点和物理输出点的桥梁，每个扫描周期输入/输出映像寄存器都要刷新一次。

1. 输入映像

开关量的输入接口属于物理输入，指的是外部输入给 PLC 的信号，例如传感器、按钮、位置开关等。在每一个扫描周期结束后，外部物理输入点的实际状态将映射到输入映像寄存器中。通俗点说，PLC 是不知道这些物理输入元件究竟是些什么东西的，全靠引入输入映像来解决这个问题。输入映像就好像是外部输入端子的影像，当外部有信号输入时，它相对应的输入映像寄存区域就为 1；当外部信号没有信号输入时，它对应的输入映像寄存区域就为 0。这样，PLC 就可以通过扫描映像寄存区来了解外部端子的通断状态。

2. 输出映像

开关量的输出接口和输入接口一样，也是属于物理输出，指的是 PLC 输出给外部连接元件的信号，例如电磁阀、指示灯等。在每一个扫描周期结束后，将输出映像寄存器的状态，映射到外部物理输出点。

和输入映像的情况一样，PLC 中引入的输出映像和物理输出也是对应的关系，当相对应的输出映像是 1 时，这个输出映像所对应的输出端子就接通；而当相对应的输出映像是 0 时，这个输出映像所对应的输出端子就断开。

（五）电源模块

PLC 的电源模块能够将外部输入的电源经过处理后，转换成满足 PLC 的 CPU、存储器、输入输出接口等内部电路工作所需要的直流电源。

许多 PLC 的直流电源采用直流开关稳压电源，不仅可以提供多路独立的电压供内部电路使用，而且还可以为输入设备（传感器）提供标准电源。

PLC 配有开关式稳压电源，以提供内部电路使用。与普通电源相比，PLC 电源的稳定性好、抗干扰能力强。因此，对于电网提供的电源稳定度要求不高，一般允许电源电压在其额定值±15%的范围内波动。

PLC 根据型号的不同，有的采用交流供电，有的采用直流供电。交流一般为单相 220V，直流一般为 DC24V。

对于整体机结构的 PLC，电源通常封装在机箱内部；对于组合式 PLC，有的采用单独电源模块，有的将电源与 CPU 封装到一个模块中。许多 PLC 还向外提供直流 24V 稳压电源，用于外部传感器的供电需求。TM241 PLC 的电源特性如下：

（1）TM241 PLC 可使用 24V 直流电源或 100～240V 交流电源（50/60Hz），取决于 M241 控制器型号。

（2）电压限值（含波纹）：19.2～28.8V（直流）/85～264V（交流）。

（3）抗电压微扰能力（类别 PS－2）：10ms。

（4）最大功耗：45W。

五、TM241 PLC 的扩展能力

TM241 PLC 的 256MB 容量的 TMASD1SD 存储卡用于应用备份复制或转移，数据记录和固件升级。

随着 PLC 的应用领域的扩大，要求能够实现 PLC 的 I/O 分布式控制，PLC 的联网等通信功能的扩展。TM241 PLC 系统扩展时可以配置 ModiconTM3 扩展模块，安全模块、电动机起动器控制模块及远程扩展系统。也可以根据项目的需要配置 ModiconTM4 通信模块，在工程项目中 TM241 PLC 控制器使用 SoMachine 编程软件可以自动转换 ModiconM238 和 M258 系列产品中的应用程序，从而最大限度地利用已有项目的程序。

TM241 PLC 组建的控制系统使用 ModiconTM3 扩展系统，可以配置 264 点的离散量 I/O，使用远程模块时可以达到 488 点，这些模块与控制器的接线方式相同；可以配置 114 点的模拟量 I/O，用于接收其他传感器信号，如位置、温度、速度等。此外，还能控制变频器或其他任何提供电流或电压输入信号的设备。TeSys 控制模块使用 RJ45 通信电缆。安全模块能在 SoMachine V4 软件中进行配置。此外，TM3 扩展系统通过 TM3 总线扩展系统，可以远程连接 5m 范围内的 TM3 模块，如安装在机柜或者其他空柜里的 TM3 模块等。ModiconTM3 扩展系统如图 1－11 所示。

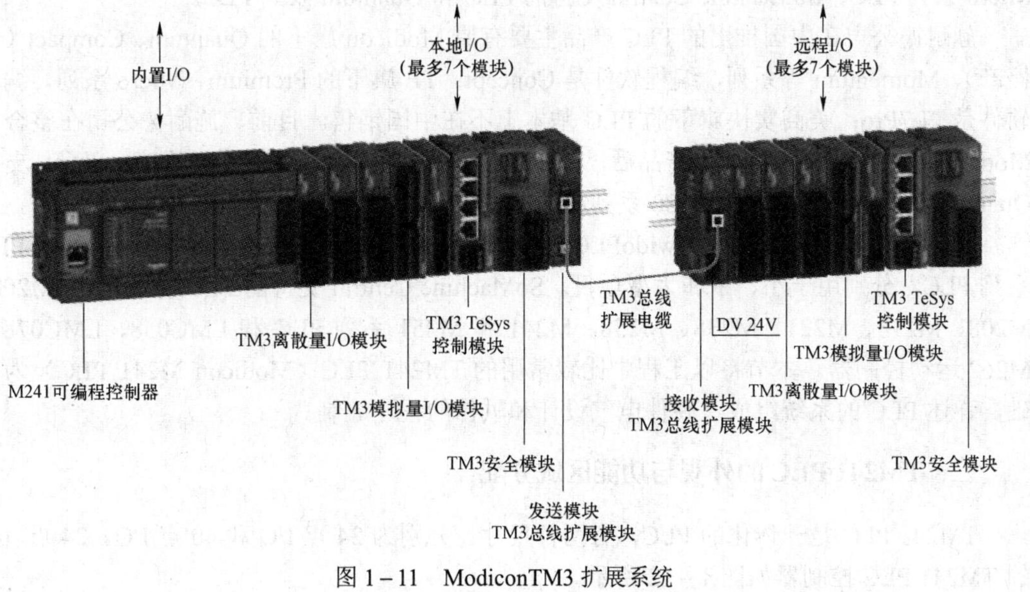

图 1－11　ModiconTM3 扩展系统

1. ModiconTM3 扩展模块

TM241 PLC 控制器前面板最多可插入两个扩展板（取决于控制器型号）。

TM241 PLC 的 I/O 扩展板有 3 种输入或输出扩展板，其中，TMC4AI2 扩展板提供 2 路可配置为电压或电流信号的模拟量输入，TMC4AQ2 扩展板提供 2 路可配置为电压或电流信号的模拟量输出，TMC4TI2 扩展板则是提供了 2 路可配置为温度传感器模拟量的输入。

2. TM241 PLC 的应用扩展板

TM241 PLC 的应用扩展板有 TMC4HOIS01 和 MC4PACK01 两种。TMC4HOIS01 起重应用扩展板有 2 路专用的模拟量输入用于称重传感器控制；MC4PACK01 包装应用扩展板有 2 路专用的模拟量输入用于包装设备的温度控制，使用应用扩展板可以通过 SoMachineV4.1 软件直接访问应用功能块。

3. ModiconTM4 通信模块

TM241 PLC 可以配置的通信模块有 TM4ES4 和 TM4PDPS1 两种。TM4ES4 是带交换机的以太网模块，为未集成以太网通信端口的控制器提供了一个 4 端口的以太网连接；TM4PDPS1 是 ProfibusDP 从站通信模块，ModiconTM4 通信模块使用简单的互锁装置安装在控制器左侧，另一个总线扩展连接器用于分配数据与供电。TM241 PLC 可编程控制器左侧最多可以连接 3 个通信模块。

第二节 施耐德 PLC 的硬件设备和工作环境

一、施耐德 PLC 的分类

施耐德公司生产的 PLC 产品包括 ZelioLogic 产品，Twido 系列 PLC，Compact、Premium、Micro 系列 PLC，SoMachine Central 支持的 PLC 和 Quantum 系列 PLC。

施耐德公司在中国推出的 PLC 产品主要有原 Modicon 旗下的 Quantum、Compact（已停产）、Momentum 等系列，编程软件是 Concept；TE 旗下的 Premium、Micro 系列，编程软件是 PL7Pro；美商实快旗下的 PLC 基本上不在中国销售。目前，施耐德公司在整合了 Modicon 和 TE 品牌的自动化产品后，将 UnityPro 软件作为中高端 PLC 的统一平台，支持 Quantum、Premium 和 M340/580 系列产品。

常用的施耐德 PLC 包括 TwidoPLC、SoMachine Central 支持的 PLC 和 Quantum PLC 系列 PLC，分别用于小、中和大型项目。SoMachine Central 支持的 PLC 有 M100、M200、M208、M218、M221、M238、M258、M241 和 M251 系列 PLC 和 LMC058、LMC078、M262 运动控制器。本节将以工程中比较常用的 TM241 PLC（Modicon M241 PLC）为基础，详述 PLC 的系统组成、硬件电气设计和软件的程序编制。

二、TM241 PLC 的外观与功能区域分配

TM241 PLC 是一体化的 PLC，有两种尺寸，分别为 24 点 I/O 和 40 点 I/O。24 点 I/O 的 TM241 PLC 控制器如图 1－12 所示。

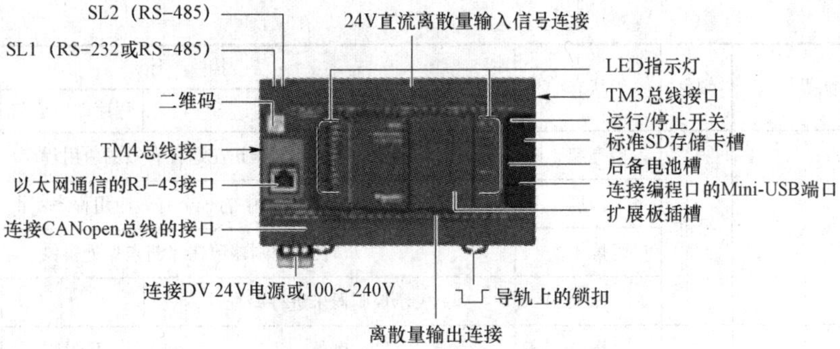

图 1-12　24 点 I/O 的 M241 控制器图示

40 点 I/O 的 TM241 PLC 控制器如图 1-13 所示。

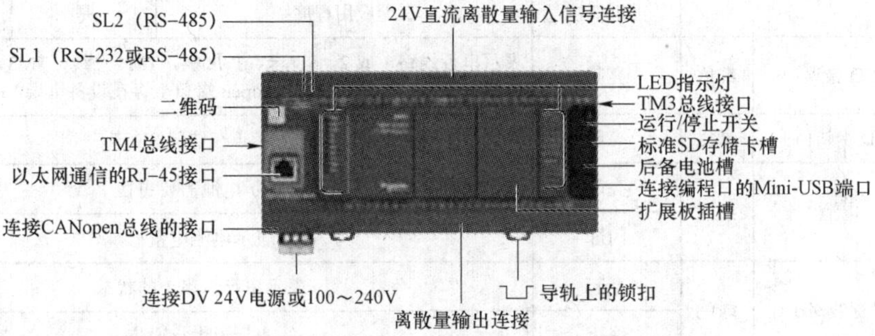

图 1-13　40 点 I/O 的 M241 控制器图示

PLC 故障的初步判断是可以通过 PLC 的指示灯来进行的，TM241 CEC24T PLC 的指示灯位置如图 1-14 所示，各指示灯含义见表 1-1。

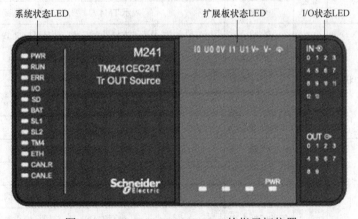

图 1-14　TM241 CEC24T PLC 的指示灯位置

表 1-1　　TM241 PLC 指示灯含义

标签	功能类型	颜色	状态	描　述		
				控制器状态	程序端口通信	应用程序执行
PWR	电源	绿色	亮起	表示已通电		
			熄灭	表示已断开电源		

续表

标签	功能类型	颜色	状态	描述		
				控制器状态	程序端口通信	应用程序执行
RUN	机器状态	绿色	亮起	表示控制器正在运行有效的应用程序		
			闪烁	表示控制器中的一个有效应用程序停止		
			闪烁 1 次	表示控制器已在“断点”处暂停		
			熄灭	表示控制器未进行编程	*	*
ERR	错误	红色	亮起	例外	受限制	否
			闪烁	内部错误	受限制	否
			闪烁 1 次	检测到微小错误	是	否
			闪烁 3 次	无应用程序	是	是
I/O	I/O 错误	红色	亮起	表示串行线路 1 或 2，SD 卡、扩展板，TM4 总线、TM3 总线、以太网端口或 CANopen 端口上存在设备错误		
SD	SD 卡访问	绿色	亮起	表示正在访问 SD 卡		
BAT	电池	红色	亮起	表示电池需要更换		
			闪烁	表示电池电量低		
SL1	串行线路 1	绿色	亮起	表示串行线路 1 的状态		
			熄灭	表示无串行通信		
SL2	串行线路 2	绿色	亮起	表示串行线路 2 的状态		
			熄灭	表示无串行通信		
TM4	TM4 总线上存在错误	红色	亮起	表示 TM4 总线上检测到错误		
			熄灭	表示 TM4 总线上没有检测到错误		
ETH	以太网端口状态	绿色	亮起	表示已连接以太网端口并且已定义 IP 地址		
			闪烁 3 次	表示未连接以太网端口		
			闪烁 4 次	表示该 IP 地址已使用		
			闪烁 5 次	表示模块正在等待 BOOTP 或 DHCP 序列		
			闪烁 6 次	表示配置的 IP 地址无效		
CAN R	CANopen 运行状态	绿色	亮起	表示 CANopen 总线正常运行		
			熄灭	表示 CANopen 主站已配置		
			闪烁	表示正在初始化 CANopen 总线		
			每秒闪烁 1 次	表示 CANopen 总线已停止		
CAN E	CANopen 错误	红色	亮起	表示 CANopen 总线已停止（总线关闭）		
			熄灭	表示未检测到 CANopen 错误		
			闪烁	表示 CANopen 总线无效		
			每秒闪烁 1 次	表示控制器检测到系统已达到或超过最大错误帧数		

第三节 TM241 PLC 的选型与系统配置

随着 PLC 的应用普及，PLC 产品的种类和数量越来越多，各种进口的和国内组装的型号有好几百种，而且功能也日趋完善。不同的 PLC 产品，其结构形式、性能、容量、指令系统、编程方法、价格等都各不相同，适用场合也各有侧重，因此需要合理地选择 PLC，以满足其在控制系统中的不同应用。

一、机型的选择

一般选择机型要以满足系统功能需要为宗旨，不能盲目贪大求全，以免造成投资和设备资源的浪费。

由于模块式 PLC 的配置灵活，装配和维修方便，因此，从长远来看，提倡选择模块化的 PLC。在工艺过程比较固定、维修量较小的场合，则可选用整体式结构的 PLC。

对于开关量控制以及以开关量控制为主，带少量模拟量控制的工程项目中，一般其控制速度无须考虑。因此选用带 A/D 转换、D/A 转换、加减运算、数据传送功能的低档机就能满足要求。

对于工程中含有 PID 运算、闭环控制、通信联网等控制比较复杂，控制功能要求比较高的项目，可以根据控制规模及复杂程度来选用中档或高档 PLC 来组建系统。其中，高档 PLC 主要用于大规模过程控制、PLC 分布式控制系统以及整个工厂的自动化系统等。

另外，对于大型企业的控制系统，应尽量做到机型统一。这样，同一机型的 PLC 模块可以互为备用，便于备品备件的采购和管理，统一的功能及编程方法也有利于技术力量的培训、技术水平的提高和功能的开发。

在工程项目中如果系统中配置了上位机，那么读者还可以把各独立控制系统的多台 PLC 连成一个多级分布式控制系统，外部设备通用，资源还可以共享，也便于相互通信和集中管理。

TM241 PLC 的部分产品型号见表 1－2。

表 1－2　TM241 PLC 的部分产品型号

产品型号	离散量输入	离散量输出	通信功能端口	端子类型	电源
TM241C24R	6 个常规输入 8 个高速输入（计数）	6 个 2A 继电器输出 4 个源型脉冲输出（脉冲发生器）	2 个串行通信端口 1 个 USB 编程端口	可拆除螺钉接线端子	交流 100～240V
TM241CE24R	6 个常规输入 8 个高速输入（计数）	6 个 2A 继电器输出 4 个源型脉冲输出（脉冲发生器）	2 个串行通信端口 1 个 USB 编程端口 1 个以太网端口	可拆除螺钉接线端子	交流 100～240V
TM241CEC24R	6 个常规输入 8 个高速输入（计数）	6 个 2A 继电器输出 4 个源型脉冲输出（脉冲发生器）	2 个串行通信端口 1 个以太网端口 一个 CANopen 主端口 1 个 USB 编程端口	可拆除螺钉接线端子	交流 100～240V

二、TM241 PLC 输入输出模块的选择与配置

在工程中使用 PLC 组建的系统实际上就是一种工业控制系统，它的控制对象是工业生产设备或工业生产过程，工作环境是工业生产现场。它与工业生产过程的联系是通过 I/O 接口模块来实现的。

1. 确定 I/O 点数

确定 PLC 系统的 I/O 点数，实际上就是确定 PLC 的控制规模。根据控制系统的要求确定所需要的 I/O 点数时，应考虑到以后工艺和设备的改动或 I/O 点的损坏和故障等，一般应增加 10%～20%的备用量，以便随时增加控制功能。同时应考虑 PLC 提供的内部继电器和寄存器的数量，以便节省 I/O 资源。对于一个控制对象来说，由于采用的控制方法不同，需要的 I/O 点数也会有所不同。

2. 确定 I/O 模块的类型

I/O 模块有开关量输入/输出类型、模拟量输入输出，还有特殊功能的输入/输出模块，如定位、高速计数输入、脉冲捕捉功能等。

另外，不同的负载对 PLC 的输出方式也有相应的要求。如频繁通断的感性负载，应选择晶体管或晶闸管输出型模块，而不应选用继电器输出型模块。

继电器输出型模块的导通压降小，有隔离作用，价格相对便宜。其承受瞬时过电压和过电流的能力较强，负载电压比较灵活，负载电压有交流也有直流，并且电压等级范围也相对较大，所以动作不频繁的交、直流负载可以选择继电器输出型模块。

3. 智能式 I/O 模块

智能式的 I/O 模块有高速计数器、凸轮模拟器、单回路或多回路的 PID 调节器、RS232C/422 接口模块等。一般智能式 I/O 模块本身带有处理器，可对输入或输出信号作预先规定的处理，并将处理结果送入 CPU 或直接输出，这样可以提高 PLC 的处理速度并节省存储器的容量。

不同的 TM241 PLC 和配置类型，所扩展的最大模块数也不相同，配置见表 1－3。

表 1－3　TM241 PLC 扩展的最大模块配置

产品型号	最大	配置类型
TM241…	7 块 TM3/TM2 扩展模块	本地
TM241…	3 块 TM4 扩展模块	本地
TM3XREC1	7 块 TM3 扩展模块	远程

注：TM3 收发器模块不包含在最大扩展模块数量中。

三、TM241 PLC 的存储器类型及容量选择

PLC 系统所用的存储器基本上由 PROM、EEPROM 及 RAM 这 3 种类型组成，存储容量则随机器的大小变化。使用时可以根据程序及数据的存储需要来选用合适的机型，必要时也可专门进行存储器的扩充设计。

TM241 PLC 的存储器类型见表 1－4。

表 1－4　TM241 PLC 的存储器类型

存储器类型	规模	用于
随机存取存储器（RAM）	64MB，其中 8MB 可用于本应用程序	执行本应用程序
闪存	128MB	断电时保存程序与数据

PLC 的存储器容量选择和计算有两种方法：① 精确计算，根据编程使用的总点数精确计算存储器的实际使用容量；② 估算法，即根据控制规模和应用目的进行估算，为了使用方便，一般应留有 25%～30%的余量。

获取存储容量的最佳方法是生成程序，即用了多少步，知道了每条指令所用的步数，便可确定准确的存储容量。

M241 可编程控制器具有可移动存储的功能，即有一个内置的 SD 卡槽。SD 卡的主要用途包括使用新的应用程序初始化控制器，更新控制器的固件，将后配置文件应用于控制器、应用配方和接收数据日志文件。

四、TM241 PLC 的电源选择

在校验 PLC 所用电源的容量时，要注意 PLC 系统所需电源一定要在电源限定电流之内。如果满足不了这个条件，解决的办法有以下 3 种：① 更换电源；② 调整 I/O 模块；③ 更换 PLC 机型。如果电源干扰特别严重，可以选择安装一个变比为 1:1 的隔离变压器，以减少设备与地之间的干扰。

M241 可编程控制器的电源使用 DC24V（直流）或 AC100～240V（交流）。

五、TM241 PLC 的通信接口选择

如果 PLC 控制的工程系统需要接入工厂的自动化网络，那么项目中配备的 PLC 就需要具备通信联网功能，即要求 PLC 具有连接其他 PLC、上位机及 CRT 等的接口。一般情况下各品牌的大、中型 PLC 机都有通信功能，目前大部分的小型 PLC 机也具有通信功能。

TM241 PLC 控制器的型号不同，通信端口也略有不同，TM241 PLC 控制器的通信接口如下：① CANopen 主站；② 以太网；③ USBMini－B；④ 串行通信端口 1；⑤ 串行通信端口 2。

根据工程系统中使用的网络，可以选择具有不同网络端口的 TM241 PLC 控制器。

六、TM241 固件的更新操作

更新固件时，首先将容量不超过 16G 的 SD 卡插入电脑，并进行格式化为“FAT32”模式，然后将【Image_SD_Card_M241_V4.0.6.38】文件夹里的所有内容拷贝到 SD 卡中，再使用鼠标弹出 SD 卡，将 SD 卡插入未上电的 TM241 的 SD 卡槽中，打开 TM241 PLC 的电源，开始更新固件，更新时间大概为两三分钟，更新完成后控制器将被清空，读者可以将 SD 卡从 TM241 PLC 中拔除，等待几十秒，TM241 PLC 会自动重启，从而完成固件更新。

更新完成后可以在 SoMachine 软件中，打开 TM241 PLC 的项目，双击【应用程序设计】下的【控制器】，在弹出的 Logic builder 编程页面中，单击 TM241 PLC 的【信息】，

在【常规（G）:】中就可以查看到更新后的 TM241 控制器的版本号了。

更新 TM241 固件时，读者要选择最新版本的固件，以免出现故障。可以在 Schneider Electric 英文官方网站下载最新固件，网址为 https://www.schneider-electric.com/ww/en/进入网址后可以在搜索框中输入【TM241】，然后单击 TM241 图标，选择【Documents & Downloads】选项→【See more document】→【View more】→【Software/Firmware】，单击“下载”按钮即可。

第四节　TM241 PLC 的编程软件 SoMachine 的操作

开放式的 SoMachine 控制平台采用的微处理器，大大提高了数据的处理能力，控制平台集成的配置运动控制设备的功能和试运行工具，能够完成顺序控制、运动控制、过程控制、传动控制、安全控制等多种自动化控制任务。

SoMachine 控制平台在项目的开发应用当中，能够让读者在单一的软件环境里对整个设备进行开发、配置和试运行，包括逻辑、运动控制、HMI 触摸屏及相关的网络自动化功能。

一、安装 SoMachine 控制平台的软硬件要求

（一）安装 SoMachine 对硬件的要求

安装 SoMachine 控制平台的计算机的处理器最小为 CPU－Intel®Core™ i7，内存最小为 8G，硬盘最少需要 15G 自由空间。

计算机的内存 RAM 最低是 2GB，建议读者使用 3GB 内存。显示器的分辨率最低配置是 1024×768 像素，建议分辨率使用 1280×1024 像素。外设要配备鼠标或兼容的指针设备，要有 USB 外设接口，Web 注册需要因特网访问权限。

（二）安装 SoMachine 对软件的要求

可以安装 SoMachine 控制平台的操作系统如下。

（1）Windows 7 SP1 专业版 32 位/64 位。

（2）Windows 8.1 专业版 32 位/64 位。

（3）Windows 10 专业版 32 位/64 位。

（三）用户访问权限要求

在开始安装 SoMachine 控制平台之前，必须使用管理员权限登录，不得使用普通用户权限启动安装，也不得在安装过程中更改权限。如果想在安装 Windows 7 的 PC 上运行 SoMachine 控制平台，则必须具有管理员权限才能运行该程序，因为需要有管理员权限，才能更改应用程序的用户界面语言。

（四）SoMachine的安装操作

安装编程软件 SoMachine 控制平台前，也必须将杀毒软件和实时防火墙等软件关闭。

施耐德 SoMachine 的安装盘上提供了一个安装菜单，此菜单会在安装盘插入驱动器后立即弹出，读者也可以通过执行 MediaMenu.exe 随时调用该菜单。

1. 安装 SoMachine 控制平台的过程

在符合安装条件的电脑的光驱上插入安装盘，或将安装盘的 ISO 文件导入虚拟光驱并

运行，然后在弹出来的“自动播放”消息框中单击【运行 Launcher.exe】进行安装即可，如图 1－15 所示。

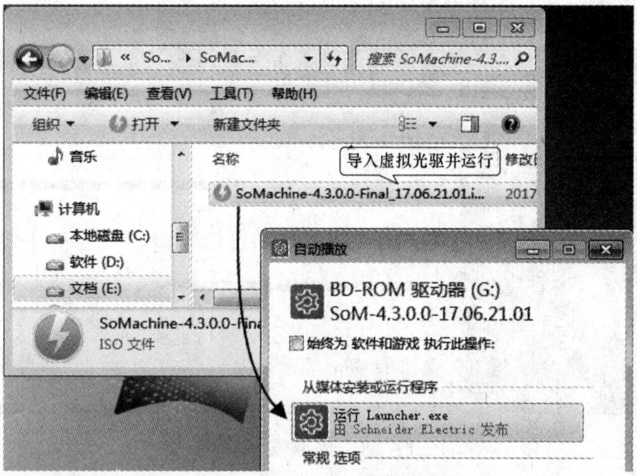

图 1－15　将 ISO 文件导入虚拟光驱并运行

在随后弹出的【选择安装程序的语言】对话框中通过单击选择来选择安装程序的语言，这里选择【中文（简体)】，后单击【确定】按钮，如图 1－16 所示。

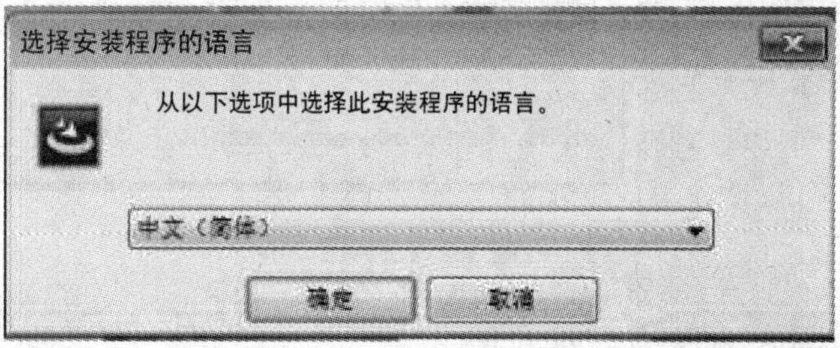

图 1－16　选择安装程序的语言

之后会出现安装向导界面，提示读者是否在现有的计算机中进行安装，单击【下一步】即可，如图 1－17 所示。

图 1－17　安装向导界面

在安装过程中，读者可以点选在计算机桌面上创建一个快捷方式，也可以在快速启动栏中创建快捷方式，在选择要安装的配置参数后，单击【下一步】按钮，直到出现【安装】按钮，单击【安装】按钮，许可证协议页面中，单击【我接受...】后，单击【下一步】按钮，开始提取安装文件，如图 1-18 所示。

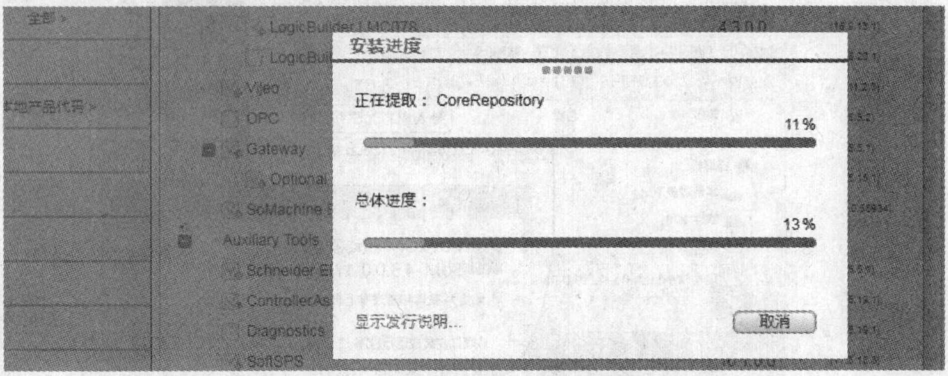

图 1-18　提取安装文件

提取完毕后将出现【下一步】按钮，单击该按钮开始安装，如图 1-19 所示。

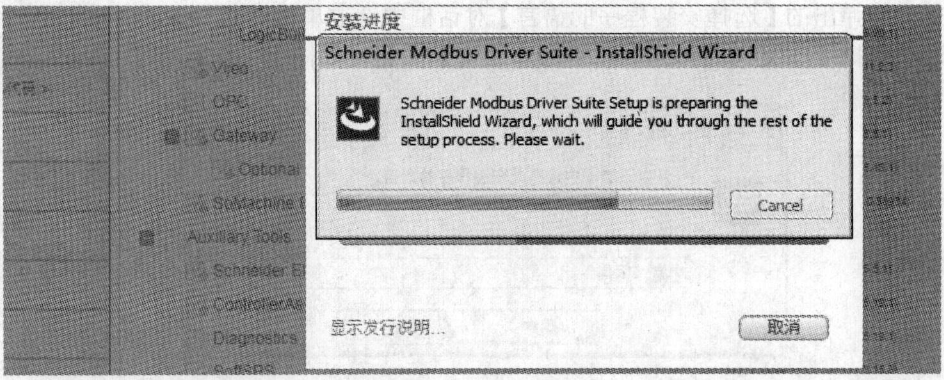

图 1-19　安装通信驱动

在安装过程中，安装软件还会自动安装 Vijeo Designer 6.2，如图 1-20 所示。

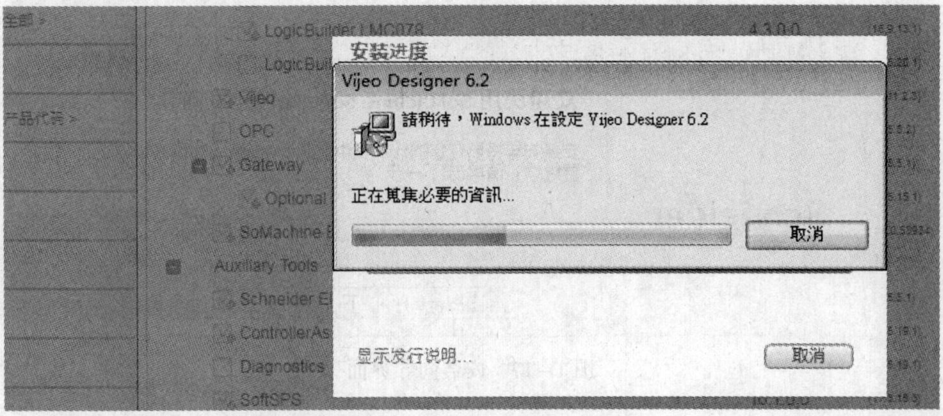

图 1-20　安装 Vijeo Designer 6.2

系统安装软件 Vijeo Designer 6.2 之后还会自动安装 SoMachine Basic，如图 1－21 所示。

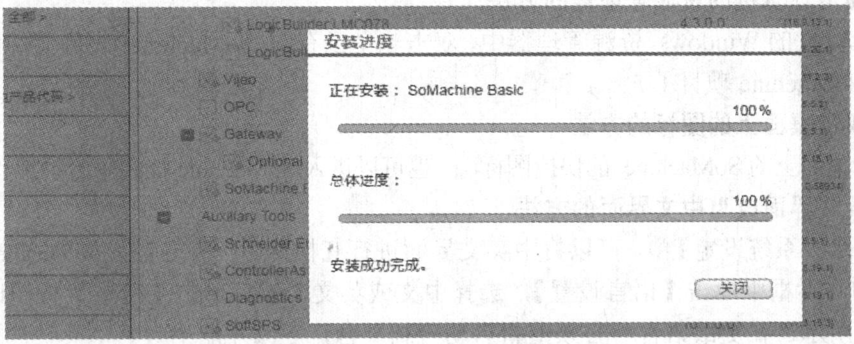

图 1－21　安装 SoMachine Basic

全部安装完毕后单击【完成】按钮即可，系统会要求重启电脑。

2. 注册

安装完成后，系统会询问是否立即重新启动计算机，建议选择【是（Y)】。

安装完成后需要进行网上注册，在【选择任务】页面中，读者点选【索取授权代码（A)】后单击【下一步】，在【注册方法】页面中，点选【通过 Web】后单击【下一步】按钮。

使用 Web 进行扩展包的注册时，要在 Web 的注册向导页面中，标注*的为必填项，填写完成后单击【下一步】按钮。在注册成功后，将会显示注册成功的信息，读者要单击【下一步】按钮进行扩展包的安装，安装成功后单击【完成】按钮确认。

SoMachine 4.1 的授权在 4.2/3 中仍然有效。

3. SoMachine 控制平台的卸载

要卸载的 SoMachine 控制平台如果是完全安装的话，那么代表安装 SoMachine 时，在 Vijeo Designer 原始版本的基础上还安装了 Vijeo Designer 补丁程序，此时必须在开始删除 SoMachine 之前先删除这些补丁程序。

如果安装了 M218 的编程软件，建议先卸载此软件，方法是在 Windows 控制面板的【添加/删除程序】中找到 SoMachine M218，通过单击【删除】按钮来删除 SoMachine M218 软件，如图 1－22 所示。

图 1－22　卸载 SoMachine M218 软件

卸载计算机上的 SoMachine 控制平台有两种方法：① 再次运行安装子程序，然后选择【Remove】操作；② 使用 Windows 控制面板的【添加/删除程序】功能，来删除 SoMachine 控制平台组件。

二、启动 SoMachine 控制平台

1. 使用计算机开始菜单的方法

单击【开始】→【程序】→【Schneider Electric】→【SoMachine Sofware】→【V4.3】→

【SoMachine V4.3】即可，如图 1－23 所示。

2. 使用计算机的资源管理器的方法

在计算机的 Windows 资源管理器中，双击一个已有的 SoMachine 项目文件便可以轻松启动 SoMachine 项目了。

3. 双击桌面上的图标的方法

双击桌面上的 SoMachine 的快捷图标，也可以进入 SoMachine 控制平台的编程环境了。

4. 英文界面改为中文界面的方法

在【修改系统设定】中，可以将中英文界面进行互换修改，单击【Logic Builder 选项】，在弹出的对话框中单击【语言设置】，选择中文或英文，然后单击【确定】按钮即可，如图 1－24 所示。在更改语言后必须重新启动控制平台，更改才能生效。

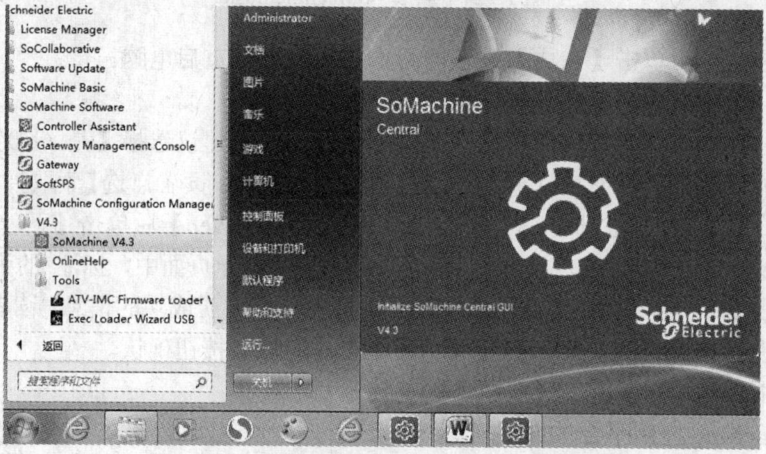

图 1－23　启动 SoMachine 控制平台

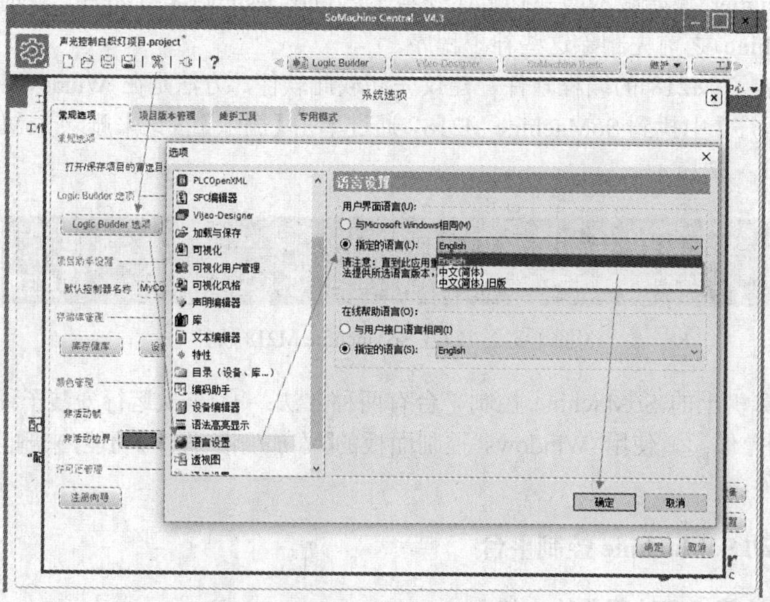

图 1－24　更改中英文界面的操作图示

三、全图形化的 SoMachine 控制平台

SoMachine 控制平台编程环境由 SoMachine 组件和 Vijeo－Designer 组件组成。SoMachine 组件用于 PLC 编程，Vijeo－Designer 组件用于 HMI 编程。

SoMachine Central 提供了 4 个主要界面，以实现与工作流程的交互，分别是入门界面、工作流程界面、Versions 界面和属性界面。

扫码看视频

（一）SoMachine控制平台的工具栏

工具栏是 SoMachine 控制平台框架窗口的一部分，如图 1－25 所示。将鼠标指针移动到工具栏的各个图标上时，相应的图标会显示出工具提示。

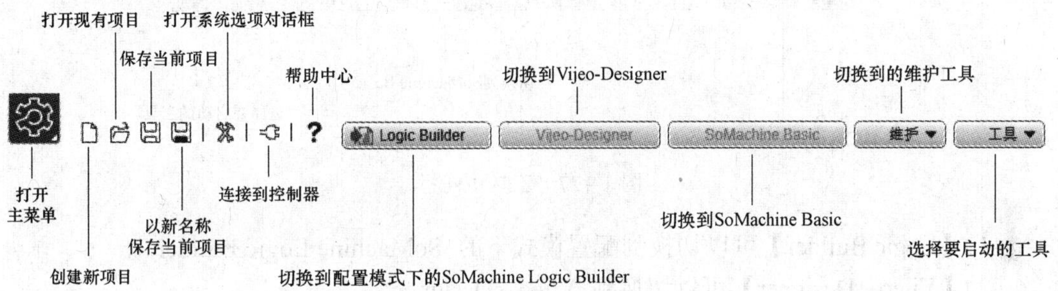

图 1－25　SoMachine 工具栏

1. 主菜单

单击在 SoMachine 控制平台的窗口左上角可见的 SoMachine 图标，可以访问常规功能菜单，如图 1－26 所示。

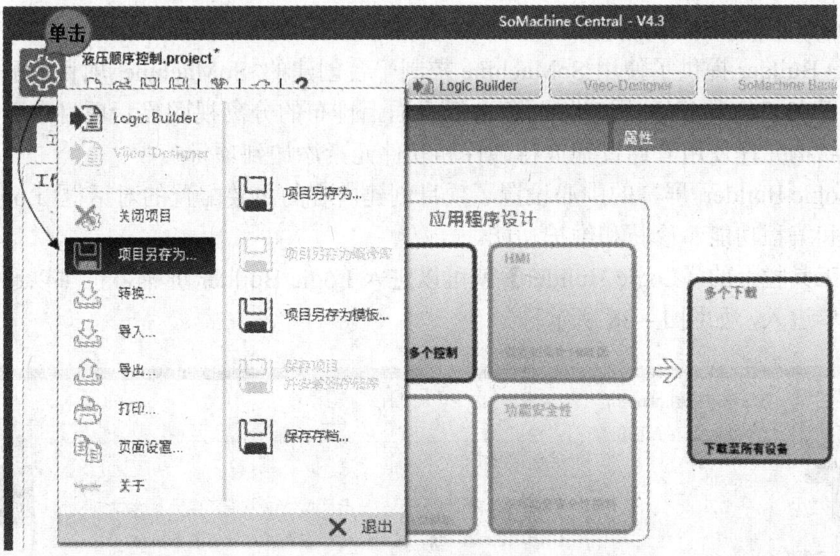

图 1－26　常规功能菜单

其中，【项目另存为...】可以将当前打开的项目/库保存到其他位置或其他名称下面。执行此命令会显示标准 Windows 保存项目对话框，可以浏览至新文件夹和/或输入新文件

名称。【保存存档...】可以保存对当前打开的项目的更改。

【关于】可以打开【关于】对话框，该对话框提供有关当前安装的 SoMachine 版本的信息以及许可证和技术信息。

【退出】可以关闭 SoMachine 控制平台。

2. 工具访问栏

工具访问栏包括【Logic Builder】【Vijeo－Designer】【SoMachine Basic】【维护】和【工具】选项，如图 1－27 所示。

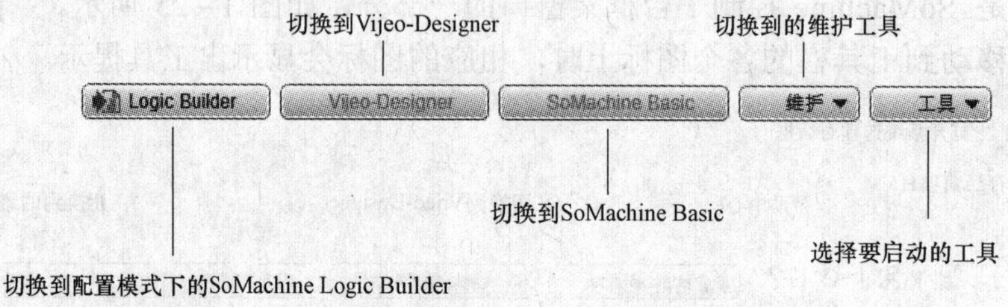

图 1－27　工具访问栏

（1）【Logic Builder】可以切换到配置模式下的 SoMachine Logic Builder。

（2）【Vijeo－Designer】可以切换到 Vijeo－Designer。

（3）【SoMachine Basic】可以切换到 SoMachine Basic。

（4）【维护】可以选择要切换到的维护工具（例如控制器助手、OPC 配置等）。诊断工具只可与 Modicon LMC078 Motion Controller 一起使用。

（5）【工具】可以选择要启动的工具，可以通过将各个工具拖放到工具按钮来扩大提供的工具列表。另外，也可以在系统选项中管理工具列表。

3. Logic Builder 的调用方法

Logic Builder 提供了使用 SoMachine 控制平台创建的 SoMachine 项目的配置和编程环境。可以在 SoMachine 用户界面和自己桌面上排布的分离视图显示项目的不同元素。这种视图结构允许使用者通过拖放将硬件和软件元素添加到项目当中。

在 Logic Builder 屏幕的中心设置了项目创建内容的主要配置的对话框，Logic Builder 具有配置和编程功能、诊断和维护功能。

单击工具栏上的【Logic Builder】就可以进入 Logic Builder 屏幕，也可以通过主菜单下的子菜单进入，如图 1－28 所示。

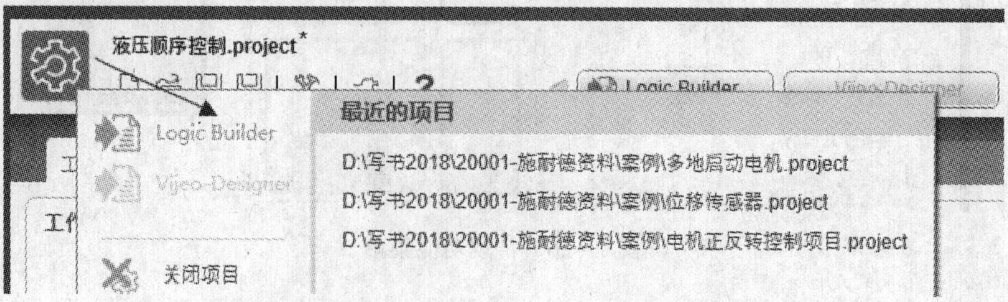

图 1－28　打开 Logic Builder 屏幕的方法

（二）入门界面

启动 SoMachine 控制平台后，将显示出 SoMachine 控制平台的【入门】界面，如图 1－29 所示。

扫码看视频

SoMachine 控制平台的界面是全图形化的引导式的编程界面，其性能特点是具有导航功能、编程界面大等特点，这种人性化的友好界面不仅简单易用，还比传统菜单式样更为直观。另外，对于每一步的操作，SoMachine 控制平台只显示当前任务的操作信息，使界面变得更加简洁实用。编程人员可以通过这个初始的入门界面来进行项目硬件的配置、编程、试运行等操作。

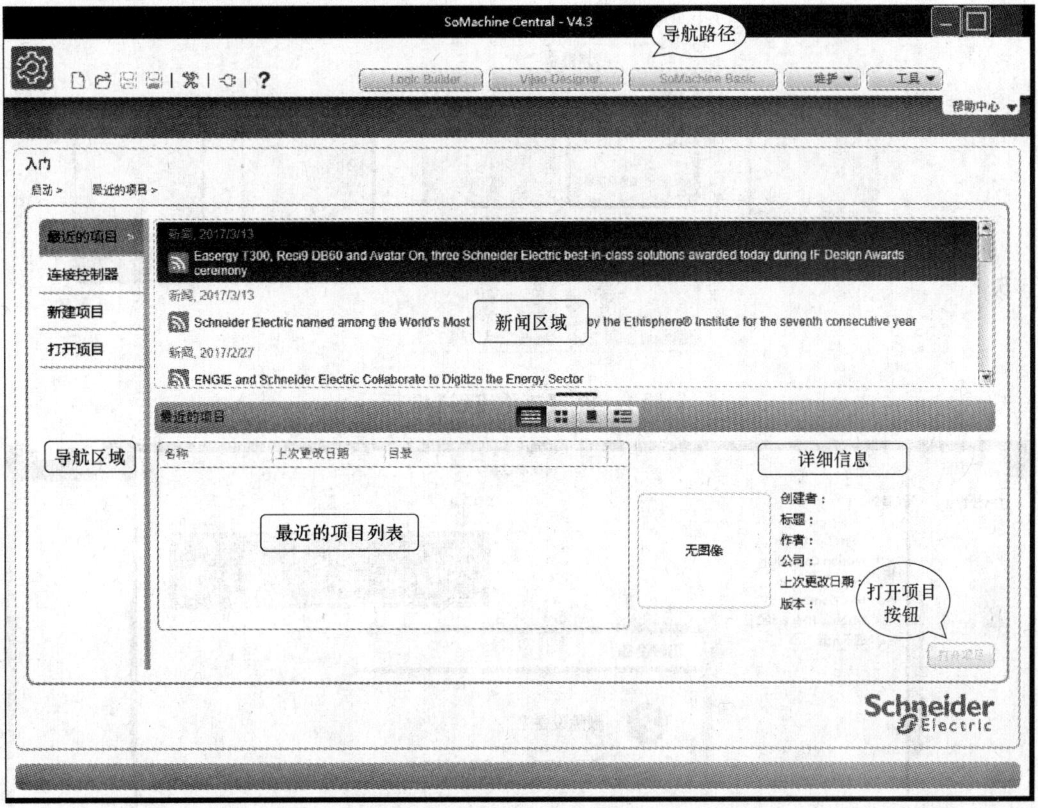

图 1－29　SoMachine 控制平台的【入门】界面

（1）导航区域用来引导项目的开发流程，保证编程的所有工作都不会被遗漏。它按照项目开发的顺序，引导读者按照从左到右，从上到下的顺序进行操作，对于每步操作只显示当前任务的操作界面。导航项目功能包括【最近的项目】【连接控制器】【新建项目】和【打开项目】。

（2）新闻区域能够显示最新的 Schneider Electric 新闻。

（3）最近的项目列表显示最近打开的项目/库列表，包含名称、上次更改日期和目录。选择列表条目，可在列表旁边的信息区域中显示项目详细信息，如创建者（日期）、标题、作者、公司、上次更改日期、版本和用户定义的图像。

（4）单击打开项目按钮可以打开在最近的项目列表中选择的项目。

(三)工作流程界面

在生成新项目或打开现有项目后，将显示【工作流程】界面，显示项目工作流程的管理，包括配置、应用程序设计（控制器、HMI等）、多重下载和维护，如图1-30所示。

1. 配置

【配置】用来添加、删除、合并或者配置设备和通信。单击【管理设备】按钮可打开对话框进行添加和删除设备操作。删除设备时，单击⏎图标，在弹出来的 删除设备对话框中单击【是】按钮即可，如图1-31所示。

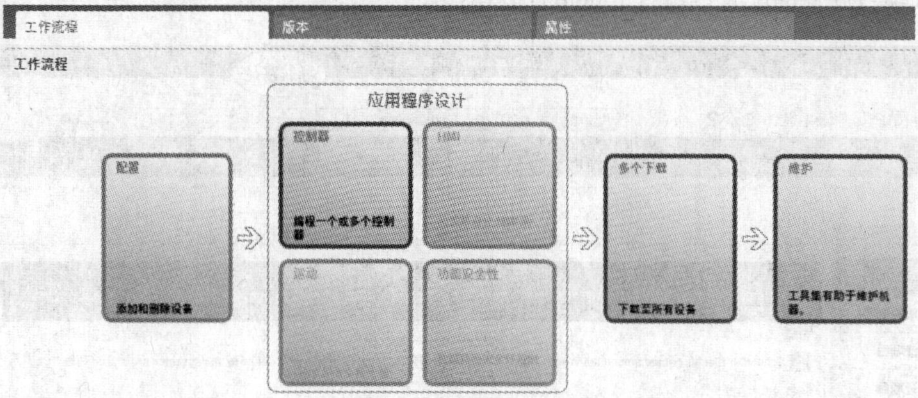

图1-30 【工作流程】界面

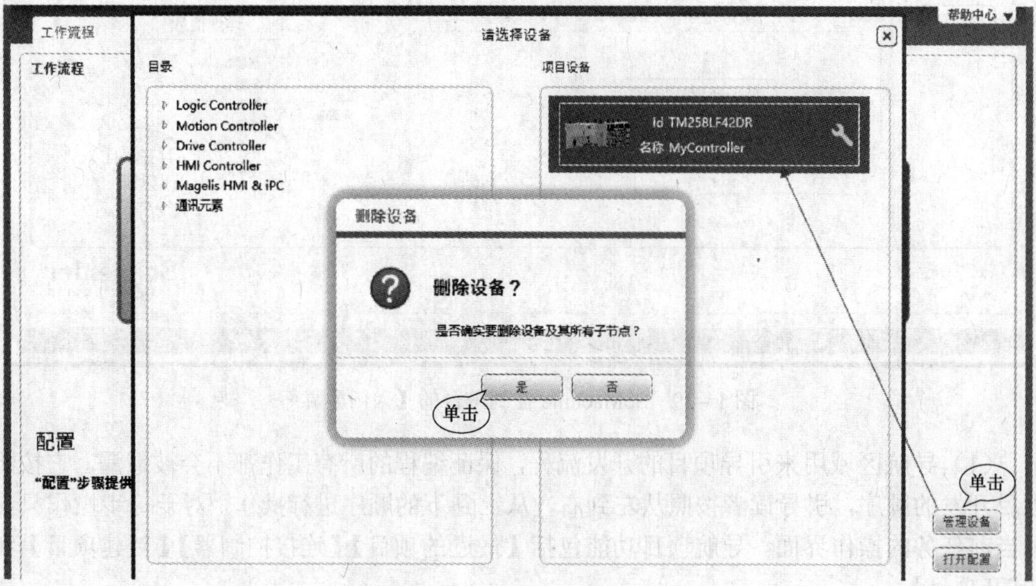

图1-31 删除设备的操作

2. 应用程序设计

(1)【控制器】可以对项目的单个控制器（或多个控制器）进行编程，通过启动按钮旁边的设备列表选择设备并单击【启动】按钮，将启动 SoMachine Logic Builder 处理所选择的设备，如图1-32所示。

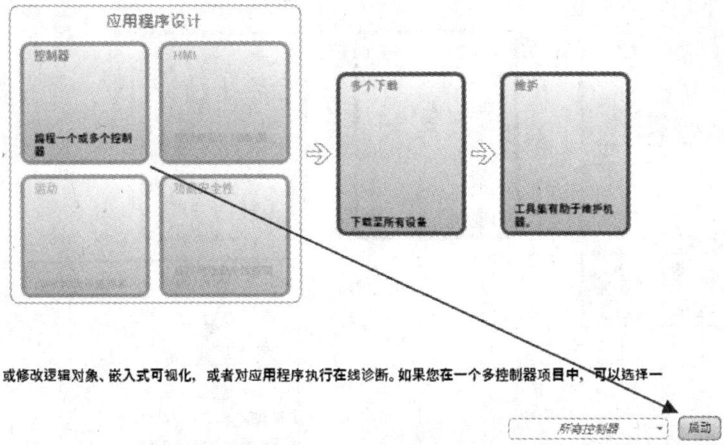

图 1－32　启动编程的操作

（2）【HMI】用于对 HMI 的应用程序和设计进行操作。选择【HMI】，然后单击【启动】按钮即可启动用于处理 HMI 设备的 Vijeo－Designer。

3. 多个下载

【多个下载】选项能够将项目下载到设备当中，操作时要单击【下载】按钮，如图 1－33 所示，打开用于选择各设备的对话框，按照提示操作即可。HMI 应用程序会先于控制器应用程序进行下载，并且不受所选下载顺序的影响。

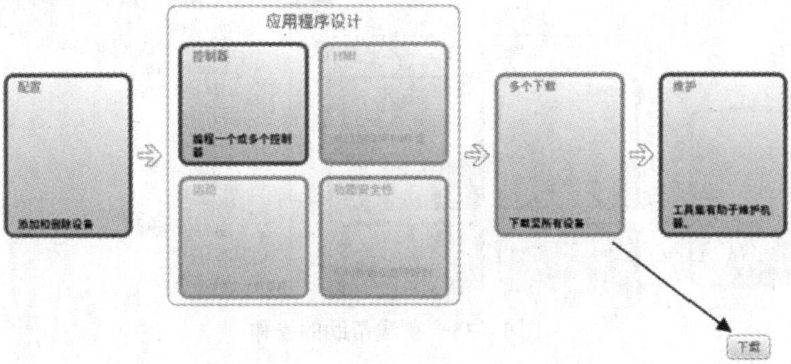

图 1－33　下载操作

4. 维护

在【维护】中，单击【过滤工具】可以选择下载固件 ATV－IMC 等工具，然后单击【启动】按钮打开相应对话框，如控制器助手、OPC 配置等，如图 1－34 所示。

另外，无论是在入门界面还是在工作流程界面都可以访问【在线帮助】，方法是单击图标 ? 打开帮助文档，如图 1－35 所示。

其中，【学习中心】文件夹提供有关 SoMachine Central 的详细信息。

（四）版本界面

SoMachine 控制平台的【版本】界面显示项目的可用版本列表，并提供了锁定/解锁、删除、恢复、手动保存等功能。

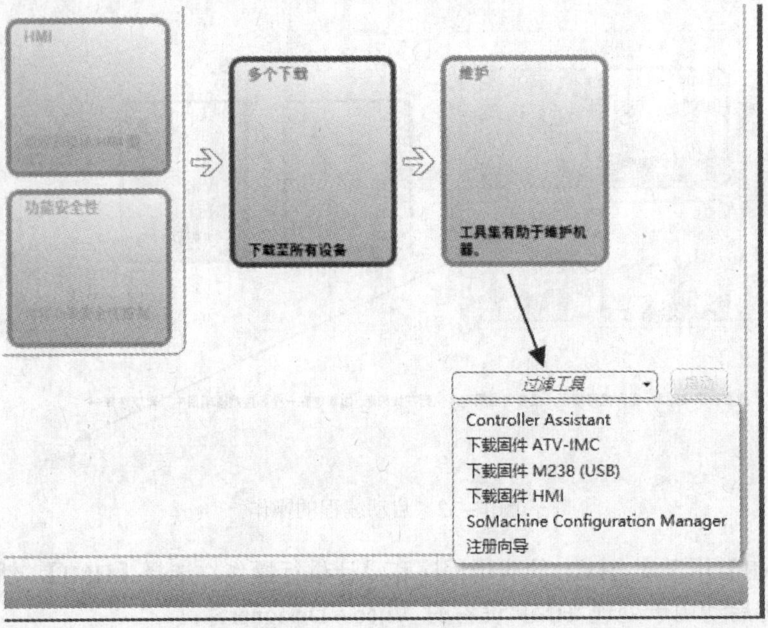

图 1－34　维护的操作

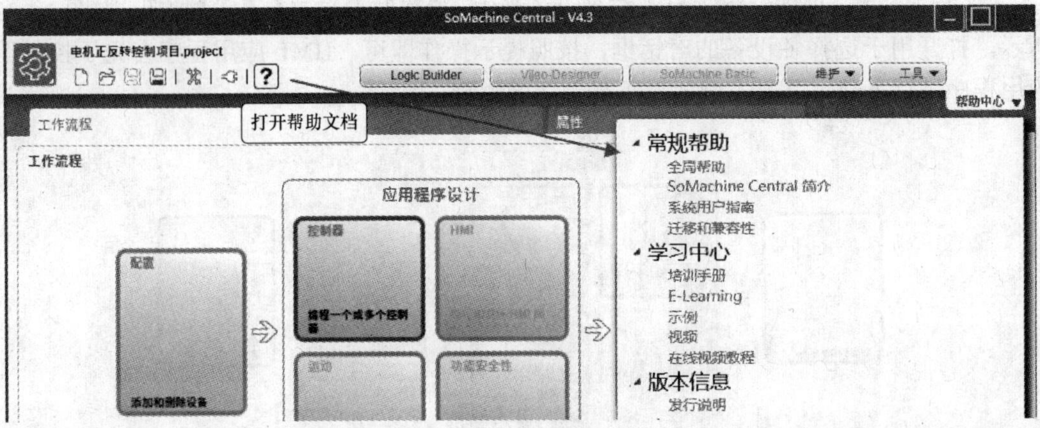

图 1－35　在线帮助的操作

可以显示的属性包括标题、作者、公司、版本、图像（用户定义的图像）、统计信息和版本注释（读/写），单击【设置】按钮将弹出【系统选项】对话框，可以配置相关参数，如图 1－36 所示。在设置按钮旁将显示当前所用设置的简短描述。

（五）属性界面

SoMachine 控制平台的【属性】界面显示项目的文件名、文件路径、上次更改时间等统计信息，读者可以编辑并保存项目的其他信息（读/写）、标题、作者、公司、版本、注释、图像（用户定义的图像）、自定义信息、附件等属性（只读），如图 1－37 所示。

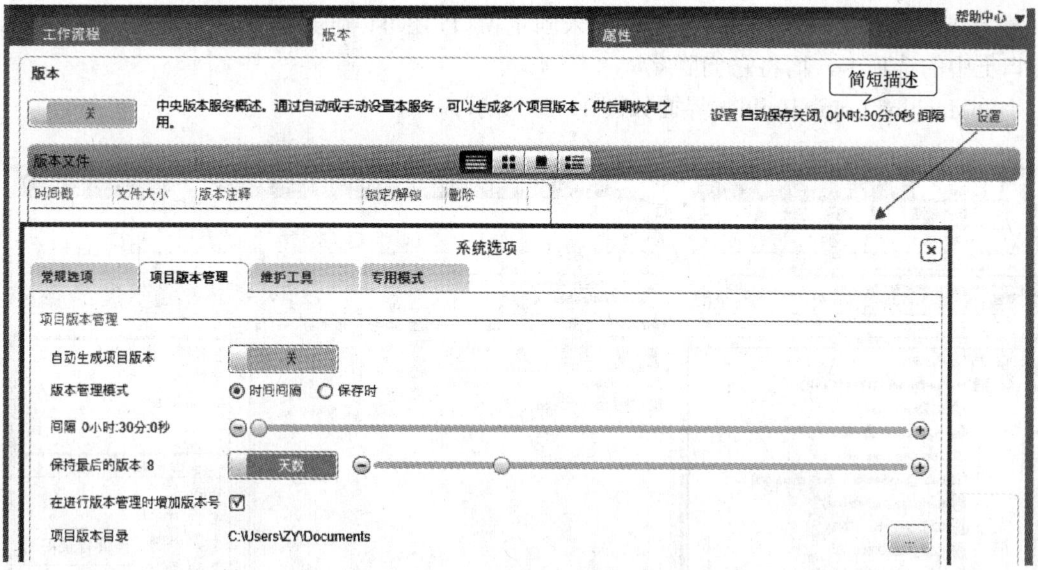

图 1－36 【系统选项】对话框

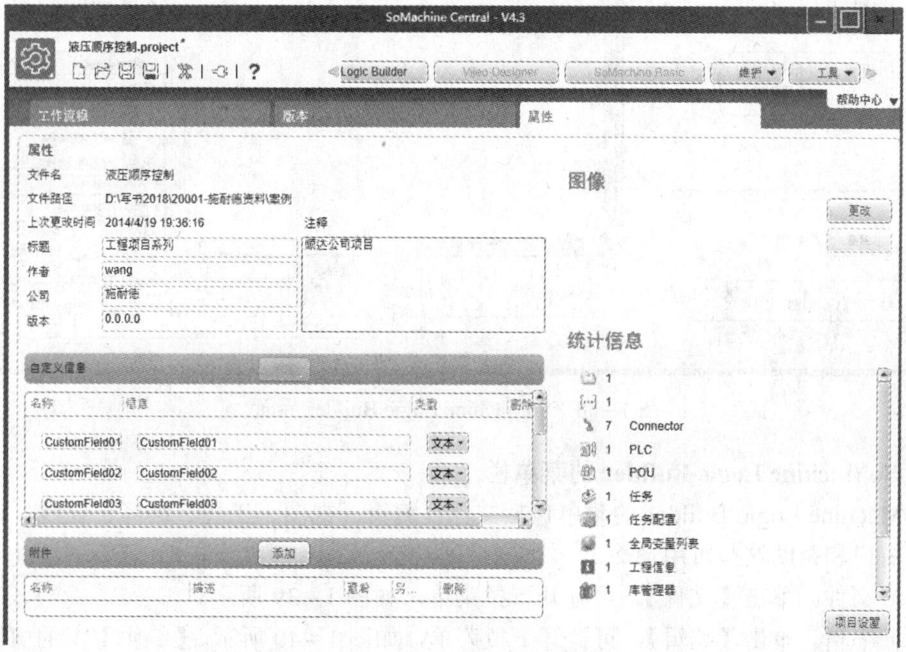

图 1－37 【属性】界面

（六）SoMachine Logic Builder界面

SoMachine Logic Builder 界面有菜单栏、工具栏、多选项卡导航器（设备树、工具树、应用程序树）、消息视图、信息和状态栏、多选项卡目录视图和多选项卡编辑器视图。

扫码看视频

在 Logic Builder 屏幕中有两种不同类型的窗口，即固定窗口和隐藏窗口。有些窗口可固定至 SoMachine 窗口的任何边缘，或者可以定位在屏幕上作为独立于 SoMachine 窗口的未固定窗口，还可以通过将它们表示为 SoMachine 窗口框中的选项卡，而将它们隐藏。

SoMachine Logic Builder 界面如图 1－38 所示。

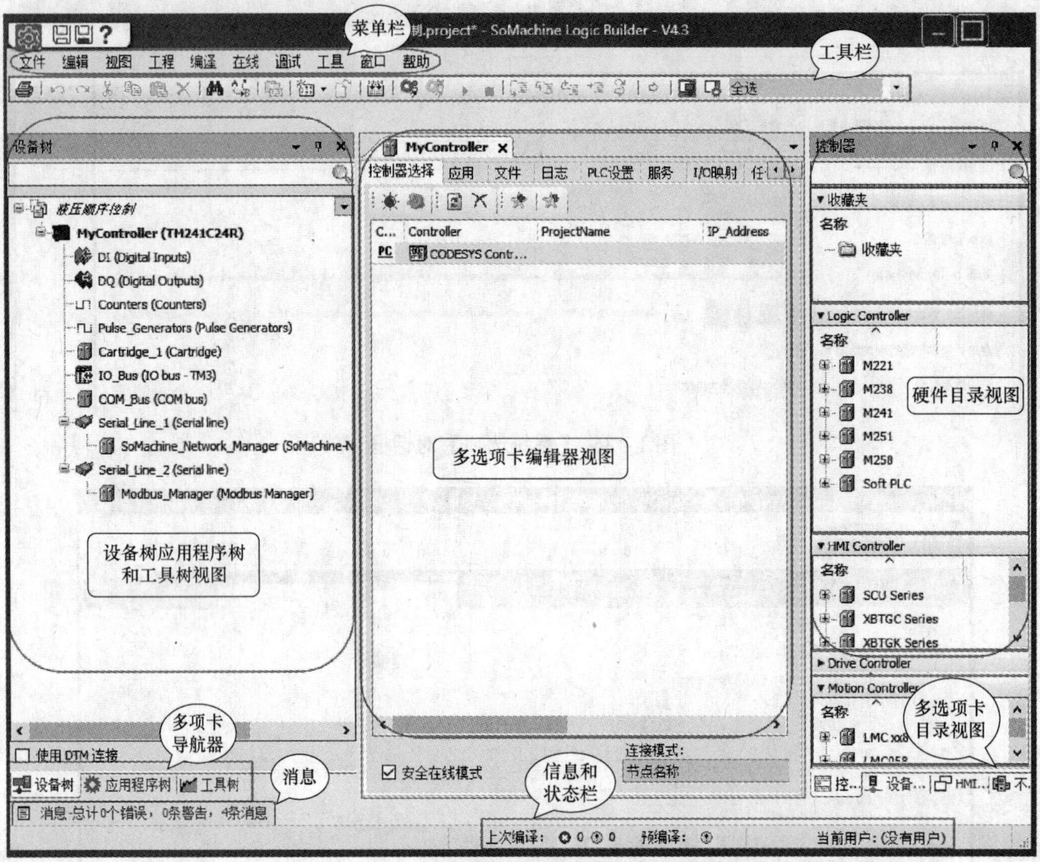

图 1－38　SoMachine Logic Builder 界面

1. SoMachine Logic Builder 的菜单栏

SoMachine Logic Builder 的菜单包括文件、编辑、视图、工程、编译、在线、调试、工具、窗口和帮助这些可用命令。

（1）文件。单击【文件】，可打开下拉菜单，如图 1－39 所示。

（2）编辑。单击【编辑】，可打开下拉菜单，如图 1－40 所示。【编辑】下的剪切、复制、粘贴、查找和替换等与 Windows 操作系统中相类似。【输入助手...】是使用最频繁的功能，可以帮助输入变量、功能块的名称、调用库里的函数、功能、功能块，减少读者的记忆负担。编程时，【自动声明...】工具可帮助读者将没有声明过的变量，声明为局部变量或全局变量，还可声明为掉电保持型变量。

（3）视图。单击【视图】，可打开下拉菜单，如图 1－41 所示，此菜单可以切换需要显示的内容，方便读者在 SoMachine 控制平台中找到下一步要操作的工具画面，比如需查看程序编译结果时，选择【消息】；需进行编程工作。

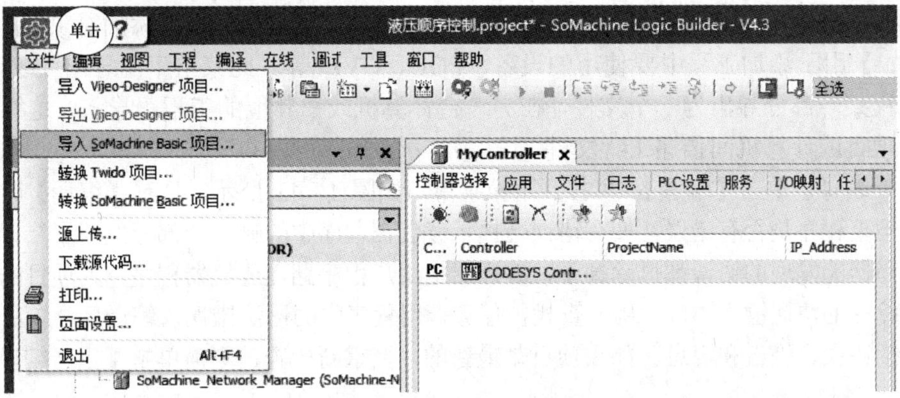

图 1－39 【文件】菜单

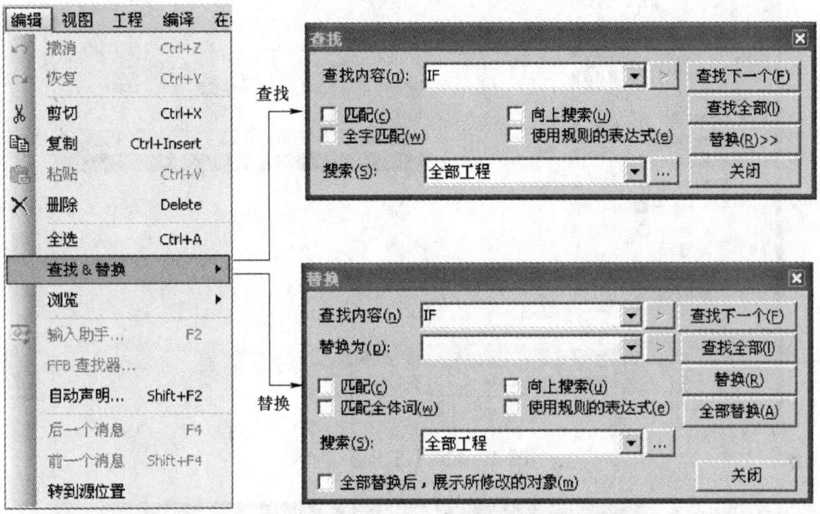

图 1－40 【编辑】菜单

【监视】主要用在程序下载后的在线调试，找出程序中存在的 BUG。

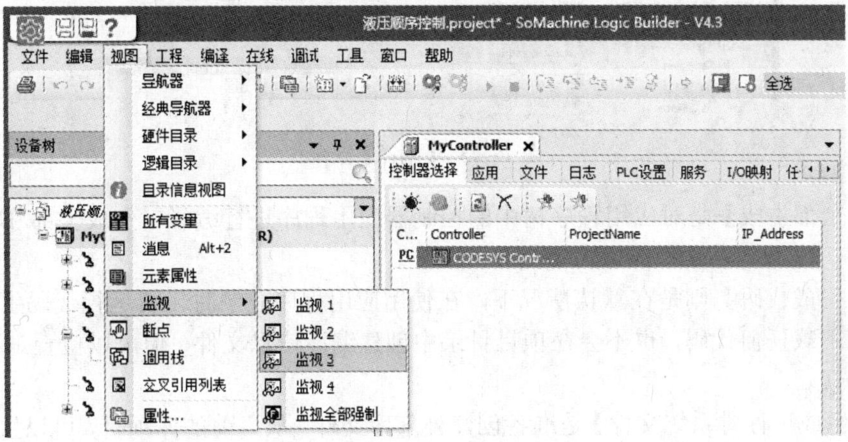

图 1－41 【视图】菜单中的选项

（4）工程。单击【工程】，可打开下拉菜单，如图 1－42 所示。【添加对象...】和【添加设备...】用于添加工程中要使用的设备、POU、GVL 等。此菜单下的导出/导入功能，可将工程某一部分导出为一个文件，在另一台计算机或在其他的工程再导入，这样可实现在多个项目或计算机间传递工程文件。

（5）编译。单击【编译】，可打开下拉菜单，如图 1－43 所示。选择【编译】时，编译器首先检查程序是否有错误，如有错误会提示读者在程序中的哪一个部分发现了错误，当所有的编译器能发现的错误都排除掉了，编译器把用户程序翻译成机器程序，为项目的下载做准备。编译的快捷键为 F11，用于查找被任务调用程序中的语法错误，编译后会输出编译信息，包括错误、警告和消息。如果项目是最新的，要重新检查，则需单击【重新编译】。

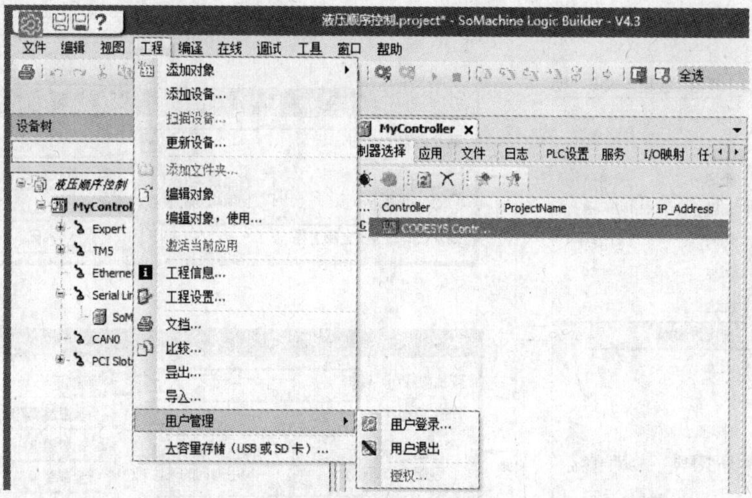

图 1－42 【工程】菜单

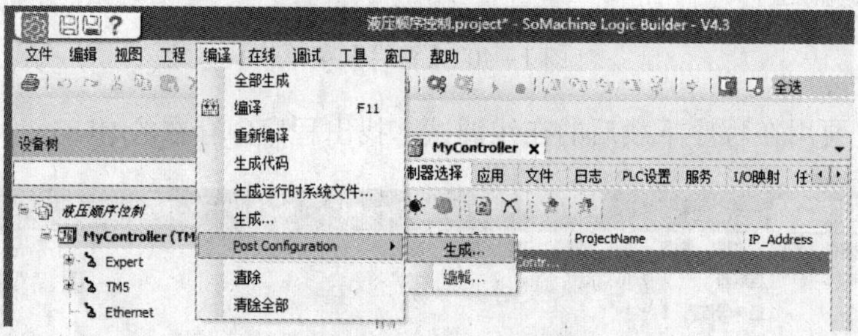

图 1－43 【编译】菜单

1）【全部生成】是对应用程序树中的控制器应用程序进行编译，生成全部 HMI 目标应用程序。

2）【生成代码】则是在默认情况下，在使用应用程序登录时，将运行代码生成过程。此时不会下载任何代码，也不会在项目目录中创建编译信息文件，但可以检查是否存在任何编译错误。

3）【生成运行时系统文件】是准备创建外部库文件。从当前的库项目，可以生成 C 根文件以及 M4 格式的接口文件，随后就可在 SoMachine 外部使用这些文件。

4)【清除】可以删除应用程序的编译信息。编译信息是在应用程序的最后下载过程中创建的，存储在项目目录中的文件 *.compileinfo 中。清除过程之后，将无法在线修改相应的应用程序，必须再次将程序下载。

5)【清除全部】可以用来删除所有应用程序的编译信息。编译信息是在应用程序的最后下载过程中创建的，存储在项目目录中的文件 *.compileinfo 中。清除过程之后，将无法在线修改相应的应用程序。必须再次将程序下载。

（6）在线。单击【在线】，可打开下拉菜单，如图 1-44 所示。【登录】用于连接 PC 与 PLC，【退出】用于将 PC 与 PLC 的连接断开。如果在工程项目中还配备了 HMI 触摸屏设备，可使用【多重下载...】，这样可一次下载 PLC 和 HMI 的项目文件。

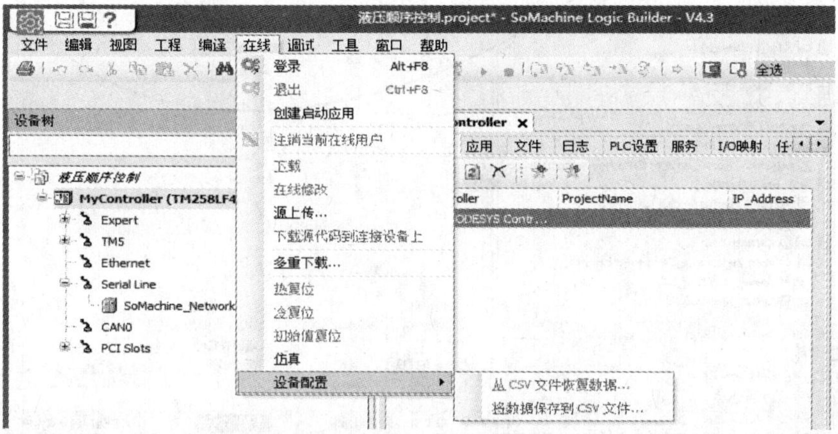

图 1-44 【在线】菜单

在实际的项目操作过程中，读者可以通过编译等选项查找程序的语法错误，然后使用仿真查找程序中可能存在的逻辑错误，即不连接实际的 PLC 而是使用离线仿真功能，勾选【仿真】即可，如图 1-45 所示。

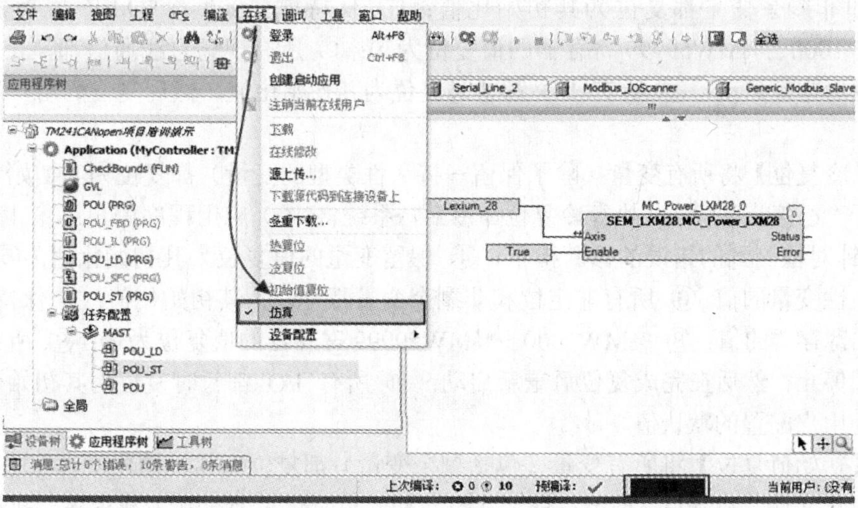

图 1-45 勾选【仿真】

然后在设备树选择在线的“codesys”然后按 Alt+F8 登录，如图 1－46 所示。

1)【下载源代码到连接设备上】将存档的 SoMachine 项目从 PC 下载到连接的 PLC 上，适用于 ATV IMC 和 M258 PLC，以及将 USB 闪存驱动器作为辅助存储设备的 XBTGC 类型控制器上，即 PLC 必须配置了额外的存储器扩展才能使用此功能。

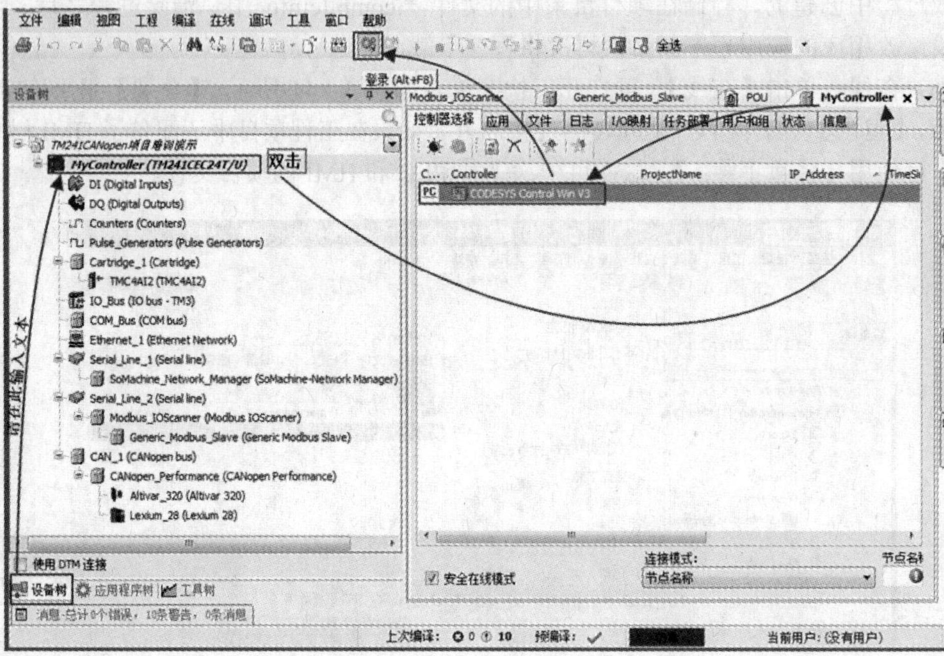

图 1－46　离线仿真的操作

2)【热复位】将所有变量（除了保持类变量）复位为默认值。将 PLC 置于“已停止”状态。执行热复位命令后，系统将：① 应用程序停止；② 擦除强制；③ 复位针对检测到的错误的诊断指示；④ 保持保留变量的值；⑤ 保持保留—持久性变量的值；⑥ 所有非定位和非剩余变量都复位为其初始化值；⑦ 保持前 1000 个%MW 寄存器的值；⑧ %MW1000～%MW59999 寄存器的值复位为 0；⑨ 所有现场总线通信都停止，然后在完成复位后重新启动；⑩ 所有 I/O 都暂时复位为其初始化值，然后复位为用户配置的默认值。

3)【冷复位】将所有变量（除了保留—持久性类型的变量）都复位为其初始化值。将 PLC 置于“已停止”状态。执行冷复位命令后，系统将：① 应用程序停止；② 擦除强制；③ 复位针对检测到的错误的诊断指示；④ 保留变量的值复位为其初始化值；⑤ 保持保留—持久性变量的值；⑥ 所有非定位和非剩余变量都复位为其初始化值；⑦ 保持前 1000 个%MW 寄存器的值；⑧ %MW1000～%MW59999 寄存器的值复位为 0；⑨ 所有现场总线通信都停止，然后在完成复位后重新启动；⑩ 所有 I/O 都暂时复位为其初始化值，然后复位为用户配置的默认值。

4)【初始值复位】将所有变量（包括剩余变量）都复位为其初始化值。擦除 PLC 上的所有用户文件。将 PLC 置于“空”状态。初始值复位后要重新下载程序。执行初始值复位命令后，系统将：① 应用程序停止；② 擦除强制；③ 擦除启动应用文件；④ 复位针对检测到的错误的诊断指示；⑤ 复位保留变量的值；⑥ 复位保留—持久性变量的值；⑦ 复位所有非定位和非剩余变量；⑧ 前 1000 个%MW 寄存器的值复位为 0；⑨ %MW1000～%MW59999 寄存器的值复位为 0；⑩ 所有现场总线通信都停止；⑪ 所有 I/O 都复位为其初始化值。

（7）调试。单击【调试】，可打开下拉菜单，可以在调试时进行新断点的设置等操作。程序运行后，先在准备值中设好需要的数据值，然后按 CTRL+F7 即可写入值，如果需要更改变量的显示模式，可依次单击【调试】→【显示模式】然后选择相应的进制，如图 1－47 所示。

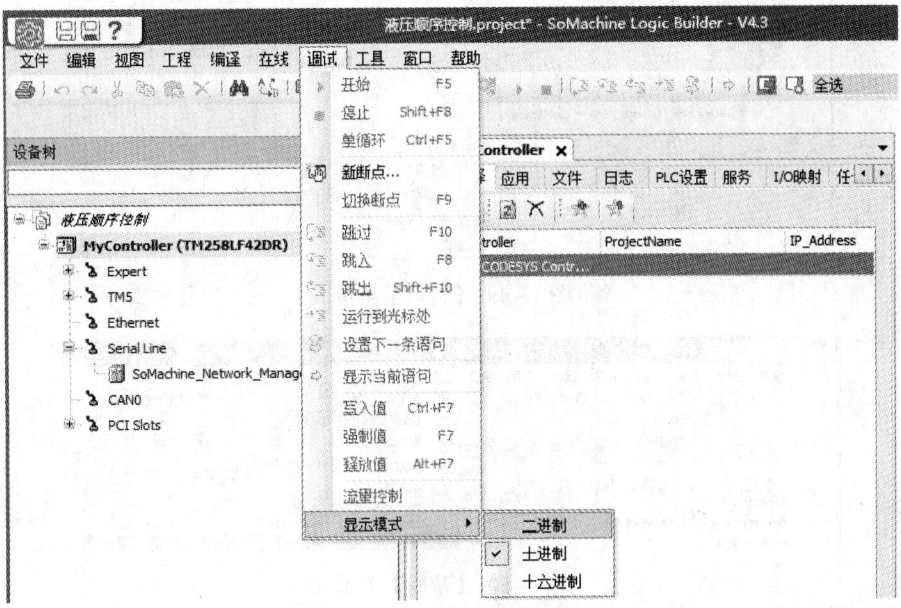

图 1－47　改变量的显示模式

（8）工具。单击【工具】，可打开下拉菜单，如图 1－48 所示，可以选择【库...】【设备库...】或【模板存储库...】，还可以选择【自定义】进入自定义窗口等。

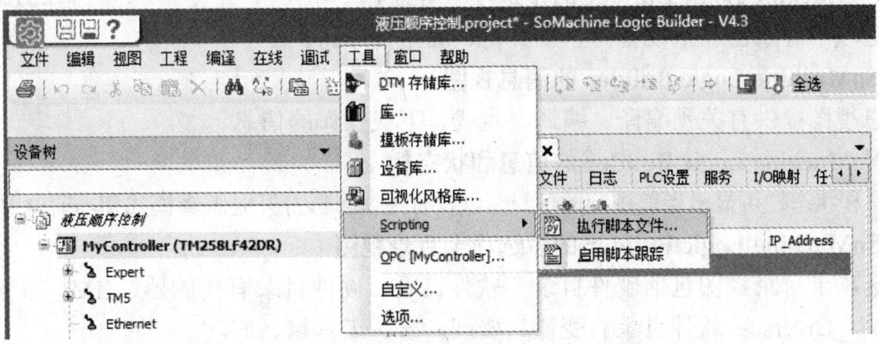

图 1－48【工具】菜单

（9）窗口。单击【窗口】，可打开下拉菜单，如图 1－49 所示，用于选择已经打开的编辑器或窗口。选择【新水平排列】或【新垂直排列】可以将已经打开的窗口进行水平或垂直排列。

（10）帮助。单击【帮助】，可打开下拉菜单，如图 1－50 所示，可用于查找内容、索引以及使用帮助中的搜索功能，在线帮助是读者使用 SoMachine 控制平台最得力的助手。

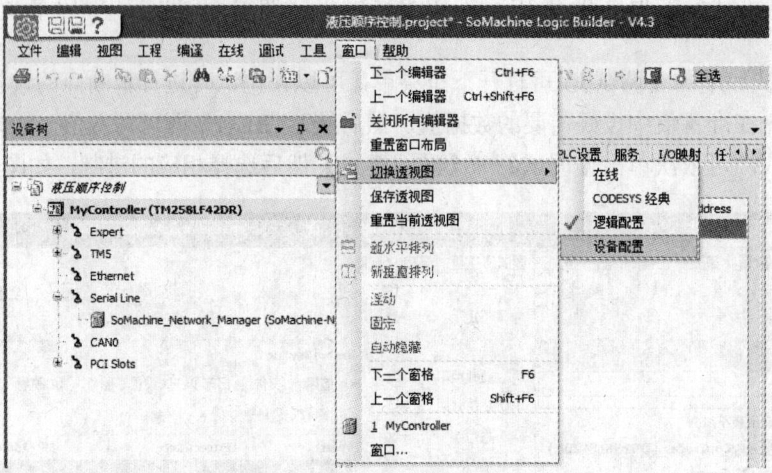

图 1－49 【窗口】菜单

图 1－50 【帮助】菜单

2. SoMachine Logic Builder 的工具栏

工具栏包含按钮，可用来执行在【工具】→【自定义...】中定义的可用工具。

扫码看视频

3. SoMachine Logic Builder 的多选项卡导航器

多选项卡导航器包括设备树、工具树、应用程序树。

4. SoMachine Logic Builder 的消息视图

消息视图提供有关预编译、编译、生成、下载操作的信息。

5. SoMachine Logic Builder 的信息和状态栏

信息和状态栏可显示当前用户的信息，以及有关编辑器打开时编辑模式和当前位置的信息。

6. SoMachine Logic Builder 的多选项卡目录视图

多选项卡目录视图包括硬件目录和软件目录，硬件目录有控制器、HMI 和 iPC、设备和模块、Diverse；软件目录有变量、资产。宏、工具箱、库。

7. SoMachine Logic Builder 的多选项卡编辑器视图

多选项卡编辑器视图用于在相应编辑器中创建特定对象。

语言编辑器（例如 ST 编辑器、CFC 编辑器）通常窗口在下半部分，声明编辑器通常位于上半部分。

对于其他编辑器，多选项卡编辑器视图可提供对话框（例如任务编辑器、设备编辑器等）。POU 的名称或资源对象显示在该视图的标题栏中。可以通过执行编辑对象命令，在离线或在线模式下于编辑器窗口中打开对象。

四、SoMachine 控制平台的程序结构

SoMachine 控制平台不仅是一个编程软件，还能够管理项目中设备的所有信息，包括管理项目信息、HMI/PLC/Driver/Motion 自动化产品的程序、电气接线图、工艺原理图等。SoMachine 控制平台还能自动生成项目文档，方便读者管理和移交给最终用户。

SoMachine 编程的程序可以由主任务、快速任务和辅助任务等元素根据项目工艺要求的不同进行组合构成。

SoMachine 控制平台创建的项目中的任务类型，有自由运行任务、循环任务、事务任务和外部任务几种。

每个任务都包含自己的程序组织单元（POU），每个 POU 包括程序、功能（Func）和功能块（FB）、数据单元类型（DUT）等。

另外，为了建立 PLC 输入/输出与现场设备的联系，在程序中必须对逻辑输入/输出、高速输入、PTO 脉冲输出、通信等功能按照项目要求进行配置，这是在编制程序前要完成的重要步骤。

（一）任务

任务是 IEC 程序处理过程中的一个单元，任务通过名字、优先级以及触发条件类型来定义。任务可以定义为时间（周期、非周期）或者触发该任务的内部或者外部事件，例如 PLC 的中断事件。每个任务都可以指定一系列由该任务触发的 POU。如果该任务在当前周期被执行后，那么这些 POU 将在当前工作周期起作用的时间内被处理。

优先级和条件综合决定任务的执行顺序。每个任务都可以配置一个看门狗（时间控制），当超过看门狗时间，PLC 会停止运行并报警。

最常用的任务是 MAST 任务，MAST 任务默认设置为周期性执行。任务配置下的 MAST 任务如图 1－51 所示。

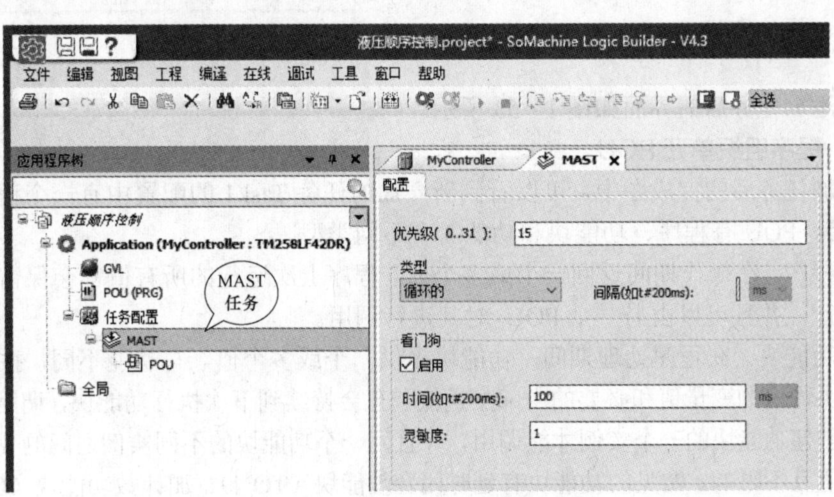

图 1－51　任务配置下的 MAST 任务

PLC 任务按工作类型可分成循环任务、自由运行任务、事件任务和外部任务。

（1）循环任务：任务按照【间隔】设定的时间执行循环。

（2）自由运行任务：程序一开始任务就被处理，一个运行周期结束后任务将在下一个循环中被自动重新启动。

（3）事件任务：如果在事件项定义的变量为真时，任务将开始执行。

（4）外部任务：一旦外部事件区定义的系统事件产生，任务将被执行。

在 SoMachine 建立的任务中，每个任务必须设置优先级（0～31 的数），0 是最高优先级，31 是最低优先级。

在 SoMachineLogic Builder 的控制平台中，添加新的任务是在设备窗口中实现的，首先右键单击任务配置节点，从上下文菜单中选择【添加对象】→【任务...】，然后在弹出的【添加任务】对话框的文本框中输入新增的任务名称，这里输入“Task1”。注意任务的名称中不能包含任何空格，也不能超过 32 个字符，名称输入完成后单击【添加】按钮完成任务的添加，如图 1－52 所示。

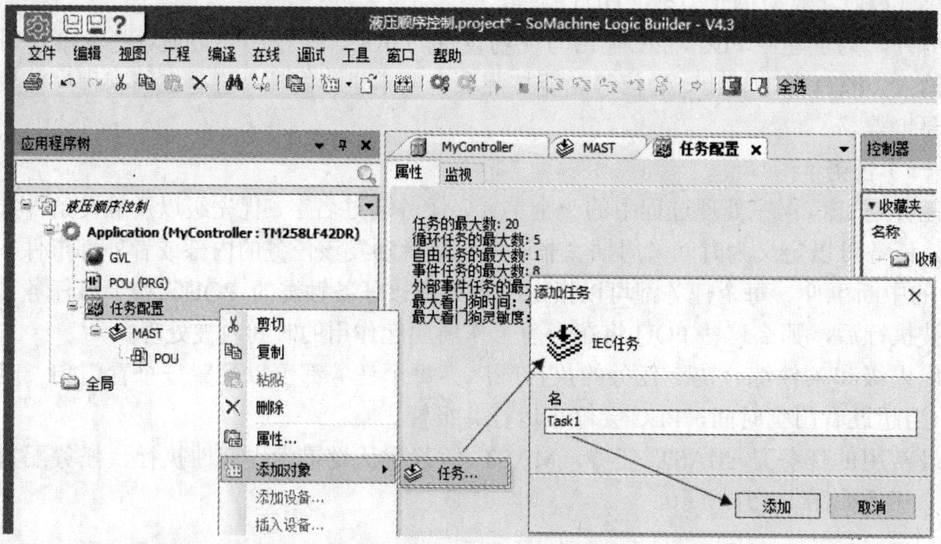

图 1－52　任务的添加

完成添加任务后的界面如图 1－53 所示。

（二）程序组织单元 POU

在添加任务后的完成图中，可以看到新添加的任务 Task1 的配置中有一个程序组织单元（POU），POU 有程序、功能块和功能 3 个不同类型。

（1）程序。在操作期间返回一个或多个值。程序上次运行的所有值都会保留到程序的下一次运行，并且可以由另一个 POU 对其进行调用。

（2）功能块。在程序处理期间，功能块提供一个或多个值。与功能不同，执行功能块后，功能块输出的变量值和必要的内部变量值一直会持续到下次执行功能块，调用功能块时总是要先创建功能块的一个实例才能调用，并且同一个功能块的不同实例之间的变量值和内部的变量值互不影响。常见的功能块有延时闭合功能块（TON）、加计数功能块（CTU）等。

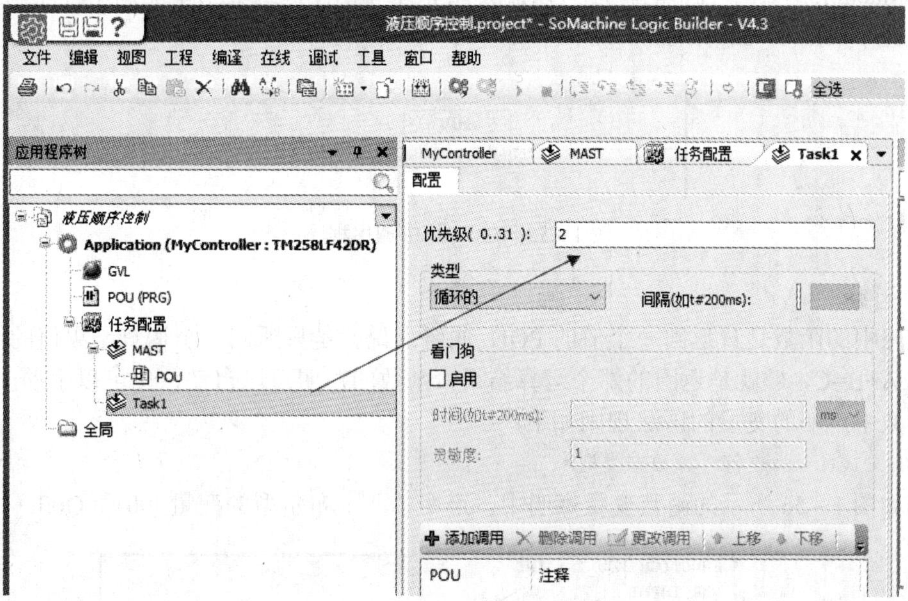

图 1－53　完成添加任务后的界面

（3）功能。在程序中处理功能时，功能只能产生单个的数据元素（可以包含多个变量类型，如字段或结构），即返回一个运算结果。功能在程序中可以直接使用名称进行调用。常见的功能有布尔操作指令（AND，OR）、计算指令（ADD）、转换指令（BYTE_TO_INT）、传送指令（MOVE）等。

1. 程序

SoMachine 控制平台中创建的程序，实际上就是执行时能够返回一个或多个值的 POU，所有变量值能够从本次程序执行结束保持到下一次执行。

程序中的变量声明的语法规则如下：

PROGRAM <程序名>

如图 1－54 所示的程序变量声明中，声明了在 POU 中的 blink 功能块的两个实例，以及 CTU 功能块的一个应用实例。

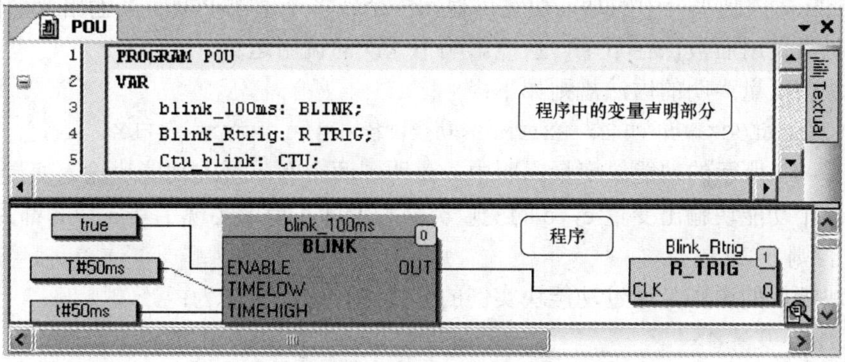

图 1－54　程序变量声明

SoMachine 控制平台中的程序可以被其他 POU 调用，但函数中不能调用程序，在 POU 中调用程序如图 1－55 所示。

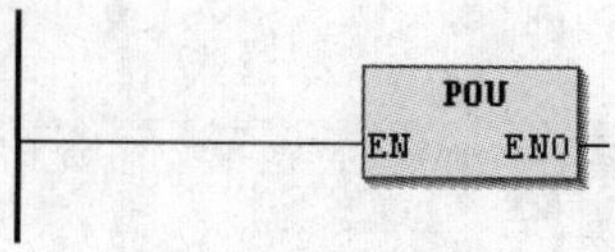

图 1－55　在 POU 中调用程序

2. 函数

程序中的函数是只返回一个值的 POU，通俗点说就是只返回一个运算结果值的编程单元，如 A+B=C，C 就是返回的那个运算结果。函数的声明可以自动，也可以手动。

函数中声明的变量的语法规则如下：

```
FUNCTION <函数名>：<数据类型>
```

在如图 1－56 所示的函数变量声明中，声明了两个布尔型的变量 I00 和 Q00。

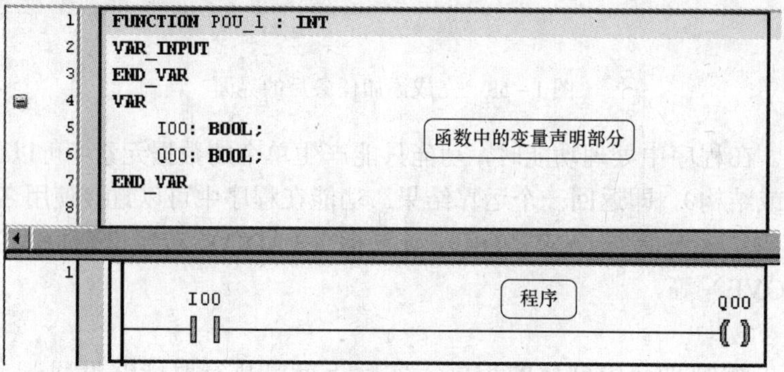

图 1－56　函数变量声明

在 SoMachine 控制平台的程序中对函数进行调用时，是对函数内部变量值的改变，是不会影响下一次调用的，即每次调用时输入参数相同，其返回值必定相同，调用函数时建议在函数中不要使用全局变量和地址，在 ST 中可将函数返回值当作操作数来参与运算。

3. 功能块

SoMachine 控制平台中的功能块是可返回一个或多个值的 POU，其输出变量值和内部变量值在每次调用后被保存下来，从而影响下一次的调用运算。

功能块中变量声明的语法规则如下：

```
FUNCTION_BLOCK<功能块名>|EXTENDS<功能块名>|IMPLEMENTS<接口名>
```

在图 1－57 所示的功能块变量声明中，声明了两个布尔型的功能块输入变量 a 和 b，又声明了一个功能块输出变量 c，c 的变量类型为 INT。程序实现了当 a 和 b 都为真时，c 等于 10，否则 c=20。

功能块调用的原则是通过功能块实例的方式进行的，语法为：

```
<实例名>.<变量名>
```

另外，从功能块实例的外部只能访问功能块的输入/输出参数，不能访问内部参数；声明为某个 POU 局部变量的实例时，也只能被该 POU 调用；只有声明为全局变量的实例时，才能被各 POU 调用。

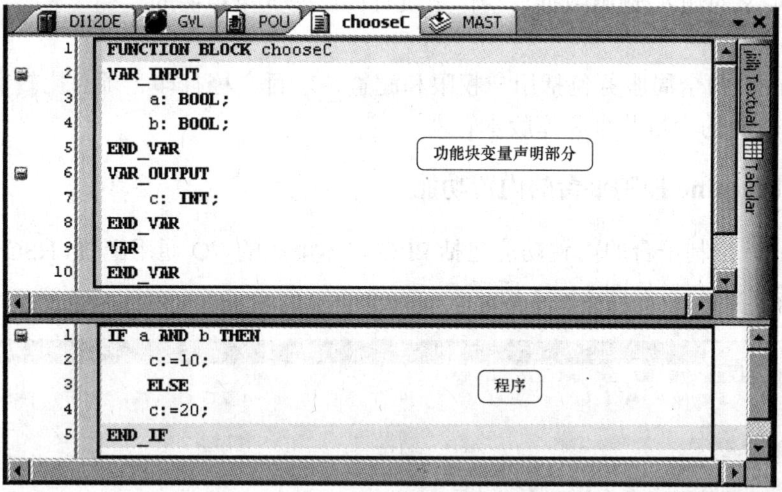

图 1－57　功能块变量声明

（1）功能块的扩展。功能块可以扩展出子功能块，使该功能块既具有父功能块的属性，同时又具有自己本身的属性。功能块扩展声明的语法规则如下：

```
FUNCTION_BLOCK<功能块名>|EXTENDS<功能块名>
```

如果要实现功能块 FB2 包含 FB1 中所有的方法和变量时，在使用功能块 FB1 的地方可用 FB2 替换，FB2 中不允许使用与 FB1 中相同的变量名，使用 FB2 时，可直接使用 FB1 中的变量和方法，加上关键字 SUPER 即可（SUPER^<变量名>）。程序如下：

```
FUNCTION_BLOCK FB1        FUNCTION_BLOCK FB2 EXTENDS FB1
VAR_INPUT                   VAR_INPUT
  IN1 : INT;                  IN2 : INT;
END_VAR                    END_VAR
```

（2）功能块的接口。实现接口的功能块必须包含该接口的所有方法，功能块和接口中对这些方法，输入和输出的定义必须相同。功能块扩展声明的语法规则如下：

```
FUNCTION_BLOCK<功能块名>|IMPLEMENTS<接口 1 名称>，…，<接口 n 名称>
```

（3）实现功能块的接口。实现接口的功能块必须包含该接口的所有方法，功能块和接口中对这些方法，输入和输出的定义也必须相同。功能块扩展声明的语法规则如下：

```
FUNCTION_BLOCK<功能块名>|IMPLEMENTS<接口 1 名称>，…，<接口 n 名称>
```

（三）属性

属性是一种对象，可通过【添加对象】命令插入程序或功能块中，添加属性时，需要添加该属性的返回类型和实现语言。

一个属性中包含两个特殊的【方法】，并将自动插入到该【属性】下。

当对该属性写操作时，调用【SET】方法，该属性名被用作输入；而当对该属性读操作时，调用【GET】方法，该属性名被用作输出。

1. 动作

SoMachine 中可以对程序或功能块定义和配置动作，是其附加的实现部分，可以采用与主实现部分不同的语言来实现，动作必须与所属的程序或功能块一起动作，动作中的数据要使用其定义的输入/输出数据。动作是没有自己的变量声明的。

2. 全局服务

SoMachine 的全局服务包括用户权限和配置、项目文档打印、项目比较（控制）、基于发布/订购机制的变量共享和库版本管理。

五、SoMachine 控制平台的内置功能

SoMachine 控制平台的内置功能包括 PLC 本体集成的 I/O 通用配置、HSC 功能组态和 PWM/PTO 功能组态，如图 1-58 所示。

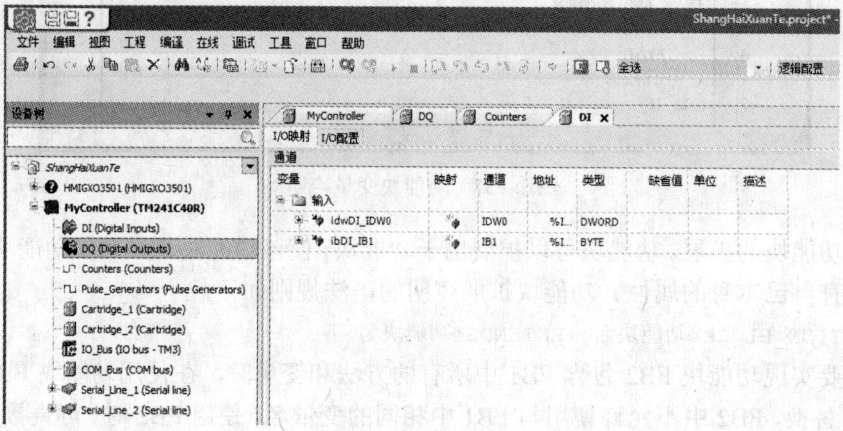

图 1-58 SoMachine 控制平台的内置功能

（一）内置 I/O 的组态参数

SoMachine 控制平台中内置 I/O 的组态参数见表 1-5。

表 1-5 SoMachine 控制平台中内置 I/O 的组态参数

参数名称	值	描 述	限 制
Filter 滤波	无（默认） 1.5ms 4ms 12ms	滤波时间系数，用于降低干扰的影响	除锁存和事件功能外有效
Latch 锁存	否（默认） 有	捕捉和记录脉宽小于扫描周期的输入脉冲	仅对快速输入 I0～I7 有效，事件禁止时可用
Event 事件	无（默认） 上升沿 下降沿 上升/下降沿	事件检测	仅对快速输入 I0～I7 有效，锁存禁止时可用
Bounce Filter 跳跃滤波	无（默认） 0.04ms 0.4ms 1.2ms 4ms	滤波时间系数，用于降低输入波形跳动的影响	锁存或事件功能有效时可用
Run/Stop 运行/停止	否（默认） 有	用于运行或停止控制器程序	所有的输入都可组态为运行/停止功能，但同时仅有一个生效

（二）内置I/O的全局变量映射

I/O 映射中的变量分为 DI（Digital Inputs）和 DQ（Digital Outputs）区域，双击【设备树】下的 PLC241 下的 DI 后，在右侧就会显示 I/O 映射选项卡，如图 1－59 所示。所有变量无论是否被应用（或映射）到输入（或输出）上都会在每个周期中进行更新。

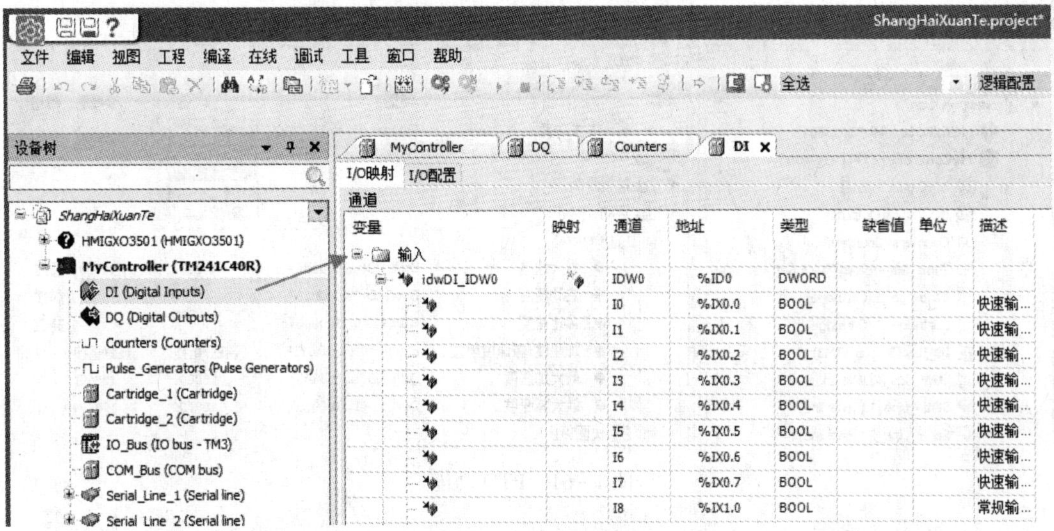

图 1－59　I/O 映射

（三）内置的HSC功能

双击【设备树】面板上的 TM241 PLC 下的【Counters】，可以在【值】的下拉选项中设置 HSC 的功能，如图 1－60 所示。可以选择 HSC Simple、HSC 主单相、HSC 主双相、频率计、周期计，也可以选择无。

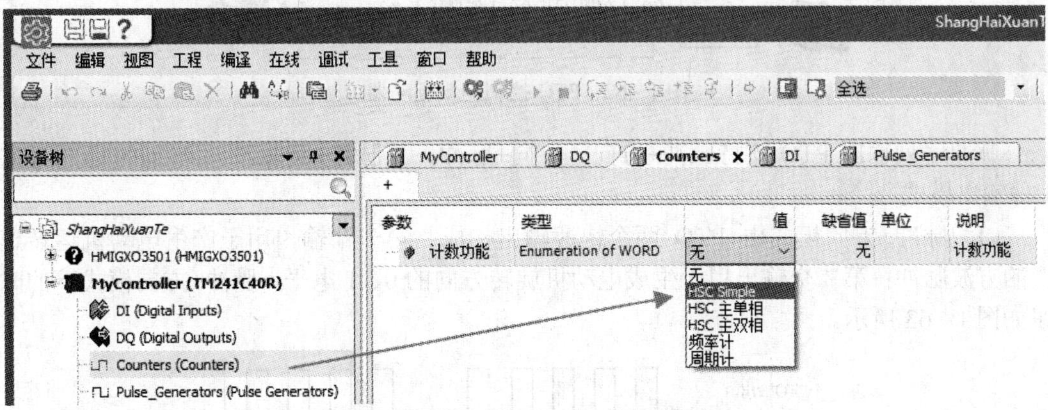

图 1－60　内置的 HSC 功能

HSC Simple 是单路计数模式，可接入速度传感器、接近开关等。支持加/减计数到预设值，支持单触发模式和模数回零模式，不支持事件触发。

（四）内置的 PWM/PTO－功能

可以将通道组态设为脉冲序列输出（PTO）、脉宽调制输出（PWM）和频率发生器

（Frequency Generator）这 3 种模式，PTO 功能如图 1－61 所示。

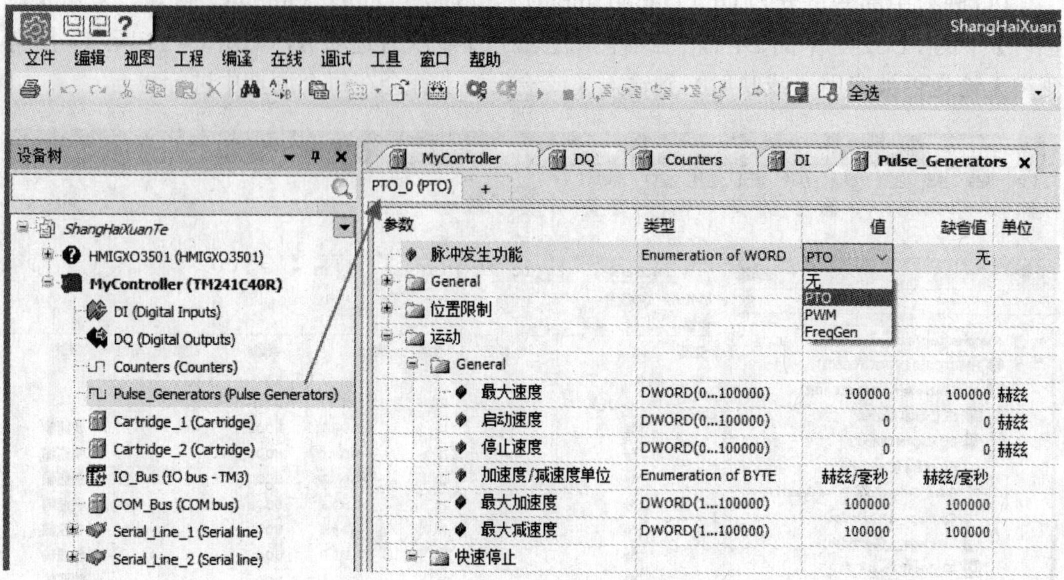

图 1－61　PTO 功能

1. 脉冲序列输出

脉冲序列输出（Pulse Train Output，PTO）提供方波输出用于产生固定数量和指定循环周期的脉冲。PTO 能够用于控制内置开放连接器输入和集成位置环的伺服驱动器，如图 1－62 所示。

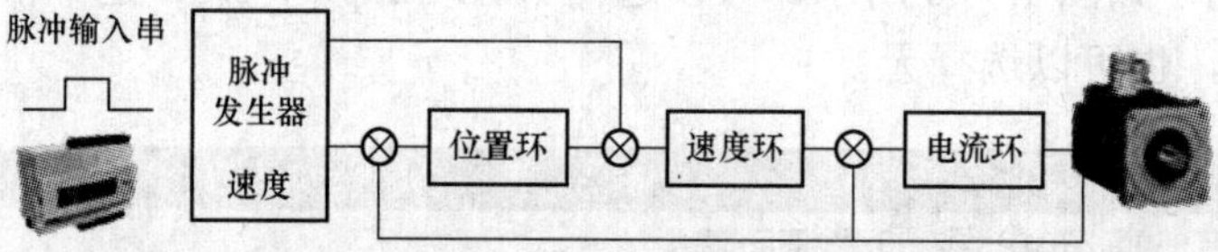

图 1－62　PTO 控制伺服驱动器

脉冲序列输出 PTO 支持脉冲+方向、方向+脉冲、正脉冲+负脉冲、负脉冲+正脉冲共 4 种输出模式。

（1）脉冲+方向模式由 PTO 两个快速输出构成，第一个输出用于产生电动机运转速度的方波脉冲；第二个输出用于生成电动机旋转方向的 0、1 电平。脉冲+方向模式下的时序如图 1－63 所示。

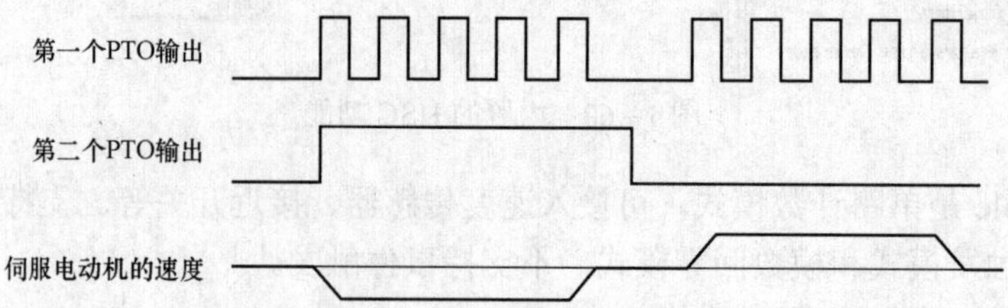

图 1－63　脉冲+方向模式下的时序

（2）方向+脉冲模式与上个模式类似，将脉冲+方向模式的两个 PTO 输出功能对调，即第一个输出用于生成电动机旋转方向的 0、1 电平；第二个输出用于产生电动机运转速度的方波脉冲。

（3）在正脉冲+负脉冲模式中，当第一个输出产生电动机运转速度的方波脉冲时，电动机按顺时针方向运行；当第二个输出产生电动机运转速度的方波脉冲时，电动机按逆时针方向运行。正脉冲+负脉冲模式下的时序如图 1－64 所示。

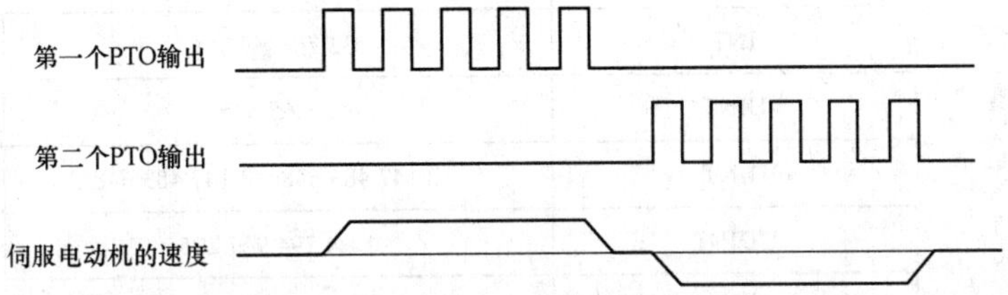

图 1－64　正脉冲+负脉冲模式下的时序

（4）在负脉冲+正脉冲模式中，当第一个输出产生电动机运转速度的方波脉冲时，电动机按逆时针方向运行；当第二个输出产生电动机运转速度的方波脉冲时，电动机按顺时针方向运行。

2. 脉宽调制输出

脉宽调制输出（Pulse Width Modulation，PWM）通过调制信号的占空比传输信息，或控制发送到设备的电量来调制输出。双字处理类型，在更改频率或占空比时，可以通过内部时钟发生器进行更改，频率的范围为 0.1Hz～20kHz，占空比的范围为 5%～95%。

3. 频率发生器

频率发生器（Frequency Generator）是以指定的频率直接产生可以在专用输出通道上输出的，具有固定占空比（50%）的方波信号的脉冲输出，通常用于控制电动机的速度。

六、SoMachine 的数据类型和变量应用

（一）SoMachine 的数据类型

在 SoMachine 中编写程序时，可以使用标准数据类型和用户定义数据类型。程序中的每一个标识符都被指定为一种数据类型，这个数据类型决定了它将占用多大的存储空间以及将存储为哪种类型的值。

1. 标准数据类型

SoMachine 中的标准数据类型包括布尔类型、整数类型、实数类型、字符串类型、双字节字符串类型和时间数据类型。标准数据类型定义见表 1－6。

表 1－6　　标准数据类型定义

数据类型	关键字	值	数据长度
布尔类型	BOOL	TRUE/FALSE	1
整数类型	BYTE	0～255	8
	WORD	0～65 535	16

续表

数据类型	关键字	值	数据长度
	DWORD	0～4 294 967 295	32
	LWORD	$0\sim2^{64}-1$	64
	SINT	-128～127	8
	USINT	0～255	8
整数类型	INT	-32 768～32 767	16
	UINT	0～65 535	16
	DINT	-2 147 483 648～2 147 483 648	32
	UDINT	0～4 294 967 295	32
	LINT	$-2^{63}\sim2^{63}-1$	64
	REAL	1.175 494 351e-38F～3.402 823 466e+38F	64
实数类型	STRING	ASCⅡ	80（default）
字符串类型	WSTRING	UNICODE	
双字节字符串类型	TIME TIME_OF_DAY DATE DATE_AND_TIME	T#10ms TOD#10:00:00 D#2012-6-12 DT#2012-6-12-12:04:50	

时间数据类型包括 TIME、TIME_OF_DAY（TOD）、DATE 和 DATE_AND_TIME（DT）。内部处理这些数据的方式与双字（DWORD）类型相似。

TIME 和 TOD 的单位为 ms，TOD 的初始值是 12：00A.M。

DATE 和 DT 的单位为 s，DT 的初始值是 1970 年 1 月 1 日 12：00A.M。

声明时间常量的语法如下：

```
t#<时间声明>
```

除了"t#"，也可以使用"T#""time""TIME"。

时间声明可以包含以下时间单位："d"—天；"h"—小时；"m"—分；"s"—秒；"ms"—毫秒。这些单位必须按照顺序出现，但无须同时使用。

如 ST 赋值中正确的时间常量有：

```
TIME1 : = T#23ms;
TIME1 : = T#100S12ms;
TIME1 : = t#12h34m15s;
```

不正确的情况如下：

```
TIME1 : = t#5m68s; //不正确的原因是最低的时间单位的声明是不可以超过 60s 的。
TIME1 : = 15ms; //不正确的原因是应加 T#或 t#。
TIME1 : = t#4ms13d; //正确的描述应该是把时间长的单位放在前面。
```

2. 扩展的数据类型

SoMachine 中能使用的数据类型，能够补充 IEC 1131-3 标准中的数据类型。也就是说在 SoMachine 中的 CoDeSys 里，隐含一些扩展数据类型，这些数据类型包括联合、长时间类型、双字节字符串、引用、指针。

（1）联合。联合中的所有的成员都有相同的偏移，即所有成员都占用同一个存储空间。因此，假设定义了一个联合，那么对 name.a 所做的赋值操作同样作用于 name.b，程序如下：

```
TYPE name: UNION
a : LREAL;
b : LINT;
END_UNION
END_TYPE
```

（2）双字节字符串（WSTRING）。双字节字符串是特殊的字符串，这一数据类型由 Unicode 解码。Unicode（统一码、万国码、单一码）是一种在计算机上使用的字符编码。它为每种语言中的每个字符设定了统一并且唯一的二进制编码，以满足跨语言、跨平台进行文本转换、处理的要求。声明双字符串如下所示：

```
wstr: WSTRING: =' WString is a special string';
```

（3）LTIME 长时间类型。作为 IEC 61131－3 标准的扩展，提供长时间数据类型作为高精度计时器的时间基量，不仅包括 Time 类型的“d”（天）；“h”（小时）；“m”（分）；“s”（秒）；“ms”（毫秒）；还包括“μs”（微秒）和“ns”（纳秒）。长时间数据类型的长度为 64 位，精度为 ns，如：

```
LTIME1 : = LTIME#12h21m1s34ms2us44ns
```

（4）引用。引用首先将一个变量声明为某个数据类型。然后使用“=”操作符，将此变量指向另一个与它同类型的变量，这样前一个变量就是后一个变量的别名，这时操作其中这两个变量中的一个，两个变量会同时发生变化。

设置引用的地址用一个特定的赋值操作完成。一个引用是否指向一个有效的数据（不等于 0），可以使用一个专门的操作符“__ISVALIDREF”，来检查引用是否指向一个不等于 0 的有效值。

用以下语法声明引用：

```
<标识符>: REFERENCE TO <数据类型>
```

变量声明如图 1－65 所示。

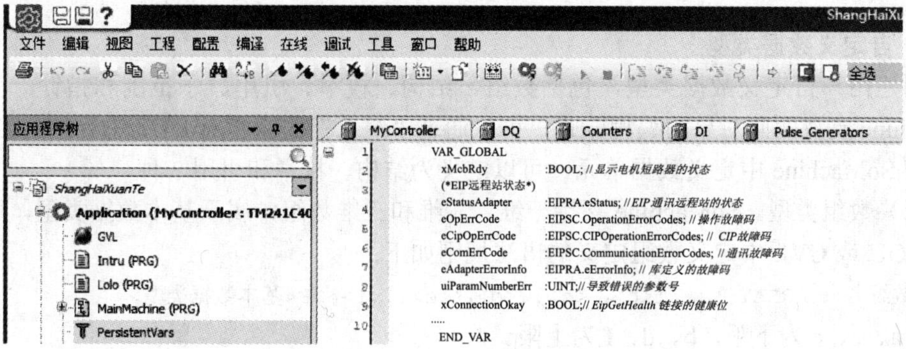

图 1－65　变量声明

程序编写如图 1－66 所示。

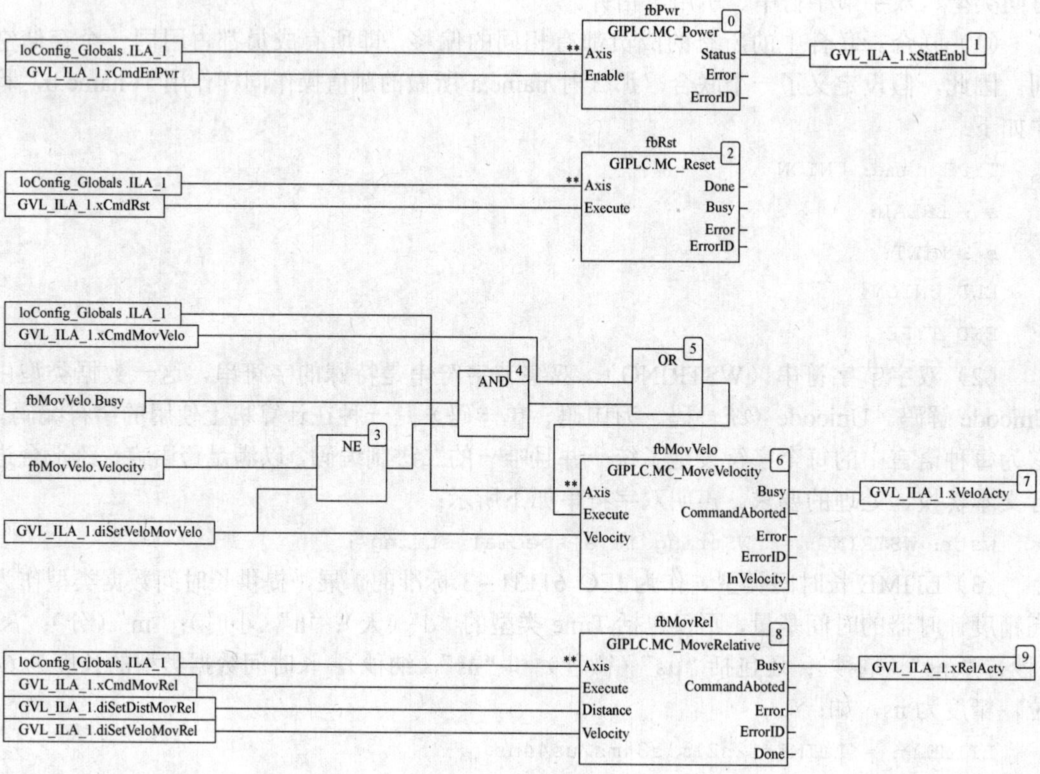

图 1－66 程序编写

通过在线监控各变量的值，可以清楚地看到引用的作用，如图 1－67 所示。

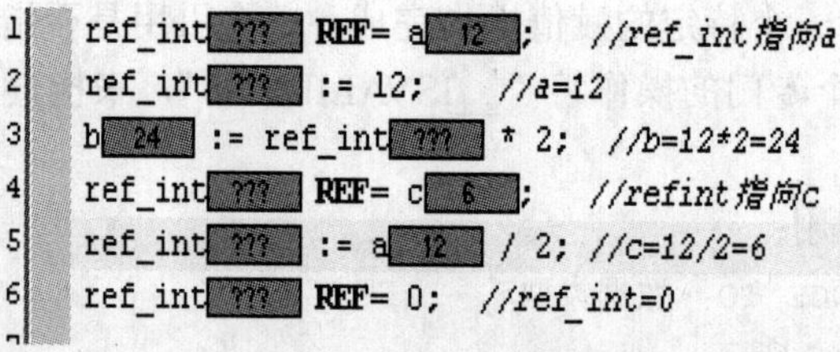

图 1－67 引用的示例程序

3. 自定义数据类型

创建用户自定义数据类型，包括数组、结构、枚举、引用、子范围和指针。另外，SoMachine 支持面向对象的编程方式，可以通过“继承”的原则对 DUT 进行扩展。

在 SoMachine 中定义数据单元，可以定义为结构、枚举和引用 3 种。

（1）数组类型。SoMachine 支持一维、二维和三维数组，属于基本数据类型，可以直接在 POU 或 GVL 中定义数组定义的语法规则如下：

```
<数组名>：ARRAY[<a>..<b>，<c>..<d>，<e>..<f>]OF<基本数据类型>
```

其中，a、c、e 为下限，b、d、f 为上限。

（2）结构类型。结构是一种数据类型，是用其他类型的对象构造出来的派生数据类型。

结构声明的语法如下：

```
TYPE <结构名>:
STRUCT
<变量的声明 1>
……
<变量声明 n>
END_STRUCT
END_TYPE
```

下面通过定义一个名为 Employee 的结构来对结构进行说明，这个结构有 4 个数据项。用该结构定义的结构变量可以用来存放一个员工的信息，包括工号、姓名、性别、入职年份，语句如下：

```
TYPE Employee:
          STRUCT
           STAFF NUMBER: INT;
            NAME : STRING;
SEX : INT;
Entry_ time: INT
            END_STRUCT
            END_TYPE
```

结构初始化后：

```
Employee: STRUCT1 : ={90000, 'www', 1, 2010};
```

（3）枚举类型。枚举是由很多字符串常量组成的用户定义数据类型。这些常量称为枚举值。即使在 POU 之内声明枚举值，枚举值仍然可以在整个工程范围内被识别出来。枚举定义的语法规则如下：

```
TYPE <枚举名>:(<枚举值 0>, …, <枚举值 n>) |<基本数据类型>;
END_TYPE
```

（4）指针类型。指针用来指向应用程序运行时存储变量、程序、功能块、方法和函数的地址。它可以指向上述的任何一个对象以及任意数据类型，包括用户定义数据类型。声明指针的语法如下：

```
<标识符>: POINTER TO <数据类型 | 功能块 | 程序 | 方法 | 函数>;
```

取指针地址内容，即意味着读取指针当前所指地址中存储的数据。通过在指针标识符后添加内容操作符“^”，可以取得指针所指地址的内容。通过地址操作符 ADR 可以将变量的地址赋给指针。

```
VAR
Pointer_t: POINTER TO INT; // 声明一个指针 pt
X: INT : = 5; //声明变量 X 和 Y
Y: INT;
END_VAR
```

```
Pointer_t: = ADR (X); //将 X 的地址赋给指针 Pointer_t:
Y: = Pointer_t^;    //通过取指针 pt 的地址内容，将 var_int1 的值 5 赋给 var_int2
```

（二）SoMachine的变量应用

在对 SoMachine 控制平台控制的 PLC 进行程序的编制时，要使用不同的变量对数据进行操作，这里对 SoMachine 的变量类型和变量应用进行详细的说明。

1. SoMachine 的变量类型

SoMachine 控制平台根据变量的使用范围可分为局部变量和全局变量两种。根据局部变量和全局变量是否能在断电、热复位等条件下保留变量的值，还可声明变量为保留变量或持久型变量。

（1）局部变量。在 POU 内部变量声明部分声明的变量都是局部变量，局部变量只在声明的 POU 内部有效，不能在其他 POU 内调用。在编程中如果使用一个没有声明的变量，SoMachine 控制平台的【自动声明】对话框会自动弹出，以便读者立即对变量进行声明。

1）声明变量时，在【自动声明】窗口中，单击【范围】中 VAR 的下拉框，选择变量在程序中起作用的范围，默认的选择为 VAR，即局部变量。

2）如要选择功能块的变量，在【范围】单击下拉框，其中 VAR_INPUT－为功能或功能块的输入管脚，VAR_OUTPUT－为功能或功能块的输出管脚，VAR_IN_OUT 为功能或功能块的输入/输出管脚。

3）如要选择功能、功能块临时变量，在【范围】单击下拉框选择功能，功能块的临时变量。

4）如要选择全局变量，在【范围】单击下拉框，选择 Var_Global。

（2）全局变量（GVL）。全局变量可以在全局变量声明表 GVL 中进行声明，也可以在上文所述的【自动变量】中进行声明，全局变量在应用程序的所有 POU 内都可以调用。

（3）保留变量（Retain）。局部变量和全局变量均可以设置为保留变量，保留变量区根据所选择 PLC 类型的不同而不同。

```
>RETAIN 类型
     VAR RETAIN//声明变量类型为 RETAIN
     Aage : INT; //声明一个整型变量，变量名以 Age 为例
     VAR_END//变量声明结束
```

在 PLC 正常断电/上电/意外断电之后变量的值将会保持，但是初始化复位、冷启动、重新下载程序时，会使 RETAIN 类型数据重新初始化。

（4）持久变量（Persistent）。持久变量为全局变量，而且必须声明在【持续变量】（PersistentVars）里面。PLC 重新启动/【初始化复位】后 PERSISTENT 类型数据被重新初始化，下载程序后值保持不变。注意：仅全局性变量能成为 PERSISTENT 变量。

```
>PERSISTENT 类型
     VAR_GLOBLE PERSISTENT //声明变量类型为全局 PERSISTENT
     TEMPERATURE : INT;   //声明一个整型变量，变量名温度
     VAR_END              //变量声明结束
```

（5）保留持久变量（RETAIN+PERSISTENT）。保留持久变量继承了 RETAIN 和 PERSISTENT 的属性，可以通过初始化复位对变量进行初始化。

```
>RETAIN+PERSISTENT 类型
    VAR_GLOBLE PERSISTENT RETAIN//声明变量类型为全局 PERSISTENT，RETAIN 类型
    Flow : INT; //声明一个整型变量，变量名流量
    VAR_END//变量声明结束
```

保持型变量在不同工作条件下能否保持变量值的状态见表 1-7。

表 1-7　　保持型变量在不同工作条件下能否保持变量值的状态

操作	VAR	VAR RETAIN	VAR PERSISTENT 和 RETAIN-PERSISTENT
对应用程序进行在线修改	×	×	×
停止	×	×	×
电源重置	-	×	×
热复位	-	×	×
冷复位	-	-	×
初始值复位	-	-	-
应用程序下载	-	-	×

注：×代表保持原值；-代表被初始化。

2. SoMachine 的变量定义

（1）变量声明的语法规则。

<变量名> {AT <地址>} : <数据类型> {: =<初始化值>};

变量名的定义规则如下：

1）不得包含空格和特殊字符；

2）不区分字母大小写；

3）可以识别下划线，但不支持连续的两个下划线；

4）名称长度没有限制。

（2）变量名定义注意事项。

1）不能在局部域内重复使用同一个变量名；

2）变量名不能与关键字同名；

3）可以在全局域内多次使用同一个变量名；

4）一个全局变量列表中定义的变量名称可以与另一个全局变量列表中定义的变量相同。

（3）变量的初始值。SoMachine 中所有变量的默认初始化值都为 0；赋值操作符“: =”用于指定用户自定义初始化值，如：

```
VAR
VAR1: INT : = 4;
VAR2: INT : = 1-FUN (2);
```

七、SoMachine 内存地址和符号配置

1. SoMachine 内存地址

SoMachine 内存地址的定义如图 1-68 所示。

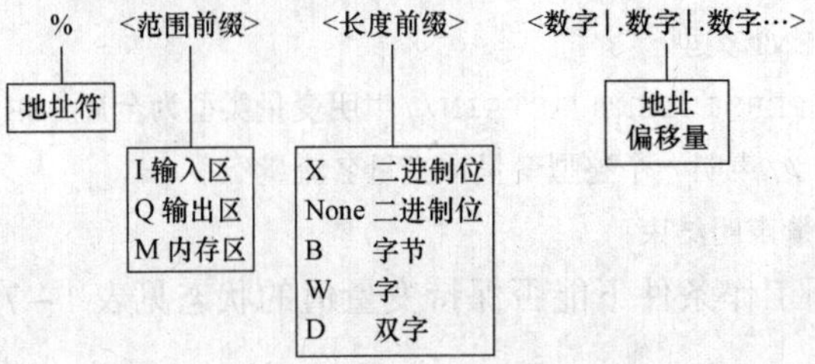

图 1-68　SoMachine 内存地址

4 个内存地址的含义举例如下：

>%QX0.4 或%Q0.4　　//代表第 1 个字，第 5 位

>%MB1　　//代表第 2 个字节

>%IW4　　//代表第 4 个字

>%MD30　　//代表第 30 个双字

变量双字与单字及位的关系见表 1-8。

表 1-8　　**变量双字与单字及位的关系**

控制器寻址			
%MX0.7～%MX0.0	%MB0	%MW0	%MD0
%MX1.7～%MX1.0	%MB1		
%MX2.7～%MX2.0	%MB2	%MW1	
%MX3.7～%MX3.0	%MB3		
%MX4.7～%MX4.0	%MB4	%MW2	%MD1
%MX5.7～%MX5.0	%MB5		
%MX6.7～%MX6.0	%MB6	%MW3	
%MX7.7～%MX7.0	%MB7		

SoMachine 控制平台的程序中，%MD 代表双字，%MW 代表单字，%MB 代表字节，%MX 则是代表位。

2. 符号配置

SoMachine 控制平台支持硬件地址和符号地址编程。符号配置用于创建符号并设置其存储权限说明，用于配置外部资源（如 OPC Server）访问工程中的变量时的权限控制。

读者使用这种【符号地址变量编程方式】编程来修改配置时，是不需要修改程序的，软件将会自动分配硬件地址，符号地址可读性好，在编程时更容易记忆、理解，还能提高效率，简单易用。

项目中控制器和（多个）HMI 设备间通信时所交换的变量，可以使用透明的 SoMachine 协议通过【符号配置】在控制器中进行定义，这些定义好的变量也可以用作 Vijeo-Designer 中的 SoMachine 变量。

打开符号配置的方法很简单，在【程序】选项卡下的【设备】窗口的控制器的应用程序节点，使用鼠标右键单击并选择【添加对象】下的子菜单的【符号配置...】，在弹出的【Add 符号配置】对话框中的 Name 文本框中将显示符号配置的名称，单击【添加】按钮，如图 1-69 所示。

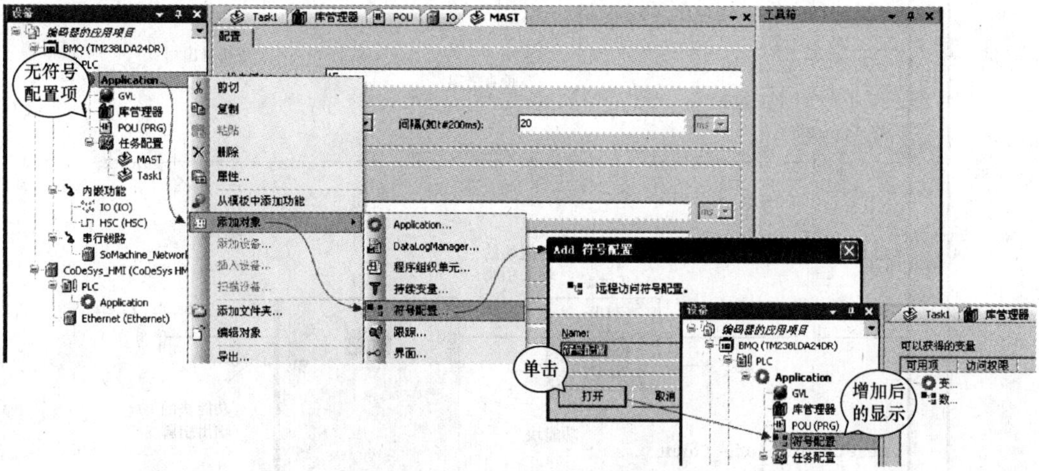

图 1-69　符号配置的添加流程图示

SoMachine 的符号配置是用于创建符号，并设置符号的存储权限的，也可以用于配置外部资源访问工程中的变量时，其能够享有的权限控制。

符号信息可以存储在工程路径中的 xml 符号文件里，这个文件可以和应用一起下载到 PLC 当中。

八、SoMachine 的编程语言

SoMachine 控制平台的编程语言支持所有 IEC 61131-3 语言，即 LD 梯形图、ST 结构化文本、SFC 顺序功能图、FBD 功能块图、IL 指令列表和 CFC 连续功能图，这 6 种编程语言可以同时在同一个程序中使用。

（一）LD 梯形图的编程语言

LD 梯形图是应用最广泛，用户最多的编程语言，梯形图编程清晰直观，特别适合熟悉继电器回路的工程师使用。

LD 梯形图的编程语言是与继电器控制系统的电路图相似的，直观易懂，对于熟悉继电器控制电路的电气人员来讲，梯形图编程语言最容易被接受和掌握，因此梯形图编程语言特别适用于开关量的逻辑控制。

1. 程序中的 LD 梯形图

LD 梯形图采用图形化编程语言，包含控制器按顺序执行的一系列梯级中的触点、线圈和块符号，LD 梯形图符合 IEC 61131-3 标准，在分析梯形图中的逻辑关系时，可以想象垂直母线有从左向右流动的直流电，LD 梯形图的程序及功能描述如图 1-70 所示。

2. 梯形图编程的各种元素

梯形图的触点代表逻辑输入的条件，如开关、按钮和内部条件等，菜单中触点的详细列表见表 1-9。

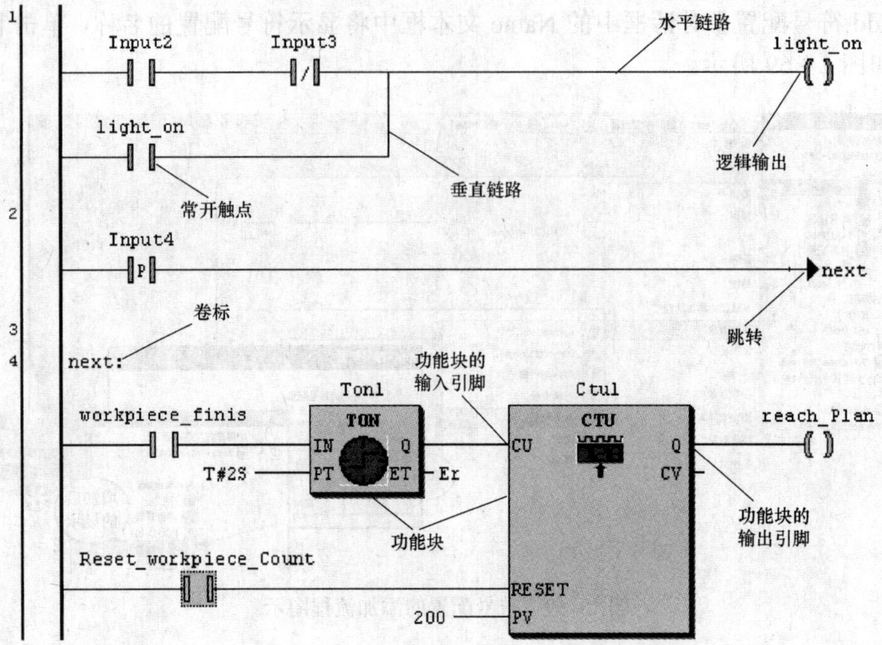

图 1－70 LD 梯形图的程序及功能描述

表 1－9　菜单中触点的详细列表

名称	图标	描　述
常开		在常开触点的情况下，如果常开触点接通则状态为 ON，否则为 OFF
常闭		在常闭触点的情况下，如常闭触点接通则状态为 OFF，否则，状态为 OFF
并联触点		在某个常开、常闭触点的下方并联一个常开触点，形成或的逻辑关系
并联取反触点		在某个常开、常闭触点的下方并联一个常闭触点，形成或的逻辑关系
用于检测正转换的触点		检测触点由 0 到 1 的变化，即上升沿检测
用于检测负转换的触点		检测触点由 1 到 0 的变化，即下降沿检测

线圈通常表示逻辑运算的输出结果，用来控制外部的指示灯、接触器和内部的输出条件等，菜单中常用的线圈详细列表见表 1－10。

表 1－10　菜单中常用的线圈详细列表

名称	图标	描　述
线圈		当梯形图左侧布尔量运算结果为 1，则线圈得电，即值为 1
反向线圈		当梯形图左侧布尔量运算结果为 1，则线圈失电，即值为 0； 当梯形图左侧布尔量运算结果为 0，则线圈得电，即值为 1
置位线圈		当梯形图左侧布尔量运算结果为 1，则置位线圈
复位线圈		当梯形图左侧布尔量运算结果为 1，则复位线圈

菜单中常用的其他编程元素列表见表 1－11。

表 1－11　　菜单中常用的其他编程元素列表

图标	名称	描　述
	TON	通电延时计时器，当定时器的输入端变为 TRUE 时，等过了一段可设置的时间后，定时器的输出端才变为 TRUE
	TOF	断电延时定时器，当定时器的输入端由 TRUE 变为 FALSE 时（下降沿），等过了一段可设置的时间后，定时器的输出端才变为 FALSE
	TP	触发定时器功能块。IN 功能块的上升沿触发定时器的计时并使其不断增加，直至内部的计时到达 PT 中设置的值。在计时期间，此功能块的输出为 TRUE，其他时候为 FALSE
	CTU	加计数器，在输入的上升沿加计数，计数器的值达到 PV 的设置值时，功能块输出为 1
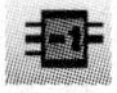	CTD	减计数器，在输入的上升沿减计数，当计数器的值到 0 时，功能块输出 1
	CTUD	有两个输入引脚，一个加计数输入引脚上升沿使计数器增加，另一个减计数输入引脚上升沿使计数器减小。RESET：布尔型（BOOL）； 当其为 TRUE 时，CV 被复位为 0； 当输入 LOAD 其为 TRUE 时，计数器的当前值被置为 PV； PV—字型（WORD），CV 递增时的上限值，或 CV 开始递减时的初始值； QU—布尔型（BOOL），一旦 CV 达到 PV 时，其值为 TRUE； QD—布尔型（BOOL），一旦 CV 达到 0 时，其值为 TRUE
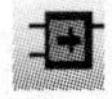	ADD	将同类型的变量累加
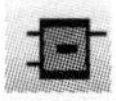	SUB	将同类型的变量相加
	MUL	将同类型的变量相乘
	DIV	将同类型的变量相除
	小于	第一个变量小于第二个时则输出为 1，否则输出 0
	小于等于	第一个变量小于等于第二个时则输出为 1，否则输出 0
	两者相等	第一个变量等于第二个时则输出为 1，否则输出 0
	大于等于	第一个变量大于等于第二个时则输出为 1，否则输出 0
	大于	第一个变量大于第二个时则输出为 1，否则输出 0
	不等于	第一个变量不等于第二个时则输出为 1，否则输出 0

3. LD 编程语言的工具箱

LD 语言的工具箱如图 1－71 所示，工具箱包含【常规】【布尔操作符】【数学操作符】【其他操作符】【功能块】以及【梯形图元素】共六个选项，每个选项都有自己的子选项，如图 1－71 所示。

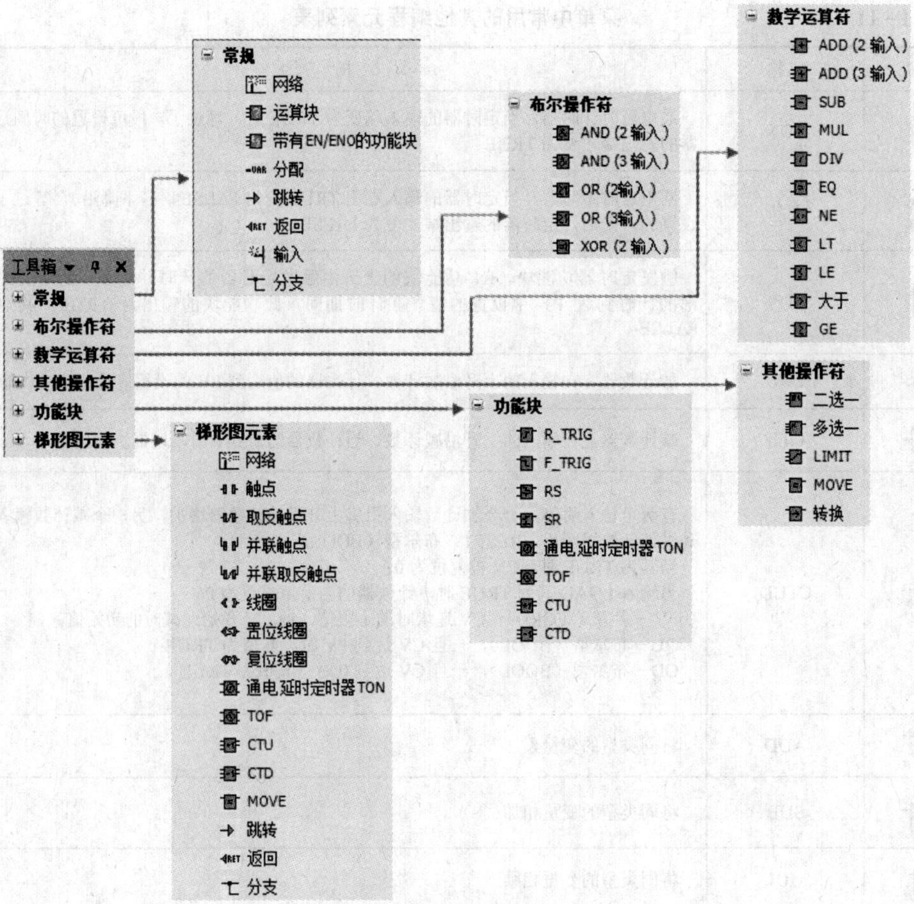

图 1－71　工具箱及子选项的展开图示

其中，常规选项包含了编程时的最常用的编程元素，见表 1－12。

表 1－12　　常用的编程元素

图标	名称	快捷键	描　　述
	插入节	Ctrl+I	在当前节的上方插入节
	插入空功能块	Ctrl+Shift+B	将先插入空功能块，然后可在输入助手中选择
	输出		在块的输出端加一个输出线圈
	跳转	Shift+F11	跳转到卷标位置
	返回	Ctrl+Shift+F11	如果一个返回的输入为真，此 POU 的进程将会立即停止
	在功能上加入新的输入	Ctrl+F7	在例如 AND、OR 等功能块上增加输入引脚
	分支	Ctrl+ Shift +V	插入并联分支

另外，在 LD 编程下布尔操作符不可用为灰色，数学运算符包含了常见的加减乘除运算和比较运算符。

其他操作符则包括选择功能块和限制功能块以及很常用的 MOVE 功能块。

功能块包括上升沿、下降沿、置复位、延时闭合 TON，延时断开 TOF 以及加计数和减计数功能块。

梯形图元素包括了常规、基本的常开、常闭点等梯形图编程最常遇到的元素。

（二）FBD 功能块图的编程语言

FBD 功能块图是面向图形的编程语言，与 IEC 61131－3 兼容。FBD 图与电子线路中的信号流图十分相似，比较适合熟悉电子电路的工程人员使用，尤其是熟悉数字逻辑的用户来使用。其中每个网络包含一个由框和连接线路组成的图形结构，该图形结构表示逻辑或算术表达式、功能块的调用、跳转或返回指令，程序中的 FBD 功能块编程如图 1－72 所示。

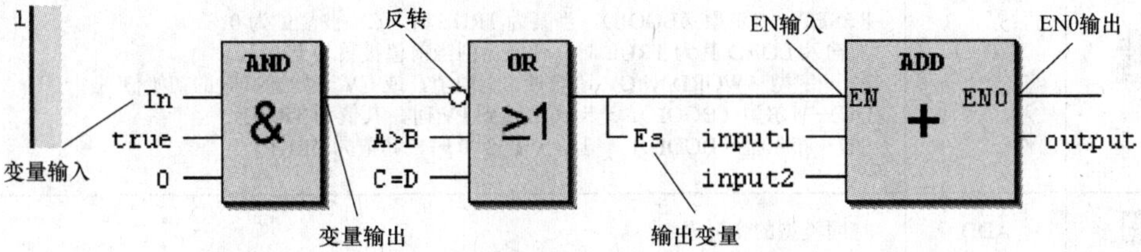

图 1－72　程序中的 FBD 功能块编程

FBD 功能块编程工具条的功能可分成节操作符、布尔操作符、其他操作符以及功能块，见表 1－13。

表 1－13　　FBD 功能块编程工具条说明

图标	名称	快捷键	描　述
	插入节	Ctrl+I	在当前节的上方插入节
	插入节（下方）	Ctrl+Shift+I	在当前节的下方插入节
	切换节注释	Ctrl+T	将当前节切换为注释（使当前节不起作用）或相反
	插入功能块	F7	插入可直接在输入助手中选择功能块例如 ADD、SUB 等
	插入空功能块	Ctrl+Shift+B	将先插入空功能块，然后可在输入助手中选择
	插入带 EN 输入的功能块	Ctrl+Shift+E	插入带使能的功能块
	在功能上加入新的输入	Ctrl+F7	在例如 AND、OR 等功能块上增加输入引脚
	跳转	Shift+F11	跳转到卷标位置
	卷标	Ctrl+F11	卷标
	返回	Ctrl+Shift+F11	如果一个返回的输入为真，此 POU 的进程将会立即停止

工具栏中可直接调用的功能块说明见表 1－14。

表 1－14　　工具栏中可直接调用的功能块说明

图标	名称	描　述
	TON	通电延时计时器，当定时器的输入端变为 TRUE 时，等过了一段可设置的时间后，定时器的输出端才变为 TRUE
	TOF	断电延时定时器，当定时器的输入端由 TRUE 变为 FALSE 时（下降沿），等过了一段可设置的时间后，定时器的输出端才变为 FALSE
	TP	触发定时器功能块。IN 功能块的上升沿触发定时器的计时并使其不断增加，直至内部的计时到达 PT 中设置的值。在计时期间，此功能块的输出为 TRUE，其他时候为 FALSE
	CTU	加计数器，在输入的上升沿加计数，计数器的值达到 PV 的设置值时，功能块输出为 1
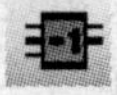	CTD	减计数器，在输入的的上升沿减计数，当计数器的值到 0 时，功能块输出 1
	CTUD	有两个输入引脚，一个加计数输入引脚上升沿使计数器增加，另一个减计数输入引脚上升沿使计数器减小； RESET—布尔型（BOOL），当其为 TRUE 时，CV 被复位为 0； 当输入 LOAD 其为 TRUE 时，计数器的当前值被置为 PV。 PV—字型（WORD），CV 递增时的上限值，或 CV 开始递减时的初始值； QU—布尔型（BOOL），一旦 CV 达到 PV 时，其值为 TRUE； QD—布尔型（BOOL），一旦 CV 达到 0 时，其值为 TRUE
	ADD	将同类型的变量累加
	SUB	将同类型的变量相加
	MUL	将同类型的变量相乘
	DIV	将同类型的变量相除
	小于	第一个变量小于第二个时则输出为 1，否则输出 0
	小于等于	第一个变量小于或等于第二个时则输出为 1，否则输出 0
	两者相等	第一个变量等于第二个时则输出为 1，否则输出 0
	大于等于	第一个变量大于或等于第二个时则输出为 1，否则输出 0
	大于	第一个变量大于第二个时则输出为 1，否则输出 0
	不等于	第一个变量不等于第二个时则输出为 1，否则输出 0

工具栏上输入/输出引脚说明见表 1－15。

表 1－15　　工具栏上输入/输出引脚说明

图标	名称	描　述
	取反	在功能块的输入/输出加入此功能，可将原有的逻辑关系反转
	边沿检测	在功能块的输入加入上升或下降沿检测

续表

图标	名称	描　述
	置复位	对功能块的输出进行置/复位操作
	加入分支	在功能块输出上加入一个并联分支
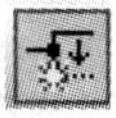	在下面加入分支	只有先加入分支后才会出现，在下面的分支下面加入一个新的分支
	在上面加入分支	只有先加入分支后才会出现，在下面的分支上面加入一个新的分支

（三）CFC连续功能图

CFC 连续功能图（IEC 61131－3 标准的扩展）是一种图形化编程语言，工作方式与流程图类似。CFC 通过添加简单的逻辑块（AND、OR 等），来表示程序中的每个功能或功能块。每个功能块的输入位于左侧，输出位于右侧。功能块输出可链接到其他功能块的输入，从而创建复合表达式。

1. 程序中的 CFC 连续功能图

CFC 编辑器是一个图形编辑器，右侧是工具箱，里面装有 CFC 的各种编程元素。在编写 CFC POU 时，窗口的上半部分是声明编辑器，下半部分是 CFC 编辑器，里面编辑的是程序中的 CFC 连续功能图。CFC 编程界面如图 1－73 所示。

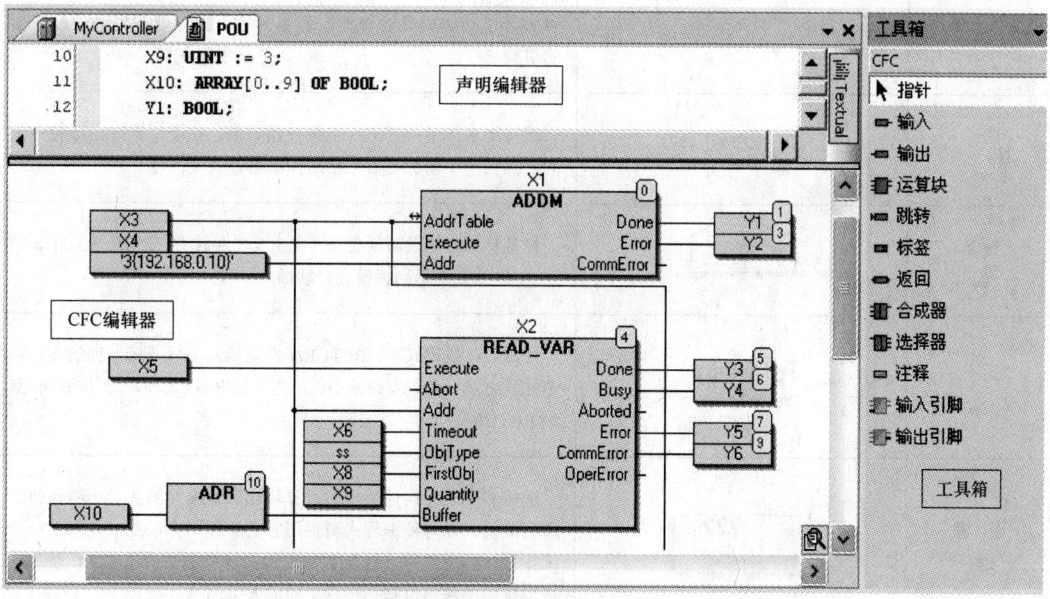

图 1－73　CFC 编程界面

（1）　CFC 编辑器。与网格编辑器不同，CFC 编辑器允许把元素放在任何位置，例如允许直接插入反馈回路。CFC 编辑器内部有一个链表，包含了所有已经插入的元素，链表的顺序决定了 CFC 元素的执行顺序，但是元素的执行顺序在编程时是可以根据需要进行更改的。

（2）工具箱。工具箱中包含的元素有运算符、输入/输出、注释、标签、跳转、编排器和选择器，使用 CFC 语言编程时，可以把这些工具箱的元素插入到 CFC 编辑器中。运算符包括操作符、功能、功能块和程序。

2. CFC 连续功能图编程的各种元素

CFC 连续功能图的编程元素说明见表 1－16。

表 1－16　　CFC 连续功能图的编程元素说明

工具箱名称	图　标	功　能　描　述
输入		选中【???】文本，然后修改为变量或者常量。通过输入助手可以选择输入一个有效标识符
输出		选中【???】文本，然后修改为变量或者常量。通过输入助手可以选择输入一个有效标识符
运算块		运算块可用来表示操作符，函数，功能块和程序。选中运算块的【???】文本框，修改为一个操作符名，函数名，功能块名或者程序名。通过输入助手可以选择输入一个有效的对象。在例子中，当插入一个功能块，随即运算块上出现另一个【???】，这时要把【???】修改为功能块实例名。若运算块被修改为另一个运算块（通过修改运算块名），而且新运算块的最大输入或输出引脚数，或者最小输入或输出引脚数与前者不同。运算块的引脚会自动做相应的调整。若要删除引脚，则首先删除最下面的引脚
跳转		跳转用来指示程序下一步执行到哪里，这个位置是由标签定义的。插入一个新标签后，要用标签名替代【???】
标签		标签标识程序跳转的位置（见上文“跳转”）在在线模式下，标识 POU 结束的返回标签会自动插入
返回		注意：在线模式下，RETURN 自动插入编辑器第一列的最后那个元素之后。在单步调试中，在离开该 POU 之前，会自动跳转到该 RETURN
编排器		编排器用于结构体类型的运算块输入。编排器会显示结构体的所有成员，以方便编程人员使用它们。使用方法是：先增加一个编排器到编辑器中，修改【???】为要使用的结构体名字，然后连接编排器的输出引脚和运算块的输入引脚
选择器	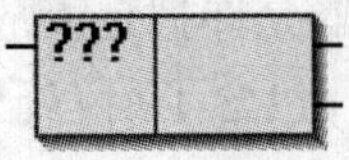	选择器用于结构体类型的运算块输出。选择器会显示结构体的所有成员，以方便编程人员使用它们。使用方法是：先增加一个选择器到编辑器中，修改【???】为要使用的结构体名字，然后连接选择器的输出引脚和运算块的输出引脚

续表

工具箱名称	图　标	功　能　描　述
注释		用该元素可以为图表添加注释。选中文本，即可以输入注释。用户可以用<Ctrl>+<Enter>在注释中换行
输入引脚	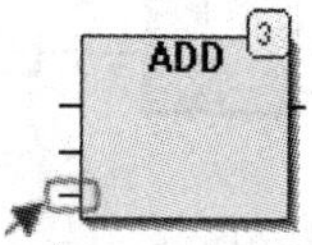	有些运算块可以增加输入引脚。首先在工具箱中选中 Input Pin，然后拖放到在 CFC 编辑器中的算法块上，该运算块就会增加一个输入引脚
输出引脚	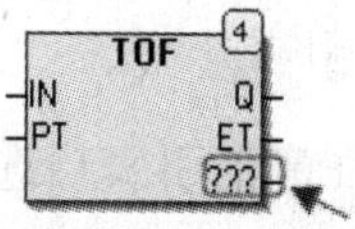	有些运算块可以增加输出引脚。首先在工具箱中选中 Output Pin，然后拖放到在 CFC 编辑器中的算法块上，该运算块就会增加一个输出引脚

3. CFC 语言编辑器命令

（1）CFC 语言编程的执行顺序。CFC 语言编辑器中功能块的右上角的数字代表了它的执行次序。可通过 CFC 菜单下的执行顺序选项，选择功能块的执行顺序。置首即将所点选功能块执行顺序设置为起始值（0），置尾即将所点选功能块执行顺序设置为最大值（功能块数 - 1），向上移动即将所点选功能块执行顺序设置为当前值减一，向下移动即将所点选功能块执行顺序设置为当前值加一。CFC 菜单的执行顺序如图 1 - 74 所示。

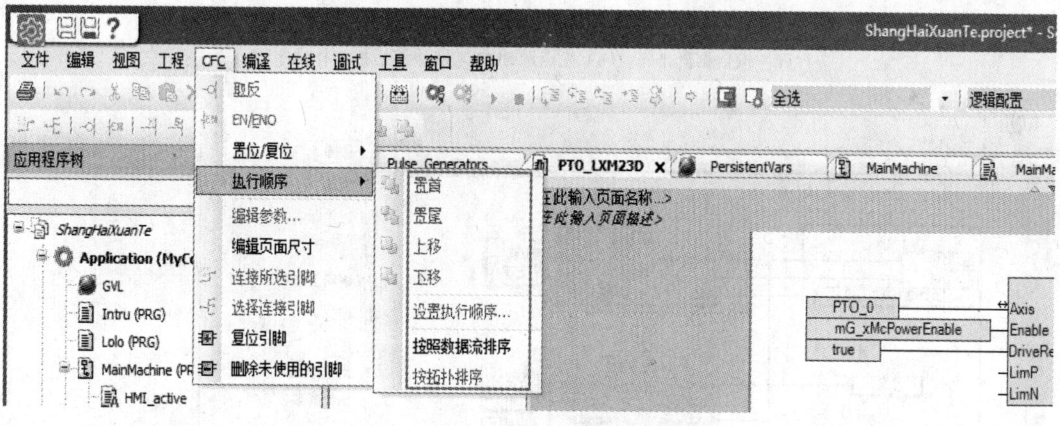

图 1 - 74　CFC 菜单的执行顺序

设置执行顺序是将所点选的功能块的执行顺序设置为需要的值。按数据流排序即按数据运算顺序进行排序，使用数据流排序前后的程序如图 1 - 75 所示。

拓扑排序依据的是功能块的位置坐标，与连线位置无关。按拓扑排序后，功能块按照从左到右，从上到下的顺序执行。左边的功能块的执行顺序编号小于右边的，上边的小于下边的，按数据流排序和按拓扑排序的程序如图 1 - 76 所示。

（2）删除 CFC 程序中程序块的引脚连接的方法。首先要激活准备删除连接的程序块上的引脚，激活后引脚处会出现一个方形区域，右击这个引脚的方形区域，在随后显示的

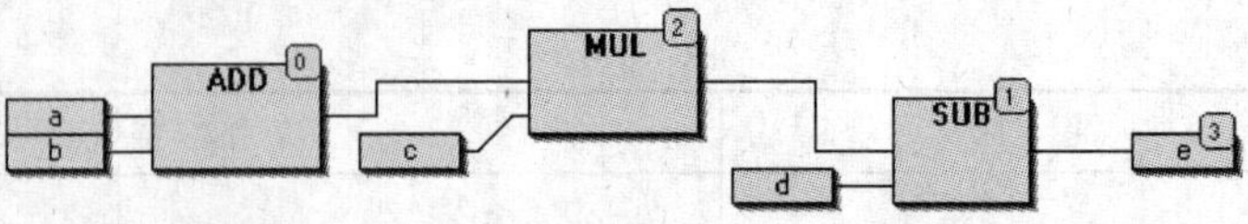

(a)

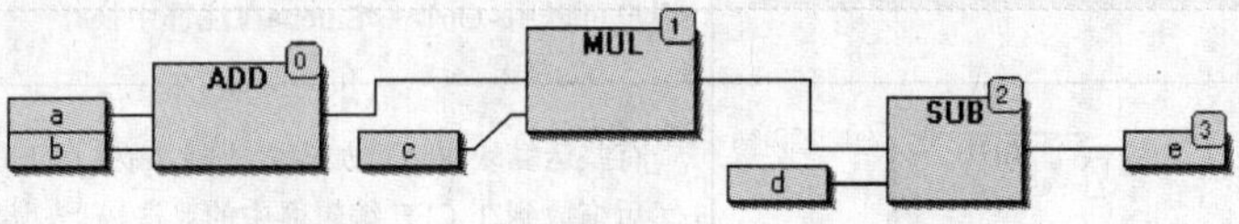

(b)

图 1－75　使用数据流排序前后的程序

（a）使用数据流排序前；（b）使用数据流排序后

上下文子项中选择删除即可，如图 1－77 所示。也可以在激活引脚后选择快捷菜单上的图标 ╳ 来删除 CFC 程序中程序块的引脚连接。

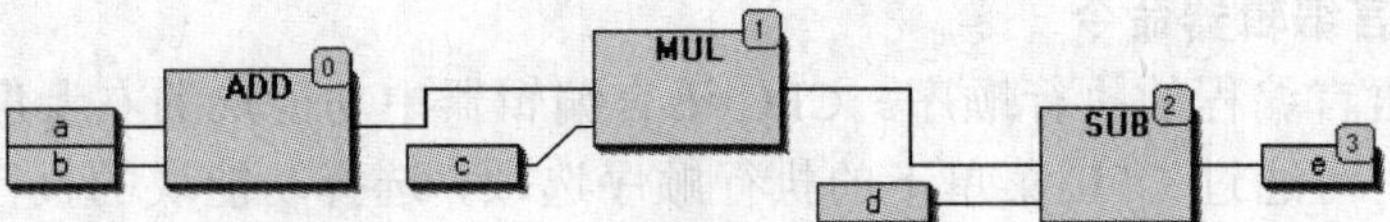

(a)

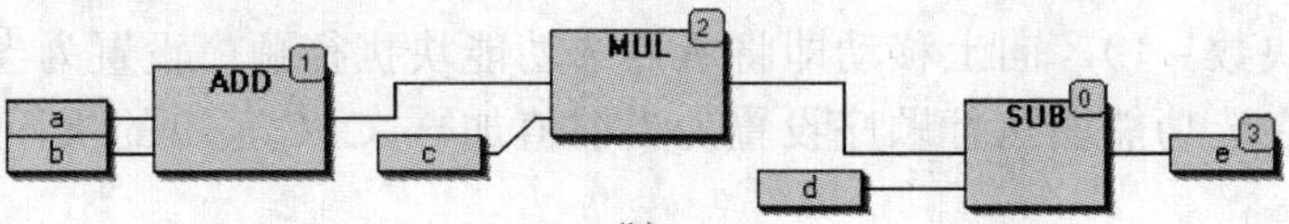

(b)

图 1－76　按数据流排序和按拓扑排序的程序

（a）按数据流排序；（b）先点选 SUB 功能块然后按拓扑排序

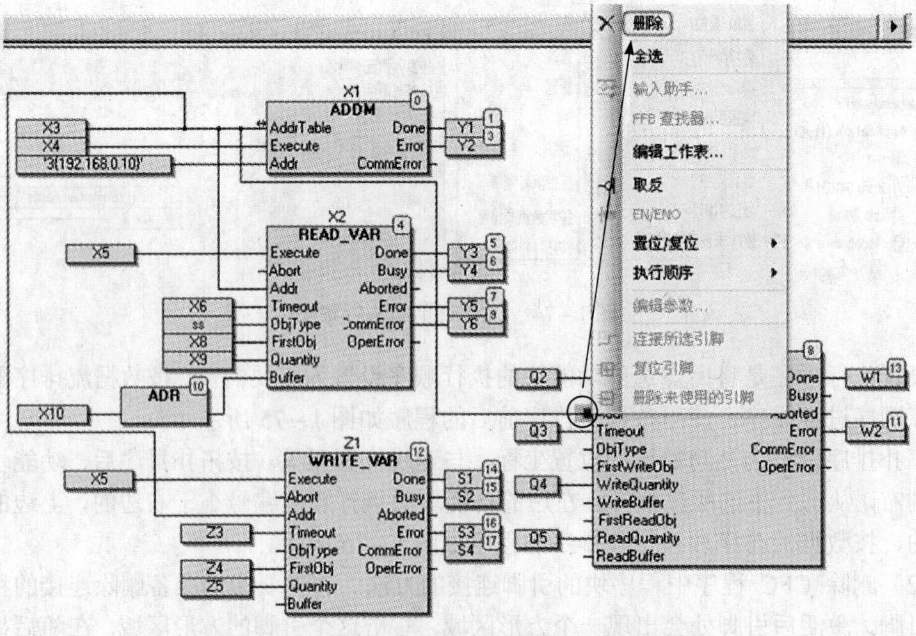

图 1－77　删除 CFC 程序中程序块的引脚连接

（3）在 CFC 程序中添加连接的方法。添加连接时，首先激活连接的程序块的引脚，激活后在引脚处会有一个方形区域出现，左键选中这个方形区域后按住鼠标至要连接的另一个连接点处松开鼠标，就完成了连接的连线了，如图 1－78 所示。

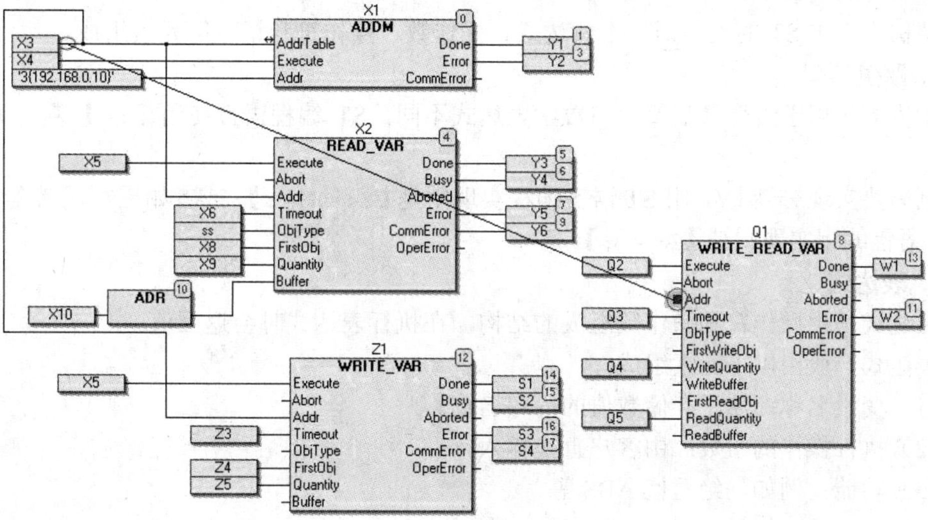

图 1－78　在 CFC 程序中添加连接

（4）CFC 程序中程序块的取反操作。首先激活准备取反的引脚，然后使用单击快捷菜单中的取反图标 -o| 即可，如图 1－79 所示。

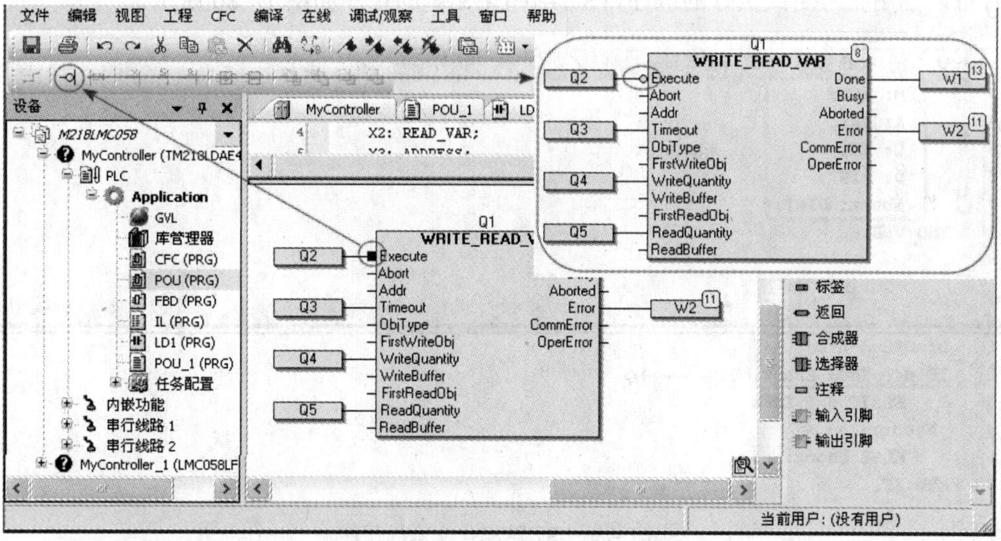

图 1－79　CFC 程序中的程序块的取反操作

（四）ST 结构化文本

大多数人在做 PLC 编程时都是习惯使用梯形图编程语言，梯形图编程直观并且类似于继电器控制，在做布尔量编程时很方便，但是如果编写运算程序，或者需要编写的运算程序较多时，再使用梯形图语言进行编程的话，效率就变得很低了。

也就是说，对于复杂的运算、校验程序，可以使用 ST 语言编程，ST 语言编程的方法与 PASCAL 语言类似，和 VB 相比略有区别，比较适合懂高级语言编程的人来学习和使用。如果已经习惯了使用梯形图编程语言，那么刚开始可能会有些别扭，但不久后就能发现这种语言的高效率。

结构化文本 ST 的编程语言由表达式、操作数、操作符和指令等元素组成。

1. 赋值语句

赋值语句用于给变量赋值，与数学表达式不同。ST 编程语言使用【:=】来实现这个功能。

例如要实现 Z=X+Y，用 ST 语言编程实现则是【Z:=X+Y;】。或者如果实现 A 等于 B，用 ST 语言编程实现则是【A:=B;】。

2. 表达式

表达式是由操作符和操作数组成的结构，在执行表达式时会返回值。

表达式一般由以下元素组成。

（1）变量名称：用于存储数值的内存名称。

（2）执行操作的常数：由客户直接输入。

（3）功能：例如，绝对值 ABS 等。

（4）运算符：例如，+，－，*，/，>等。

计算表达式时，是根据操作符的优先级所定义的顺序，将操作符应用于操作数表。首先执行表达式中最高优先级的操作符，接着执行次优先级的操作符，依此类推，直到完成整个计算过程。优先级相同的操作符将根据它们在表达式中的书写顺序从左至右执行。编程时可以使用括号更改执行的顺序，ST 结构化文本的程序如图 1－80 所示。

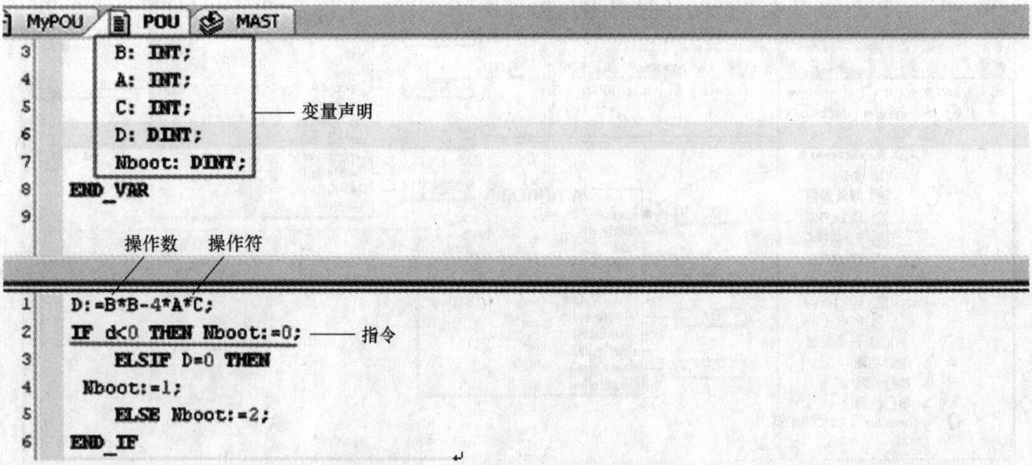

图 1－80　ST 结构化文本的程序

这里用表达式 SIN（A）*COS（B）的执行顺序进行计算的说明，执行顺序是先计算表达式 SIN（A），后计算表达式 COS（B），然后计算它们的乘积。

如果操作符包含两个操作数，则先执行左边的操作数。

表达式的优先级见表 1－17。

表 1-17 表达式的优先级

优先级顺序	运算符	优先级顺序	运算符
1	()	7	+，-（减）
2	功能	8	<，<=，>，>=
3	EXPT 幂运算	9	=，<>
4	-求负	10	AND
5	NOT 逻辑取反	11	XOR
6	*，/，MOD	12	OR

操作数表示变量数值、地址和功能块等，操作数可以是地址、数值、变量、多元素变量、多元素变量的元素、功能调用和功能块输出等。在编辑的程序里，处理操作数的指令中的数据类型必须相同。如果需要处理不同类型的操作数，则必须预先执行类型转换。如在计算 r3：= r4 + SIN（INT_TO_REAL（i1）），式中的整数变量 i1 在添加到实数变量 r4 中之前要首先转换为实数变量。

操作符是执行运算过程中所用的符号，表示的是要执行的算术运算，也可以是要执行的逻辑运算，或者是功能编辑和调用。操作符是泛型的，即它们自动适应操作数的数据类型，ST 语言的操作符包括逻辑运算符、算术运算符、数学函数、比较关系运算符、移位运算符和转换操作符等，见表 1-18～表 1-23。

表 1-18 常用的逻辑运算符

逻辑运算符	含　义
AND	逻辑与
OR	逻辑或
XOR	逻辑异或
NOT	逻辑取反

表 1-19 常用的算术运算符

算　术	含　义
+	加
-	减/取反
*	乘
/	除
MOD	模除-求余数

表 1－20　　常用的数学函数

数学函数	含　义	数学函数	含　义
ABS	取绝对值	COS	余弦函数
SQRT	取平方根	EXPT	取平方根
LN	自然对数，输出是实数	TAN	正切函数
LOG	以 10 为底的对数，输出为实数	ASIN	反正弦函数
EXP	指数函数，输出为实数	ACOS	反余弦函数
SIN	正弦函数	ATAN	反正切函数

表 1－21　　常用的比较关系运算符

关系运算符	含　义
=	两者相等
<	前者小于后者
<=	前者小于等于后者
>	前者大于后者
>=	前者大于等于后者
<>	前者不等于后者

表 1－22　　常用移位运算符

移位运算符	含　义
SHL	将操作数左移 *n* 位
SHR	将操作数右移 *n* 位
ROL	将操作数循环左移 *n* 位
ROR	将操作数循环右移 *n* 位

表 1－23　　常用转换操作符

类型转换	含　义
BOOL_TO_<数据类型>	从布尔类型转换为其他任意类型
<数据类型>_TO_BOOL	从其他变量类型转换为布尔类型
TRUNC	REAL 类型转化为 INT 类型

续表

类型转换	含　义
<整数数据类型>_TO_<其他整数数据类型>	从一种整数类型转换为其他数字类型，例如从 INT 到 UINT 等
实数/长实数类型转换	从实数/长实数变量类型转换为其他类型，例如：实数转换到整数等

3. ST 的结构

ST 指令用于将表达式返回的值赋给实际参数，并构造和控制表达式。ST 结构和含义见表 1－24。

表 1－24　ST 结构和含义

结　构	含　义
IF…THEN…ENF_IF	判断 IF 中的条件，执行某项操作
CASE…OF…END_CASE	基于 CASE 中的数值进行操作
FOR…TO…BY…DO…END_FOR	根据指定的次数和步长重复执行某项操作
WHILE…DO…END_WHILE	当 While 的条件为真，重复执行某项操作
REPEAT…UNTIL…END_REPEAT	直到条件为真，否则重复执行某项操作
EXIT	一旦执行，跳出重复执行某项操作

4. 注释

为使用户的编写更具可读性，需要添加注释。此注释还可作为调试的手段，例如，可通过注释使一部分程序不起作用。

添加注释的类型主要有以下两种：

（1）注释以【(*】开始，以【*)】结束。允许多行注释。如：【代码】。

（2）作为扩展 IEC 61131－3 标准的单行注释，注释以【//】开始，一直到本行结束均被认作为注释。如：【//】这是个注释。

（五）IL 指令列表的编程语言

IL 是以指令列表语言编写的程序，包括由控制器按顺序执行的一系列指令。每个指令都包括一个行号、一个指令代码和一个操作数。IL 符合 IEC 61131－3 标准，其指令列表编程语言接近机器语言，因而程序编写时不直观，是比较少使用的语言。

IL 指令列表的图符见表 1－25。

表 1－25　IL 指令列表的图符

图标	名称	快捷键	描　述
	插入节	Ctrl+I	在当前节的上方插入节

续表

图标	名称	快捷键	描　述
	插入节（下方）	Ctrl+Shift+I	在当前节的下方插入节
	切换节注释	Ctrl+T	将当前节切换为注释（使当前节不起作用）或相反
	在下方插入 IL 行	Ctrl+Delete	增加一个编程行
	删除 IL 行		删除所选的编程行
	跳转	Shift+F11	跳转到卷标位置
	卷标	Ctrl+F11	卷标
	返回	Ctrl+Shift+F11	如果一个返回的输入为真，此 POU 的进程将会立即停止

（六） SFC顺序功能图

很多工业过程是按过程顺序执行的，其执行过程是按一套固定的方法和步骤完成的，以顺序功能图语言编写的程序，可用于能被拆分为数个步骤的过程，以此来描述出整个控制系统的控制过程，这就是所谓的顺序功能流程图，即 SFC 编程方法。

SFC 包括具有关联操作的步骤，具有相关联逻辑条件的转换，以及步骤和转换之间的定向连接。SFC 标准在 IEC 848 中定义，符合 IEC 61131-3。

SFC 简单易学、设计周期短、规律性强，设计出来的程序结构清晰、可读性好，本节将详细介绍如何使用 SFC 在 SoMachine 中进行编程。

由于 SFC 语言突出的顺序行为的特点，SFC 常被用来对复杂过程采用自顶向下逐步细化的编程方法进行分解。

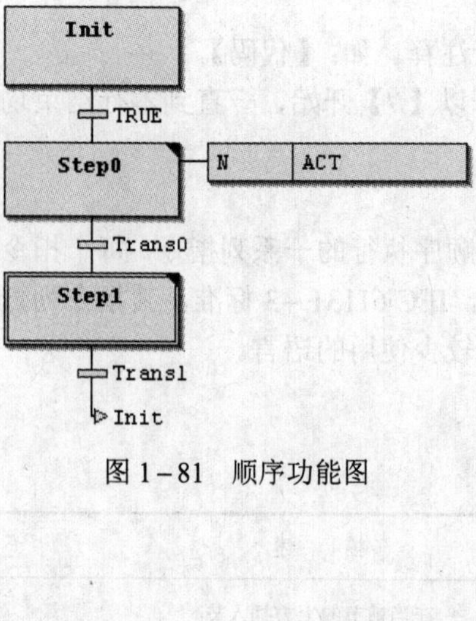

图 1-81　顺序功能图

1. 程序中的 SFC 顺序功能图的构成要素

SFC顺序功能图由步、转换条件和动作（Action）3 个要素组成，一个简单的顺序功能图如图 1-81 所示。

（1）步。

1）步的定义。步表示整个工业过程中的某个主要功能。它可以是特定的时间、特定的阶段或者是几个设备执行的动作。SFC 顺序功能图中的步由一个方框来表示，该方框内包含【步名称】以及由连接线表示的上下转移关系。步的名称可以在当前位置直接编辑，并且步的名称必须在其所在的 POU 内是独一无二的，尤其是在 SFC 内使用动作编程时，需要特别注意。

2）步的种类。在 SoMachine 中步的种类分为两种：初始步和普通步。当 SFC 编写的 POU 被调用时，将首先执行初始步，功能图中的每步都可以设置为初始步，初始步的边框由双线标识。设置初始步的方法是选中要设置的那个步，例如图 2－1 中的 Step0，使用单击菜单中的初始步按钮或选中要设置的步右键在弹出的上下文中选中【初始步】后，就可完成初始步的设置，如图 1－82 所示。

除初始步外的其他步都为普通步。在 SFC 中，步只是表示某个特定的阶段，具体步在何时有效，何时切换到下一步，需要结合下面的转换条件，而在步执行什么样的操作，要结合步执行各个阶段的动作，包括入口动作、本步激活时的动作和离开此步的出口动作。

（2）动作。每个步都可以执行多个（或一个）动作，动作包括了此步执行时详细的描述，动作可以由梯形图、FBD、ST、SFC 等语言编写。动作是步骤具体要执行的操作，例如，阀门的开启，电动机的启动或停止，工件或产品的移动等。IEC 标准步被至少执行两次，第一次执行是当它们被激活时，第二次执行是在下个周期，它们被禁止时。由于一步中可以分配多个动作（动作列表），这些动作按照从上到下的顺序进行执行。一个 IEC 步动作由一个双框表示，通过连接线连接在步的右侧。左侧框显示动作的限定符，右侧框为动作名称。这些都可以在当前位置直接进行编辑，IEC 标准步和限定符如图 1－83 所示。

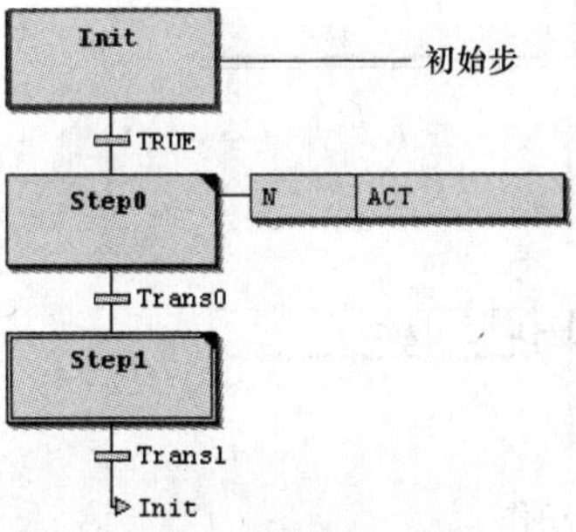

图 1－82　初始步的设置

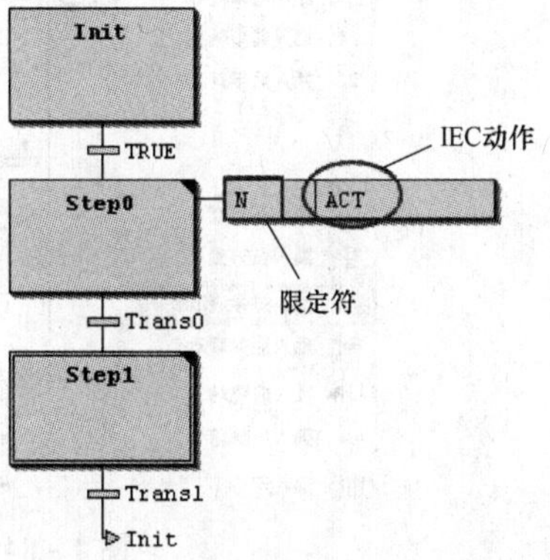

图 1－83　IEC 标准步和限定符

限定符是用来配置一个动作将以什么样的方式与 IEC 步相关联的。限定符是被插入一个动作元素的限定符区域内的，这些限定符由 IecSfc.library 的 SFCActionControl 功能块来进行处理，并通过 SFC 插件 IecSfc.library 可以被自动包含到一个工程当中去，SFC 限定符的功能及描述见表 1－26。

表 1－26　　SFC 限定符的功能及描述

名称	功　能	描　　述
N	未存储	只要步是活动的，该动作就是活动的
R	最高级别复位	动作被禁止
S	设定（已存储的）	该动作会在步被激活时开始，并且会在步被禁止后继续执行，直到动作被复位
L	时间限定	该动作会在步被激活时开始，并且会继续执行直到步被禁止或超过设定的时间

续表

名称	功 能	描 述
D	时间延迟	一个延迟定时器会在步被激活时开始。如果在延迟时间过后，该步还处于活动状态，则该动作开始执行并持续到被禁止为止
P	脉冲	该动作会在步被激活或禁止时开始，并且只会被执行一次
SD	存储并且时间延迟	动作在设定的时间延迟后开始，并且持续执行直到其被复位为止
DS	延迟并存储	如果在特定时间延迟后，步一直为激活状态，动作将会开始并持续到其被复位为止
SL	存储并且时间限制	该动作会在步被激活时开始，并且会持续执行到设定的时间或者复位为止

使当前步成为IEC标准步时，先单击步，例如Step0，然后通过菜单【SFC】上的【插入前/后关联动作】，将IEC步动作与步进行关联，一步可以关联一个或多个动作。新动作的位置由当前光标位置及使用的命令决定，动作必须在工程内是可用的，并且被插入时必须采用一个唯一的动作名称，如图1-84所示。

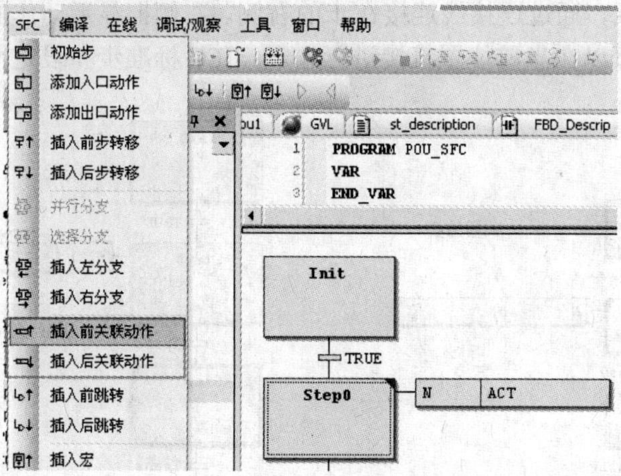

图1-84　插入关联动作

SoMachine Central扩展了IEC标准的动作，即额外加入了入口动作、步激活动作、出口动作3个动作，如图1-85所示。

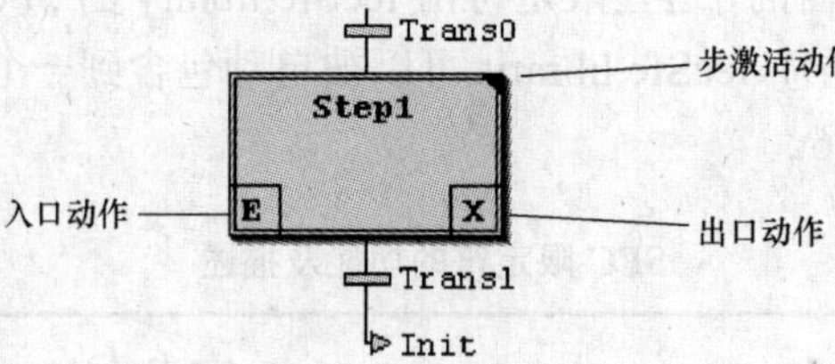

图1-85　三种扩展动作示例

1）入口动作。这类步动作在步刚被激活之后，在“步激活”动作之前执行。这类动作是通过步属性中的“步入口”选项设置与步关联的。在步框内的左下角，用【E】来表示。

2）步激活动作。在步被激活之后且在该步的入口动作已经完成后这类步动作开始执行。这种类型的步动作在步被禁止时不能被再次执行，而且也不能给其分配限定符。这类动作是通过步属性中的“步激活”选项与步关联的。在步框内的右上角，用一个小三角进行表示。

3）出口动作。这类步动作在步被禁止之后，立刻会被执行一次。需要注意的是，该退出动作并不会立刻完成，它将会在接下来的循环的开始部分执行完毕。这类动作是通过步【属性】中的【步退出】选项与步关联的。在步框内的右下角，用一个【X】进行表示。

（3）转换。转换表示从一步到另一步的切换，这些切换是有条件的。当条件满足时转换才能发生，转换可以是布尔量变量，也可以是一个逻辑判断或者是一个用编程实现的POU（下角标为T）。转换的不同方式的图示如图1－86所示。

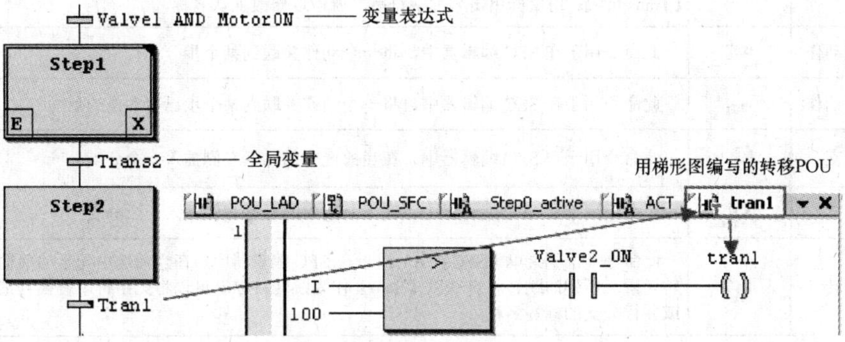

图1－86　转换的不同方式

转换的POU的创建方法是：单击POU_SFC，在弹出的快捷菜单中选择【添加对象】，然后选择【转移...】，创建转移POU，如图1－87所示。

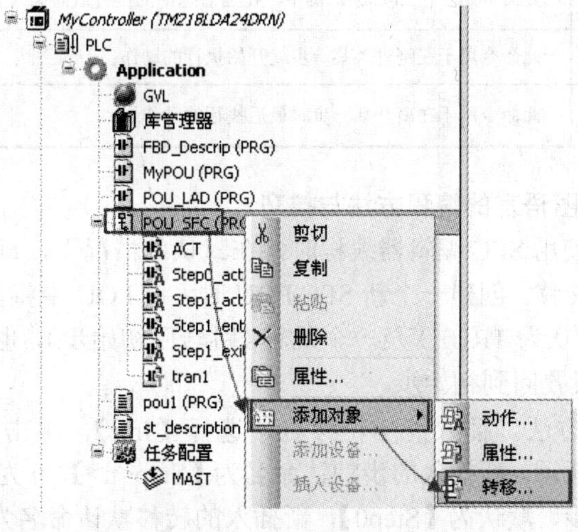

图1－87　创建转移POU

2. SFC顺序功能图编程的各种元素

SFC顺序功能图常用菜单命令的详细列表见表1－27。

表 1-27　　SFC 顺序功能图常用菜单命令的详细列表

名称	图标	描　述
初始步		此命令用于将当前 SFC 编辑器中选中的步，设置为初始步。这样，该步元素的边框将变为双线。旧的初始步将自动转变为普通步，并用单线框显示。该设置可用于重新组织现有图形
插入前步转移		此命令用于在 SFC 编辑器中，在当前选中的位置前面插入一个步和一个转移。新插入的步和转移的排列顺序，取决于在执行插入命令时选中的是“步”还是“转移”。将自动按照下列顺序排列：步-转移-步-转移-…
插入后步转移		此命令（位于菜单【SFC】中）用于在 SFC 编辑器中，在当前选中的位置后面插入一个步和一个转移。新插入的步和转移的排列顺序，取决于在执行插入命令时选中的是“步”还是“转移”。将自动按照下列顺序排列：步-转移-步-转移-…。 插入的步和转移示例：在此示例中，执行插入命令时选中的是转移 TRUE，则新插入的步和转移被放置在转移 TRUE 的后面。新插入的步默认命名为【Step<n>】。*n* 为从零开始的连续整数。插入初始步后的第一步，默认为“Step0”。相应地，新插入的转移默认命名为【Trans<n>】。用鼠标单击名称字符串，就可以修改默认名称
插入前关联动作		此命令用于在 SFC 编辑器中，将一个动作关联到某个步
插入后关联动作		此命令用于在 SFC 编辑器中，将一个动作关联到某个步已有动作的后面
插入左分支		此命令用于在 SFC 编辑器中，在当前选中的元素左侧插入一个分支
插入右分支		此命令用于在 SFC 编辑器中，在当前选中的元素右侧插入一个分支
插入前跳转		此命令（位于菜单【SFC】中）用于在 SFC 编辑器中，在当前选中元素的前面插入一个跳转元素。新建的跳转将自动以【Setp】作为跳转目标。可以将此字符串替换为某个步的名称或并行分支的标签名称
插入后跳转		此命令用于在 SFC 编辑器中，在当前选中元素的后面插入一个跳转元素。这类跳转只能用在选择分支的结尾处。新建的跳转将自动以【Setp】作为跳转目标，可以将此字符串替换为某个步的名称或并行分支的标签名称
插入宏		此命令用于在 SFC 编辑器中，在当前选中的位置前面插入宏
添加宏		此命令用于在 SFC 编辑器中，在当前选中的位置后面插入宏
添加入口动作		此命令用于在刚进入某一步就开始执行的动作
添加出口动作		此命令用于在离开某一步时最后执行的动作

3. SFC 顺序功能图语言的编程方法与技巧

在 SoMachine 中使用 SFC 编辑器编程时，在默认的情况下，每个新的 POU 都包含一个初始步和一个后续转移。创建一个新 SFC POU 时，该 POU 中将自动顺序插入一个初始步元素、一个转移（默认为 TRUE）及一个跳转（跳转回初始步），也可以使用变量 SFCInit 或 SFCReset 将 SFC 设置回到初始步。

（1）插入元素的方法。插入前步转移时，选择【Init】，单击菜单中的按钮添加【Step0】，如图 1-88 所示。新插入的步默认命名为【Step<n>】，*n* 为从零开始的连续整数。插入初始步后的第一步，默认为【Step0】，新插入的转移默认命名为【Trans<n>】。用鼠标单击名称字符串【Step0】，可以修改默认名称。

同样的方法可以插入 SFC 编程的其他元素。

（2）插入后关联动作的方法。单击鼠标右键在弹出的菜单中选择【添加对象】，然后选择【动作…】，如图 1-89 所示。

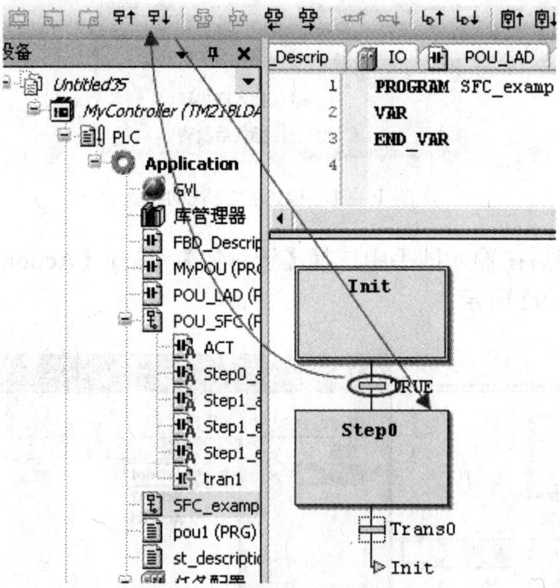

图 1－88　插入前步转移

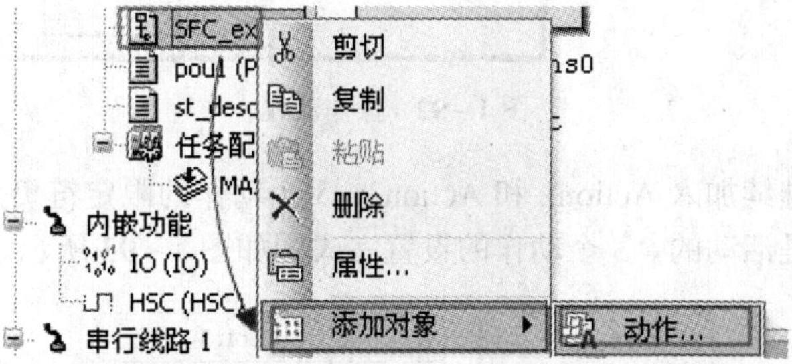

图 1－89　插入后关联动作

然后选择动作的名称 Action1 和编程语言 LD，仿造上面的流程再创建 Action2 和 Action3 两个动作。在 Action1 的 LD 编程环境下填入下面的动作，当传感器信号到达，生产线电动机 1 开始运转，直到工具到达下一位置传感器信号到达，程序如图 1－90 所示。

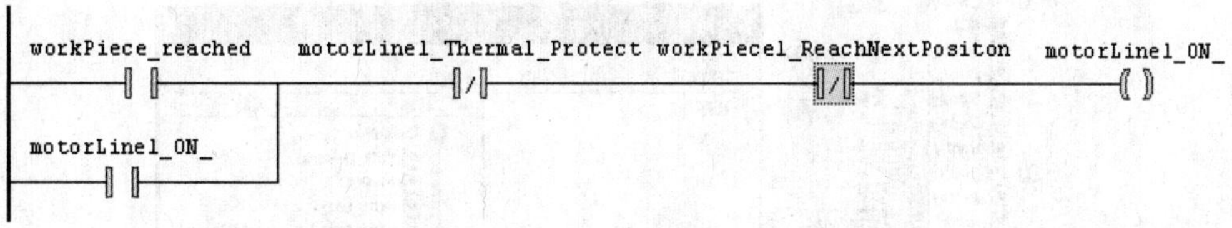

图 1－90　程序

Action2 和 Action3 的动作与 Action1 的动作相类似。

选择步，在右键的快捷菜单中选择【插入前关联动作】，如图 1－91 所示，在步的边框右侧将插入动作框。

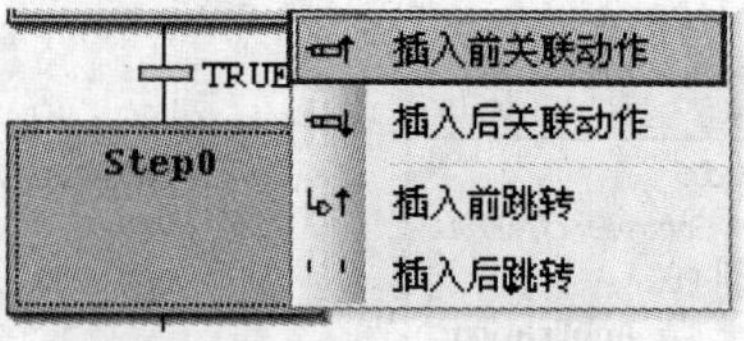

图 1-91　插入前关联动作

先单击【...】，然后在输入助手中选择【子对象】，选择【Action1】后选择【确定】按钮，操作流程如图 1-92 所示。

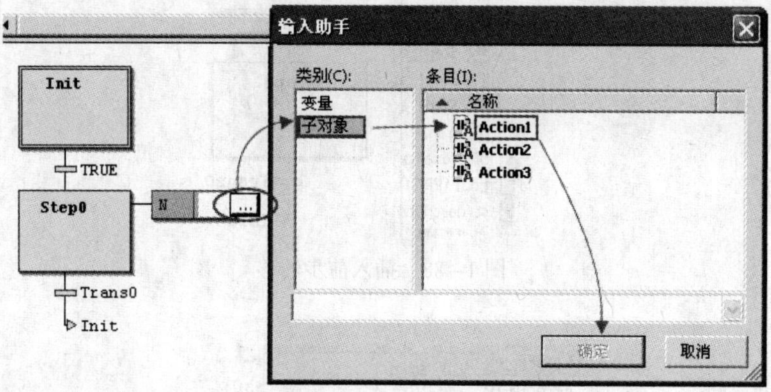

图 1-92　操作流程

可按照此流程继续加入 Action2 和 Action3。3 个动作的限定符仍采用 N，即只要步是活动的，此动作就是活动的，3 个动作的设置完成图如图 1-93 所示。

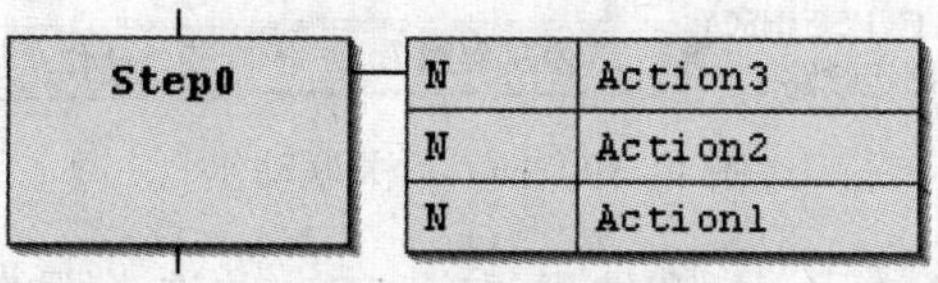

图 1-93　3 个动作的设置完成图

设置转移条件为 3 个工位都到达下一位置，双击【MAST】任务加入【SFC_example】程序，如图 1-94 所示。

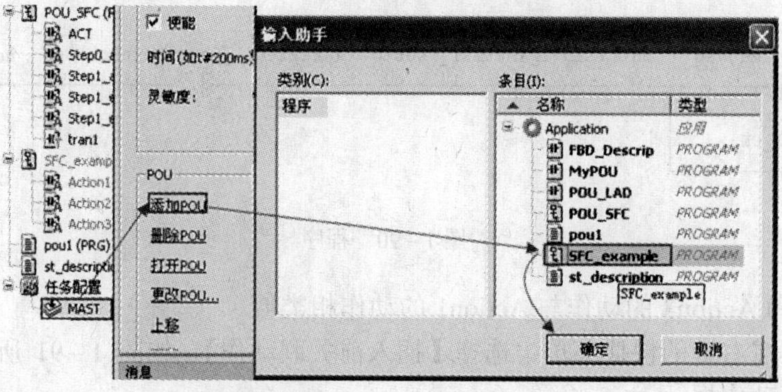

图 1-94　添加 POU

九、SoMachine4.3 的指令描述

目前 SoMachine 支持的 PLC 所使用的指令系统十分丰富，编程人员利用这些指令进行编程，能够比较容易地实现各种复杂工艺的控制操作。

通俗点说，指令是最基础的编程语言，只有灵活掌握常用指令的功能和编程方法，才能更好地使用 PLC。

由于 SoMachine 支持的 PLC 机型较多，指令数量也较多，限于篇幅等因素，本书只对常用的指令进行介绍。在实际的编程应用中，若遇到问题，可根据 CPU 的型号，参考施耐德公司提供的编程手册和操作手册等资料。

施耐德 SoMachine 支持的 PLC 按功能可以分为基本指令、逻辑运算指令、实数运算指令、程序控制指令、数据处理指令、整数运算指令、专用功能块指令和表处理指令等。

（一）指令的相关知识

在施耐德 SoMachine4.3 支持的 PLC 程序中，信号的流向是由左向右的。

在串联、并联电路中对于构成串联的接点数和构成并联的接点数，是没有限制的。

编程时，输入/输出继电器、内部辅助继电器、计时器等的接点的使用次数是没有限制的，对于维护等方面而言，最佳设计莫过于节约接点的使用个数，把复杂的设计用简单、明快的电路构成。

施耐德 SoMachine 编程软件中的程序是由指令组成的，一条指令从输入到输出的基本结构如图 1－95 所示。

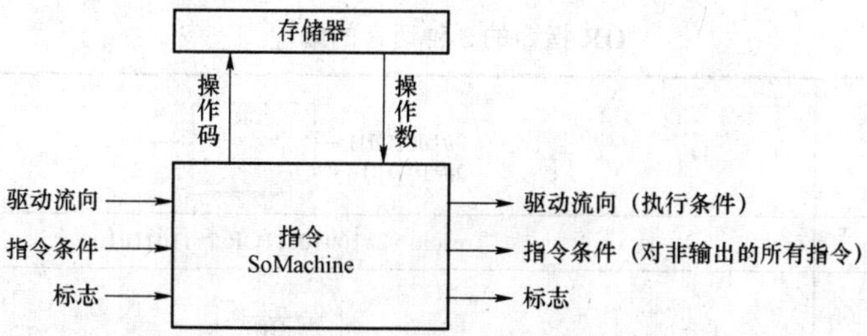

图 1－95　一条指令从输入到输出的基本结构

其中，驱动流向是用于控制执行和指令的执行条件。在梯形图中，驱动流向表示执行的状态。使用驱动流向作为执行条件，输出指令执行的所有功能。

指令条件是一些特殊条件，当指令条件处于决定是否执行一条指令时，它比驱动流向具有更高的优先权。一条指令会根据指令的执行条件来决定执不执行，和以什么方式来执行。

操作码是用助记符来表示的，用来表明要执行的功能。例如，在程序中用 LD 表示取，用 OR 表示或，等等。

操作数则是用来表示操作的对象的。操作数一般是由标识符和参数组成的。标识符表示操作数的类别，而参数表明操作数的地址或设定一个预制值。

（二）基本指令

1. AND 指令

AND 指令对位操作数按位进行与运算。若每个输入位都为 1，那么结果位也为 1，否

则为 0。指令中的数据类型包括 BOOL、BYTE、WORD、DWORD 等数据类型。AND 指令的 3 种语言的编程见表 1－28，二进制的两个变量的值 2#10010011 和 2#11011010 相与的结果是 2#10010010，存储在变量 reset 中。

表 1－28　　AND 指令的 3 种语言的编程

FBD 编程语言	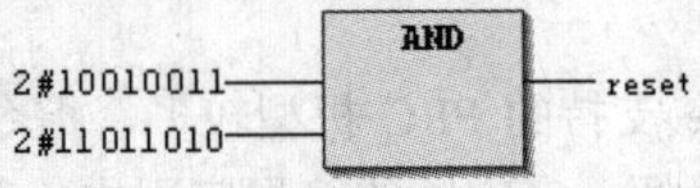
ST 编程语言	result:= 2#10010011AND 2#11011010
CFC 编程语言	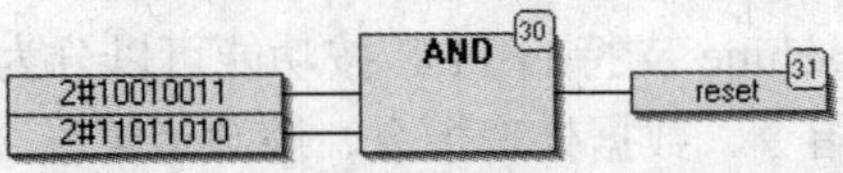

两个字节 IN1=16#83=01011011、IN2=16#102=01101110 进行【AND】与操作（AND）的结果为 01001010。

2. OR 指令

OR 指令是对位操作数按位进行或运算。只要有一个输入位为 1，结果就为 1，否则为 0。OR 指令的数据类型包括 BOOL、BYTE、WORD 和 DWORD 这些数据类型。OR 指令的 3 种语言的编程见表 1－29，二进制的两个变量的值 2#10010011 和 2#11011010 相或的结果是 2#11011011 存储在变量 reset 中。

表 1－29　　OR 指令的 3 种语言的编程

FBD 编程语言	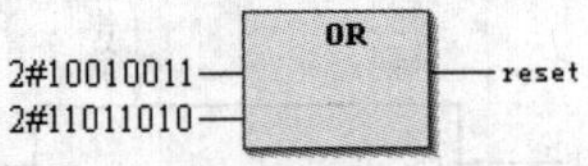
ST 编程语言	result:= 2#10010011OR 2#11011010
CFC 编程语言	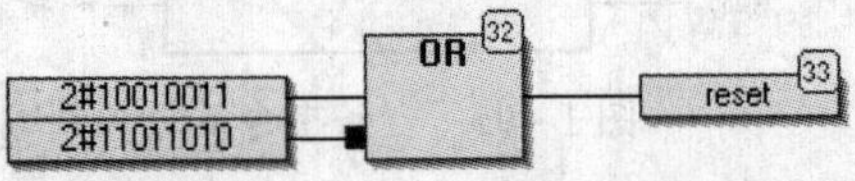

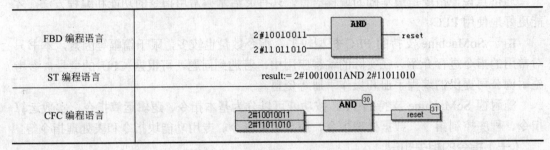

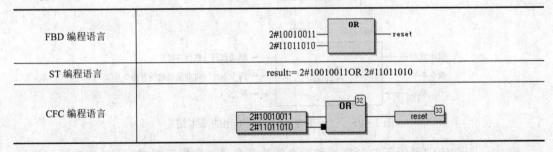

两个字节 IN1=16#83=01010000、IN2=16#102=01100110 进行或操作（OR）的结果为 01110110。

（三）计数器指令

递增递减计数器 CTUD 指令可以用于加计数和减计数。CTUD 加减计数器 3 种语言的编程见表 1－30。

1. 输入

CU：布尔型（BOOL）；当 CU 端有上升沿时，触发 CV 的递增计数。

CD：布尔型（BOOL）；当 CD 端有上升沿时，触发 CV 的递减计数。

RESET：布尔型（BOOL）；当其为 TRUE 时，CV 被复位为 0。

LOAD：布尔型（BOOL）；当其为 TRUE 时，CV 被置为 PV。

PV：字型（WORD）；CV 递增时的上限值，或 CV 开始递减时的初始值。

2. 输出

QU：布尔型（BOOL）；一旦 CV 达到 PV 时，其值为 TRUE。

QD：布尔型（BOOL）；一旦 CV 达到 0 时，其值为 TRUE。

CV：字型（WORD）；不断减 1 的值，从 PV 开始直至其达到 0。

当 RESET 为 TRUE 时，计数变量【CV】被初始化为 0。当 LOAD 为 TRUE 时，计数变量 CV 被初始化为上限值 PV。当【CU】端有一个从 FALSE 变为 TRUE 的上升沿时，【CV】将加 1。当 CD 端有一个从 FALSE 变为 TRUE 的上升沿时，若【CV】不会降到 0 以下时，它将减 1。当【CV】大于或等于上限【PV】时，【QU】返回 TRUE。当【CV】等于 0 时，【QD】返回 TRUE。

表 1－30　　CTUD 加减计数器 3 种语言的编程

<table>
<tr><td>FBD 编程语言</td><td>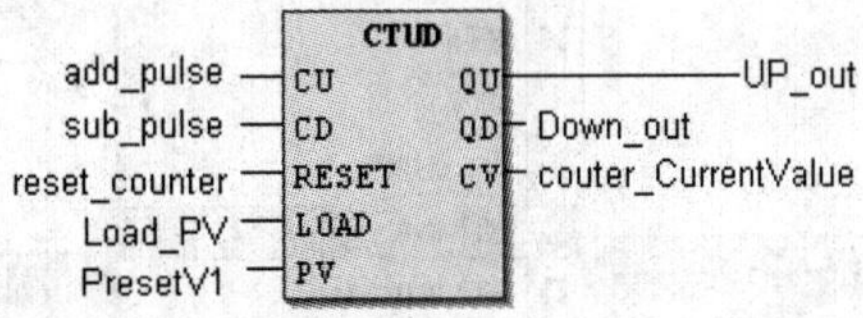
</td></tr>
<tr><td>ST 编程语言</td><td>Z1(CU := add_pulse,CD:= sub_pulse,RESET:= reset_counter,LOAD:= load_PV,PV:= PresetV1);
UP_out:=Z1.QU;
Down_out:= Z1.QD;
couter_CurrentValue:=Z1. CV;</td></tr>
<tr><td>CFC 编程语言</td><td>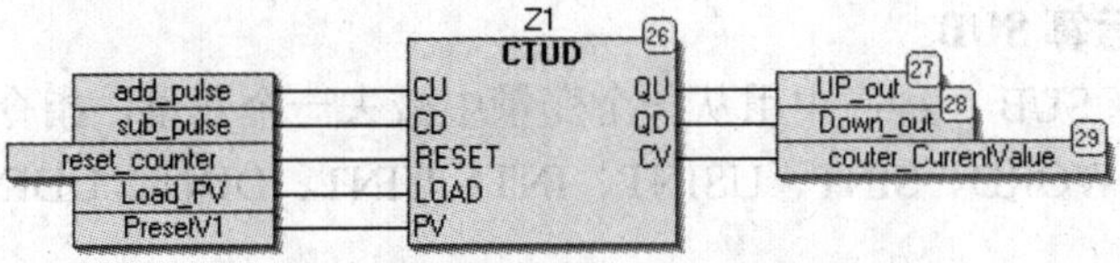
</td></tr>
</table>

（四）数学运算指令

Unity Pro 软件的数学运算指令包括加运算 ADD、减运算 SUB、乘运算 MUL、除运算 DIV、赋值指令 MOVE 等。

1. 加运算 ADD

在程序中加运算 ADD 指令用于在输入端的 EN 使能时，使输入端的变量相加，并进行存储，指令中的变量类型包括 BYTE、WORD、DWORD、SINT、USINT、INT、UINT、DINT、UDINT、REAL 和 LREAL 这些类型。

值得注意的是，当使用的变量为时间变量时，两个时间类型的变量相加的结果还是时间变量。算式 KK=AA+BB 的加运算 ADD 指令 3 种语言的编程见表 1－31。

表 1－31　　加运算 ADD 指令 3 种语言的编程

<table>
<tr><td>LD 编程语言</td><td>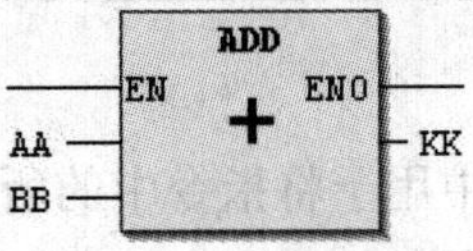
</td></tr>
<tr><td>ST 编程语言</td><td>KK:=AA+BB;</td></tr>
</table>

续表

CFC 编程语言	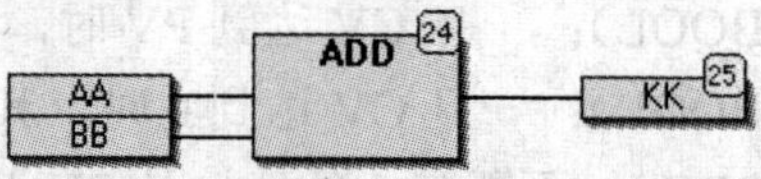

可以右击【加运算器 ADD】，在弹出的上下菜单上选择【插入输入】，这样就实现了多个变量的加法，更多变量的加法只要重复这个操作就可实现了，如图 1－96 所示。

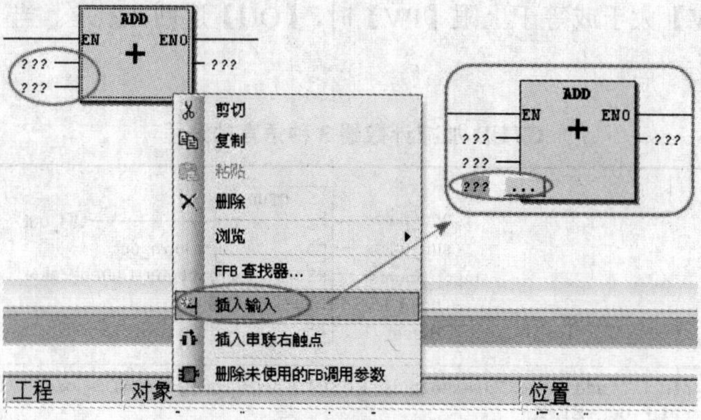

图 1－96　添加更多加法变量的方法

2. 减运算 SUB

减运算 SUB 在程序中用从一个变量中减去一个变量，指令中的变量类型包括 BYTE、WORD、DWORD、SINT、USINT、INT、UINT、DINT、UDINT、REAL 和 LREAL 这些类型。

当使用的变量为时间变量时，从某个时间变量中减去一个时间变量的结果还是时间变量，但具体操作时是不支持负的时间值的。算式 $X=P-U$ 减运算 SUB 指令 3 种语言的编程见表 1－32。

表 1－32　减运算 SUB 指令 3 种语言的编程

LD 编程语言	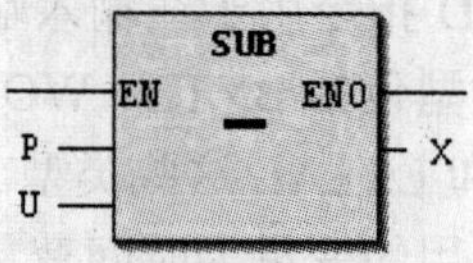
ST 编程语言	X:=P–U;
CFC 编程语言	

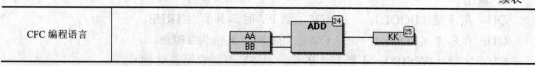

3. 乘运算 MUL

乘运算 MUL 在程序中用于将指令中的所有变量进行相乘操作。指令中的变量类型包括 BYTE、WORD、DWORD、SINT、USINT、INT、UINT、DINT、UDINT、REAL 和 LREAL。算式 X=P*U 乘运算 MUL 指令 3 种语言的编程见表 1－33。

表 1-33　　乘运算 MUL 3 种语言的编程

LD 编程语言	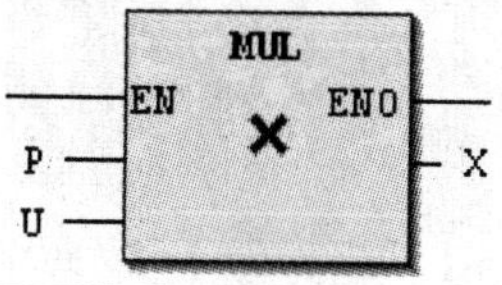
ST 编程语言	X:=P*U;
CFC 编程语言	

可以右击【乘运算器 MUL】，在弹出的下拉菜单中选择【插入输入】，就实现了多个变量的乘法，更多变量的乘法只要重复这个操作就可以实现了。

4. 除运算 DIV

除运算 DIV 在程序中用一个变量除以另一个变量。指令中的变量类型包括 BYTE、WORD、DWORD、SINT、USINT、INT、UINT、DINT、UDINT、REAL 和 LREAL。算式 X=P/U 除运算 DIV 指令 3 种语言的编程见表 1-34。

表 1-34　　DIV 指令 3 种语言的编程

LD 编程语言	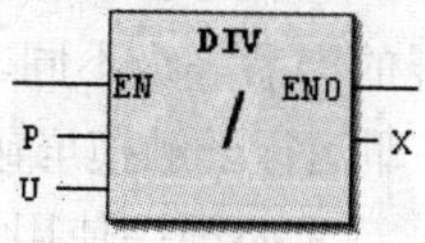
ST 编程语言	X:=P/U;
FBD 编程语言	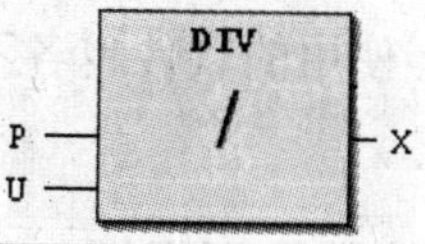

5. 赋值指令 MOVE

赋值指令 MOVE 的作用是将一个变量的值赋给另一个适当类型的变量。在 SoMachine 的图形编辑器 FBD、LD、CFC 中，MOVE 是一个方框。在这个方框里（未锁定的）EN/ENO 功能也可以用于变量赋值。将变量 P 赋值给变量 X 的 MOVE 指令 3 种语言的编程见表 1-35。

表 1-35　　MOVE 指令 3 种语言的编程

LD 编程语言	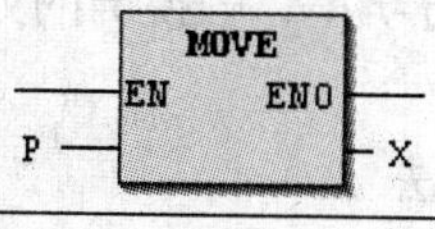
ST 编程语言	X:=P;
CFC 编程语言	

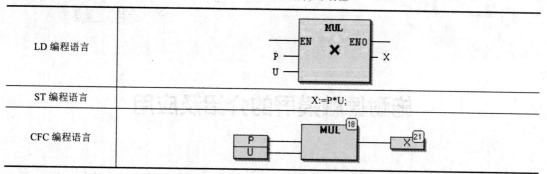

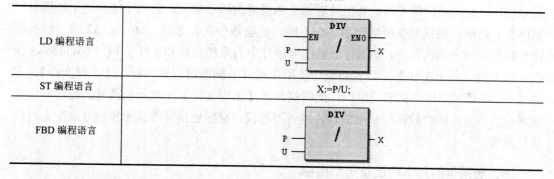

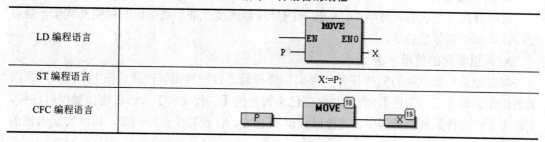

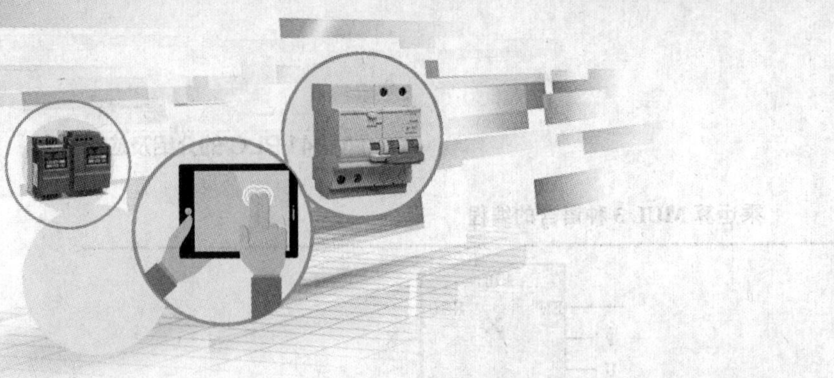

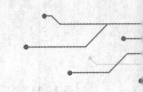

第二章

施耐德触摸屏的介绍及应用

触摸屏 HMI 是实现人与机器信息交互的数字设备，用于连接可编程序控制器、直流调速器、变频器和仪表等工业控制设备，使用显示屏进行显示，并通过触摸屏、键盘、鼠标等的输入单元写入工作参数或输入的操作命令。

第一节 触摸屏开发软件和界面的设计过程

触摸屏产品由硬件和软件两部分组成，硬件部分包括处理器、输入单元、显示单元、通信接口、数据存储单元等，其中处理器是触摸屏的核心单元，它的性能决定了触摸屏产品的性能高低。根据触摸屏的产品等级不同，处理器分别有 8 位、16 位、32 位。触摸屏操作软件一般分为两部分，即运行于触摸屏硬件中的系统软件和运行于 PC 机 Windows 操作系统下的画面组态软件。读者必须先使用触摸屏的画面组态软件制作【工程文件】，再通过 PC 机和触摸屏产品的通信口，把编制好的【工程文件】下载到触摸屏的处理器中才能运行。不同品牌的触摸屏使用的软件也各不相同，根据触摸屏的品牌和型号选配支持的软件即可。

一、触摸屏的基本功能及选型指标

1. 基本功能

设备工作状态显示，包括指示灯、按钮、文字、图形、曲线，数据、文字输入操作，打印输出，生产配方存储，设备生产数据的记录，简单的逻辑和数值运算，多媒体功能，可连接多种工业控制设备组网。

2. 选型指标

显示屏尺寸及色彩，分辨率、触摸屏的处理器速度性能，通信口的种类及数量，是否支持打印和多媒体功能等。

3. 人机界面的使用方法

确定触摸屏要执行的监控任务的要求，选择最适宜的触摸屏产品。在 PC 机上用画面组态软件编辑【工程文件】，测试并保存已编辑好的【工程文件】，PC 机连接触摸屏硬件，下载【工程文件】到触摸屏中，连接触摸屏和 PLC、仪表等工业控制器，从而实现人机的交互功能。

二、触摸屏应用界面的设计步骤

1. 创建新项目的外部模型

在设计新项目的外部模型时，要考虑触摸屏软件的数据结构、总体结构和项目的过程性能要描述的内容，界面设计不是外部模型中最重要的部分，一般只作为附属品。读者要根据终端用户对未来系统提出的期望来设计用户模型，这样才能实现用户的个性化需求。

2. 任务制订与分配

任务制订是在外部模型的基础上，制订完成用户的需求所要做的工作，也就是要确定为完成项目的系统功能应完成的任务，把这些任务再分配给不同的单元进行操作。具体地说，首先要进行任务分析，将其映射为在人机界面上执行的一组类似的任务，将任务划分为多个子任务，然后对每个子任务要完成的工作进行十分清晰明确的规划，制订出详细的任务描述。

3. 项目的界面设计

在进行项目界面设计时，要充分考虑系统的响应时间、用户求助机制、错误信息处理和命令方式等几个方面的因素。

（1）一般在交互式系统中要避免系统响应时间过长。

（2）用户求助机制应尽量避免叠加式系统导致用户求助某项指南而不得不浏览大量无关的信息，建议采用集成式。

（3）错误和警告信息应该选用直观、含义准确的术语进行描述，同时还应该在提示状态下尽可能提供一些有关错误的解决方案。

第二节 触摸屏开发软件的通用知识

一、项目窗口

一般情况下，触摸屏的项目数据以对象的形式进行存储，在项目中的对象以树形结构进行排列。项目窗口显示属于项目的对象类型和所选择的操作单元要进行组态的对象类型。项目窗口的结构中的标题栏包含的是【项目名称】，在画面中将显示依赖于操作单元的【对象类型】和所包含的对象。

二、画面

画面是触摸屏项目的中心要素，是过程的映像，通过画面可以将项目的实时状态和过程状态可视化，在项目中可以创建一些带有显示单元与控制单元的画面，用于画面之间的切换。

读者还可以在画面上显示过程并且指定过程值，即可以进行过程数据的输入与传送，例如组态输入/输出域，如果是输入域可以用来设定项目的工艺数据，而输出域则可以用来显示工艺数据。

另外，画面中的过程状态报表是为在操作单元上输入、记录或归档过程与操作状态、组态信息而设置的。

1. 画面组件

画面可以由静态和动态组件组成，静态组件包括文本和图形，动态组件与 PLC 链接，并且通过 PLC 存储器上的当前值可视化。可视化可以通过字母和数字显示趋势和棒图形式来实现。动态组件也可以在操作单元上由操作员进行输入，并写入 PLC 存储器，与 PLC 的连接通过变量来建立。

2. 画面编辑器

画面编辑器用来创建、删除和组态画面，在编辑、引用或删除画面时，必须指定将要操作的画面名称。

3. 启动画面

在每个创建的项目中都要定义一个启动画面，启动画面是触摸屏启动后第一个要显示的画面。在画面属性中定义和识别启动画面。

4. 固定窗口

固定窗口是始终与触摸屏画面上边框齐平的窗口，通过编程软件上的菜单选项可以打开和关闭固定窗口，也可通过鼠标来调整固定窗口的高度。由于固定窗口的内容不依赖于当前画面，一般可以将重要的过程变量、日期和时间编辑到固定窗口中，避免在每个画面中进行重复设置，同时也能节省空间资源。

5. 开关按钮和功能键

开关按钮是触摸面板上的触摸敏感区域上的虚拟键。

功能键是操作单元上用于组态功能分配的键，可以分配一个或几个功能给功能键，当功能键被按下时，将立即触发设置的所有功能。功能键分配可以是局部有效，也可以是全局有效。其中，全局分配时，不论当前为何种控制状态，全局分配的功能键总是触发相同的功能，例如，可以利用它们打开指定的画面，显示排队的报警信息等。全局分配在所有画面上都是激活的。而局部分配是基于画面的，局部分配的功能键触发操作单元上不同的动作。

开关按钮和功能键都可以用来打开其他画面，启动和停止风机、变频器等。

6. 域

画面是由多个单独域组成的。域有不同的类型，可以在组态画面时任意放置它们在画面中的位置、拖拽大小、编辑名称和编号等。

域的类型很多，常见的有输入/输出域、文本、图形、趋势图、棒图、按钮、指示灯等。

三、触摸屏的变量

每个变量都有一个符号名与一个定义的数据类型。执行 PLC 程序时，变量值会跟随改变。

变量分全局变量和局部变量（内部变量）。全局变量是带有 PLC 链接的变量，全局变量在 PLC 上占据一个定义的存储器地址，并且，从操作单元与 PLC 上都可以对这个变量进行读写访问。而局部变量（内部变量）不链接到 PLC 上，仅在操作单元上使用。

1. 变量类型

变量类型有字符串型变量、布尔型变量、数字型变量、数组变量等，不同的 PLC

支持的变量类型也不同，读者在项目中能够使用的变量类型要根据实际使用的 PLC 而定。

2. 变量属性

在项目中创建变量的同时也必须为这个变量设置属性。其中，变量地址确定全局变量在 PLC 上的存储器位置。因此，地址也取决于读者在使用何种 PLC。变量的数据类型或数据格式也同样取决于项目中所选择的 PLC。

3. 设置限制值

可以为变量组态设置一个上限值和一个下限值。这个功能很有用，例如在输入域中输入一个限制值外的数值时，输入会被拒绝，也可以利用上下限值来触发报警系统等。读者可以根据项目的实际需要进行发挥利用这个功能。

4. 组态带有功能的变量

读者可以为输入/输出域的变量分配功能，例如跳转画面功能，只要输入/输出域的变量的值改变，就跳转到另一个画面去。

5. 设置起始值

变量设置了起始值后，下载项目后，变量被分配起始值。起始值将在操作单元上显示，不存储在 PLC 上，例如用于棒图和趋势的变量。

四、控制单元的组态

1. 输入域

在控制单元中创建输入域后，可在操作单元上输入传送到 PLC 上的数值，这个数值可以以数字、字母数字或符号形式输入数值。另外，如果为输入域变量定义了限制值，超出指定范围的数值将被拒绝输入。

2. 输入/输出域

组合的输入/输出域在操作单元上显示来自 PLC 的当前数值。同时，也可以输入传送到 PLC 的数值。数值可以是数字、字母或符号形式输入和输出。输入时，希望输出的数值并没有在操作单元上被更新。另外，如果为输入/输出域变量定义了限制值，超出指定范围的数值将被拒绝输入。

3. 输出域

输出域在操作单元上显示来自 PLC 的当前值。这个数值可以以数字、字母数字或符号形式输出数值。

用于符号值的输出域不显示真正的数值，但可以是来自文本或图形状态列表的文本字符串或图形。

4. 静态文本

静态文本是没有链接到 PLC 的文本，运行中，不能在操作单元上对其进行改变。静态文本的作用是解释组态的画面段，可以是一行或多行表示一个输入域、输出域或棒图的显示含义等。

5. 图形

图形和静态文本一样也是没有链接到 PLC 的静态显示单元，同样不能在操作单元上对其进行改变。

6. 趋势图

趋势图是一种动态显示单元，在操作单元上可以连续显示过程值的变化。对于缓慢改变的过程，趋势图可以将过去的事件可视化，以便在过程中估计趋势，同时，使快速过程的数据输出可以用简单方法计算大量数据。

在操作单元上，读者可以在一个趋势图中同时显示几种不同的趋势。可以自由分配趋势的特征，如用于显示的线、点或棒图、颜色，用于模板趋势/实时趋势的类型，用于时钟触发或位触发的触发特征，用于限制值的属性特征等。

7. 棒图

棒图是一种动态显示单元，棒图将来自 PLC 的数值作为矩形区域显示。在实际的项目中用户在操作单元上可以清楚地看到当前数值与限制值之间的距离，或指定的设定值是否到达。读者可以自由定义方向、刻度、棒图和背景颜色，为 Y 轴设定标签并为指示设定限制值，限制值可以显示上限值或下限值。

8. 指示灯

指示灯是触摸面板上的动态显示单元，指示灯指示已经定义的位的状态。例如用不同颜色的指示灯显示阀门的开闭等。

第三节 施耐德 Vijeo－Designer 软件的应用

Vijeo－Designer 是一套由 Schneider Electric 开发的用于人机界面（触摸屏）的工程开发软件，使用 Vijeo－Designer 软件可以为 iPC/XBT、GC/XBT、GT/XBT、GK/XBT、GTW/XBT GH/触摸屏 STO/触摸屏 STU 系列产品的施耐德触摸屏开发和配置应用程序。

一、施耐德 Vijeo－Designer 的软件介绍

施耐德 Vijeo－Designer 软件编制的应用程序能够为人机界面（触摸屏）设备创建操作员面板并配置操作参数。这个软件提供了设计人机界面项目所需要的所有工具，从数据采集到项目创建等，Vijeo－Designer 还具有创建和显示动画的功能。

Vijeo－Designer 软件由两个应用程序组成，即画面开发软件 Vijeo－Designer 和工程运行软件 Vijeo－Designer Runtime。

在实际的工程应用中，首先使用 Vijeo－Designer 编辑器开发人机界面的应用程序，然后使用 Vijeo－Designer 再把这个应用程序下载到触摸屏当中，运行 Vijeo－Designer Runtime 即可执行并显示画面应用程序了。

为了能够正确运行用户应用程序，必须先在触摸屏硬件上安装 Vijeo－Designer Runtime，该组件在用户第一次下载时将提醒用户，然后自动安装。

1. 软件功能

Vijeo－Designer 采用了类似 Microsoft Studio 的设计环境，拥有高级用户界面，带有许多可配置的窗口，能够迅速地开发项目。

（1）Vijeo－Designer 软件基本功能。Vijeo－Designer 软件包括创建新的组态项目、

建立与 PLC 的连接、变量的生成与组态、画面的生成与组态、报警信息的组态、项目文件在线测试与下载等基本功能。

（2）Vijeo－Designer 软件扩展功能。Vijeo－Designer 软件包括归档、趋势图、报表、配方、用户管理、数据共享和脚本功能等扩展功能。

Vijeo－Designer 软件还提供了各种图形库，仅 Image Library 就包含 4000 多个；此外，Vijeo－Designer 还能提供变量交叉报表，软件的按钮功能支持复杂的表达式等。

Vijeo－Designer 软件还具有动画制作功能，只需要简单地设置一些参数，即可获得流畅的动画效果。

Web Gate ActiveX 的控制功能支持触摸屏系统的多连接、数据共享和声音输出的控制功能。具有 USB 端口的触摸屏可以支持 USB 键盘和 USB 鼠标。

Vijeo－Designer 软件的多媒体功能能够使用软件的 JPEG Viewer 在触摸屏上的视频中进行抓拍图像的操作，同时还可以在屏上录制和播放 MP4 格式的视频文件。

Vijeo－Designer 软件在创建人机界面屏幕的同时，还具有重复使用数据和多 PLC 连接的功能特点，在运行时也可设置变量或运行脚本，Vijeo－Designer 脚本是一些由用户编写的指令，用来制定目标机器如何响应实时事件（例如，单击、切换画面或者值的改变）。Vijeo－Designer 脚本以 Java 语言为基础。因此可以直接使用某些 Java 类和函数。

2. 软件安装

双击施耐德 HMI 安装软件 Vijeo Designer Basic 1.1.0.3501_1.1.0.1501－General，在弹出来的页面中选择安装语言后单击【确定】按钮，如图 2－1 所示。

安装过程中安装软件会弹出【许可证协议】，此处需要在阅读后点选【我接受该许可证协议中的条款（A）】，再单击【下一步（N）】，如图 2－2 所示。

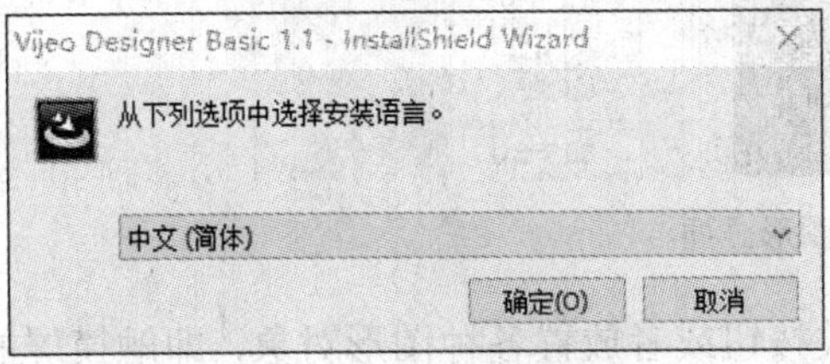

图 2－1 选择安装语言

图 2－2 接受许可证协议

单击【浏览（R）】按钮来选择安装的目标文件夹，然后单击【下一步（N）】，如图 2－3 所示。

选择语言与默认语言为简体中文后，单击【继续（N）】，如图 2－4 所示。

安装向导安装完成后，软件会弹出一个消息框，单击【安装】按钮，安装过程如图 2－5 所示。

安装完成后单击【完成】按钮即可，如图 2－6 所示。

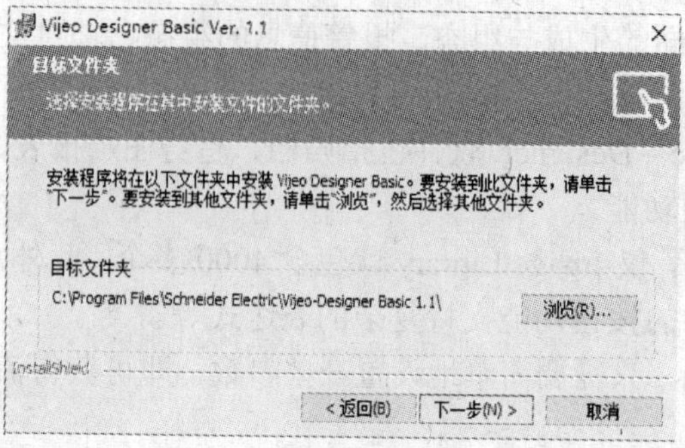

图 2-3　选择目标文件夹

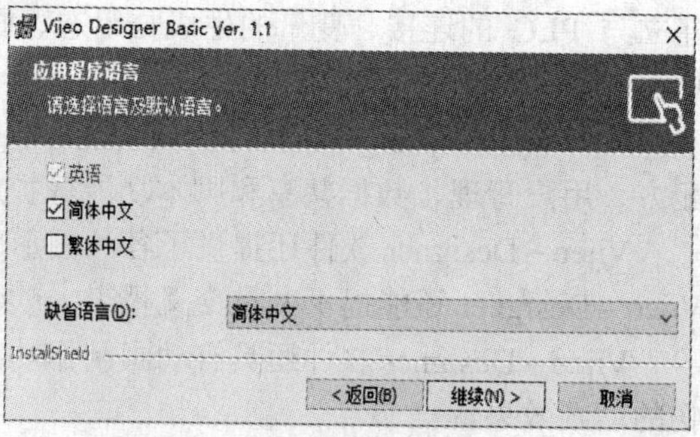

图 2-4　选择语言与默认语言

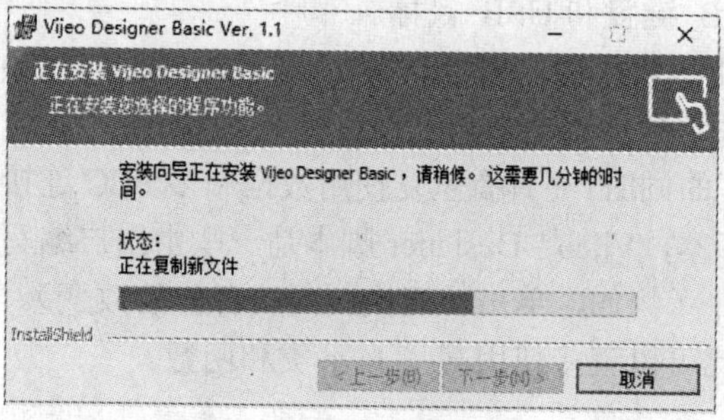

图 2-5　安装过程

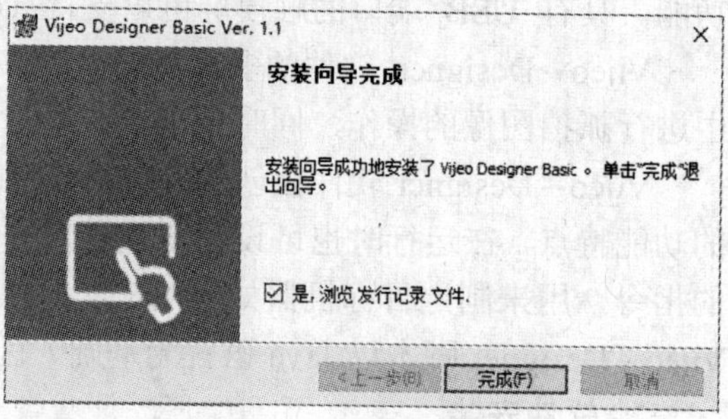

图 2-6　安装完成

3. 图形画面

Vijeo-Designer basic 软件编辑项目里可以设置三种类型的图形画面，即基本画面、弹出式窗口和主画面。如图 2-7 所示。

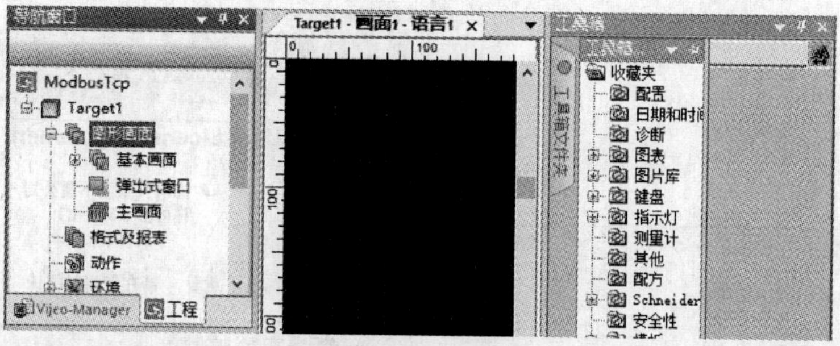

图 2-7　设置图形画面

基本画面是项目的标准画面，可以放置开关按钮或者放置各种图形对象，即触摸屏的基本显示页面。

弹出式窗口是基于画面的弹出式窗口，例如在实际的项目运行当中，我们有时需要对寄存器进行写入操作，如果把键盘放在当前窗口上，不但显得键盘呆板，影响美观，而且键盘本身占用太多空间，使得工程当前窗口设计的空间大为缩小，此时，使用一个弹出式窗口就可以解决这个问题，使项目的应用变得实用而又美观。

主画面为页面模板，是触摸屏界面的背景，可以在模板上添加或删除按钮并设置其属性，一般将所有界面上共同需要的功能放到模板上。

二、施耐德 Vijeo－Designer basic 在工程项目中的实战应用

触摸屏在项目中可以通过通信连接 PLC，并使用显示屏进行显示，从而实现信息的交互，触摸屏项目连接 PLC 的示意图如图 2－8 所示。

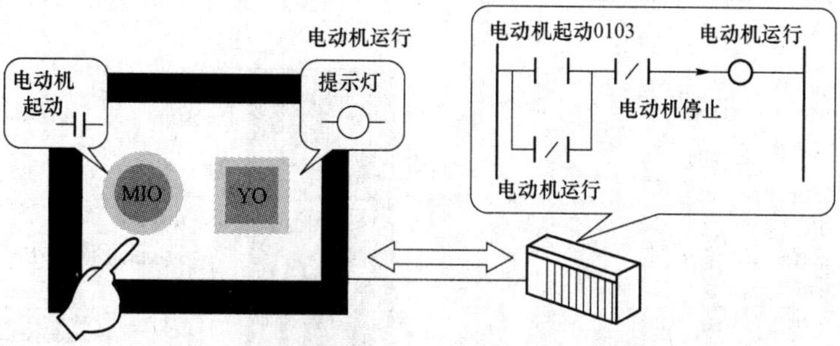

图 2－8　触摸屏项目连接 PLC

使用 Vijeo－Designer basic 创建触摸屏项目的步骤是：首先创建新项目、配置项目、声明变量、创建不同的面板和屏幕跳转，然后创建数字和文本显示、使用工具箱中的图形对象、创建配方、创建趋势图、创建报警管理、创建脚本操作，最后生成和仿真项目。下面详细介绍创建项目的关键部分。

（一）项目的创建与导入导出

1. 创建新项目

在 Vijeo－Designer basic 1.1 中创建新项目或打开现有项目时，首先在编程计算机的屏幕上打开 Vijeo－Designer 软件的编程环境，方法是双击桌面上的 Vijeo－Designer basic 1.1 的图标。

双击图标打开 Vijeo－Designer basic 1.1 软件操作系统后，在【导航窗口】的 Vijeo－Manager 页中，右击【Vijeo－Manager】，并选择【新建工程...】，如图 2－9 所示。还可以单击【新建工程...】图标或单击【文件】→【新建工程...】来创建一个新工程项目。

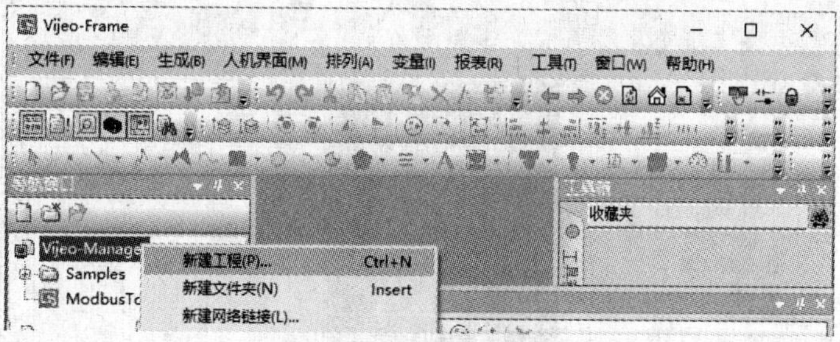

图 2－9　新建工程

创建一个 Modbus TCP 网络通信的项目，项目名称为 Modbus TCP，在类型中选择工程用于单个目标还是用于多个目标，当工程中有多个目标时需要指定目标的个数。可以在工程口令中设置口令环节，提高工程项目的安全性，【创建新工程】对话框如图 2－10 所示。

在弹出的对话框中选择触摸屏的类型，本例选择 HMIGXU5500x 型号的触摸屏，如图 2－11 所示，单击【下一步】进入网络配置页面。

图 2-10 【创建新工程】对话框

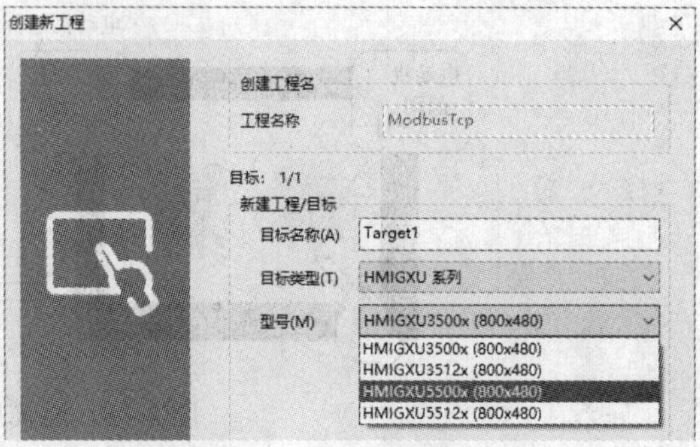

图 2-11 选择触摸屏

在网络配置窗口中，键入目标设备的 IP 地址后单击【下一步】按钮完成操作即可。

在设备驱动程序窗口中，单击【添加】打开【新建驱动程序】对话框，在弹出的新建程序窗口中，可以选择 FIPIO、FIPWAY、Jbus（RTO）、Mdobus RTU、Mobus Plus USB、PacDrive－以太网/PacDrive Cx00、Modbus Slave、Mobus TCP/IP、Uni－Telway、XWAY TCP/IP 的驱动程序，添加到新创建的工程中，本例选择以太网的驱动程序，单击【完成】即可。

新建工程的编辑画面如图 2-12 所示。

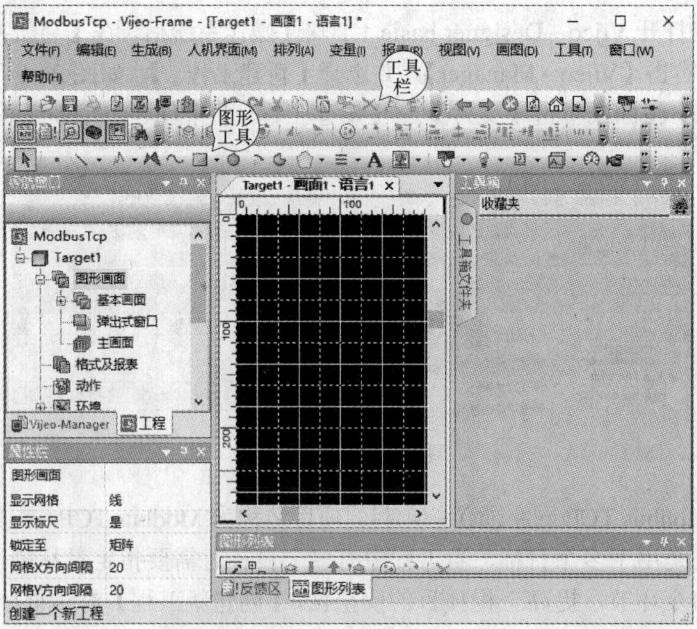

图 2-12 新建工程的编辑画面

导航窗口：用于创建应用程序。与每个工程有关的信息在文档浏览器中以树型结构列出。

工作区域：项目在显示工作进程的图形屏幕区域中进行编辑，并且鼠标在屏幕上的移动的实时坐标会显示在编辑画面的左下角处。

项目视图：在左侧的树形结构的导航窗口处，包含工程信息和项目管理器两个可切换的窗口。

属性栏：显示所选对象的参数，当选择了多个对象时，将只显示所有对象的共用参数。

工具箱：工具箱中有很多【对象】的选项，可以将这些【对象】添加到【画面】当中，例如图形对象或操作员控制元素等。此外，工具箱中还有很多有用的库，【库】是用于存储诸如画面对象和变量等常用对象的中央数据库。这些库包含对象模板和各种不同的面板。【库】是工具箱视图的元素，可以通过多次使用或重复使用对象模板来添加画面对象，从而提高编程效率。

Vijeo－Designer basic 1.1 基本图形工具包括选择工具、基本形状、文本对象工具和图像对象工具，如图 2－13 所示。

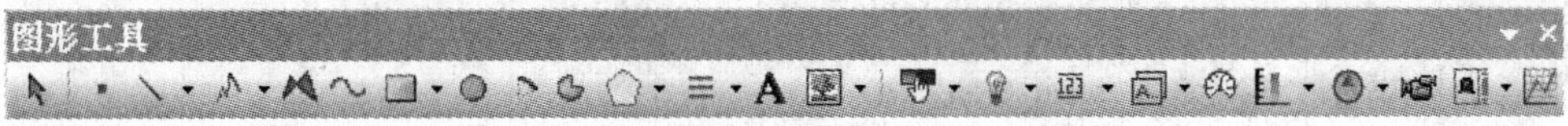

图 2－13　基本图形工具

选择工具：Vijeo－Designer 的主要编辑工具，用于选择图形对象。

基本形状：用于设计、绘制、控制项目的工程结构。【绘制图形对象】对每种形状都进行了描述，包括点、线、矩形、椭圆、圆弧、扇形、多段线、多边形、对称多边形、贝塞尔曲线以及刻度尺等工具。

文本对象工具：用于设计文本标签和消息。

图像对象工具：用于导入外部图像和将其粘贴到图形画面。

图形列表：列出了图中出现的所有对象，并提供创建顺序、位置、对象名称、动画、其他关联变量的信息等功能。

反馈区：显示错误检查、编译和加载的进度与结果。当编译发生错误时，系统会显示错误消息或警告消息。可以通过双击错误消息来查看发生错误的位置。

工具栏：施耐德公司提供的组件库，有图表、指示灯、诊断等，也可以自己配置在工具栏创建自己的组件库。应用组件库时，只要在工具箱中选择组件并将其拖动到绘图中即可。自己创建的组件是可以任意导入和导出的，十分方便。

在新创建的项目 Modbus TCP 中，Vijeo－Designer 会在导航器窗口的【图形画面】下的【基本画面】文件夹下自动创建一个画面。在画面中可以放置开关、指示灯，或者绘制其他对象，并且所创建的画面也将成为目标机器上的屏幕显示。

新建画面时，右击【图形画面】下的【基本画面】，选择【新建画面】即可。

添加画面后，在基本画面里增加了【画面 2】，单击新添加的画面的图标，更改名称为报警画面，将【画面 1】的名称改为工艺画面，在【属性栏】窗口中为新建的画面设置属性。

画面包含的对象有：输出域、文本域和用来显示压力、温度、转速等量值的显示域等。

在 Vijeo－Designer 的软件应用中，为了简便编程可以将已有工程的画面引用到新工程当中，方法是首先在工具箱中新建一个文件夹来放置已有工程中的画面，然后在【导航器】中选择需要在新工程中重复使用的画面，按住并拖曳到工具箱中的新建文件夹里，最后打开新工程，把工具箱中的画面再拖曳到工程导航器的图形画面中即可。

2. 导入工程

在 Vijeo－Designer 运行和非运行状态都可以导入和打开工程项目。

当 Vijeo－Designer 处在非运行状态时，可以通过在 Windows 浏览器中双击 Vijeo－Designer 工程文件（.vdz 文件）导入工程，并且在编辑器中自动打开工程项目。

当 Vijeo－Designer 处于运行状态时，在导航器窗口的【Vijeo－Manager】里，右击【Vijeo－Manager】，单击【导入工程...】，如图 2－14 所示。还可右击【Vijeo－Manager】下的文件夹，将工程导入到该文件夹中。

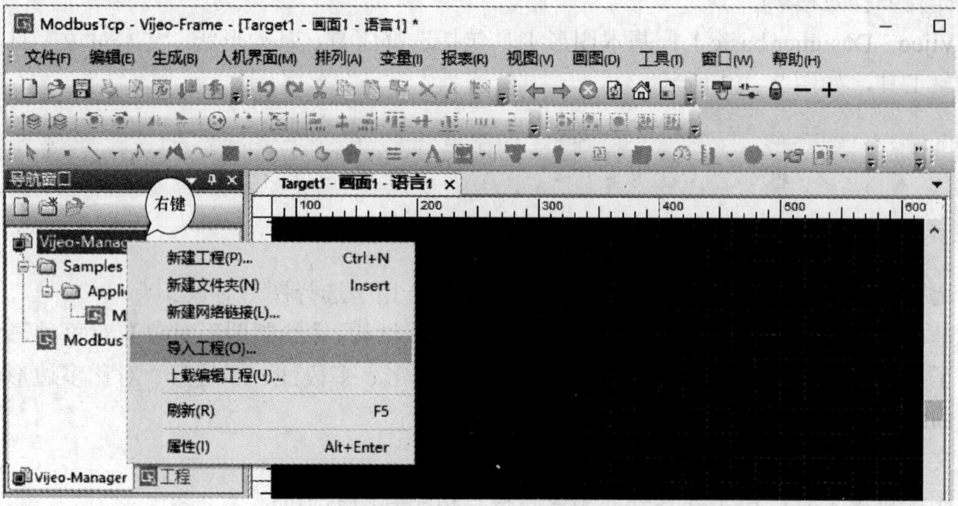

图 2－14　导入工程

在【导入工程】窗口中选择一个文件，然后单击【打开】。这个选中的工程文件将被导入到 Vijeo－Designer 中，并显示在【工程】里。

另外读者也可以将触摸屏中的数据导入到 U 盘当中，方法是在【导航器】下的 target1 属性下的数据定位的 Runtime 数据位置，选择【可选驱动器】，然后在数据记录组的变量存储器选择 SRAM 和文件即可。

3. 导出工程

在导航器窗口的【Vijeo－Manager】里，右击要导出的工程文件，然后单击【导出工程】，在【导出工程】窗口里，指定工程文件保存的位置，单击【保存】，工程文件即保存到指定的文件夹里。另外要注意的是，在导出工程之前，必须先关闭工程文件，否则无法导出。

另外，通过导出功能可以备份工程，并将备份的工程用于新工程当中。方法是右击要导出的工程，然后单击【备份管理器】，在【备份管理器】对话框里，选择工程的备份版本，然后单击【导出】以打开【备份管理器】对话框，在【备份管理器】对话框里，输入工程要导出到的目标文件夹，然后输入或重命名备份工程的文件名，最后单击【保存】，导入该备份工程文件到 Vijeo－Designer 即可。

（二）Vijeo－Designer软件中变量的应用

1. 变量的设定和添加

变量是指内存中可以存储数据值的储存器，是由名称表示的存储器地址。

Vijeo－Designer 软件可以处理离散型、整型、浮点型、字符串、结构、整型块和浮点型块类型的变量。

离散型变量为数字量，即 ON/OFF 数据类型。

整型变量为无小数点的整数。

浮点型变量为实型数字。

字符串就是文本数据。

结构变量是 Vijeo－Designer 提供的另外一种变量类型，结构变量实际上是一个包含多个变量的文件夹，在结构变量中可以存储多个变量，一个结构变量中最多可以添加 200 个变量。数组和结构变量的区别是在数组中的所有变量都是同一数据类型，而在结构变量中可以为每个变量设置不同的数据类型。在变量列表中，结构变量就像是一棵树，可以按照需要展开或者合并。此外，在结构变量中只能编辑名称和描述这两个属性。

整型数据块和浮点型数据块变量是由整型或浮点型外部变量组成的变量组，可以在配方功能中使用。

Vijeo－Designer 能够使用变量与设备进行通信，外部变量是分配给设备地址的变量，内部变量仅被用于 Vijeo－Designer 的内部操作。Vijeo－Designer 可声明的变量类型见表 2－1。

表 2－1　Vijeo－Designer 可声明的变量类型

数据类型	大　小	格　式	数据范围
byte	8 位	二进制补码	－128～+127
short	16 位	二进制补码	－32 768～+32 767
整型	32 位	二进制补码	－2 147 483 648～+2 147 483 647
long	64 位	二进制补码	－9 223 372 036 854 775 808～+9 223 372 036 854 775 807
float	32 位	IEEE 754 标准	±3.402 823 47E+38～±1.402 398 46E－45
double	64 位	IEEE 754 标准	±1.797 693 134 862 315 70E+308～±4.940 656 458 412 465 44E－324
boolean	—		真或假
char	16 位		Unicode 字符

2. 创建变量

在导航窗口下的数据记录下右击【Variables】，或单击变量编辑窗口中的图标，或在变量编辑器中任一位置右击，都可出现【新建变量】，在【新建变量】下的选项中选择要建立的变量类型。这里选择 BOOL 型变量，如图 2－15 所示。

在随后显示的【变量编辑器】窗口中，有名称、数据类型、数据源、扫描组、设备地址、报警组等选项。其中，【扫描组】对与设备间的通信进行组织管理，当使用 Vijeo－Designer 创建一个设备驱动程序时，扫描组将会被自动创建。

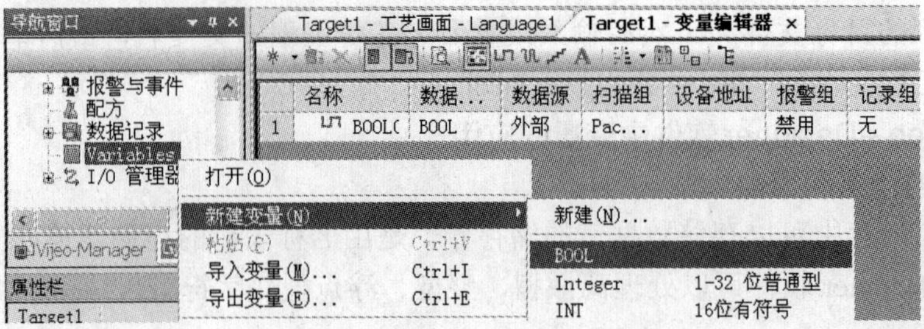

图 2-15　新建变量

设备上具有相同扫描速率的变量归属于同一扫描组。扫描速度分快、中、慢以及用户定义速度 4 种，与设备通信的变量，需要定义扫描组和设备地址。

3. 设置变量属性

在【基本属性】中，可以设置变量名、描述、数据类型、数组维数和数据源等属性。

图 2-16　创建变量

这里创建两个 BOOL 型的内部变量，分别为【电动机起动】和【电动机停止】，如图 2-16 所示。

在 Vijeo-Designer 软件的画面中显示 20 位的字符串变量时，首先要在定义变量标签的时候，在【数据细节】的【字节长度】的地方输入要显示的字符串的长度，并且字符串显示设置里面的显示长度也需要修改成即将显示的长度。

在 Vijeo-Designer 软件的画面中显示%MW 的正负值时，首先要在变量的属性栏窗口的【符号】中选择【最高有效位】，最高位表示符号位。另外，【二进制补码】在软件中仅用来表示负数。

4. 导入变量

导入变量时，可以选择 CSV 文件（逗号分隔）(*.csv）和文本文件（任何分隔符）(*.txt）两种不同的文件类型来导入变量。

导入变量的方法是在【变量】上右击，选择【导入变量】，在【导入变量】对话框中，选择要导入的变量即可。

当导入的变量与工程中已有的变量名字相同时，选择【覆盖现有变量】可以覆盖掉已有变量。如果导入的变量带有与当前工程不匹配的扫描组和设备地址属性，那么这些变量的属性将变为【未指定】。

5. 导出变量

导出变量时，可以保存成 ANSI CSV 文件（*.csv）、Unicode CSV 文件（*.csv）、ANSI TXT 文件（任何分隔符）（*.txt）和 Unicode TXT 文件（任何分隔符）（*.txt）4 种不同的文件类型格式。

导出变量的方法是右击【变量】并选择【导出变量】，在【导出变量】对话框中，选择【目标变量】，输入文件名，并指定文件类型，单击【保存】即可。

6. 创建设备地址

触摸屏与设备进行通信时，添加好设备驱动程序后，还要将变量设置为外部变量，并设置目标机器的设备地址。

7. 变量列表

将符号添加到变量列表分为两个步骤：① 链接设备的 PLC 符号文件；② 从链接文件中添加符号。

当链接设备的 PLC 符号文件时，首先从设备配置软件中导出名称与设备地址的列表，然后将导出的 PLC 符号文件复制到 Vijeo－Designer 编辑器里，或者复制到本机可浏览的网络文件夹下，在【导航器】→【工程】→【I/O 管理器】下面，添加和配置 PLC 设备，鼠标右击【变量】选择【链接变量】后，在【链接变量】对话框的【文件类型】编辑框中，选择从设备配置软件中导出的文件的类型。在【设备】编辑框中，选择所需的 PLC 符号文件相关的设备，这个【设备】编辑框罗列了尚未与 PLC 配置文件相对应的设备，当这个文件显示出来时，要选择这个文件，然后选择【I/O 管理器】里添加和配置的 PLC 设备，并单击【打开】，这样就可以链接上这个设备的配置文件。

当从链接文件中添加符号时，如果已经链接了设备符号文件，将显示【从设备新建变量】对话框，确保所选设备与链接文件相匹配后，在显示配置文件符号的列表框中，选择要添加的符号并单击其前面的复选框，通过创建方式选项来选择变量的命名方式。另外，设备节点中的扫描组定义的是从设备更新数据的间隔时间，读者还可以通过【添加到扫描组】来选择赋给变量的扫描组，方法是单击【添加】，创建所定义的变量，变量被添加后，该按键变为灰色（不可用）。另外，可以对每一个从设备符号文件链接的变量的属性进行编辑，如变量名、报警设置、输入范围等。

Vijeo－Designer 编程时，在需要保持的变量属性中启用数据细节中的保持选项，下载后可以实现内部寄存器的断电保持功能。

另外，Vijeo－Designer 可以使用.stu 文件或者是.xvm 文件导入 Unity 的变量表。从设备新建变量中符合 designer 变量定义规则的变量是可以导入 Unity 的变量表的。首先在 Vijeo－Designer 的 I/O 管理器中添加一个施耐德的驱动程序，如 ModbusTcpIP，如果 unity 工程里的变量地址为%MW 或%M，还需要将【I/O 管理器】的设备设置里的 IEC 61131 语法打钩，选中 target1 下面的 Variable，然后在菜单栏的【变量】进行链接变量，选择.stu 文件或者.xvm 文件即可。

8. 系统变量

触摸屏程序中的系统变量以下划线开头，可以提供触摸屏的系统信息。如【_Day】是一个系统变量，提供当前屏内部时钟的日期值。其他系统变量可以提供当前应用的状态信息，如【_CurPanelID】整型变量提供的是触摸屏当前应用的画面 ID。

当在项目中创建目标之后，该目标的系统变量会自动添加到变量列表中，系统变量不能被删除、改名或者复制。

系统变量的变量名、数据源、数据类型等系统变量的属性都是只读的（大多数系统变量在运行状态都是只读的）。

（三）弹出式窗口的创建

Vijeo－Designer 的弹出式窗口的应用非常灵活，可以在项目的当前画面上打开，当使用弹出式窗口作为键盘输入时，可以在需要使用时打开它，输入完成后关闭它。另外，弹出式窗口可以使用开关、单击动画或脚本来打开和关闭，也可用于切换当前画面。

弹出式窗口由文件夹、组和画面 3 个部件组成。弹出式窗口的文件夹用于创建弹出式窗口组和弹出式窗口画面，这个文件夹不能被复制、删除或重命名；弹出式窗口组用于在同一个弹出式窗口组中添加多个画面。

创建弹出式窗口时，首先要创建一个弹出式窗口组，首次创建弹出式窗口时会产生一个默认的弹出式窗口组，然后创建一个弹出式窗口画面，并在画面上绘制图形对象和/或组件，保存弹出式窗口画面，并返回到标准画面，在标准画面上创建一个开关或单击动画来显示/隐藏弹出式窗口，也可用脚本来显示/隐藏弹出式窗口。

创建弹出式窗口画面的方法是：右击弹出式窗口文件夹并选择【新建弹出式窗口】，如图 2－17 所示。

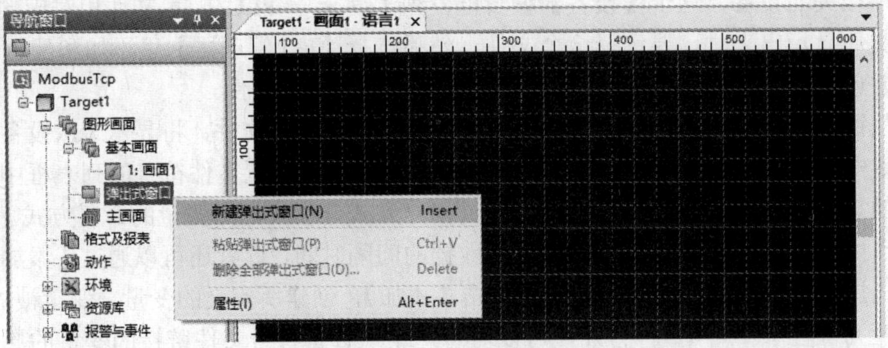

图 2－17　新建弹出窗口

弹出式窗口组的窗口【窗口 1】和弹出式窗口画面【10001】将会被自动生成，10001 是一个自动分配的编号，选择弹出式窗口组来打开弹出式窗口组属性。在【属性栏】中，可以按照要求更改弹出式窗口的尺寸，这个尺寸是同一个弹出式窗口组中的所有画面公用的，如图 2－18 所示。

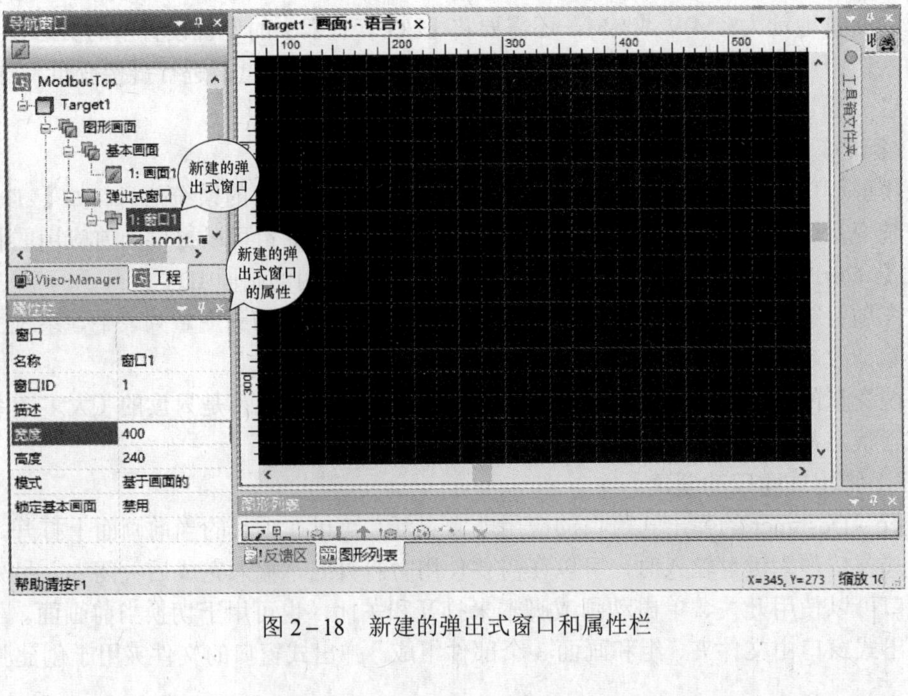

图 2－18　新建的弹出式窗口和属性栏

如果要将单个画面设置成不同的尺寸，那么必须为每个弹出式窗口画面设置独立的弹出式窗口组。

（四）设置启动画面的操作

在 Vijeo－Designer 中的【属性栏】窗口中，从【初始画面 ID】的下拉列表里，选择启动时的初始画面后就完成了设置启动画面的操作了。

还可以使用下面的方法进入触摸屏系统配置的画面。

（1）在【工具栏】中选择开关（S），将这个开关属性设置为系统并选择【配置】即可。

（2）在启动设备的 10s 内，单击屏幕左上角。

（3）对于 XBTGT2000 或更高级别，在 1s 内顺序按压屏幕的左上角、右下角或者右上角、左下角。

（4）对于 XBTG 以及 XBTGT1000 系列，同时按下右上角、左下角和右下角即可。

（5）单击 target 选择属性，在【进入配置菜单】中选择进入的方式。

（五）开关、指示灯和输入输出域在画面中的应用

1. 开关的创建

打开前面创建的【ModbusTcp】项目，在【绘图对象】工具栏里单击开关图标，如图 2－19 所示。

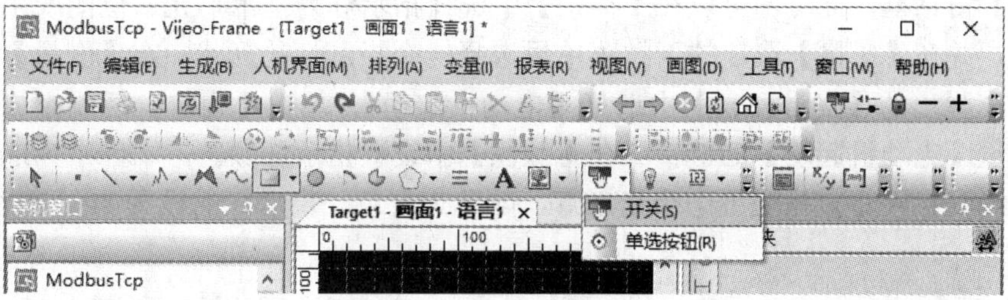

图 2－19　添加开关

在画面中单击画出开关区域，然后拖曳到合适大小，双击该按钮弹出【开关设置】对话框。此时，可以在【常规】选项卡里为开关定义一个【模式】，然后选择开关的形状，并且选择在单击开关、单击期间和释放开关时运行的操作。

这里创建电动机起动和停止两个开关，具体操作是选择【单击时】栏下的操作为置位，并在【目标变量】处单击图标，在弹出的【变量列表】中，选择变量【电动机起动】后，单击【添加】确认后就完成了这个开关与变量【电动机起动】的链接，如图 2－20 所示。

开关的颜色在【颜色】选项卡中更改，从【颜色源】库中选择一种颜色源，还可以选择【使用本地设置】进行设置，如果选择的开关是带有指示灯的，那么还可以指定变量的 ON/OFF 状态的颜色。可以将开启状态的前景色设置成红色，而将关闭状态的前景色设置成灰色。本例中的“电动机起动”为绿色按钮，“电动机停止”为红色按钮。

单击【标签】选项卡，设置标签语言为【电动机起动】，类型为静态，在画面中单击【电动机起动】的开关，在 Vijeo－Designer 编辑器显示的属性栏里修改颜色等参数。

同样的方法在画面中添加【电动机停止】按钮的标签，并为这个按钮链接变量【电动机停止】。

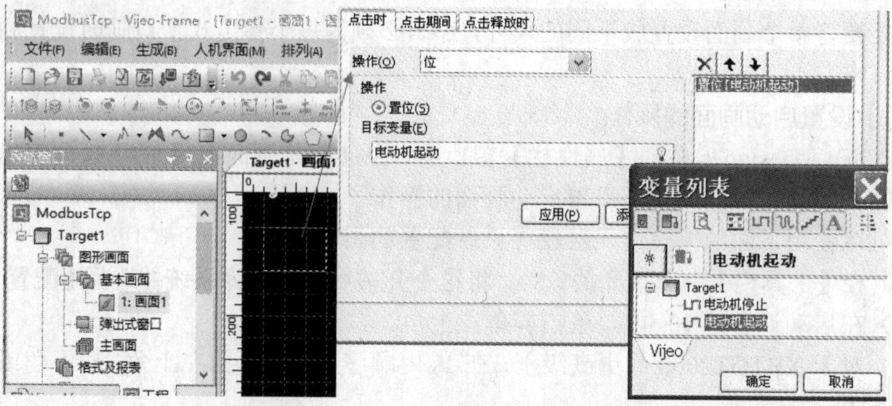

图 2-20　变量的链接

2. 指示灯

Vijeo-Designer 软件有两种在画面上放置指示灯的方法：① 使用指示灯组件；② 绘制自己的指示灯。

在画面中添加指示灯时，单击【绘图对象】工具栏上的指示灯图标，从下拉列表中选择指示灯。在画面中单击画出指示灯区域然后拖曳到适合大小，双击这个指示灯弹出【指示灯设置】对话框，此时，可以在【类别】中选择指示灯为基本单元、位图或用户自定义的指示灯，并在【风格】选项的下拉菜单里选择一个指示灯的形状。在【变量】处单击图标后，在弹出的【变量列表】中选择【电动机起动】，单击【确定】后就完成了这个指示灯与变量【电动机起动】的链接。在【颜色】中设置指示灯颜色，本例中为绿色，同样的方法为电动机停止按钮配置一个指示灯，颜色为红色。指示灯的设置如图 2-21 所示。

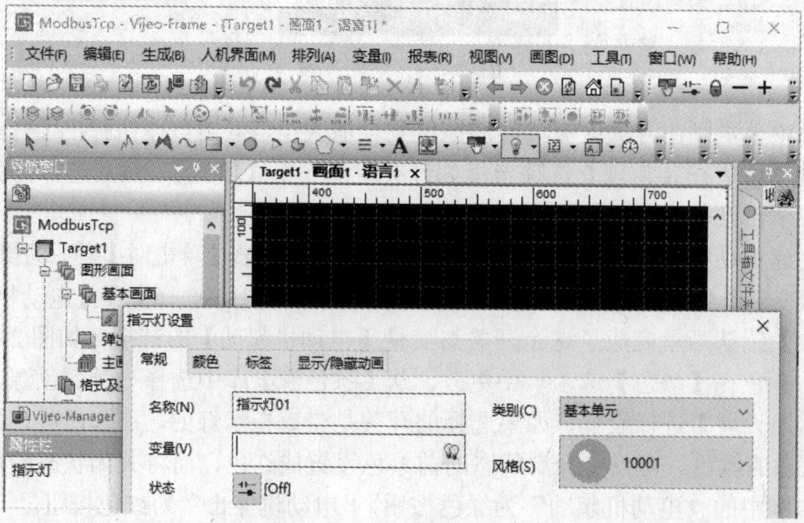

图 2-21　指示灯的设置

按钮的复位设置，根据电动机的工艺要求，按下电动机的起动按钮时，电动机停止的指示灯应该熄灭，起动指示灯应该点亮。具体操作是选择【单击时】栏下的操作为“复位”，并在【目标变量】处单击图标，在弹出的【变量列表】中，选择变量【电动机停止】，最后单击【添加】确认。这样就完成了这个开关与变量【电动机停止】的链接，电动机停止按钮的复位设置与之相同。

3. 测量计和棒状图

Vijeo－Designer 软件集成了各种各样的图形文件，这些图形文件是一些用来衡量变量或表达式值的图形。在集成的图形类型中有测量计和棒图两个组件，工具箱中有棒状图、环形图、水槽图、测量计、饼图和数据图 6 种图形，设计时只要把工具箱里的图形文件（测量计或棒形图）拖放到工程画面中，进行一些简单的初始化后便可应用了。

（1）测量计。在 Vijeo－Designer 软件中，测量计是用图形化的方式，把要测量的变量的当前值用 0%～100%的百分比的形式表示出来，测量计链接一个变量或表达式，当变量或表达式的值增加或降低时，测量计的指示器会随着变量值的变化而旋转，指示器在测量计上的位置通过测量计的刻度尺和标签来指示出变量或表达式的当前值，测量计的特性如图 2－22 所示。

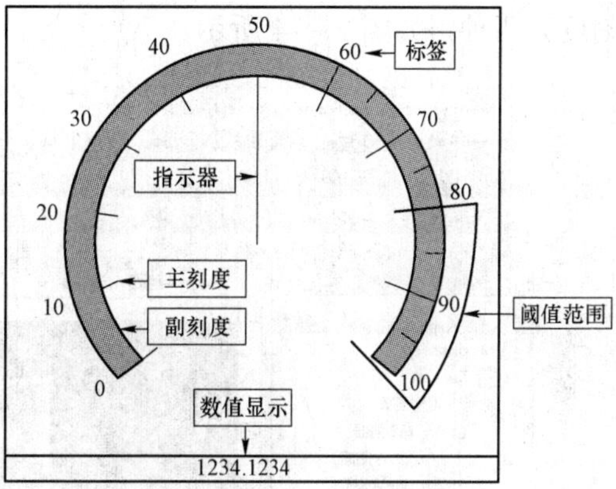

图 2－22　测量计特性

在【绘图对象】工具栏里单击图标，在画面中画出测量计区域然后拖曳到适合大小，双击这个测量计可弹出【测量计设置】对话框，如图 2－23 所示。

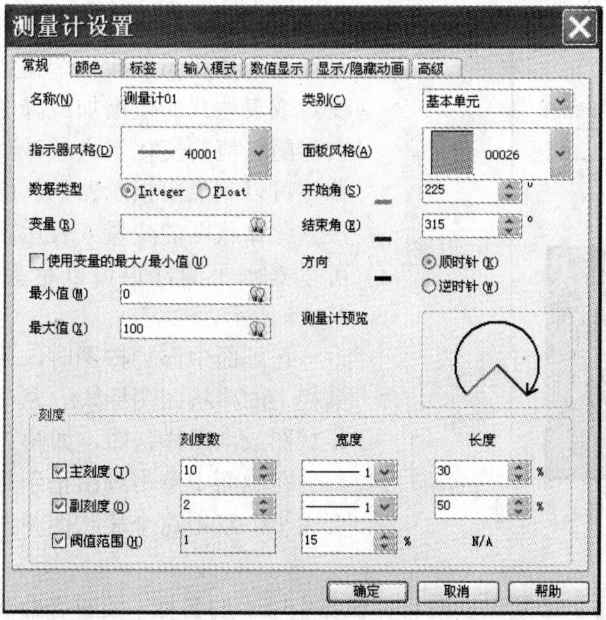

图 2－23　【测量计设置】对话框

在【常规】选项卡中，设置名称要符合命名规则并且不能超过 32 个字符，单击【浏览】打开【风格浏览】选择测量计的面板风格，在数据类型中选择整型和浮点型的数据，在变量选项中定义控制测量计的变量或表达式。当启用了使用变量的最大/最小值的属性时，可以使用常量、变量或表达式作为最小值和最大值。开始角定义了指示器开始旋转的角度，结束角定义了指示器结束旋转的角度。测量计的指针可以选择顺时针或逆时针的旋转方向，还可以在刻度属性栏里定义测量计刻度尺的属性。

测量计有用户定义标签和自动标签两种标签类型，其中，通过用户定义标签类型时，可以为测量计的每个标签配置文本、字体、字形、字宽和字高。而通过自动标签类型时，所配置标签的文本是通过测量计的最大最小值范围与标签数相除计算生成的。

在测量计上定义标签的位置有内部放置刻度标签（内侧刻度）和外置刻度标签（外侧刻度）两种，如图 2－24 所示。

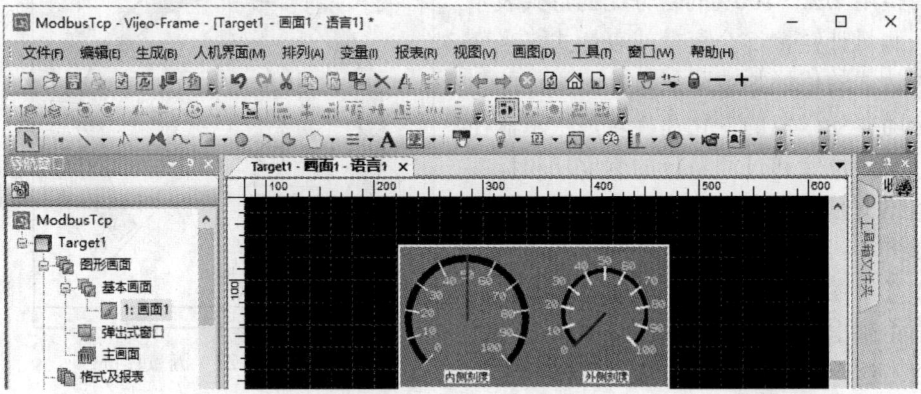

图 2－24　测量计完成图

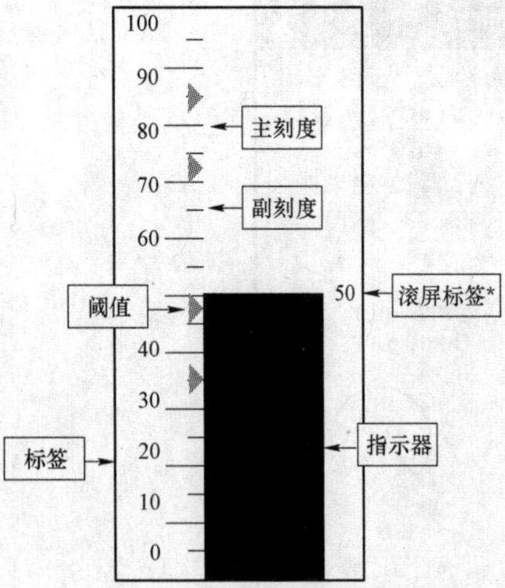

图 2－25　棒状图特性

（2）棒状图。棒状图是带有填充动画的矩形刻度尺，棒状图链接一个变量或一个表达式。当变量或表达式的值增加或降低时，指示器的大小会伴随着值的变化增大或减小。棒状图的刻度和标签可以测量出指示器的长度，并且可以确定链接到此棒状图的变量或表达式的当前值，棒状图可以是水平的，也可以是垂直的，其特性如图 2－25 所示。

在画面中添加棒图时，单击【绘图对象】工具栏上的棒状图图标，从下拉列表中选择垂直棒状图或水平棒状图，如图 2－26 所示。

在画面中单击画出指示灯区域然后拖曳到适合大小，双击这个棒状图弹出【棒状图设置】对话框。

棒状图的【名称】必须保证是目标机器中唯一的名称，要符合命名规则并且不能超过 32 个字符，数据类型可以选择整型或浮点型，变量域可以接受 REAL 型和整型变量或表达式。在激活【使用变量的最大值/最小值】后，可以使用常量、变量或表达式作为棒状图显示的最大值和最小值，还可以在【刻度】中定义棒状图刻度尺的属性。

图 2－26　添加棒状图

可以从【类别】的下拉列表选择【基本单元】或【用户自定义】来决定棒状图的面板风格。其中，【基本单元】选项可以从面板风格下拉列表中选择预定义的棒状图的面板风格，【用户自定义】选项可以选择自己的图像作为棒状图的面板风格。

【指示器位置】明确的是棒状图上指示器及刻度尺的位置，【指示器大小】则是通过定义所占棒状图宽度的百分比来确定大小。启用【阈值】标记后可以在颜色选项卡中配置阈值标记，并指定阈值标记在棒状图中的位置。

使用颜色选项卡中的【颜色资源】选择棒状图的颜色资源，这些颜色资源是在资源库中创建的，在【常规】中定义当变量值或表达式处于常规状态时棒状图的颜色设置。

使用标签选项卡的【画面定位】选择标签在棒图中的位置。

启用【输入模式】选项卡定义【域 ID】【键盘类型】【变量变化根据】和【单击时蜂鸣】。

在显示/隐藏动画选项卡下，设置【闪烁动画】的变量表达式，当启用【显示/隐藏动画】后，可以利用这个属性设置棒图的显示和隐藏。即当在这个域中定义的数值为真时，棒状图显示；当在这个域中定义的数值是假时，棒状图隐藏。

高级选项卡有【启用互锁功能】和【安全性级别】两种属性，【启用互锁功能】是只有当特定的条件发生时，才启用数据输入；而【安全性级别】是为测量计设置安全性级别，读者定义了安全性级别以后，只有符合的安全性级别的用户才可以访问。

4. 数据的显示和输入

在 Vijeo－Designer 软件中设置的数值显示器与字符串显示器，可以在图形画面上显示和输入多种类型的数据，这些数据可以是数值数据、日期与时间、字符串以及文本文件(.txt)。除了显示数据，数值显示器与字符串显示器还支持数据输入。在 Runtime 中，数据输入区域使用键盘进行数据输入，可以根据不同用途为键盘设置不同的动作与格式。

数据显示对象的选项包括数值显示、字符串显示、日期显示和时间显示，如图 2－27 所示。

（1）设置数值显示器。设置数值显示器时，首先在绘图对象工具栏中单击数据显示对象的图标，并在列表中选择【数值显示】。在画面上单击画出【数值显示器】区域，然后拖曳到适合大小，双击画面中新建的【数值显示器】，弹出【数值显示设置】对话框，如图 2－28 所示。

在【常规】选项卡中，【数据类型】选择整型，选择要显示的变量并定义显示格式，本例中在变量列表中添加 Integer 变量，名称为“电动机频率”，并添加为【数值显示器】

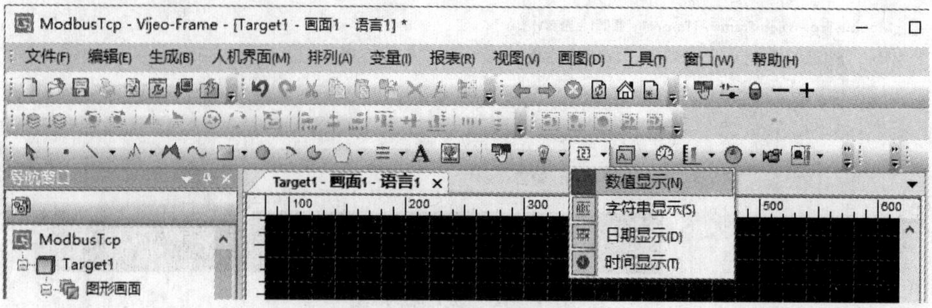

图 2-27　数据显示对象

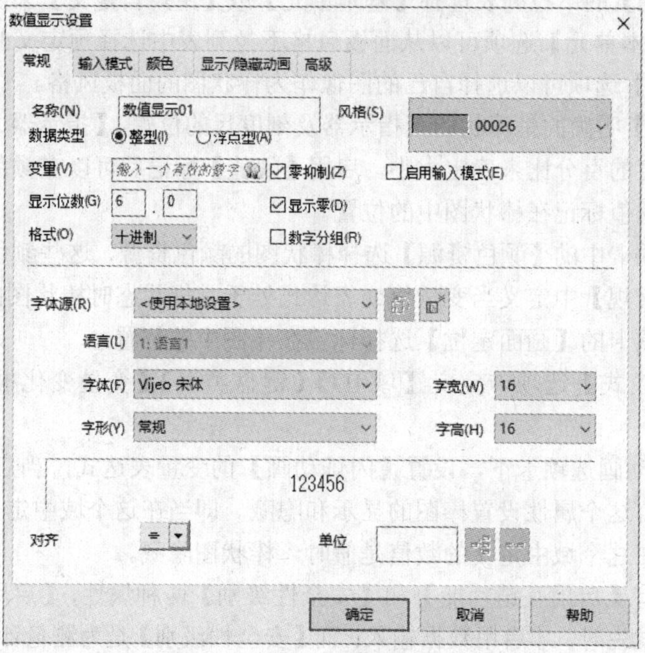

图 2-28　【数值显示设置】对话框

的变量。在【标签】选项卡中定义字体与字形，在【颜色】选项卡中设置颜色属性后单击【确定】完成【数值显示器】的创建。另外在 Runtime 中，数值显示器能够显示读者所定义的变量值。

（2）文本。在画面中添加文本时，先在绘图对象工具栏中单击文本图标 A，在画面上单击画出【文本】区域，然后拖曳到适合大小，双击画面中新建的【文本】，弹出【文本】编辑框，输入在画面中要显示的文本内容，并按需要设置字宽、字体、字形和字高。本例中设置的文本为“变频器启动”，文本编辑框如图 2-29 所示。

（六）动画的制作

Vijeo-Designer 可以将多种动画功能添加到创建的对象里，包括：① 能改变对象的颜色动画；② 以图形方式显示位置变化的填充动画；③ 显示大小的变化的缩放动画；④ 能垂直与水平移对象的位置动画；⑤ 能在画面中旋转对象的旋转动画；⑥ 将一个对象用作开关的单击动画；⑦ 显示/隐藏对象的显示/隐藏动画；⑧ 在画面上显示数值或者从键盘/键区输入数据的数值动画等。其中常用的有缩放动画、旋转动画和颜色动画。

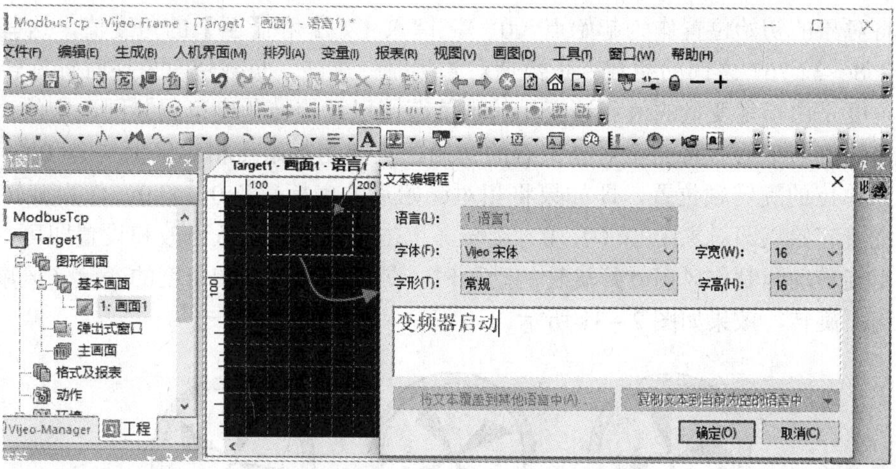

图 2-29　文本编辑框

1. 缩放动画

可以使用 Vijeo-Designer 制作一个能在 Runtime 中缩放的动画画面。首先在画面上绘制一个对象，双击对象打开【动画属性】对话框。在【动画属性】对话框中单击【缩放】选项卡，选中【启用垂直缩放动画】或【启用水平缩放动画】后，输入变量并定义数值范围，这个变量可以是内部变量也可以是外部变量，如 PLC 程序中经过计算后的变量。然后在动画属性中的固定点选择动画的固定点，动画的对象将从这个固定点开始调整。接着在【数值范围】字段输入变量的【始】和【至】值，值得注意的是这个数值必须是-2 147 483 648 与 2 147 483 647 之间的整数。在 Runtime 中显示的最大值是在【至】中设置的，同样，Runtime 中显示的最小值是在【始】中设置的，显示范围定义动画对象的大小，即定义了将要显示原始图形的最小与最大的百分比，具体操作时，要在最小值%和最大值%的区域输入百分比，最后单击【确定】完成动画的设置。

利用缩放动画改变卷曲滚轴收卷和放卷的厚度，效果如图 2-30 所示。

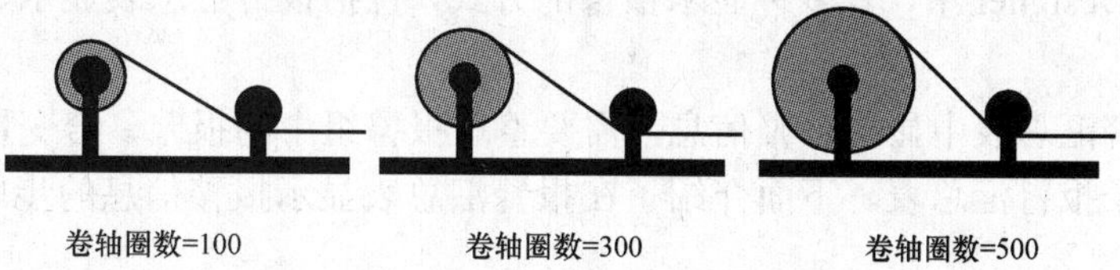

图 2-30　收放卷示意图

2. 旋转动画

旋转动画是 Vijeo-Designer 通过改变变量的值来旋转动画对象的，旋转动画只能使用整型变量，如果使用浮点数据类型，那么小数点右边的值将被忽略。

制作旋转动画时，首先在画面上绘制一个要在 Runtime 中旋转的动画对象，这个对象在画面上的位置将成为旋转的起始位置。双击添加对象用以打开【动画属性】对话框，单击【旋转】选项卡，选择【启用旋转动画】复选框，并设置相关属性，即在变量中指定用于旋转动画的变量；在【数值范围】区域输入变量的最小值（始）与最大值（至）值。与缩放动画同样，这些数值也必须是-2 147 483 648 与 2 147 483 647 之间的整数。在旋转角度中，将对象的初始位置作为起始点（0°），键入【始】和【至】的角度值，这些值必须是 – 32 768～32 767 之间的整数。正数使对象顺时针旋转，负数使对象逆时针旋转，对象旋转的角度是由指定变量的值和该变量的数值范围以及旋转角度范围共同决定的。设定添加的对象的旋转中心是将这个对象中心的初始位置定为起始点相对坐标（0，0），并指定以像素为单位的旋转轴位置，即如果将相对起始点的坐标（*X*=0、*Y*=0）作为旋转轴，则对象将绕着起始点即对象中心（0，0）旋转。单击【确定】确认修改和设置即可。

利用旋转动画制作风扇叶片旋转的动画时，是根据存储旋转角度的变量（风扇变量）的值变化而旋转，效果如图 2 – 31 所示。

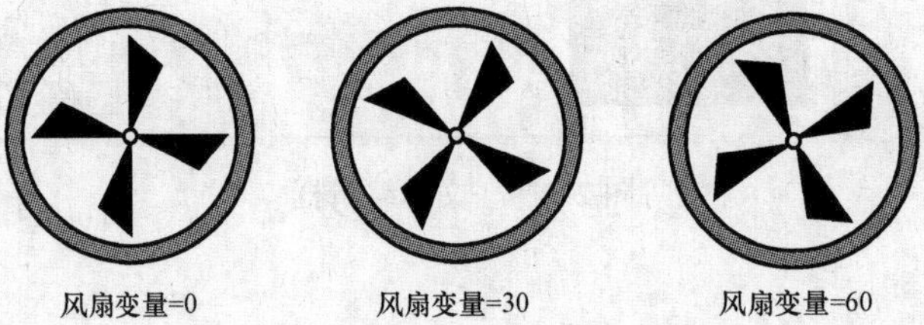

图 2 – 31　风扇示意图

3. 颜色动画

Vijeo – Designer 中的颜色动画功能能够通过更改变量值来更改图形对象或文本的颜色。Vijeo – Designer 在颜色动画中提供了自由模式和根据状态选项，自由模式根据变量值的变化，可以为单个图形对象创建颜色变化的动画，而根据状态选项则是根据变量的值，为多个图形对象创建相同的颜色更改的动画。

Vijeo – Designer 制作颜色动画时，首先在画面中，绘制图形对象，双击对象打开【动画属性】对话框，单击【颜色】选项卡选择合适的模式，即自由模式或者根据状态模式，设置变量后确定所做的设置即可。

（七）报警的应用

在 Vijeo – Designer 中，有多种显示报警的方式，包括报警汇总表显示、报警条和声音报警。

为了在报警汇总表中显示报警信息，需要整理报警组中的报警，给变量设置报警，并且将报警组赋予报警汇总表。下面介绍了在报警汇总表显示报警信息的步骤和结构。

1. 报警组

报警组就像是一个文件夹，可以用它对报警进行整理和分类。在设置报警前，需要创建报警组并且添加变量到此报警组。当创建一个工程时，就会自动创建一个默认的报警组，即报警组 1 的操作如图 2 – 32 所示。

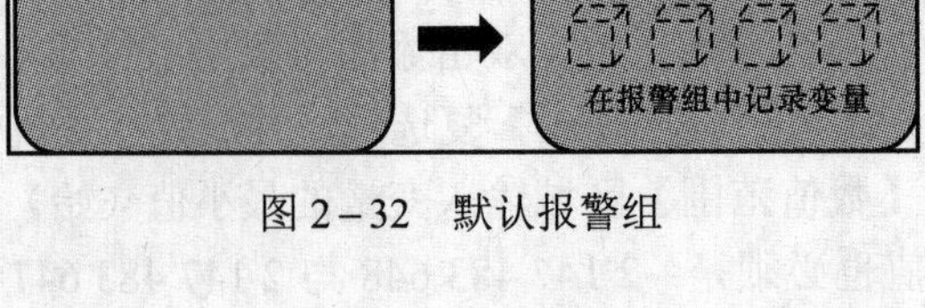

图 2 – 32　默认报警组

2. 创建变量并设置报警属性

可以为每个变量设置一个报警信息，这样当变量超出范围时，报警信息就会出现在报警汇总表中，如图 2－33 所示。

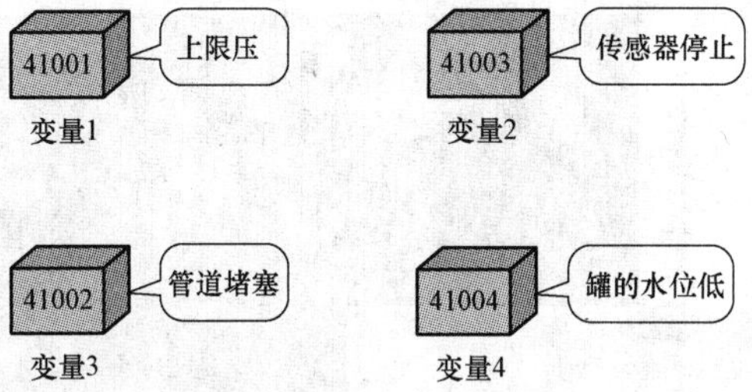

图 2－33　变量与报警信息

分配变量 1 和 2 给同一个报警组，变量链接如图 2－34 所示。

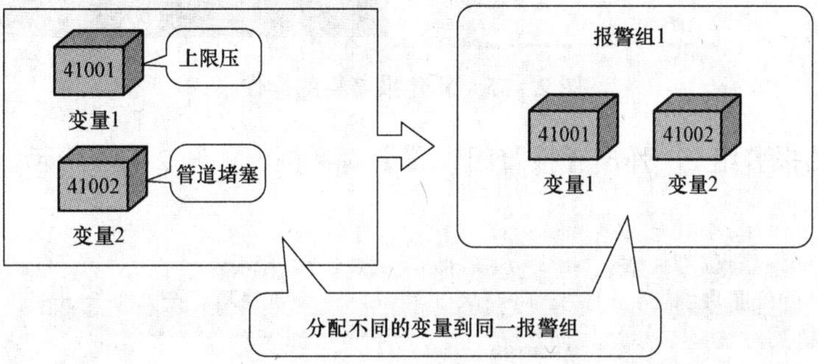

图 2－34　变量链接

分配报警组给报警汇总表，一旦创建报警组后，就可以用报警汇总表显示某个报警组中的信息。报警汇总表也可以显示报警类中的报警信息，报警类就是一些报警组的集合。报警汇总表将显示与它相联系的报警组中的变量产生的报警信息。

3. 创建报警

（1）报警汇总表显示。通过报警汇总表在画面上可以显示出一系列的报警信息，可以显示状态、变量名和报警组等信息。这些报警有活动、确认、未确认和返回常规 4 种状态，报警汇总表可以显示出这 4 种状态的报警。可以打印这些报警信息或把它们保存为一个 .csv 文件。

报警汇总表的 3 种显示方法：活动、履历和日志。

创建报警汇总表时，首先在 Navigator 窗口的【工程】中创建一个报警组，创建变量后，在变量属性中启用报警并设置报警，然后在画面上放置一个报警汇总表，给它分配一个报警组，并且设置报警汇总表的其他属性，根据需要，可以将开关用作报警操作。

1）创建报警组。

报警组是报警的集合，当变量启用了报警属性后，需将此变量赋给适当的报警组。在报警汇总表中，选择一个报警组就可以显示所有与此报警组相联系的报警。报警组的作用是用于对变量报警及其在报警汇总表中的显示进行组织管理。诊断报警组与一般的报警组相似，用于显示存储在 PLC 设备中的报警。

设置报警组的方法是右击【报警】节点并选择【新建报警组】，以创建一个新的报警组。新建报警组的操作如图2-35所示。

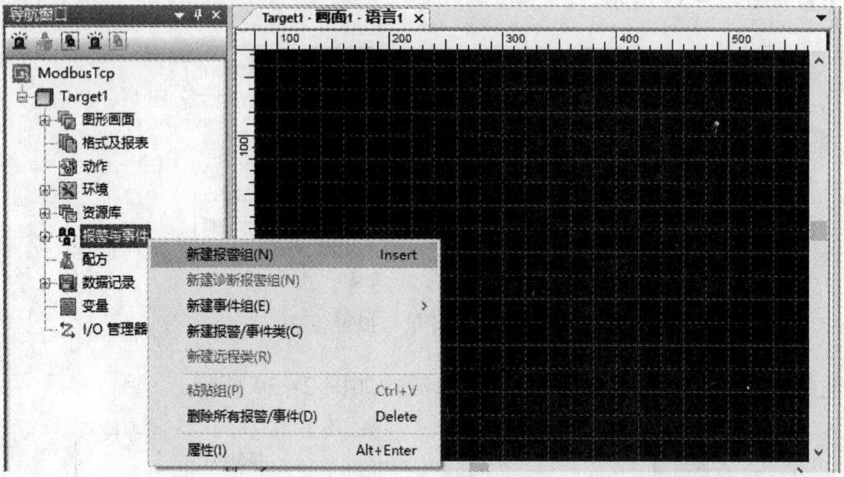

图2-35 新建报警组的操作

双击新建的报警组2，弹出【报警组设置】对话框，如图2-36所示。

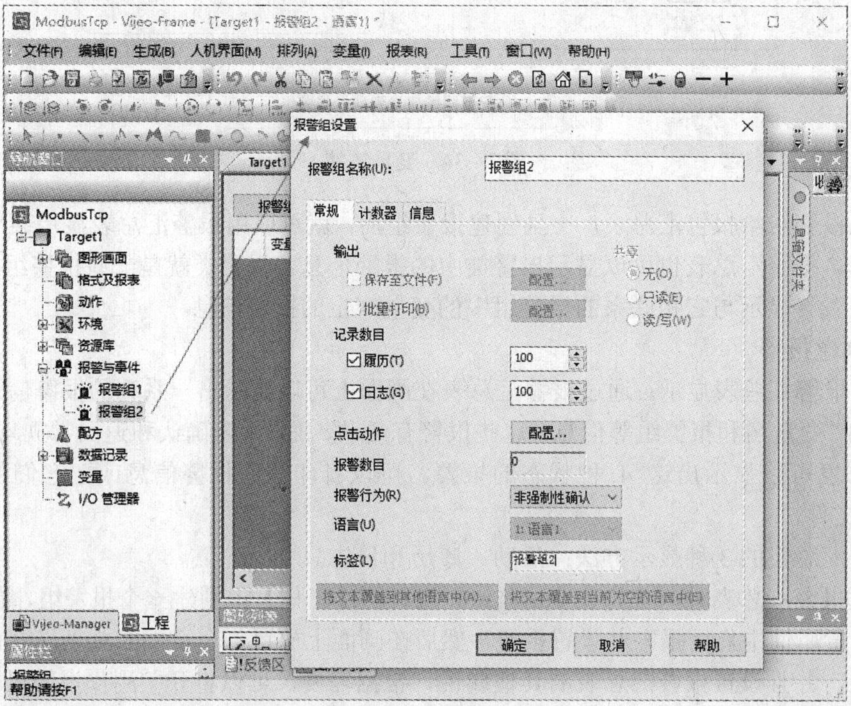

图2-36 【报警组设置】对话框

2）给变量和报警汇总表分配报警组

在【新建变量】或【变量属性】对话框中，创建变量并在【报警组】属性栏中选择一个报警组。在画面上创建一个报警汇总表。在【报警汇总表设定】对话框中的【报警组】

属性栏里选择一个报警组。

3）设置离散型变量

创建一个离散型变量，接着双击此变量行，打开【变量属性】对话框。单击【报警】选项卡并且选中【启用报警】复选框。

在【报警组】栏，选择一个变量要加入的报警组。如果所设置变量的【报警组】为【无】，其报警将不会与某报警组相联系，并且此变量的报警信息也不会被显示在任何报警汇总表中。当变量报警被用于触发一些动作时，可以设置【报警组】为【无】，另外，如果设置报警组为无，将禁用单击动作属性。

设置报警的触发条件：当高于报警值时，变量值等于 1，启动报警；当低于报警值时，变量值等于 0，启动报警。

【严重级别】定义报警的严重性。严重性高的报警信息总是显示在第一位。更多内容可以参阅在线帮助中的报警优先级。

【声音】栏可以指定一个声音文件，当触发报警时播放此文件。

当为报警组分配一个变量后，读者可以在【报警组】展开页中，看到属于此报警组的所有变量的列表。单击【报警组】展开页，能够显示出属于此报警组的所有变量的列表，编辑报警组的属性也是在展开页中进行的，具体设置的方法是单击报警组，显示报警组的展开页。在【报警组】展开页中，选择需要编辑的变量，在【报警组】展开页底部的【设置】区域中将显示出该变量的属性。

字报警在 Vijeo－Designer 中可以监控字地址（整型或浮点型变量），当监控字地址时，字地址上的值超出指定范围就触发报警。

4）设置报警汇总表

设置报警汇总表的方法是：首先打开一个画面，并且在【绘图对象】工具栏中单击【报警汇总表】图标，从下拉列表框中选择【报警汇总表】，在画面上画报警汇总表，双击报警汇总表来显示报警汇总表的设置对话框。然后按照工程的需要，用报警汇总表选项卡来设置报警汇总表。

在【常规选项卡】中可以定义报警汇总表的显示和操作属性。可以使用报警组的下拉列表来给报警汇总表分配一个报警组或报警类。Runtime 期间，选中的报警组或报警类中的报警将会在报警汇总表中显示。

报警列表可以从【活动】【履历】或【日志】中选择，当选择【履历】或【日志】时，即使报警返回常规（复归），报警仍旧在报警汇总表中显示。

5）设置报警响应

在报警汇总表中，可以为每一个报警设置操作，例如切换画面，显示弹出式窗口，运行脚本等。

执行报警操作有两种方式：① 触发动作，即当触发报警时，执行报警【触发动作】；② 单击动作，即当选中报警信息时，执行报警【单击动作】。无论报警是【活动】【确认】【未确认】或【返回常规】的何种状态，都可以通过【单击动作】未触发。

（2）报警条。工程中可以在画面上通过报警条显示活动和未确认的报警信息。如果同时有多个报警被激活，报警条将按报警被激活的顺序来显示报警信息。在目标节点设置报警条的【显示信息】属性，这样可以停止报警信息的显示。

单行报警条信息将从画面右侧向画面左侧滚动，穿过画面。双行报警条，信息将固定在屏幕中央，不再滚动。

1）报警条特性

可以通过【全局显示】和【局部显示】两种显示方式来显示报警条信息。【全局显示】允许在所有的画面上显示报警信息，而【局部显示】仅允许在特定的某个画面上显示报警信息。报警设计时可以同时使用【全局显示】和【局部显示】。

使用【全局显示】时将在所有的画面上显示报警条信息，而使用【局部显示】时是在某个特定的画面上显示报警条信息。

在【目标】属性栏中配置【报警条】，报警信息便会在每个画面中都显示，即使在切换画面时也显示。可以设置报警条在画面的顶部、中间或底端的位置来显示。当没有报警条信息显示时，画面正常操作，可以通过报警类来显示多个报警组中的报警信息，报警组可以是本目标中的报警组，也可以是其他目标中的报警组。设置报警条位置等参数的操作如图 2-37 所示。

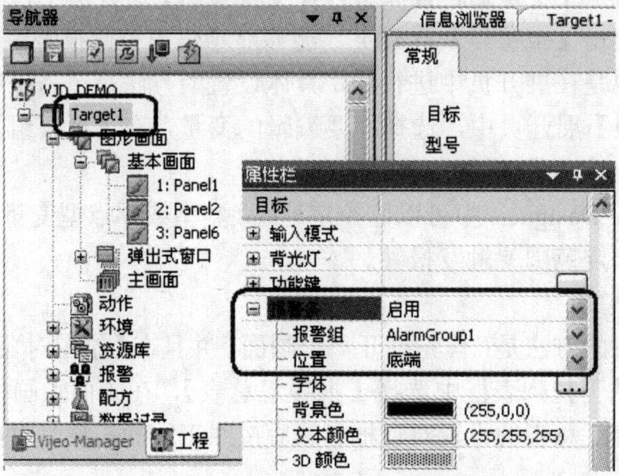

图 2-37　设置报警条位置等参数的操作

2）创建全局报警条

创建全局报警条时，首先要创建一个报警条使用的报警组，即在变量编辑器中，双击一个要将报警信息显示在报警条中的变量行，然后在【变量属性】对话框中，选择【报警】选项卡并且选中【启用报警】复选框，指定一个报警组。

在目标节点属性中，设置【报警条】属性为【启用】，并且按需要对此属性进行一些其他设置。如设置报警信息滚动速率，快为 200ms、中为 400ms、慢为 800ms。

在【视图】→【对象信息】里，当选中【显示弹出式窗口&报警条】选项后，可以通过选择【启用对象信息】选项，来启用或禁止全局报警条在 Vijeo-Designer 中显示。另外，【报警条】组件在 Vijeo-Designer 中总是可见的，不能用【启用对象信息】选项来改变其可见性。

3）局部报警条

局部报警条仅在放置它的画面上显示，并且不会受任何可能弹出的错误窗口的影响。假如局部报警条碰巧在错误窗口的下方，局部报警条将会隐藏，但是它的位置不会改变。

对于单行报警条，当没有报警处于活动状态时，单行报警条将不会显示在 Runtime 中。

全局报警条不支持而局部报警条能够支持的功能包括可以在画面上任意移动报警条，可以在同一画面上安放多个局部报警条和可以指定边框的颜色。

创建局部报警条与全局报警条一样，首先创建一个报警组，然后在创建变量并且设置报警信息，给它分配报警组并定义其他一些报警参数，打开将要显示报警条的画面，如果工程中的工艺要求需要在画面中设置单行局部报警条，则从工具箱中将报警条拖放至画面中即可，如果需要的是双行局部报警条，则单击报警汇总表的按键，从下拉列表中，选择报警条，然后绘制在画面中，设置报警条属性即可。

（3）声音。声音的使用可以来提醒用户有报警处于活动状态。

（八）趋势

趋势是变量在运行时所采用值的图形表示。为了显示趋势，可以在项目的画面中组态一个趋势视图。

Vijeo－Designer 软件提供了可以在实时趋势图、历史趋势图或采样趋势图中显示数据记录的功能。实时趋势图显示变量的数据采样值，并在规定的时间间隔采样到新数据值时更新图表。历史趋势图显示变量的数据采样值，可以从中查看变量的数据历史。采样趋势图用于显示通过触发数据采样方式收集的变量的当前值。通过块趋势图，可以在同一时间点显示多个数据采样值。

Vijeo－Designer 中的工具箱组件中提供了现成的实时趋势图、历史趋势图、采样趋势图及块趋势图，便于创建。

创建实时趋势图时，首先选择趋势图画图工具并在画面上绘制趋势图，然后设置趋势图属性即可。创建完成后的实时趋势图如图 2－38 所示。

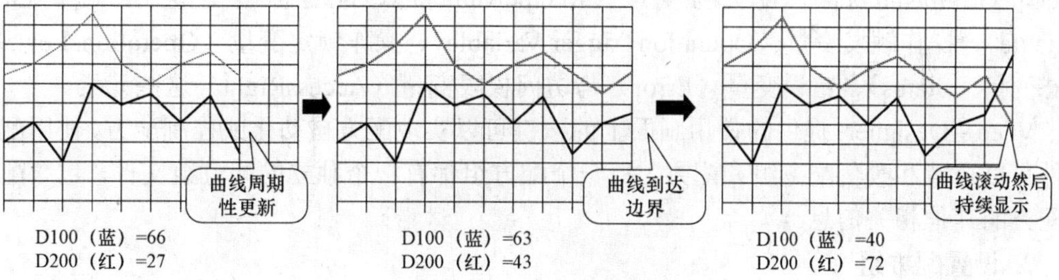

图 2－38　实时趋势图

这个实时趋势图的线图，显示一个或多个指定变量的当前值；当变量的新数据样本被添加时，趋势图每隔一定的时间更新一次；当趋势图的数据区域填满时，它将以指定的时间间隔滚动以腾出空间显示新数据，而时间间隔可以指定为 1s 或更长。

创建块趋势图时，首先在【工具箱】窗口中打开【Graph】文件夹，然后选择【TrendGraph】文件夹，接着选择【Block Trend】文件夹，然后从中选择一个块趋势图并将它拖放到画面中，设置块趋势图属性即可。

创建历史趋势图时，在 Navigator 的【工具箱】窗口中打开【TrendGraph】文件夹，接着选择【HistoricalTrend】文件夹，再从中选择一个历史趋势图并将它拖放到画面中，然后设置历史趋势图属性即可。

创建采样趋势图时，在 Navigator 的【工具箱】窗口中打开【TrendGraph】文件夹，接着选择【PlotTrend】文件夹，再从中选择一个采样趋势图并将它拖放到画面中，然后设置采样趋势图的属性即可。

（九）配方

配方是相关数据的集合，如设备组态或生产数据。例如，进行一个操作步骤便可将这些数据从 HMI 设备传送至控制器，进而改变生产变量。

也就是说，配方的功能在于可以同时使用多个设备地址上的配方值，只要创建一个简单的用户界面，并且定义一些生产参数，就可以保持和维护一个全面的生产流程。当工作流程发生改变或需要改变时，操作员将不再需要经历一个复杂的过程，通过配方就可以将配方值从目标机器通过【Send】（发送）操作写入到现有设备，也将配方值从设备读取（通过【Snapshot】操作）到目标机器，还可以在 Runtime 中，在不同的配方间进行切换，然后选择其中一个配方通过【Send】发送到设备，覆盖其当前的配方值。

1. 配方组成

配方有成分、配方、配方组合和配方控制 4 个关键术语。

成分是配方里的独立单元，由一个特定语言标签、关联变量和最大/最小值组成。通常每个配方有多个成分，可以在每个配方中添加多达 1024 个成分。

配方是变量与数值的集合，在每个配方组中，最多可创建 256 个配方。

配方组是配方的集合，每个配方组都有一个名称，配方中的唯一标识是一个 ID 号，范围在 1～65 535 之间。用户被分配一个访问级别，它指定了用户是否可以查看并编辑这个配方组。在程序中一个目标里最多可以创建 32 个配方组。

配方控制是用于配方组的一组控制变量。一个配方控制包含配方组号变量（RecipeGroupNumber）、配方号变量（RecipeNumber）、配方标签变量（Recipe Label Variable）、操作触发变量（OperationTrigger Variable）、操作锁定变量（OperationsLock）、状态变量（Status）、错误变量（Error）与访问权限变量（AccessRight）这些元素。

Vijeo－Designer 提供的使用画面上的按键可以实现配方自动化或控制配方，使用配方组件可以查看和改变配方组和配方。每一个配方组都有一个独立的配方组文件，包含配方和配方的其他相关信息。

2. 设置配方组

设置一个配方组的方法是：首先右击【配方】节点，创建一个新配方组，在【配方编辑器】中输入配方组数据，并添加成分，根据需要创建成分变量，绘制配方画面，如果配方组是由操作员控制的，还需要设置配方管理器组件。

3. 设置配方节点

【配方】节点包含与目标有关的所有的配方组，使用【配方】节点执行的功能有导入一个 .csv（以逗号分隔的变量）或 .rcp（配方组）文件、创建一个新配方组、粘贴一个配方组、下载所有配方组至目标机器、从目标机器上传所有配方组、显示【配方控制】对话框和删除【配方】节点包含的所有配方组。在【属性栏】中可以配置配方工程。

工程标识符是用于防止无效的配方文件下载到 Runtime 或从 Runtime 进行上传。在【配方】节点的属性中，工程标识符指定一个唯一标识工程的字符串，在多个工程中可以有相同的工程标识符，并且目标间可以共享工程标识符。

在 Vijeo－Designer 软件中，配方控制定义一组配方控制变量，用于在 Runtime 期间监控一个或更多的配方对象。单击打开【配方控制】对话框，用来在编辑器中使用【配方控制】设置来操作 Runtime 中的相关配方对象。配方控制的变量是内部变量，可以为它配置【从变量读取】变量和【写入变量】变量，另外，【写入变量】必须为字符串变量，否则将显示错误信息。可以选择【主驱动器】【第二驱动器】或【可选驱动器】，用来指定配方组文件的下载位置。

4. 导出配方组

导入和导出配方组编辑器支持.csv（逗号分隔的数值）、.txt（文本）和.rcp（配方）的文件格式。

对于 .csv 文件格式，可以选择 ANSI 或 Unicode .csv 文件类型用来生成完整的配方格式，或 UTF－8 .csv 文件类型用以生成普通配方格式。

导出所有配方组时，右击配方组节点并选择【导出所有配方组】即可，如图 2－39 所示。

为配方组指定目的文件夹和文件格式，如果选择文件格式为.txt，域分隔符会被启用，并且可以从标准分隔符列表中进行选择。单击【确定】导出配方组，导出的配方组文件将置于前面所选择的目的文件夹中。此时，将会在目标节点发现每个配方组的目录和目录中的配方数据文件了。

5. 导入配方组

导入所有配方组时，右击配方组节点并选择【导入所有配方组】即可，如图 2－40 所示。

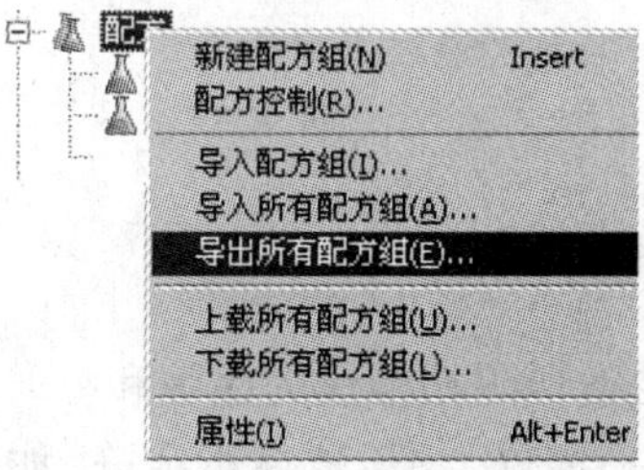

图 2－39 导出所有配方组操作图

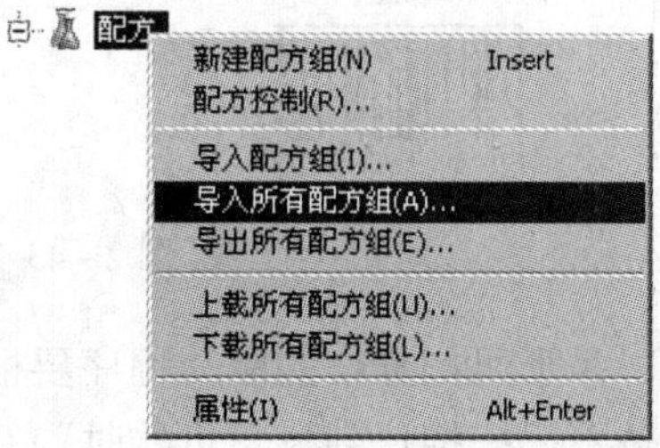

图 2－40 导入所有配方组操作图

在【导入所有配方组】对话框中，设置【源文件】与【文件类型】，导入配方的 4 种文件类型为 CSV 文件（逗号分隔）(*.csv)、Unicode 普通配方 CSV 文件（*.csv）、TXT 文件（任意分隔符）（*.txt）和二进制文件（*.rcp）。在【导入】属性中，选择生成一个新的配方组或替换/添加至已存在的配方组中，单击【确定】完成配方组的导入。

6. 配方下载

在 Vijeo－Designer 中使用工具箱组件管理应用程序中的配方组或执行配方操作变得更简单。这些组件包括配方管理器和配方状态、上传、保存、发送、快照按键等。

下载配方组数据时，可以选择使用标准工程下载、配方组下载和数据传输工具 3 种方法。其中，标准工程下载是将包括配方组文件在内的所有文件下载至触摸屏；配方组下载是将一个或多个配方组文件下载至触摸屏；数据传输工具能用命令行方式传输配方组文件到触摸屏。

如果要下载一个指定的配方组，可在【导航器】窗口中右击该配方组节点并选择【下载配方组】，如图 2－41 所示。

如果要下载所有的配方组，可在【导航器】窗口中右击【配方】节点并选择【下载所有配方组】，如图 2－42 所示。

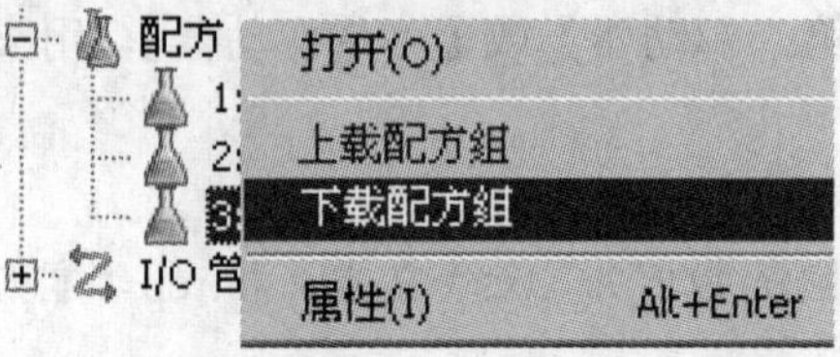

图 2－41　下载配方组

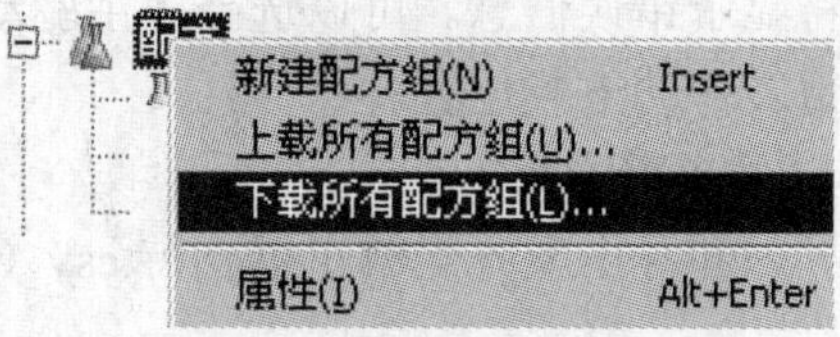

图 2－42　下载所有配方组

7. 条形码扫描仪

当连接到触摸屏的串行或 USB 端口时，条形码扫描仪就能从条形码符号标签中获取产品信息，并且将这些信息复制到其他用于存储或显示的变量当中，条形码的应用示意如图 2－43 所示。

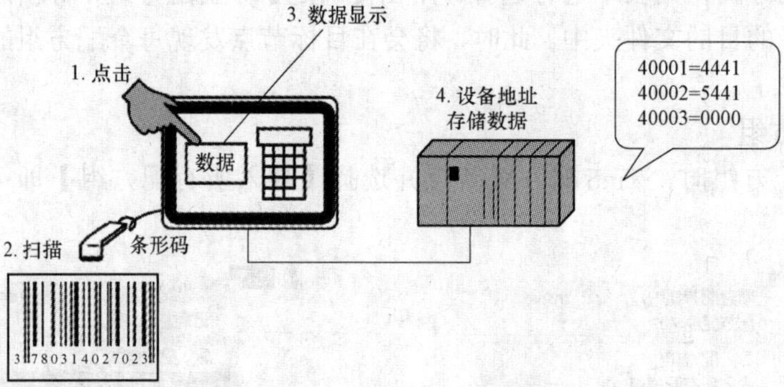

图 2－43　条形码的应用示意

其中，条形码扫描仪的驱动程序要根据所连接的条形码扫描仪的品牌和型号来决定。

连接条形码扫描仪到目标机器时，首先在条形码扫描仪上，设置终止字符，如 Text+CR 或 Text+CR+LF。此时，如果条形码扫描仪还未遇到终止字符（CR 或 CR+LF）就超时，那么之前扫描到的所有数据都将会被清除掉，超过 100ms 就为超时。

安装条形码扫描仪的驱动程序时，首先在【导航器】窗口的【工程】页中，右击目标机器的【I/O 管理器】节点并选择【新建驱动程序】，并在【新建驱动程序】对话框中选择【通用驱动程序】作为制造商，然后选择驱动程序以及类型，单击【确定】，条形码扫描仪驱动程序即被添加完成，右击【条形码扫描仪】驱动程序节点并单击【配置】，以显示出【驱动程序配置】对话框，在【驱动程序配置】对话框中进行设置，使之与条形码扫描仪所需的通信设置相匹配，然后单击【确定】，保存该驱动程序的设置。值得注意的是，不同的驱动程序有不同的配置设置。

条形码直接输入模式代表读入条形码数据时，条形码输入数据存储于条形码字符串变量当中，并且可以直接在数据显示器中显示输入数据或将它写入设备地址。

使用回车键输入模式代表读入条形码数据时，条形码输入数据存储于条形码字符串变量当中，并且会显示在能够使用键盘/键区来添加或编辑输入数据值的地方。可以按回车键确认接受该数据，或者按 ESC 键取消该数据的输入。这个数据一经确认，输入数据会显示于文本对象或数据显示器中，或者将它写入设备地址，如图 2-44 所示。

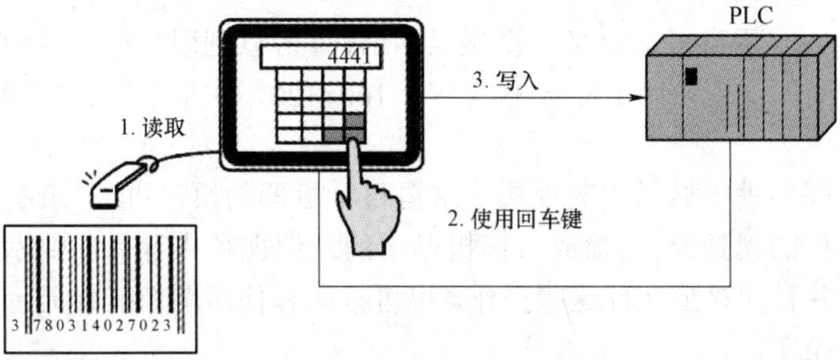

图 2-44　回车键输入模式

使用数据显示器来显示条形码数据的值，要在【绘图对象】工具栏中，选择数据显示器或字符串显示器的图标，并将它拖放到画面上，【显示设置】对话框即被打开，数值显示条形码的设置如图 2-45 所示。

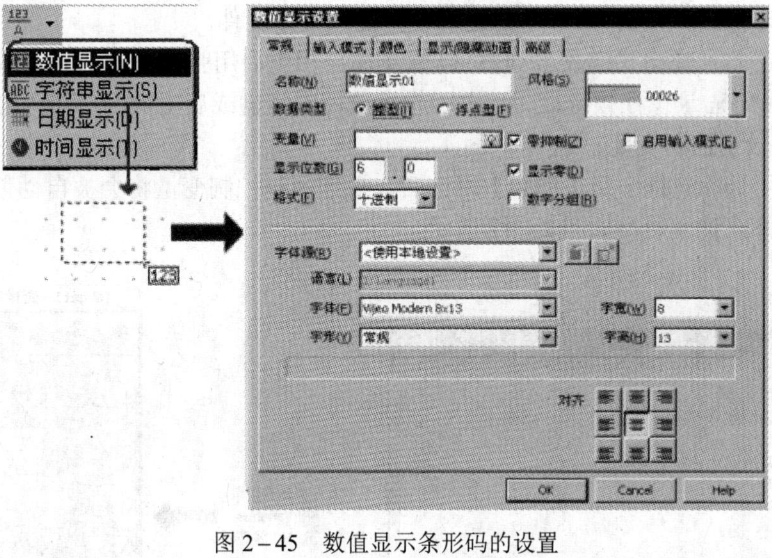

图 2-45　数值显示条形码的设置

设置【常规】选项卡，即设置变量时，对于字符串显示器选择 STRING 变量。对于数据显示器选择整型或 REAL 型变量。设置显示长度时，对于字符串显示器是设定条形码的字符数。设置零抑制、显示位数、显示零及格式时，对于数据显示器选择零抑制或只显示第一个零，指定小数点左边与右边所显示的位数，当数据等于零时选择显示 “0”，并从下拉列表中选择数据的显示格式。单击【输入模式】选项卡，选择【启用输入模式】复选框，并选择【条形码】复选框。当选择了【启用输入模式】，系统会自动选择【显示弹出式键盘】复选框，这样当输入数据时就会显示弹出式键盘。如果要禁用弹出式键盘，需要清除【显示弹出式键盘】复选框。

当选择【条形码】复选框时，条形码字符串变量（Barcode01）将自动被配置在这个域中。

在【错误状态】域中，选择用于检测扫描和数据转换的整型变量，单击【确定】完成条形码显示的配置。

（十）多媒体

Vijeo－Designer 提供了自定义的视频显示组件，可以利用目标机器的摄影机进行录制并显示实况视频画面。视频显示像素不能小于 160×120，在单个画面中同一时间只能有两个视频显示。

还可以通过视频进行显示实况视频（来自目标机器的摄影机）、录制实况视频（使用目标机器的摄影机的视频源）、播放目标机器中的录像视频或者目标中添加的视频、对视频屏幕进行截取并且保存至文件这些操作，也可打印和使用图像捕捉显示器显示屏幕快照或视频快照这些操作。

1. 绘制视频显示

首先在图形对象工具栏中单击视频显示图标，然后在画面上单击画出指示灯区域后拖曳到适合大小，再次单击将弹出【视频显示设置】对话框，如图 2－46 所示。

若选择【显示实况】，则与目标机器的 RCA 复合端口处连接的视频摄影机中的内容可以同步显示在画面上的视频显示中。

若选择【播放文件】，则可以创建或设置视频数据文件。

若钩选【显示弹出式键盘】，则可以选择在显示中启用弹出式键盘，选择启用实况视频键盘、启用实况/录像视频键盘、启用实况/播放视频键盘或启用实况/录制/播放视频键盘。

2. 视频录制控制变量

在启用了目标属性中的【视频】属性后，视频录制控制变量将会被自动创建，可以使用设备来更新控制变量，如图 2－47 所示。

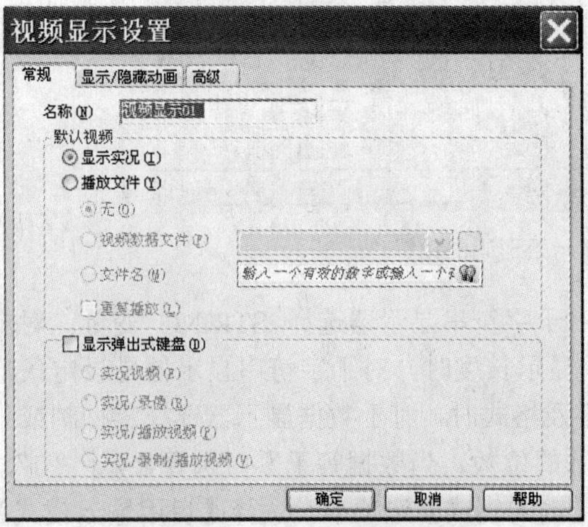

图 2－46 【视频显示设置】对话框

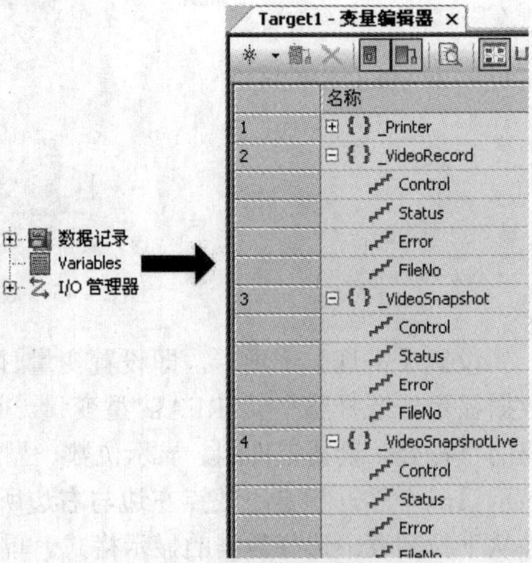

图 2－47 视频录制控制变量

（1）视频录制变量介绍。

1）视频录制控制变量：变量_VideoRecord.Control 是视频变量的一种，用于控制视频录制操作。

2）视频录制状态变量：变量_VideoRecord.Status 是视频变量的一种，用于存储视频录制操作期间的状态的值。

3）视频录制错误变量：变量_VideoRecord.Error 是视频变量的一种，用于存储视频操作期间产生的错误的错误号。

4）视频录制文件名是用于控制视频文件名的整型变量。文件号变量的范围是 0～65 536。

（2）视频快照变量介绍。

1）视频快照控制变量，用于重放快照与实况快照的快照控制变量是：_VideoSnapshot.Control 与_VideoSnapshotLive.Control。

2）视频快照状态变量，用于重放快照与实况快照的快照状态变量是：_VideoSnapshot.Status 与 _VideoSnapshotLive.Status。

3）视频快照错误变量，用于重放快照与实况快照的快照错误变量是：_VideoSnapshot.Error 与 _VideoSnapshotLive.Error。

4）视频快照文件号，用于显示控制视频快照文件名的整型变量。文件号变量的范围是 0～65 536。

5）视频快照保存/打印清除选项，当执行快照保存或打印操作时，【保存/打印清除选项】用于将快照变量的值复位为 0。

3. 使用连接设备中的控制变量

使用连接设备中的控制变量是由外部设备来进行控制的，可以通过使用外部变量来实现。通过将外部变量赋给控制变量，还可以利用外部设备来更新控制变量的值。

将设备地址设置为控制变量时，首先创建一个外部变量，打开属性设置显示出控制变量的属性，然后选择【从变量中读取】或【写入变量】选项，接着单击其旁的省略框进入变量列表对话框，选择需读取或写入的变量，然后单击【确定】，相关变量即出现在控制变量的属性中了。

4. 屏幕快照的保存与打印

屏幕快照功能用于在 Runtime 期间对目标机器的屏幕进行快照，并且将它保存为 .jpeg 格式或打印出来。

通过快照操作可以设定快照文件名，并且可以指定文件的压缩方式。设置快照（.jpeg）文件的质量。快照的质量越高，其文件越大；反之，快照的质量越低，其文件越小。

（十一）Vijeo－Designer项目测试与下载

1. 工程验证

验证会检查错误，创建完成的触摸屏工程项目在下载到触摸屏之前，可以通过验证所有目标的方法确保工程中的所有参数正确无误，操作是在选择主菜单【生成】即可。

也可以通过主菜单【生成】→【验证所有目标】来验证参数的正确性。

2. 工程生成

工程生成实际上是将使用 Vijeo－Designer 图形编辑软件创建的工程编译为一个可以在支持的触摸屏面板上运行的程序。

进行工程生成前，首先单击主菜单【生成】→【清除所有目标】命令，清除每个目标与工程的工程文件夹中的所有无用文件。

此时，在【反馈区】将显示“清除全部目标已完成”。

清除无用的工程文件之后，单击主菜单【生成】→【生成所有目标】命令进行目标生成即可。

Vijeo－Designer 除了上面介绍的生成方法进行项目的目标生成以外，还可以通过【启动模拟】、【开始设备模拟】和【下载到】3 种方法生成程序。

值得注意的是生成过程完成后，反馈区窗口将自动打开，显示所有检测到的错误和警告。错误以高亮红色显示，警告显示为黄色。如果没有错误和警告，则结果显示为绿色。

要查看有关特定错误或警告的详细信息，请双击错误或警告消息，也可按下【F4】键进行查询。

3. 下载方法

在 Vijeo－Designer 中创建完成的应用程序可以通过以太网、工具端口、USB 端口、用户应用程序的安装程序、袖珍闪存卡和本地模拟的形式传输到触摸屏终端。

（1）以太网可以通过以太网方式将工程传输到配备了网口的触摸屏中。

（2）工具端口可以通过 XBTZG915 或 XBTZG925 电缆将工程传输到连接到此 PC 的触摸屏中。

（3）USB 端口可以通过 XBTZG935 电缆将工程传输到连接到此 PC 的触摸屏中。

（4）用户应用程序的安装程序可以将工程传输到文件中，然后通过用户应用程序的安装程序将该文件安装到与 PC 机连接的触摸屏中。

（5）袖珍闪存卡可以通过 PC 机中配备的 PCMCIA 读卡器复制创建的工程，把卡插到触摸屏终端设备就可以通过复制闪存卡的内容来进行传输。

（6）本地模拟工程保存在本地，在工程调试阶段可以用于对应用程序进行模拟操作。

4. 下载步骤

首先单击【导航器窗口】中的工程选项卡，然后单击【目标 1】。在【属性栏】中选择下载的方式，配置连接相同方式的下载电缆。

在【导航器窗口】中，右击【目标 1】，然后选择【下载至】。

下载完成后，检查触摸屏中应用程序是否正确显示。如果在反馈区中出现错误信息，则表明下载失败，可以在解决反馈区提示的错误问题以后，再尝试再次下载。

5. 项目的保存

在退出 Vijeo－Designer 之前，要先保存工程，只有在保存工程项目后，那些在工程项目中所作的更改才会生效。

在【导航器窗口】的【工程】页中，右击工程图标，然后选择【保存】即可。也可以通过在【文件】工具栏中单击【保存】图标来保存工程项目。另外，在【文件】菜单中选择【保存工程】或在【导航器窗口】的【工程】页中单击【保存】图标也可保存项目。

6. 备份工程项目

Vijeo－Designer 可以使用主菜单中【文件】下拉子菜单中的【备份管理器】和 CF 卡两种方法来备份工程项目。创建工程备份文件有手动备份和自动备份两种方式。

【备份管理器】创建的备份将存储在 PC 上，通过【备份管理器】还可以给备注添加描述，并能将备份工程加载到 Vijeo－Designer 上。同时，【备份管理器】还能用于删除备份，也可导出由【备份管理器】所创建的工程备份送至到网络或PC机上。

触摸屏上安装CF卡时就具备了CF卡存储备份工程文件的属性，通过这个属性不仅可以备份工程文件，还可以将此备份从CF卡中上传到Vijeo－Designer里，另外，可以将触摸屏CF卡上的备份工程与Vijeo－Designer中的工程进行比较，方便调试与修改。

另外，创建一个工程备份时，备份文件会存储到路径 C:\Program Files\Schneider Electric\Vijeo－Designer\Vijeo－Frame\Vijeo－Manager\"ProjectName"*.bkm中。

手动备份时在导航器窗口的【Vijeo－Manager】页里，右击一个工程，然后单击【备份管理器】。

打开【备份管理】对话框，单击【创建】，打开【创建备份】对话框，为备份文件输入名称和描述，单击【确定】，返回到【备份管理】对话框，备份历史记录里记录了这个备份文件的名字、描述和创建日期，选中一个备份，将显示该备份的描述信息。

恢复一个备份工程时，它将覆盖掉当前的版本。如果需要保留当前的工程，在恢复备份工程的时候，使用【获取】功能之前读者要首先对它进行备份。

具体操作时，右击一个工程，然后单击【备份管理器】，在【备份管理】对话框里，选择要恢复的版本，然后单击【获取】，在【备份管理器】信息对话框中，单击【确定】，所选的备份版本将覆盖至当前工程中。

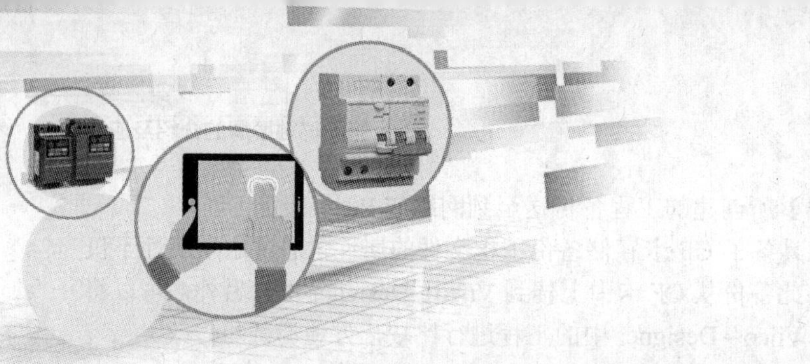

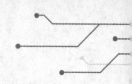

第三章

施耐德变频器和伺服产品的介绍及应用

第一节 施耐德变频器的特点与应用

施耐德变频器的产品系列涵盖了工控的各个领域的应用，本节对 ATV320 系列、ATV340 系列（ATV320 系列和 ATV340 被合称为御卓变频器）、ATV600 系列、ATV900 系列（ATV6xx 和 ATV9xx 合称为御程系列）的产品特点和应用范围进行了详细的说明。

一、ATV320 系列变频器的特点与应用

1. ATV320 系列变频器的特点

ATV320 系列变频器属于御卓系列，具有书本型和紧凑型两种，书本型变频器无论是在机器上布局还是放置在电控柜里都很方便，兼具灵活性和成本效益。

变频器 ATV320 驱动的电动机额定功率为 0.18kW/0.25HP～15kW/20HP。

ATV320 有以下 4 种类型，其中，以“B”结尾的代表是书本型变频器；以“C”结尾属于紧凑型变频器。

（1）200～240V 单相，0.18kW/0.25HP～2.2kW/3HP（ATV320UxxM2B，ATV320UxxM2C）

（2）200～240V 三相，0.18kW/0.25HP～15kW/20HP（ATV320xxxM3C）

（3）380～500V 三相，0.37kW/0.50HP～15kW/20HP（ATV320UppN4C 和 ATV320xxN4B）

（4）525～600V 三相，0.75kW/1HP～15kW/20HP（ATV320xxxS6C）

2. ATV320 系列变频器的应用

ATV32 秉承施耐德变频器耐用性和可靠性的传统，能够在较高的温度、有化学气体或机械粉尘的恶劣环境中连续工作。工作环境温度最高至 60℃，符合 IEC 标准 3C3 和 3S2。

ATV320 系列变频器适用于 OEM 最常见的应用场合，包括包装、物料搬运、纺织、材料加工和起重等很多行业。还可以应用在印刷、物料搬运、塑机、机械执行器、风机和泵等领域。

二、ATV340 变频器的特点与应用

1. ATV340 变频器的特点

ATV340 系列变频器是施耐德伺服型变频器。有位置（位置控制功能预计到 2020 年才

能支持)、转矩、速度三种控制模式。ATV340 系列变频器符合 IEC 60721－3－3 3S3 和 3C3 恶劣环境标准，使产品本身可以更能适应恶劣的工作环境。全系列可选标配以太网通信的变频器，另外，ATV340 系列的部分型号还内置了编码器卡，节约了用户的成本，ATV340 系列变频器 22kW 以下的最高过电流能力可以达到 150% 60s，180% 2s。

ATV340 的变频器的各项参数如下。

（1）电压等级：三相 380～480V （－15%～+10%）。

（2）功率范围：0.75～75kW（重载）/1.1～90kW（轻载）。

（3）速度环带宽：400Hz，支持 Web Server 网页服务器功能。

（4）1ms 应用层扫描时间。

（5）最高运行温度 60℃。

（6）支持 Modbus、EtherNet/IP、CANopen、Profinet、EtherCAT、Profibus－Dp、DeviceNet 等多种通信协议，将来还会支持 SERCOS 高速以太网通信总线。

（7）小功率标配 PTI/PTO。

2. ATV340 系列变频器的应用

ATV340 系列变频器适用于物流自动化、材料加工、起重、印刷、纺织、塑机、建材机械、石油/化工等领域。

ATV340 变频器在开环和闭环的控制系列中应用时，可以驱动异步电动机和同步电动机、同步磁阻电动机。

三、ATV600 系列变频器的特点与应用

1. ATV600 系列变频器的特点

ATV600 系列变频器属于御程系列，是用于三相异步或同步电动机的 IP21、IP23、IP54 或 IP55 的变频器，特别针对水和污水处理，石油和天然气，矿业、建材和冶金，食品和饮料的领域而设计。

根据功率范围，ATV600 系列变频器提供多种安装类型和防护等级。

（1）壁挂式 IP 21/UL 1 类，0.75kW/1HP…315kW/500HP，易于在电气柜中安装。

（2）壁挂式 IP 55，0.75kW/1HP…90kW/125HP，可安装在恶劣环境下，也可为了节省电动机线缆长度而安装在电动机系统附近。IP55 防护等级型具有集成或不集成负荷开关两种选择。

ATV610 变频器（易）适用于功率范围 0.75～160kW 的 380～415V 的三相异步电动机，可广泛应用于标准风机和泵类控制系统。变频器 ATV610 有较好的稳定性，和有超强的配置，使用方便，并针对中国用户的特点进行了特殊的设计。

2. ATV600 系列变频器的应用

在水和水处理应用方面，ATV600 系列可以作为提升泵、深水泵、排水泵、加药控制、加氯控制、通风、空压、淤泥处理的控制变频器。

在石油和天然气应用方面，ATV6*0 系列可以作为油气生产、钻井、海上和陆地开采、水处理和加注、原油储存、油气分离、油气管线加压、储存、炼化、DOF（数字化油田）的控制变频器。

在矿业、建材和冶金应用方面，ATV600 系列可以作为洗选工艺、冲洗和过滤、矿井

排水、预热风机、矿井通风、冷却风机、碎机和碾磨机、物料输送和储存、供水、泵、干燥风机的控制变频器。

在食品和饮料应用方面，ATV600 系列可以用于泵、干燥风机用途、皮带机、搅拌机、离心机的控制变频器。

四、ATV900 系列变频器的特点与应用

1. ATV900 系列变频器的特点

ATV900 系列变频器是服务导向型变频器，是一款具有全新理念的变频器，通过其能源、资产及工艺性能的管理，能够满足过程控制领域的多数需求，提高了设备高效且降低了企业运营成本。

ATV900 系列变频器注重于电动机性能以及灵活的连接方式，变频器标配菊花链双以太网口，可以通过以太网实现其网页服务器及服务功能，内置的网页服务器界面是基于以太网架构，可作为日常过程工艺的监测工具，还可以通过本地或远程的方式（电脑/手机/平板电脑），随时随地了解项目中的能源使用情况或已定义的数据报表。

ATV900 系列变频器具有紧凑模块化设计，在恶劣环境下也能够持久地运行。制动单元根据温度曲线，提供 IP20 或 IP23 两种防护等级。

ATV900 系列变频器的功率范围为 0.75～800kW。

2. ATV900 系列变频器的应用

施耐德 ATV900 系列变频器是一款用于最大化生产率且配有多种电动机操控及系统集成方式的高性能变频器。

ATV900 系列变频器在石油天然气行业，可以作为 PCP（螺杆泵），ESP（电动潜水泵）、杆式泵、抽泥泵、回转台、顶部驱动、绞车、再气化压缩机的控制变频器。

ATV900 系列变频器在采矿选矿及冶金行业，可以作为长距离重载输送、轮斗式挖掘机、专用起重机（龙门起重机、抓斗式起重机）、破碎机、研磨机（球磨机、SAG 和 AG 磨），螺旋和磁性分离机、取料机和堆垛机、船用装载机、移动采矿机、振动进料机、长带式输送机、大窑主传动装置、VRM （立式滚压机用分离机）的控制变频器。

ATV900 系列变频器在食品饮料行业，可以作为输送机、混合机、磨碎机、离心机、热回转式干燥机的控制变频器。

五、变频器操作面板的应用

施耐德变频器的参数设置与调试可以通过普通面板、标准面板、SoMove 调试软件进行。标准面板的订货号为 VW3A111，ATV630 和 ATV900 可以使用同一标准面板进行调试，这里对这个面板进行操作说明。

1. 标准面板 VW3A111 的特点

标准面板 VW3A111 的屏幕可以带 8 行，240×160 像素显示界面，可显示条形图、方形图和趋势图。面板上有 4 个功能键，可以进行参数访问和修改，还可以在 16MB 存储器内保存多个配置文件，并且存储的文件名是可以进行修改的，还支持将一个通电驱动器上的配置复制到另外一个通电驱动器上。

标准面板上的 LOCAL、REMOTE 按键，可在面板给定和远处给定之间进行方便的切

换。另外，标准面板还增加了通用信息键，可用来显示参数的简写代码等。

标准面板内置了 USB 接口，通过此接口可以在 PC 机和标准面板间传递变频器的配置文件。

标准面板集成 23 种语言（完整字母表），涵盖全世界大部分国家。此外，还可以到施耐德官方网站上下载语言包，扩展面板的语言种类。

标准面板的屏幕有双色背光显示屏（白色和红色）；如果检测到故障，红色背光会被自动激活，这样可以在远处就观察到变频器出现了故障。

标准面板运行时，环境温度范围为－15～50℃。标准面板的防护等级是 IP65，面板内嵌入了二维码，利用手机的扫一扫功能，可以进入关联的网页去查看产品信息和英文的诊断信息，还可以下载英文的编程手册。

另外，面板内置实时时钟（需电池支持），此时钟可以提供数据采集和事件时间戳，可以用此功能查找变频器历史故障的时间。

安装标准面板 VW3A111 需安装套件 VW3A1112，此套件包括：① 拧紧工具；② 盖板，用于在没有连接接线端子时保持 IP65 保护等级；③ 安装板；④ RJ45 端口，用于图形显示终端；⑤ 密封件；⑥ 固定螺母；⑦ 防旋转引脚－RJ45 端口，用于连接远程安装线组。

ATV340 与 ATV6xx、ATV9xx 的标准面板是通用的，VW3A111 的外观如图 3－1 所示。

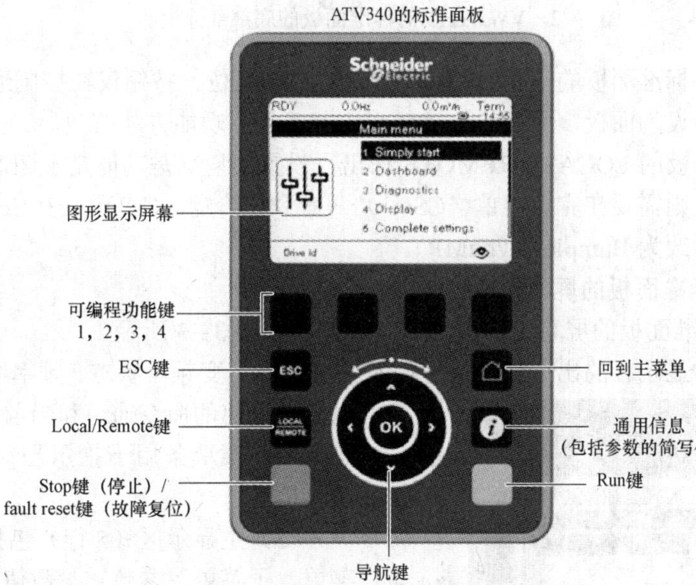

图 3－1　标准面板 VW3A111 的外观

ESC 键的作用是到上一层或者放弃参数值修改，导航键（电容滚轮）的按键说明如下。

（1）按下：保存修改（OK）。

（2）+、－滚动：增加减少数值或上下移动菜单。

（3）左右单击：改变光标位置。

（4）上下单击：单步改变。

在标准面板的底部有和 PC 相连的 MiniUSB 的接口，可以通过网口使用网线与标准面板连接，或者加装远程安装附件把标准面板装在柜门上。在图 3-2 的底部视图中可以看到电池的位置，可以根据需要更换电池，电池的型号是 3VDIthiumCR2032。

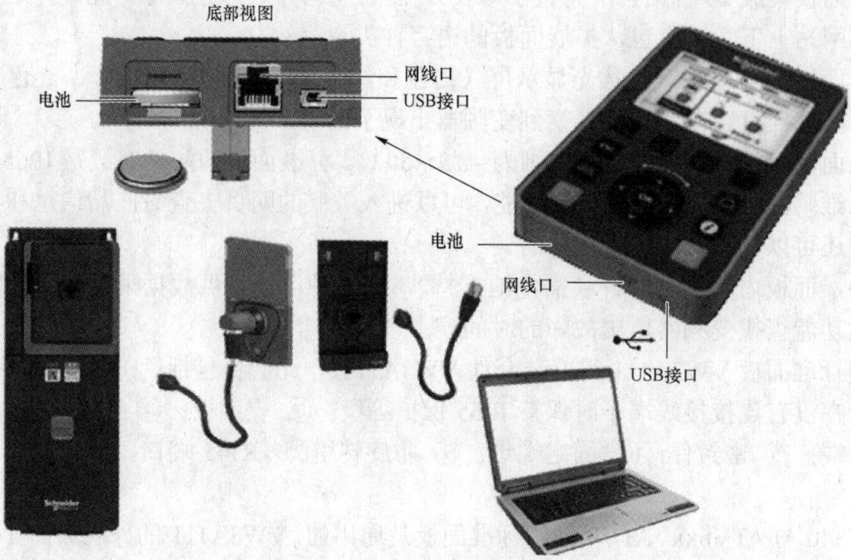

图 3-2　VW3A111 的标准面板的底部部分说明

值得注意的是标准面板的 STOP、RESET（停机、复位）按钮仅在控制通道（即变频器的启动和停止）设为面板，面板的 STOP、RESET 复位功能方才有效。

另外，标准面板的 LOCAL、REMOTE 在出厂设置的情况是功能是不激活的，如果需要激活这个功能，则需要在完整菜单（CSt-）→命令和给定（CrP）→HMIcmd（bMP），将此参数从不激活改为 Bumpless（buMP）。

2. ATV340 标准面板的屏幕结构

ATV340 的标准面板的屏幕结构分为 5 个部分，如图 3-3 所示。

（1）可配置的显示行的出厂默认设置由左到右依次是变频器状态、频率给定、电动机电流、当前的命令通道和当前的时间。

图 3-3　标准面板的屏幕结构

（2）菜单条用于指示当前的菜单或者子菜单。

（3）主显示区（5 行）包括图形提示，菜单、子菜单、参数、参数值、条线图等。

（4）功能键（F1、F2、F3、F4）用于进入菜单下相应的属性页，还可以在参数中配置功能。

（5）滚动条用于指示窗口是否还有内容。

3. ATV340 的菜单结构

ATV340 的主菜单下有 8 个子菜单，分别为：简单起动、仪表板、诊断、显示器、完整设置、通信、文件管理、我的偏好，如图 3－4 所示。

在【简单起动】菜单中共有 3 个属性页，分别是起动、我的菜单和修改的参数，这 3 个属性页可以通过按 F1、F2 和 F3 功能键进行切换，按 F1 键对应的是【起动】属性页，如图 3－5 所示。

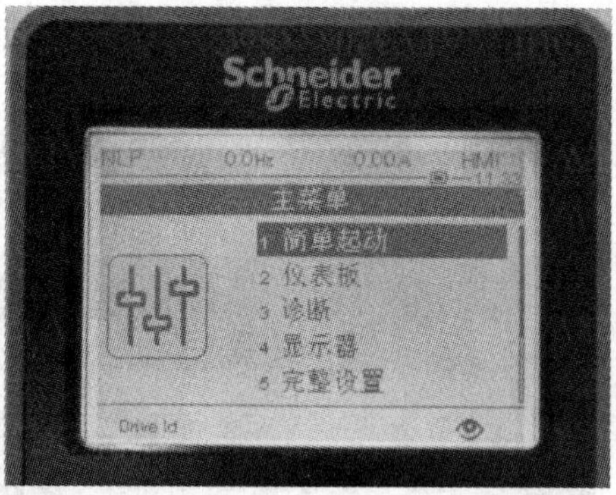

图 3－4　主菜单

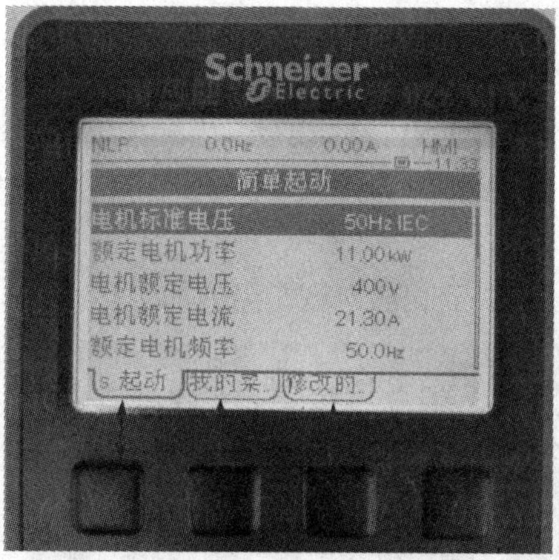

图 3－5　【起动】属性页

【起动】属性页中包括了电动机铭牌数据，包括电机标准频率（bFr），额定电机功率（nPr），额定电机电压（UnS），额定电机电流（nCr），额定电机频率（FrS），额定电机速度（nSP）[或电机功率因数（COS），取决于电机参数选择（MPC）中的设置]。

2/3 线控制（tCC）为采用拨钮控制变频器启停，通常设成 2 线控制，如果采用按钮控制则应设成 3 线制。

最大频率（tFr）用于限制高速频率的最大值，并与模拟量输出最大量程对应的频率有关，建议此参数设成与高速频率相同的值。

自整定（tUn）用于变频器对所连接电动机的内部参数进行学习，是保证电动机控制性能必不可少的一步，在做自整定之前，应保证电动机是冷态（即电动机绕组和室温相同），如果电动机和变频器有接触器要保证此接触器已经吸合，安全 STOA 和 STOB 已连接到 24V，自由停车、快速停车逻辑输入端子为高电平，主回路已经上电，另外，电动机的功率与变频器功率相比不能太小。

自整定状态（tUS）记录自整定的状态，值得注意的是此参数断电不保持，不要误认为自整定的结果没有保存。

电动机热电流（ItH）用于电动机过热的间接保护，一般设置成电动机的额定电流。

加速（ACC），加速时间是指从静止加速到电动机额定频率的时间，时间越短加速越快，一般要根据工艺设置，如果没有强制性要求应尽量设长一些。

减速（dEC），减速时间是指从电动机的额定频率降速到 0 所花费的时间，一般要根据工艺设置，如果没有强制性要求应尽量设长一些。

低速（LSP）指电动机运行的最小频率值，一般取决于工艺和电动机。

高速（HSP）指电动机运行的最大频率值，一般取决于工艺和电动机。

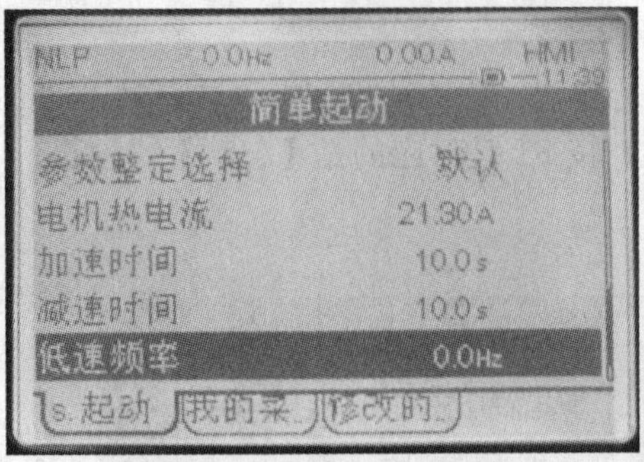

图 3-6 简单起动参数

电动机热电流、加减速、低速频率等参数如图 3-6 所示。

在【我的菜单】中可以定制自己最常用的参数从而提高效率，在【简单起动】菜单按下 F2 功能键，就进入了【我的菜单】，如图 3-7 所示。

【修改的参数】属性页。可快速访问最近一次修改的 10 个参数，如图 3-8 所示。

（2）仪表板。众所周知，汽车的仪表板会提供汽车运行的几个关键数据，例如油量、水温、发动机运行转速、当前汽车速度等以仪表的方式显现出来，让司机对汽车当前的运行状态一目了然，如图 3-9 所示。

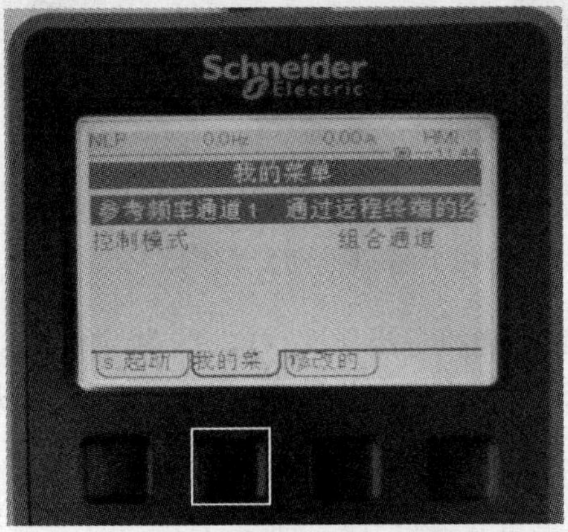

图 3-7 【我的菜单】属性页

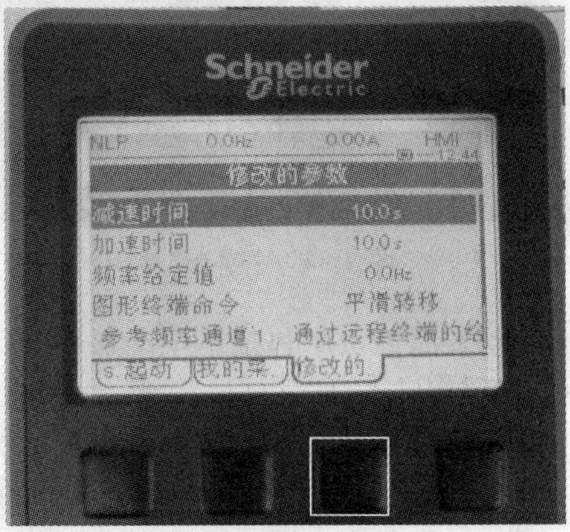

图 3-8 【修改的参数】属性页

图 3-9 汽车的仪表盘

ATV340 仪表板的原理与此相同，仪表板菜单中有 3 个属性页，分别是系统、力矩和能量属性页。

1）【系统】属性页。包括变频器运行关键数据监视，如变频器的给定频率、变频器状态、电动机电流、速度、电动机热状态等…，还包括一些工艺参数例如测量的压力、流量等，如图 3-10 所示。

2）【力矩】属性页显示变频器的启停控制和命令给定信息 PID 给定，自动、手动模式等。按 F2 键可以进入【力矩】属性页，如图 3-11 所示。

3)【能量】属性页用于显示当前设备的能量消耗，电动机的实时功率、能耗的周报月报等。按 F3 键可以进入【能量】属性页，如图 3－12 所示。另外，在能量监视页的显示数据可以更改，单击“+”（F4 键）后可以在弹出画面中选择想在面板中观察的数据。

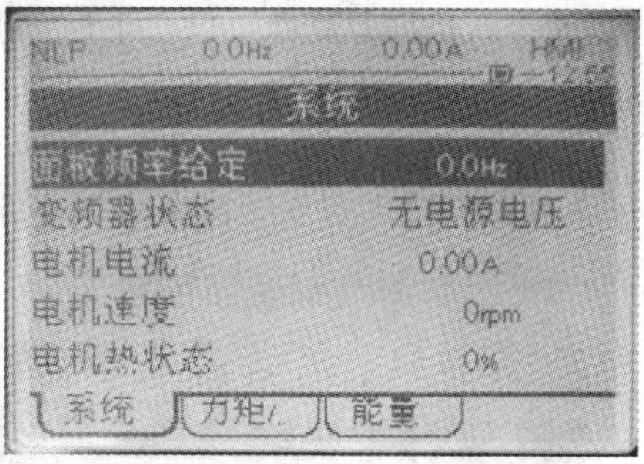

图 3－10 【系统】属性页

（3）【诊断】菜单当变频器发生了故障或报警时，在诊断菜单中可以查找原因、故障代码和故障发生的时间，变频器的诊断将在专门的实例中加以详细的说明，这里仅做简单的介绍。

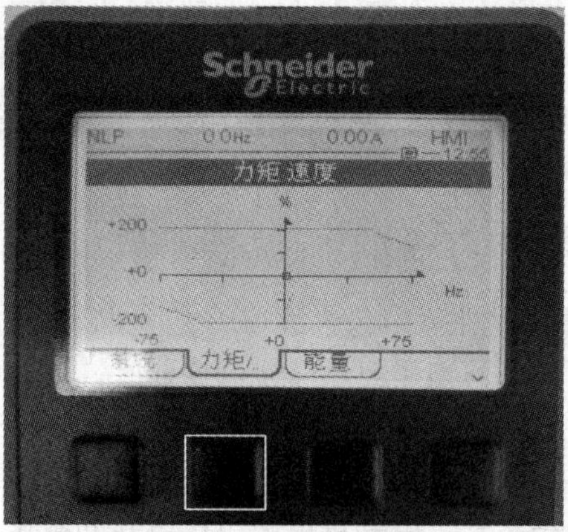

图 3－11 控制属性页的内容

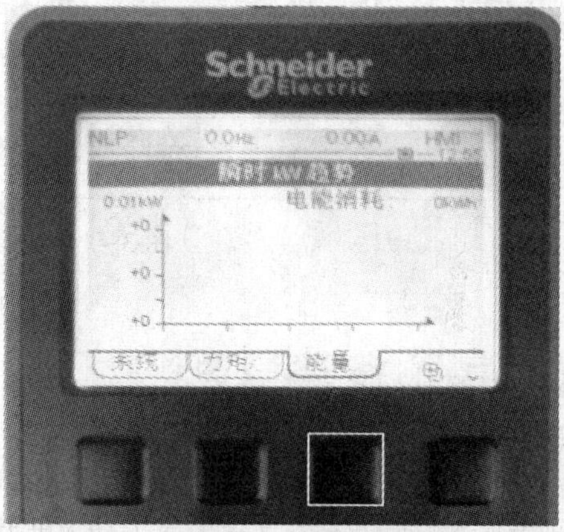

图 3－12 在能量属性页中添加新的显示内容

诊断菜单共有 3 个属性页，分别是诊断数据、错误和警告，如图 3－13 所示。

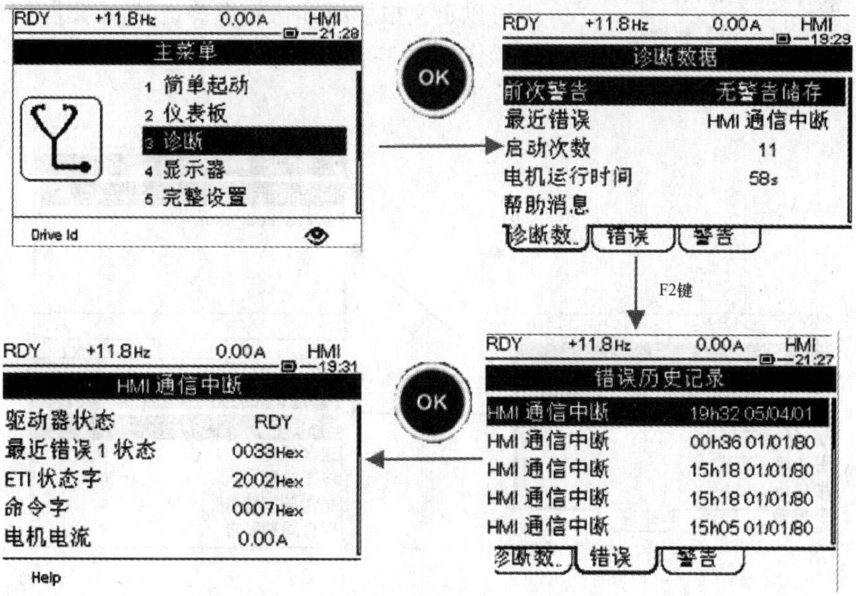

图 3－13 诊断菜单的界面操作

【诊断数据】属性页包含了最近检测到的故障或者警报以及故障或报警时的电动机的起动次数、运行时间等信息，可以在帮助信息子菜单中找到故障码的相关信息，此属性页中的【诊断】子菜单提供了风机诊断、LED 诊断、带或不带电动机 IGBT 诊断，【标识】子菜单中可以看到变频器型号、软件版本等信息，可以使用滚轮来选取这些子菜单，按 OK 键进入，如图 3-14 所示。

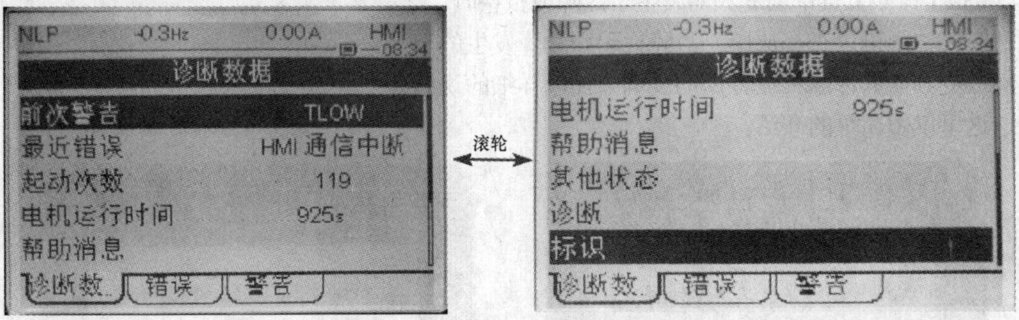

图 3-14 【诊断数据】的子菜单

【错误】属性页中包含故障历史记录，这些故障都带有时间戳，当需要进一步的诊断时，可选中某一次的故障记录，按 OK 键进入，获得故障出现时的详细信息包括：当时变频器的状态，状态字、扩展状态字命令字、电动机电流等可以帮助查找故障基本原因的信息，错误菜单如图 3-15 所示。

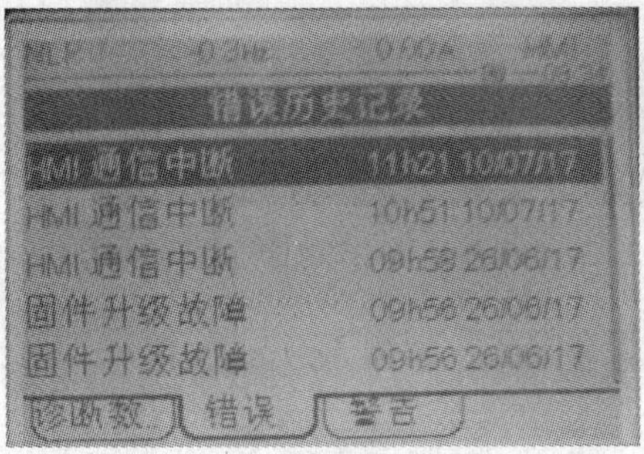

图 3-15 【错误】属性页

【警告】属性页显示当前检测到的报警，警告是指示对用户的提醒，一般不会导致变频器的停止，可以定义报警组并访问报警记录，【警告】属性页的操作如图 3-16 所示。

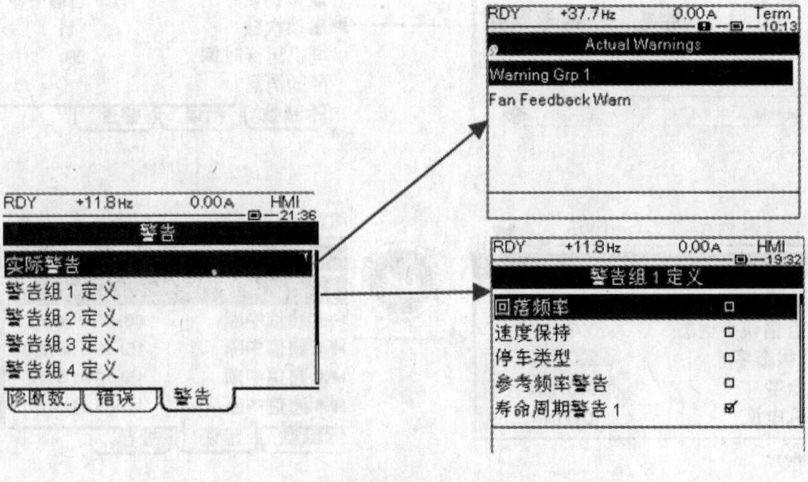

图 3-16 【警告】属性页的操作

（4）【显示器】菜单。【显示器】菜单能够完整地显示变频器和电动机以及整个工艺参数的状态。包括能耗参数、应用参数、主从参数、电动机参数、变频器参数、热量监控、PID 显示、计数器管理、其他状态、I/O 映像、通信映像、数据记录，显示器的下的子菜单如图 3－17 所示。

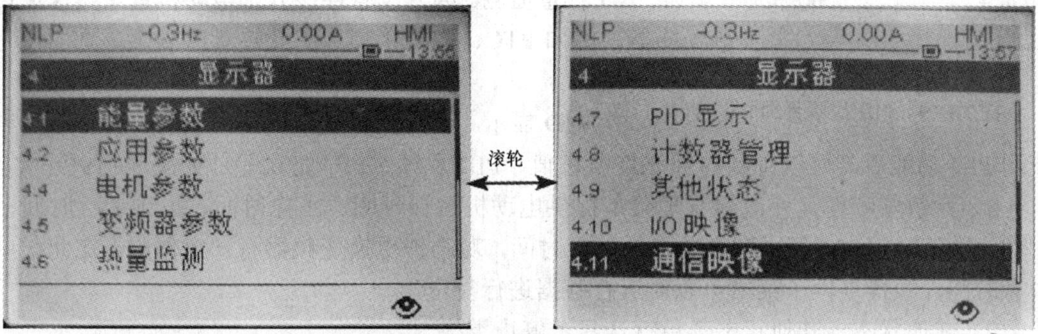

图 3－17 【显示器】下的子菜单

1）【能量参数】菜单。【能量参数】菜单显示的是输入输出功率以及节能仪表板，共有 4 个属性页，分别为能量输入、能量输出、机械和节能，如图 3－18 所示。

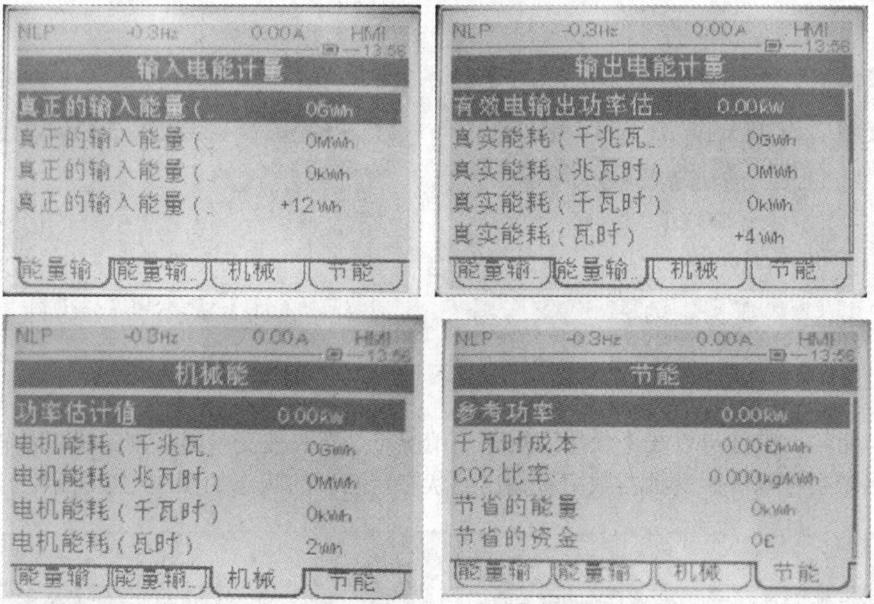

图 3－18 【能量参数】菜单

2）应用参数。应用参数是与应用有关的参数，默认是应用状态。

3）主从参数。主从参数是使用多个电动机驱动同一个负载时（每个电动机由一个变频器控制，不使用并联电动机方式）的参数设置，包括主从耦合类型、主从控制类型、主从通信类型、速度或转矩同步用模拟量的设置、停车设置、制动类型等。

4）电动机参数。电动机参数显示的是电动机运行速度、电压、功率、扭矩、电动机电流和电动机热状态等。

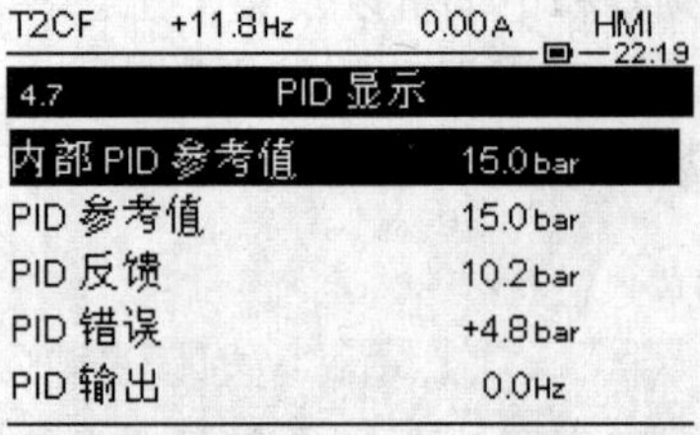

图 3-19　PID 显示界面

5）变频器参数。在变频器参数菜单中有 A1V1 输入映像、面板频率给定、频率给定值、电动机频率、定子频率、转子频率以及三相进线的两两电压测量值、直流母线电压驱动器热状态和当前使用的配置等。

6）热量监测。因为没有连接外部电动机直接热保护传感器，例如 PTC、PT100 等。因此热量监测菜单画面没有参数显示。

7）PID 显示。没有使用 PID 功能时没有参数显示。当使用 PID 功能后，可以看到内部 PID 参考值、PID 反馈、PID 错误等，如图 3-19 所示。

8）计数器管理。计数器管理菜单提供电动机运行时间、上电时间、风扇运行时间、起动次数等数据，方便了解变频器的运行时间，对维护更换变频器有一定作用，在此菜单中有时间计数器复位子菜单可以对运行数据进行复位。

9）其他状态。其他状态菜单默认显示停止类型。

10）I/O 映像。I/O 映像包括数字输入映射、模拟输入映像、数字输出映射、模拟输出映像和频率信号映像，这些在查找变频器故障原因、调试和维护过程中都会经常用到，如图 3-20 所示。

数字输入映射可以用来检查输入线和拨码开关是否正确，如图 3-21 所示。

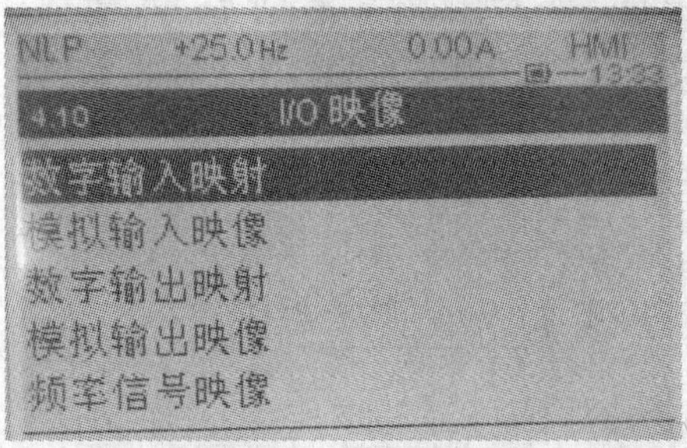

图 3-20　I/O 映像的参数

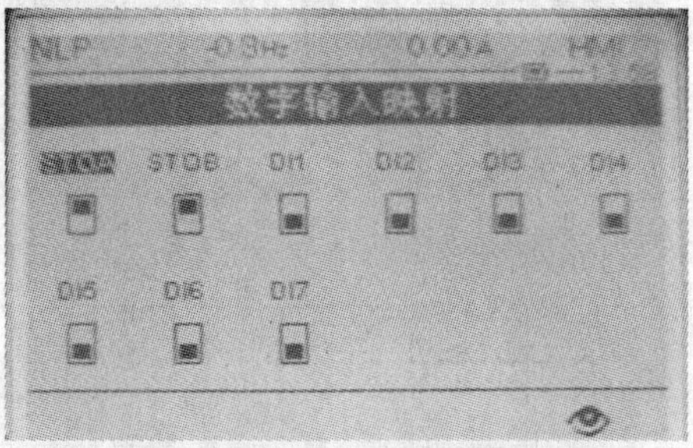

图 3-21　数字输入映射

模拟量输入映像可以在不使用万用表的情况下，查看被变频器识别的模拟量输入，数字量输出映射可以看到变频器数字量输出的状态，两者的状态如图 3-22 所示。

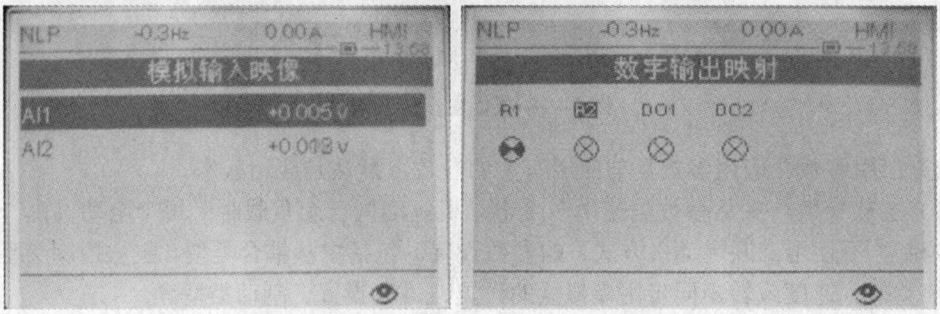

图 3-22　模拟量输入和数字量输出

模拟量输出映像提供了查看变频器输出大小的手段，频率信号映像则用来查看 ATV340 脉冲输入的方法。

11）通信映像。通信映像是通信调试重要的辅助手段，在不使用专用的通信工具的前提下，可以查看外部主站 PLC 等是否写入希望的寄存器值。

12）数据记录。在 ATV340E 变频器上，可以使用网页服务器来上载 CSV 文件，数据记录文件如图 3－23 所示。

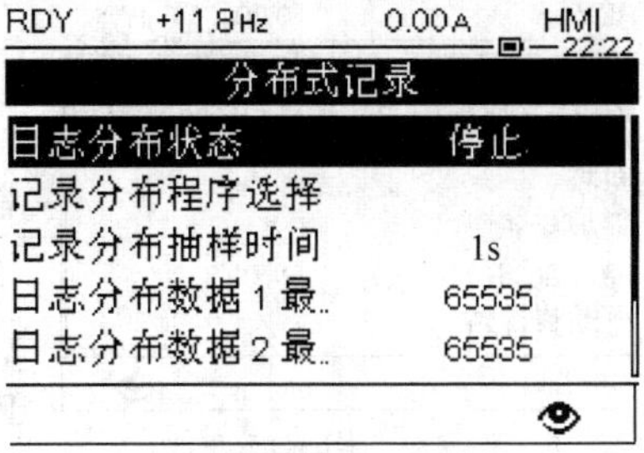

图 3－23　数据记录文件

（5）【完整设置】菜单。【完整设置】菜单是 ATV340 调试的最频繁使用的菜单，在这里可以观察设备的能耗数据、用于调试所有应用的参数等【完整设置】菜单如图 3－24 所示。

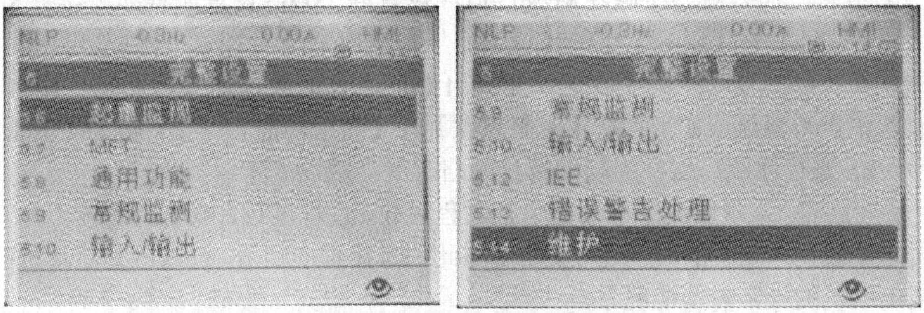

图 3－24 【完整设置】菜单

1）电动机参数。在电动机参数菜单中包含了标准负载和重载选择、电动机参数、自整定、电动机控制类型、同步电动机的角度自学习、电动机热状态监视、电动机速度环调节、定子压降补偿和滑差补偿、变频器的开关频率等调试变频器、优化电动机运行性能最常用的参数。

2）定义系统单位。为了使调试更加容易，ATV340 支持定义系统单位，可以自行设置温度等的单位、甚至包括货币单位。

变频器不会自动转换单位。

3）命令和参考值。在本菜单中设置怎样起动停止电动机和怎样给定电动机运行速度，如果两者在一起则设置为组合模式，如果不同则设为隔离模式或 I/O 模式。

4）电动机数据。在本菜单中设置电动机铭牌数据。

5）主从。主从菜单主要用于多个电动机带动同一个负载的情况，保证几个电动机负载分配基本平衡。ATV340 的主从支持模拟量方式，如果是 ATV340E 版本的还可以采用基于以太网的变频器主从－MultiDInk 方式。

6）起重功能。起重功能菜单包括制动逻辑功能、高速提升功能、绳松功能还有负载平衡（利用人工滑差可以实现多个电动机的负载平衡）。

7）MFT 机器功能。MFT 机器功能菜单包括【负荷平衡】【齿轮间隙补偿】【传感器定位】【制动逻辑】和【扭矩控制】等。

8）机器功能。机器功能菜单包括负载平衡、反向齿隙补偿、传感器定位、制动逻辑、

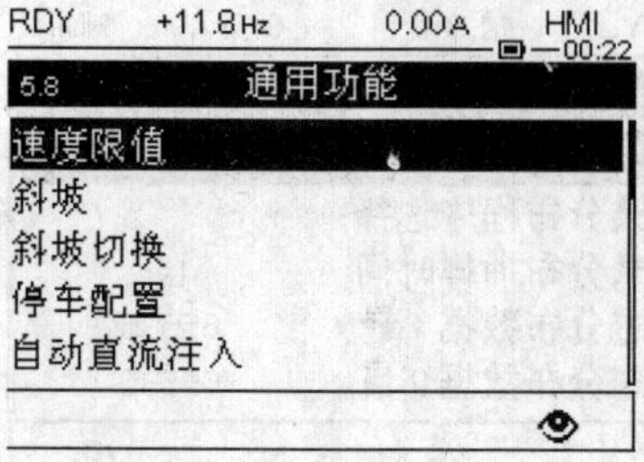

图 3-25　通用功能界面

力矩控制。这些子菜单中的参数与起重功能等菜单中参数是相同的。

9）通用功能。通用功能内容繁多，是变频器所有行业都有可能用到的功能，这些功能主要包括：斜坡的设置、速度的限制、停车的方式、自动直流注入、给定值、多段速、端子加减速、给定值附近的加减速、跳频功能、PID 控制器、进线接触器、反转禁止、力矩限幅、第二个电流限幅、点动、高速切换、记忆给定值、共直流母线、制动逻辑、限位开关、力矩控制、多参数切换、多电动机切换、传感器定位等，如图 3-25 所示。

变频器的减速斜坡自适应在出厂时被设置为 YES，在工程项目中如果在停车方式中使用了制动电阻，那么需要将减速斜坡自适应设置为 NO，设置流程如下：将【完整设置】→【通用功能】→【斜坡】下的【减速斜坡自适应】改为 NO，使制动电阻起作用。

另外，在实际的项目中为了在制动单元开路时触发故障，需要将制动电阻选择设为 YES 进行激活，设置流程如下：在【完整设置】→【通用功能】→【斜坡】下的【制动电阻】设为 YES 进行激活，这样当制动单元开路时就会触发故障。

10）常规监测。常规监测菜单功能包括过程欠载、过程过载、电动机堵转、频率计（使用外部传感器监视电动机的时间速度，然后将此信号接到变频器，可以检查电动机的超速）用于监视电动机的异常转动情况。

11）输入输出。在输入输出菜单中可以检查逻辑、模拟输入输出点以及脉冲输入的功能分配情况。另外，还包括了一些如逻辑输入点的延时、滤波，模拟输入的量程、信号种类、最大最小值、滤波等。

12）编码器配置。编码器配置菜单用于设置编码器信号类型、供电、编码器脉冲数、编码器用途等，还有编码器检查、sincos 以及 SSI 等编码器的设置。

13）内置编码器配置。只有 22kW 及以下的 ATV340 才内置编码器，内置编码器接口支持 RS422 和 Sincos 编码器，此菜单包括编码器每圈脉冲数、编码器检查、编码器用途、编码器供电选择等。

14）错误警告处理。错误警告处理菜单对变频器故障和警告进行处理，是变频器故障处理时最频繁访问的菜单。

主要功能包括故障复位（rSt）、自动重起动（Atr）、飞车起动（FLr）、电动机热保护（tHt）、输出缺相（OPL）、输入电压缺相（IPL）、变频器过热（OHL）、外部故障（EtF）、欠压管理（USb）、4～20mA 信号损失（LFL）、故障禁止（InH）、通信故障管理（CLL）、编码器故障（Sdd）、转矩、电流限幅检测（tld）、动态负载检测（dLd）240、制动电阻保护（brP）、直流注入（dCI）243、制动单元保护（bUF）、接地故障、报警组处理等，错误警告处理菜单如图 3-26 示。

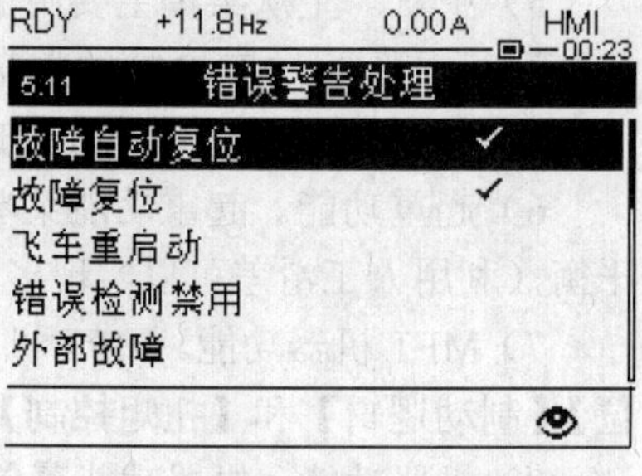

图 3-26　错误警告处理菜单

15）维护。维护菜单主要是变频器保修相关的一些内容，可以对变频器的硬件进行诊断，包括风扇，变频器上的 LED 指示灯、带电动机的 IGBT 测试和不带电动机的 IGBT 硬件测试，以及变频器、风扇等客户事件的记录。

（6）【通信】菜单。【通信】菜单包括了 Modbus、IOScanner、内置的以太网，加装通信卡后还可以显示 CanOpen、Profibus、DeviceNet、Profibus、ProFinet、EthernetCAT，另外 ATV340 支持快速设备替换 FDR 功能。当项目中使用触摸屏与变频器进行 Modbus 通信时，相关参数的设置如下：

首先将【通信菜单】→【Modbus 参数设置】→【Modbus 从站地址】设置为 1，Modbus 波特率设置为 38.4Kb/s，Modbus 格式设置为【8N1】，即 8 个数据位 1 个停止位无校验。设置后必须断电再上电，才能使设置生效。

（7）【文件管理】菜单。在【文件管理】菜单中有存储和上载配置，可以把变频器配置上传到面板中，或者把面板中的配置下载到变频器中，配置传输文件操作如图 3－27 所示。

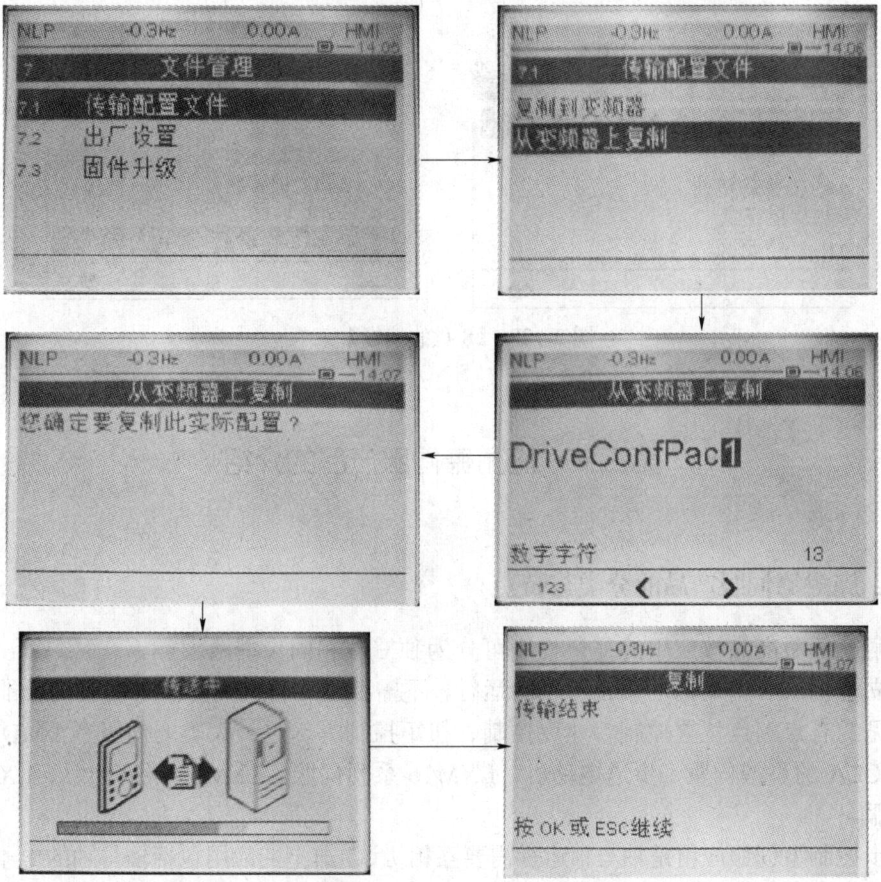

图 3－27　配置传输文件操作

【出厂设置】菜单是在变频器调试中最频繁使用的菜单功能，需要注意的是，必须在参数组列表先选择哪部分参数回到出厂设置。

如果在【我的偏好】→【访问等级】中选择访问权限是专家，则在此菜单中可以访问与变频器固件升级相关的参数。

【固件升级】菜单主要用于显示固件升级的状态。其中【标识】显示的是变频器的订货号、功率、电压，变频器的软件版本、序列号，显示当前可选卡的型号和版本，面板的型号和版本；【固件版本】显示的是要升级固件包的版本，并且在参数中有是否升级的选项。

（8）【我的偏好】菜单。

【我的偏好】菜单定义与用户相关的一些内容，其中包括面板使用的语言，定制化面板显示的菜单，设置面板、SoMove 的访问权限，参数的访问权限的选择这些经常使用的参数，如图 3－28 所示。

还有一些设置日期和时间，以定制显示餐，参数客户化（单位，比例））、客户化棒图显示、定义监视屏幕（值，棒图）、为功能键分配功能，二维码的加入可以让用户通过微信的扫一扫功能访问网上的中文产品说明和英文编程手册，另外，在此菜单中还可以为以太网版本的 ATV340 提供 Webserver 的启用选项和 Webserver 的默认密码。

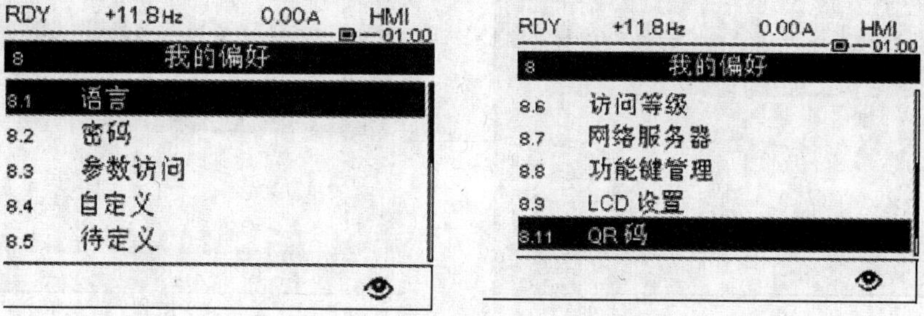

图 3－28 【8 我的偏好】菜单

第二节 施耐德伺服产品的介绍

一、施耐德伺服产品的分类与特点

施耐德伺服产品按应用的复杂程度可分为独立型和同步型两大类。

独立型伺服应用是指伺服轴与轴的运行，不需要互相协同，因而对伺服的性能要求不高，常见的有点到点位置控制、速度控制、扭矩控制等，这一大类的伺服有 LMD 步进电动机、ICLA 的小型伺服、步进电动机，LXM16 系列伺服、LXM23 系列伺服、LXM26/28 系列伺服。

同步控制型伺服应用是轴与轴运行需要互相协调，典型的应用包括轴与轴的电子齿轮同步 GearIn（速度同步）和 GearinPos（位置同步），电子凸轮的应用、数控机床的控制，以及复杂的机器人控制，一般要将伺服控制器（可以将伺服控制器理解为带有伺服专用控制功能的 PLC）与伺服驱动器组合起来，并且一般都要求采用通信控制方能实现这些复杂的应用功能要求。目前施耐德伺服采用的同步控制现场总线，主要是 CANMotion 和 SERCOS 两大类总线。施耐德可以用在这类应用的产品包括，LXM23/28/32A/32M+LMC058，LMC078+LXM32S，LMC300/400/600/..+LXM52/62，Delta 机器人等。

二、LXM16 伺服系列产品介绍

LXM16 伺服系列在 2018 年正式发布，软件基于 LXM32 系列平台上开发，并加入创新算法，目前，LXM16 系列伺服主要走脉冲点到点定位，16 系列伺服支持动态自适应调节，方便用户进行参数配置，降低使用者的调试工作量。

LXM16 伺服系列的功率又分为 0.1、0.2、0.4、0.75、0.85、1、1.5kW；法兰尺寸有 40、60、80、100、130mm；编码器为增量型，分辨率每圈 2500。

三、LXM28 伺服系列产品介绍

LXM28 伺服系列是一款与 BCH2 交流伺服电动机配套使用的交流伺服驱动器，功率范围是 50W～4.5kW，电压等级为 200～240V，速度范围为 1000～5000r/min。能够满足不同应用场合的运动控制需求。

LXM28 伺服系列可以在多轴机床和切削机的材料加工、传送带、码垛机、仓库的物料运输、包装、印刷和收放卷等场合应用。

在 2018 年，LXM28 还发布了支持 EtherCAT 总线的 LXM28E 产品系列。

四、LXM32 伺服系列产品介绍

LXM32 系列伺服包括 3 款伺服驱动器和 2 款伺服电动机，以在运动控制应用中适应高性能、大功率和使用简便性的需求，以实现最佳应用。安装启动和维护均更为简便。由于提供有新的复制和备份工具，维护也更加方便。LXM32 的性能通过优化电动机的控制得以提升，并通过自动参数计算实现减低了振动，还具有速度观测器和外部带阻滤波器。伺服驱动器和伺服电动机设计的尺寸十分紧凑，在最小的空间里提供了最大的功率。LXM32 的标准通信卡和编码器适用于多行业的不同应用。在项目中使用 LXM32 集成的安全功能以及对外部安全功能可缩短用户的设计时间。

LXM32 系列伺服驱动器的功率范围为 0.15～7kW；有 3 类供电电压，分别为 110～120V 单相，0.15～0.8kW（LXM32ppppM2）；200～240V 单相，0.3～1.6kW （LXM 32ppppM2）；380～480V 三相，0.4～7kW（LXM32ppppN4）。

LXM32 系列又可分为以下 4 个子系列。

（1）LXM32A－CANopen/CANMotion 总线应用型。

（2）LXM32M 模块型。这个产品系列可以支持多种现场总线例如 Profinet，EIP，EtherCAT 等，也可以通过加装编码器卡后连接第三方电动机。

（3）LMX32C 脉冲型。主要用于 PLC 发送 PTO 脉冲控制伺服的应用，主要用在定位功能上，也可以用于速度控制。

（4）LXM32S。与 LMX32M 大部分功能类似，但是通信仅支持 SERCOS。

LXM32 伺服驱动器集成了适用于多个行业中最常用的功能，包括：

① 印刷，如切割、带位置控制的机器等；② 包装和包裹，如定长切割、滚刀、装瓶、装盒、贴标等；③ 纺织，如卷绕、纺纱、编织、刺绣等；④ 搬运，如输送、货盘装运、码垛、拾放等；⑤ 传送机，如龙门起重机、提升机等。

五、LXM52/LXM62 伺服系列产品介绍

LXM62 系列全数字型伺服驱动器是 PACDrive 3 中的高端伺服驱动器，采用了模块化设计，这些驱动器均 由同等大小的单轴驱动器（1 个轴）、双轴驱动器（2 个轴）以及多种输出功率的电源组成。同一个机组内的所有单轴及双轴驱动器由同一台电源供电。

LXM52 系列伺服包括 5 款伺服驱动器，并搭载有 SH 伺服电动机，在运动控制应用中能够适应高性能、大功率和使用简便性的需求，LXM52 系列伺服的功率范围为 0.4～7kW。LXM52 伺服驱动器安装、起动和维护非常方便，采用并排式安装，使用 SoMachine Motion 软件进行参数的设计，带有色标的插入式连接器，安装在伺服驱动器前面板或顶部，使用时插入即可。软件工具中提供的复制和备份，在设备维护时用于对用户的程序进行保护。另外，LXM52 伺服驱动器和伺服电动机的结构十分紧凑，也就是它们的尺寸能够做到以最小的空间提供最大的功率，降低成本。在项目中使用 LXM52 伺服控制器集成的安全功能以及对外部安全功能可缩短用户的设计时间。

LXM52 伺服控制器除了与 SH3 伺服电动机配合使用外，也可以与 BMH/BSH 电动机配合使用。

六、LMC078 伺服控制器的简单介绍

Modicon LMC078 是一款具有多种强大控制功能的运动控制器。本体自带 CANopen、SercosⅢ、Modbus TCP、串行通信等多种通信接口，并可扩展 EtherNetIP、Profibus-DP（slave）。目前的 LMC078 伺服控制器专门与 LXM32S 配合使用，构建多轴同步控制系统。

通过安全、高速的 SercosⅢ总线可实现最多 24 轴的同步控制功能，同步时间可控制在 4ms 以内。

七、Modicon M262 伺服控制器的简单介绍

Modicon M262 具有嵌入直接云连接和加密通信协议，最多可支持 5 个独立以太网开放通信协议，能够在要求严苛的应用条件下，实现快速的逻辑与运动控制。

Modicon M262 运动性能高于市场同级别控制器平均水平 30%，CPU 运行速度优于市场同级别控制器平均水平。

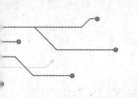

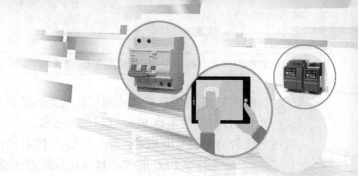

第四章

自动化系统与 TM241 PLC 的自动化项目的构建

第一节　SoMachine 系列 PLC 的过程自动化系统

扫码看视频

如果用人来比喻全集成的自动化系统，那么硬件组成的机器的各个零部件就相当于人的躯体，用来执行 PLC 的各种动作。PLC 就相当于大脑，所编的程序就相当于人所掌握的知识，编程软件相当于学习工具，生产的过程相当于大脑中要做一件事制定好的规划。

电、气、液等就相当于人的肌肉与神经是执行机构，PLC 发出指令，通过电、气、液等将能量传给机器的执行机构去执行。

而系统中配备的各种传感器将外界情况反馈给 PLC，就相当于人的眼、耳、口、鼻、皮肤等，将外界事物反馈给大脑一样，全集成的 PLC 自动化控制系统中，编程软件、程序和项目的关系如图 4－1 所示。

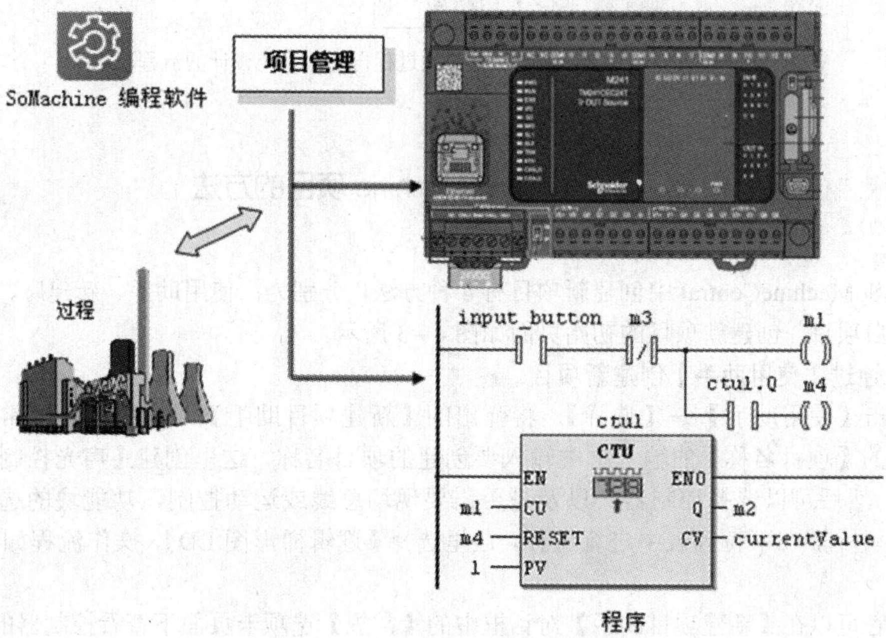

图 4－1　编程软件、程序和项目的关系

施耐德 PLC 主要有整体式和模块式两种结构类型，施耐德 PLC 的安装方式分为集中式、远程 I/O 式以及多台 PLC 联网的分布式，应按照项目相应的功能要求、响应速度和系统可靠性的需求来选用 PLC，尽可能做到 PLC 的机型统一。

使用 SoMachinePLC 的过程自动化系统设计流程如图 4-2 所示。

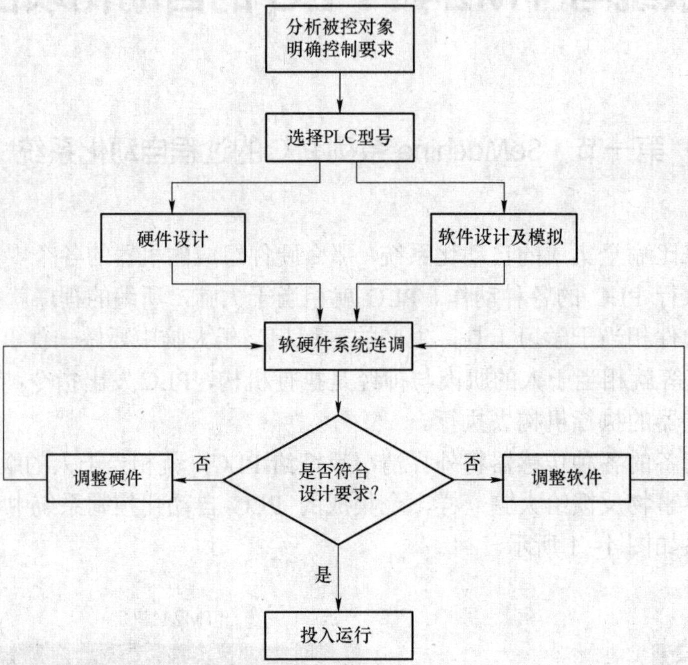

图 4-2 使用 SoMachinePLC 的过程自动化系统设计的流程

第二节 创建 SoMachine 项目的方法

在 SoMachineCentral 中创建新项目有 4 种方法，分别为：使用助手、新建库、基于模板和空白项目。创建新项目的初始页面如图 4-3 所示。

1. 通过【使用助手】创建新项目

单击【使用助手】→【选择】，将弹出的【新建项目助手】对话框，在【常规】选项卡中的【项目名称】的输入框中输入要创建的项目名称，这里创建【声光控制白炽灯项目】，然后可以选择控制器，以及是否需要现场总线或运动控制，功能块的选择要单击下拉块 ▾，在下拉列表中进行选择，这里选择【逻辑梯形图 LD】，操作流程如图 4-4 所示。

读者可以在【新建项目助手】对话框中的【常规】选项卡页面下查看控制器的属性，这里选择 TM241 PLCC24R 进行查看，单击 TM241 PLCC24R 右侧的详细信息 ⓘ，在弹出来的【控制器属性】页面中就会显示所选控制器的属性了，如图 4-5 所示。

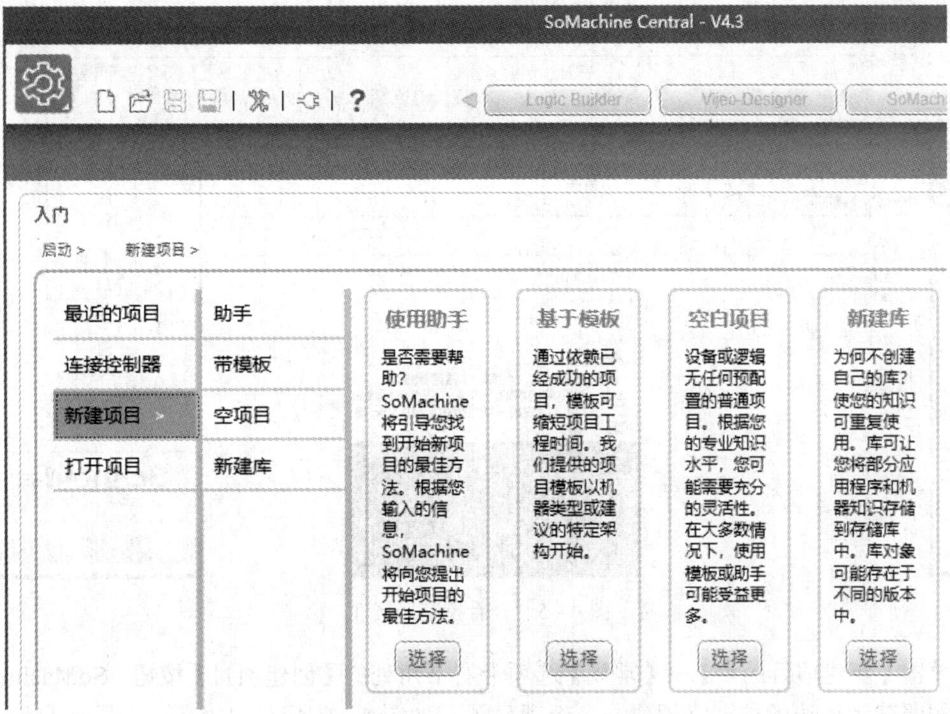

图 4-3　创建新项目的初始页面

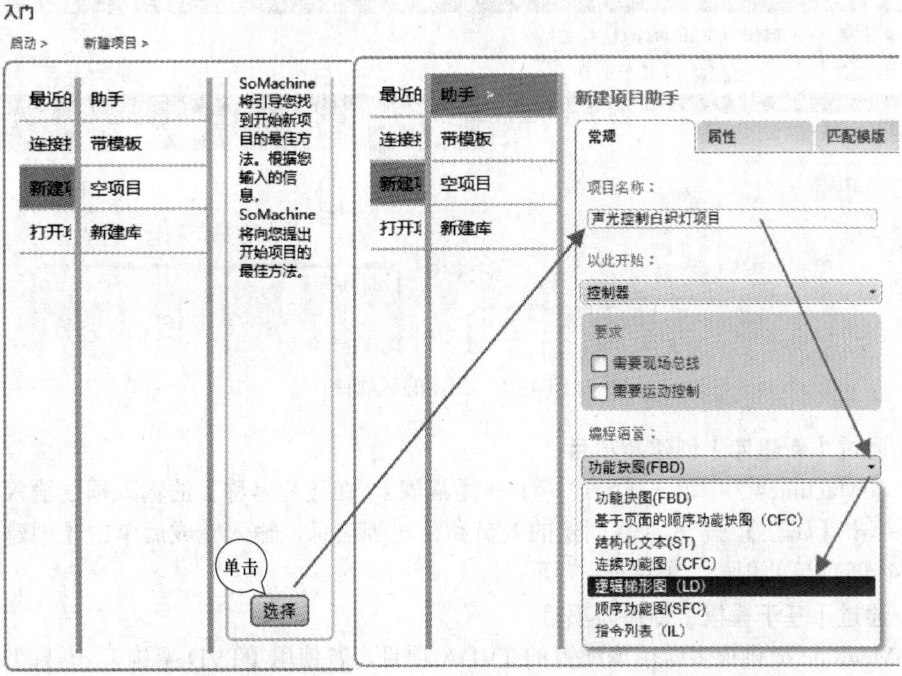

图 4-4　通过【使用助手】创建新项目

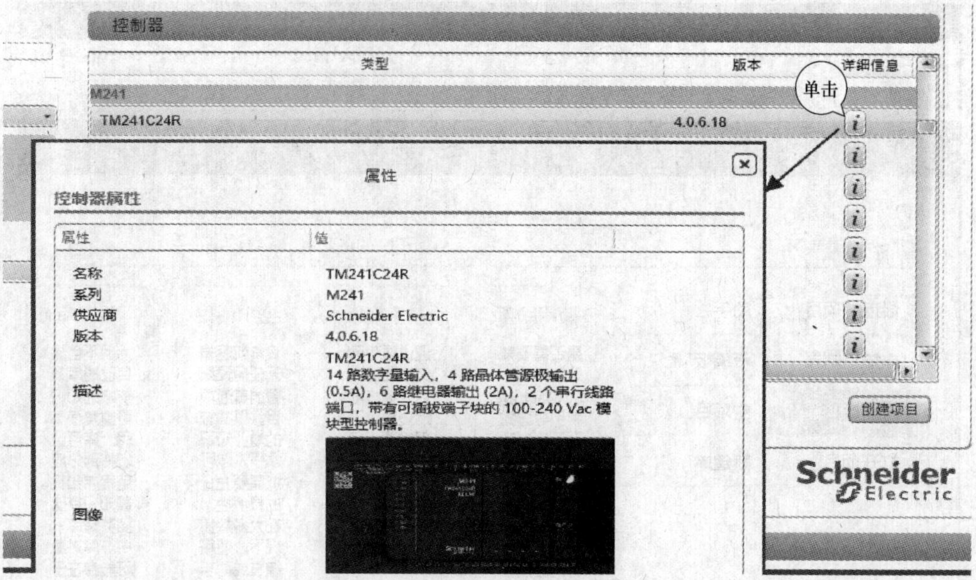

图 4-5　查看控制器属性

单击【新建项目助手】→【常规】选项卡右下角处的【创建项目】按钮，SoMachine4.3 就会按照读者所选的控制器创建一个新项目了，如图 4-6 所示。

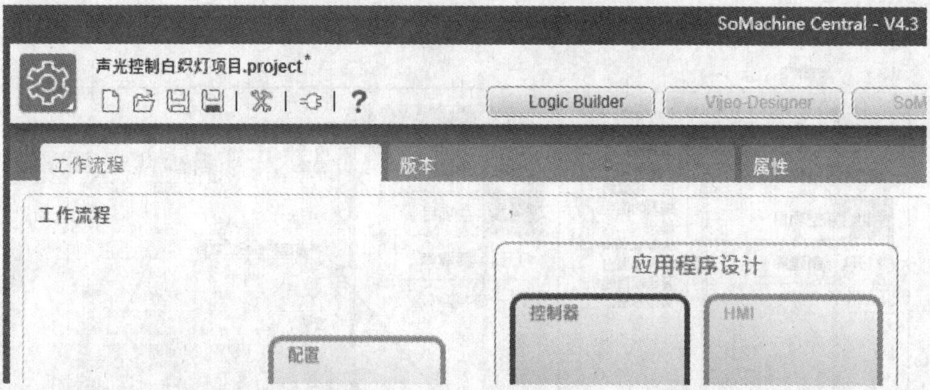

图 4-6　创建的新项目

2. 通过【新建库】创建新项目

在 SoMachine4.3 中单击【新建库】→【常规】，在【库名称】的输入框这输入项目名称，再单击【属性】，输入项目创建的人员和公司等信息，输入完成后单击【创建项目】按钮进行新项目的创建，如图 4-7 所示。

3. 通过【基于模板】创建新项目

SoMachine 提供很多即用型配置的 TVDA 项目，若使用【TVD 架构】，则只需要通过简单的调整，就可以在自己的项目中直接选择使用经过测试、验证和归档的合适架构。

创建时，单击【基于模板】→【选择】→【新项目助手 – 模板】，然后在项目名称中输入要创建的项目名称，再选择【机器类型】，可以单击 i 图标查阅 TVDA 的详细信息了，最后单击【创建项目】按钮进行新项目的创建，如图 4-8 所示。

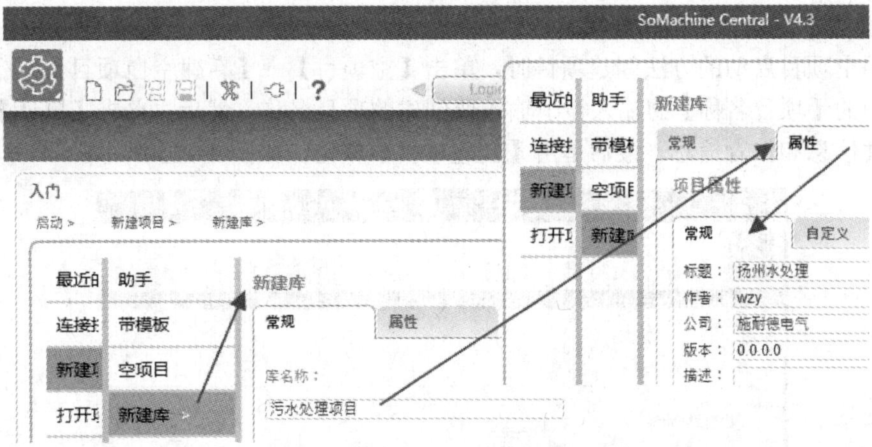

图 4-7　通过【新建库】创建新项目

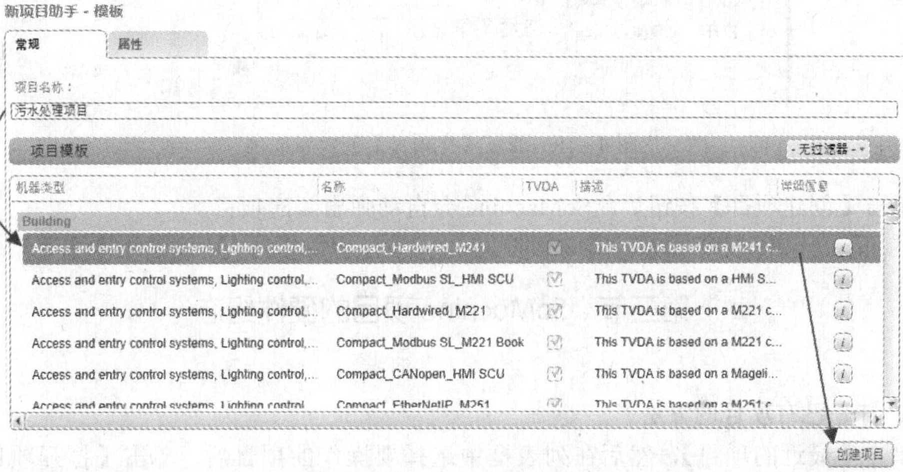

图 4-8　通过【基于模板】创建新项目

创建完成后的新项目如图 4-9 所示。

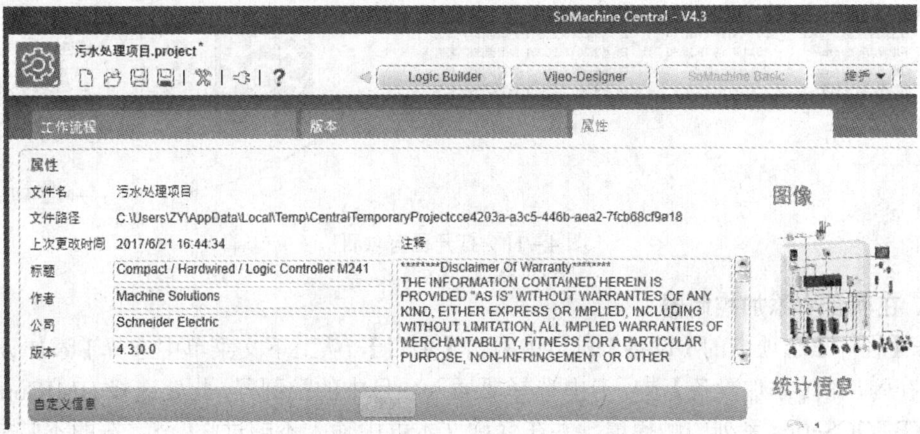

图 4-9　新创建的 TVDA 架构的项目

4. 通过【空项目】创建新项目

采用空项目启动的方法创建项目时，单击【空项目】→【新建空白项目】，在【常规】选项卡中的【项目名称】的输入栏中输入要创建的项目名称，然后再单击【属性】选项卡填写文件信息和作者信息。最后单击【创建项目】按钮，如图 4－10 所示。

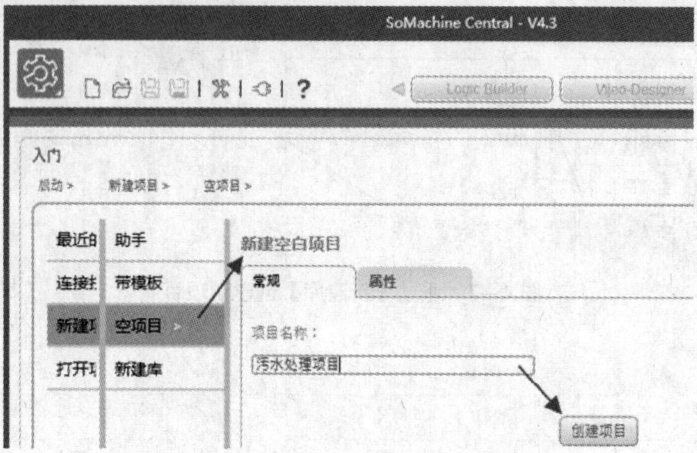

图 4－10　通过【空项目】创建新项目

单击【创建项目】按钮后，SoMachine 会自动弹出新建项目。

第三节　SoMachine 项目的硬件组态

1. 打开已有项目的方法

单击【最近的项目】，然后在列表框中选择要操作的项目后，单击【打开项目】，如图 4－11 所示。

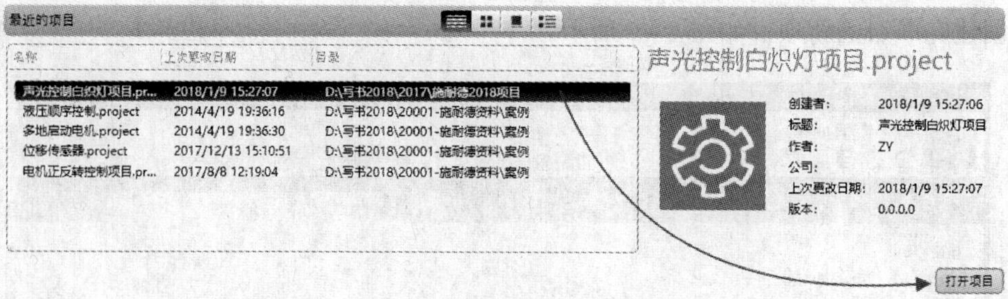

图 4－11　打开已有项目

2. 在项目中添加控制器

在【程序】选项卡的【设备】窗口中右击【项目】，从上下文菜单中选择【添加设备...】命令，在弹出的【添加设备】选项卡中选择要插入项目中的控制器，此处选择 HMIController 下的 XBTGCSeries 系列的触摸屏，并在名称文本框中输入不超过 32 个字符的不带任何空格的名称，这里输入的是 XBTGC1100，【添加设备】的过程如图 4－12 所示。

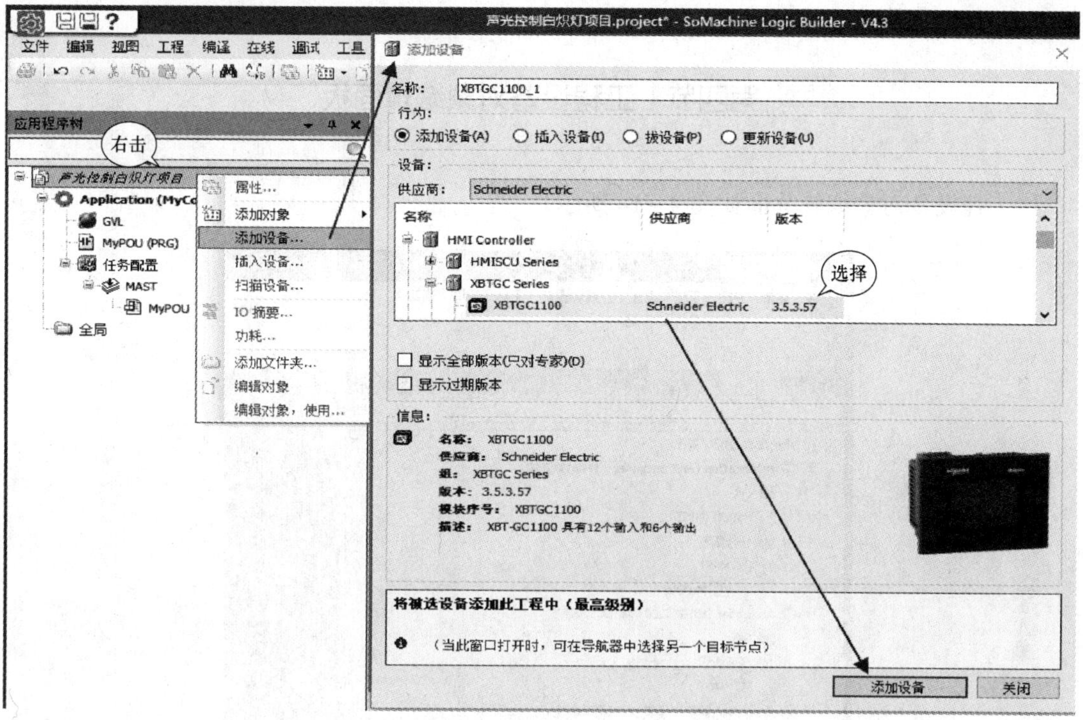

图 4-12　添加设备的过程

单击【添加设备】按钮之后，所选择的 HMI 设备便会添加到项目当中了，并作为新节点显示在【配置】选项卡中的图形编辑器里，单击这个新添加的 HMI 设备时，在【配置】选项卡右侧的【信息】窗口中会显示这个 HMI 设备的名称、供应商、版本、序列号和说明等信息。

在添加完设备后，【添加设备】对话框将仍然保持打开状态，可以继续为自己的项目添加需要的控制器，添加完毕后单击【关闭】按钮返回程序选项卡即可。

3. 保存项目

保存项目时，在用户界面主菜单上单击主菜单上的⚙图标，然后单击菜单中的💾图标对项目进行保存，如图 4-13 所示。

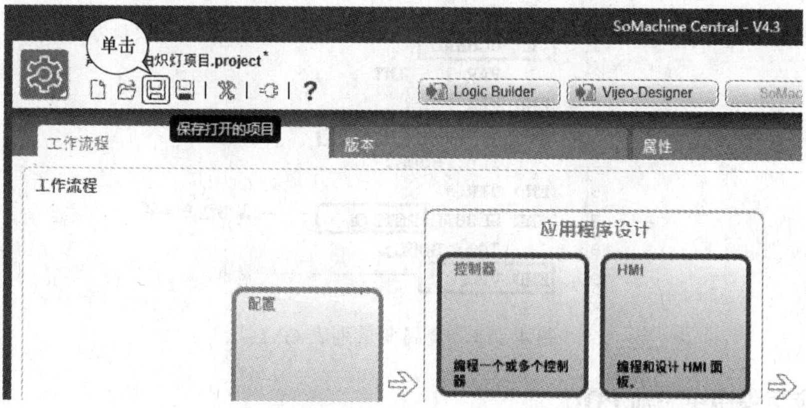

图 4-13　保存项目

第四节 工程设备对象编辑面板

工程设备对象编辑界面如图 4－14 所示。

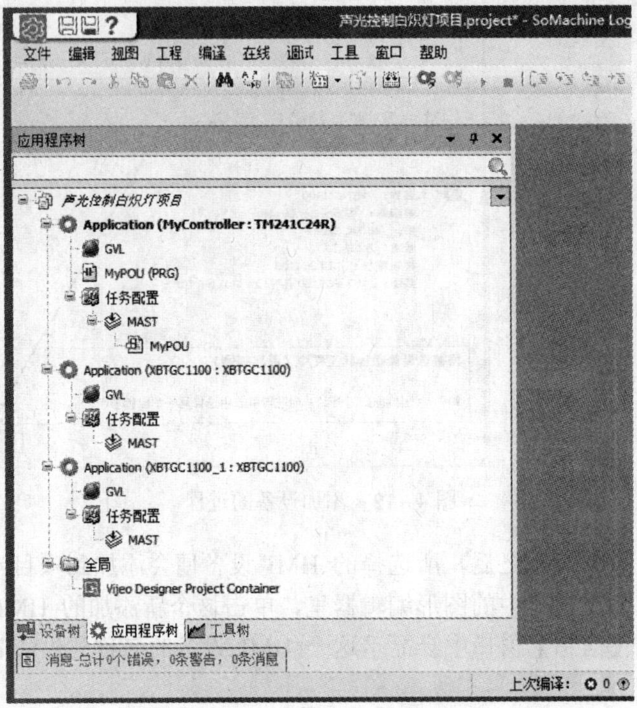

图 4－14　工程设备对象编辑界面

1. 全局变量列表 GVL

SoMachine 编程软件的全局变量可以作用于整个程序当中，可以通过双击【设备】面板中的【G·VL】打开程序中的全局变量列表，全局变量以 VAR GLOBAL 开始，以 END VAR 结束，CONSTANT 是常量关键字，而 RETAIN 是保持型关键字，如图 4－15 所示。

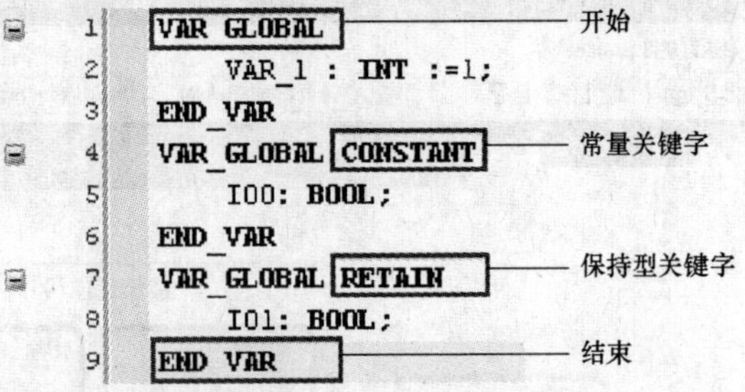

图 4－15　全局变量列表 GVL

2. 在应用程序中添加 POU

在【程序】选项卡右侧的【设备】视图中，右击控制器的应用程序【Application】节点，然后选择【添加对象】→【POU...】，在弹出的【添加 POU】对话框中的【名称】中添加这个 POU 的名称，名称中不能包含任何空格字符，这里输入的是 POU1，如图 4-16 所示。

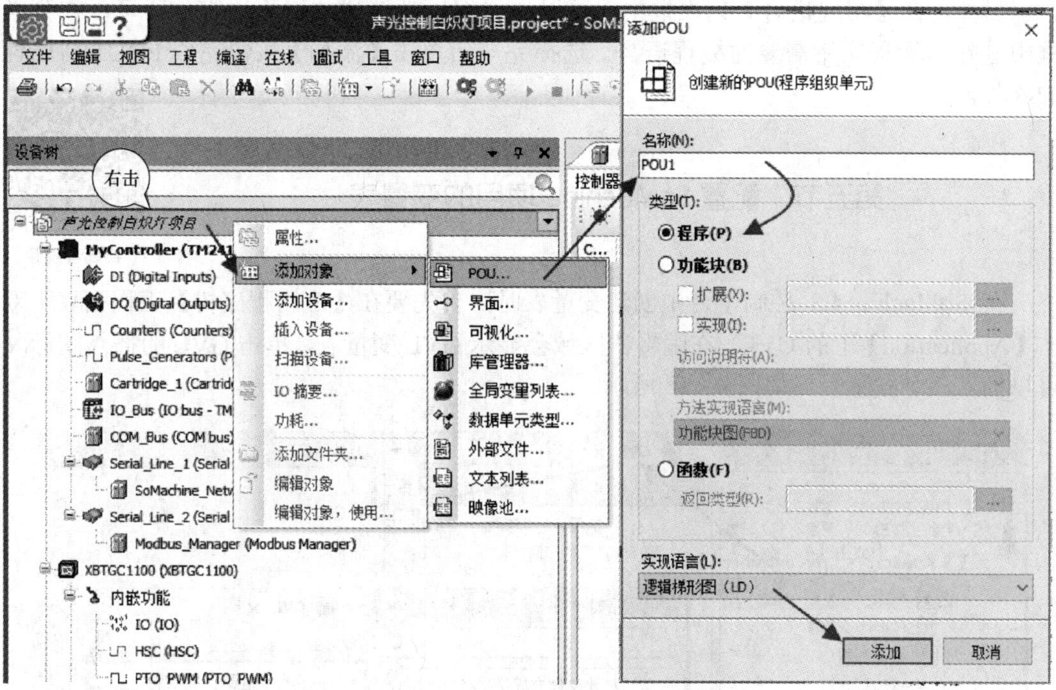

图 4-16 添加 POU

可以在【应用程序树】中为新增加的 POU1 的动作、属性和转移进行功能的添加，操作，方法是单击 POU1 的，然后选择要操作的选项，这里选择【属性...】，如图 4-17 所示。

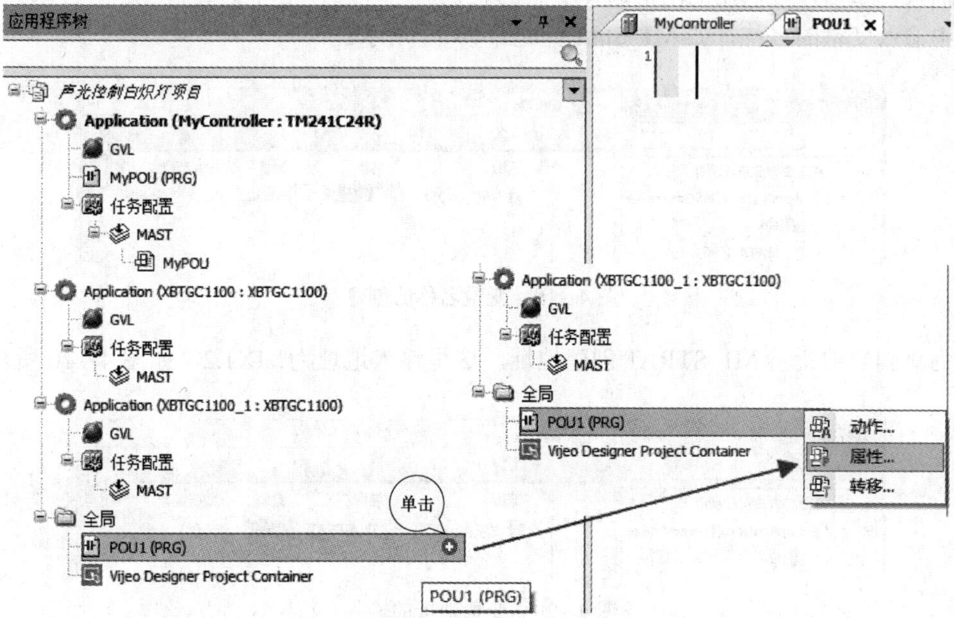

图 4-17 为 POU1 添加属性

在随后弹出的【属性】对话框中可以选择编程的语言、新建属性的名称、访问说明符和返回类型。

另外，在【实现语言】列表框中，可以选择编辑功能块的编程语言。还可以在列表框中选择编辑程序所需要的编程语言。选择完毕后单击【添加】按钮完成 POU1 新属性的添加。

扫码看视频

第五节 配置 SoMachine 项目的变量表

在 SoMachine4.3 控制平台中创建变量表时，首先要在【应用程序树】工程列表下双击【Application】下的 GVL，在编辑器区域会显示 GVL 变量表，单击 GVL 的插入图标可以插入一个变量行，如图 4-18 所示。

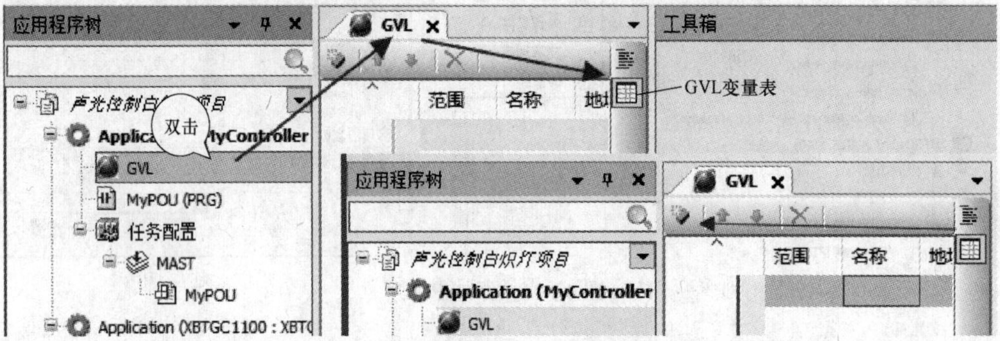

图 4-18　插入变量行

插入变量后，可以在范围下选择变量的属性，这里选择全球变量，然后在名称下的输入框中输入变量的名称，如 M1_Start，如图 4-19 所示。

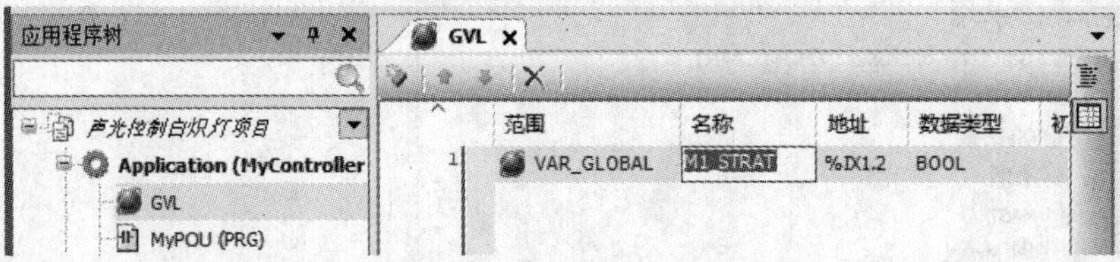

图 4-19　变量名称的创建

为新创建的变量 M1_STRAT 创建地址，这里输入地址为%IX1.2，如图 4-20 所示。

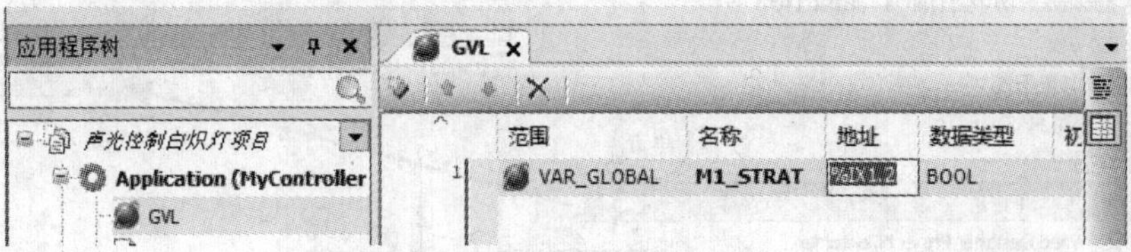

图 4-20　变量地址的输入

在【注释】栏中，可以输入变量的注释，如图 4－21 所示。

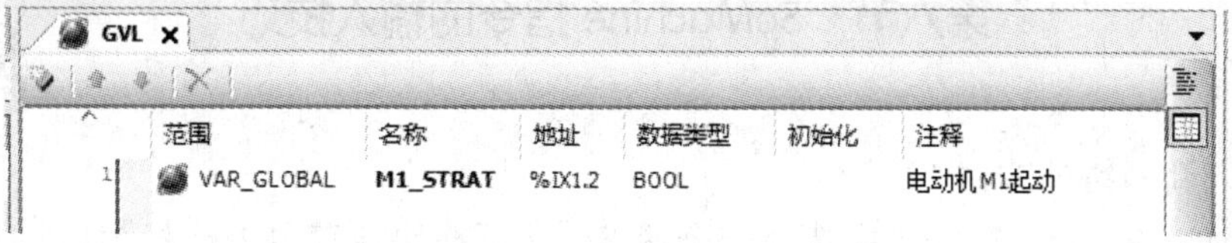

图 4－21　输入变量的注释

可以使用图标来插入下一个变量编辑行，进行一个新的变量的编辑，单击图标或图标可以移动到要编辑的那个变量行，单击图标可以删除一个变量编辑行，在变量表中的【数据类型】中，可以选择变量的数据类型，GVL 变量表如图 4－22 所示。

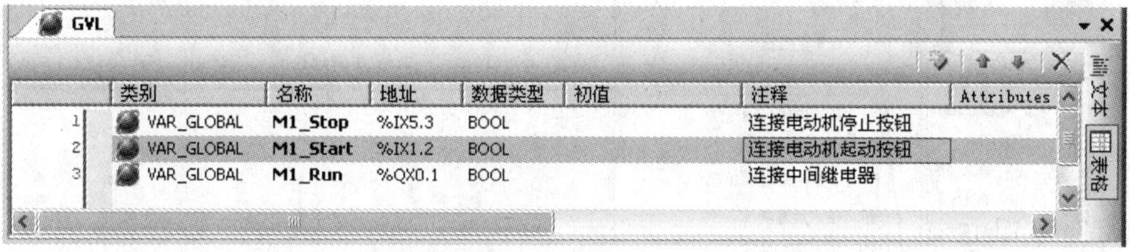

图 4－22　GVL 变量表

使用复制和粘贴进行新变量的修改是创建新变量的快捷方法，首先使用鼠标右击要复制的变量，这里选择 M1_Start，然后在子选项中单击【复制】，将鼠标移动到 GVL 变量表的空白处再右击，选择【粘贴】，此时，需要修改粘贴后的这个新变量的名称（修改为 M2_Start），然后再修改地址和变量的数据类型及变量的注释，过程如图 4－23 所示。

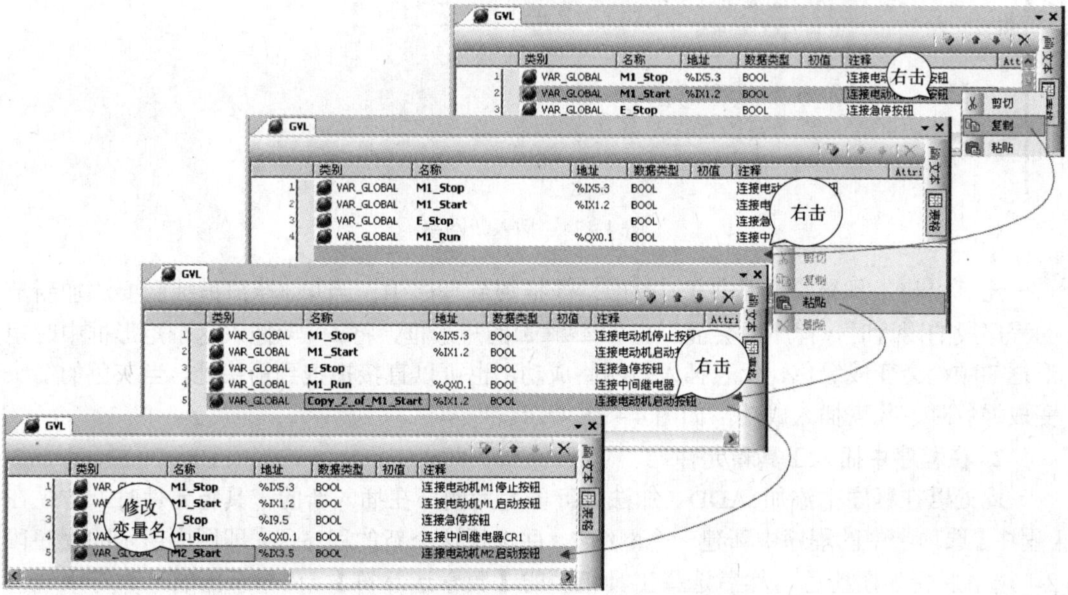

图 4－23　通过复制粘贴创建新变量

变量表编辑完成后，单击图标保存即可。

第六节 SoMachine 指令的输入技巧

扫码看视频

1. 插入新网络的方法

在 SoMachine 中，在程序中选择一个网络，然后在快捷菜单上选择图标，即可在所选节上面插入新网络，或选择图标，在所选节的下方添加新网络。也可以在程序中选择要添加新网络的程序段，选中后会变成淡粉色，然后右击这个淡粉色的程序框，在弹出来的子选项中选择【插入网络】，如图 4-24 所示。

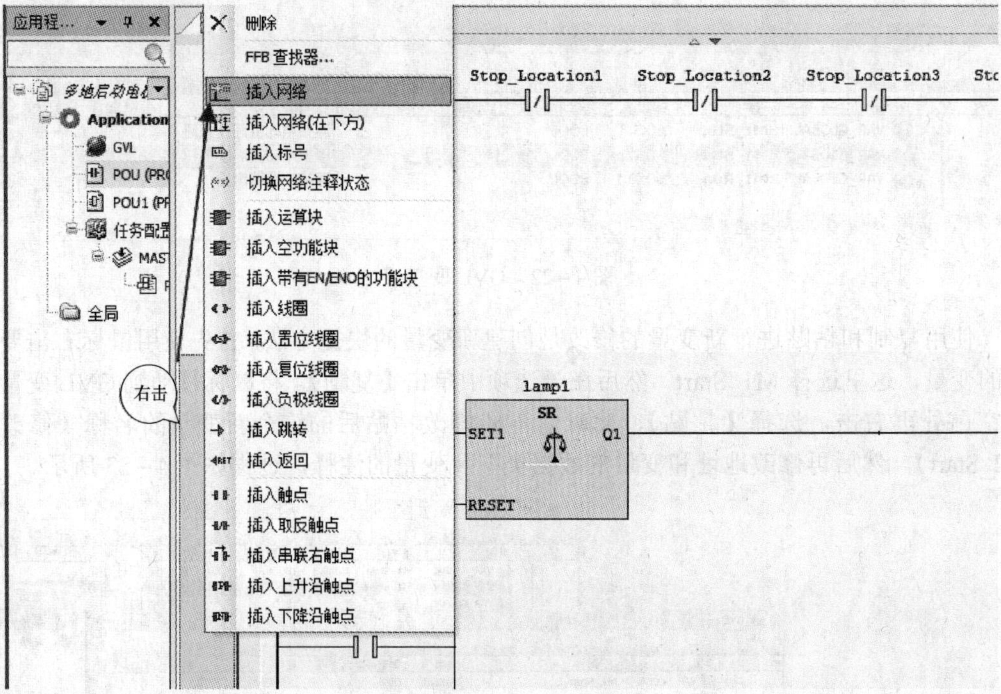

图 4-24 插入新网络

还可以将工具箱里【常规】中的网络拖拽到程序中，当网络被拖拽到要添加新节的程序段的附近时，程序中会显示出从这里开始的矩形框，将网络拖入这个矩形框中时矩形框的颜色会变成绿色，代表插入新网络成功，也可以直接拖拽到箭头处，当灰色的箭头变成绿色时，代表插入成功，如图 4-25 所示。

2. 在程序中插入工具箱元件

此处以在程序中添加 ADD（加法运行器）为例，在插入新的工具箱元件时，首先在【程序】选项卡中的程序中新建一个网络 2，并选择这个新的程序段，即图中所示的程序段 2，选中后变为淡粉色，然后选择工具箱中的【数学运算符】，在显示出的运算符中选择【ADD】，可以选择 2 点输入的或 3 点输入，选中后拖拽到程序段 2 中显示的从这里开始矩形框里即可，如图 4-26 所示。

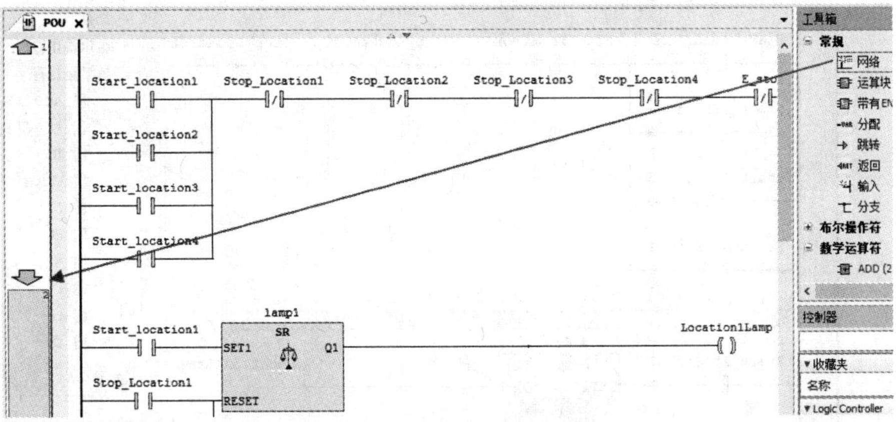

图 4－25　从工具箱中插入新网络

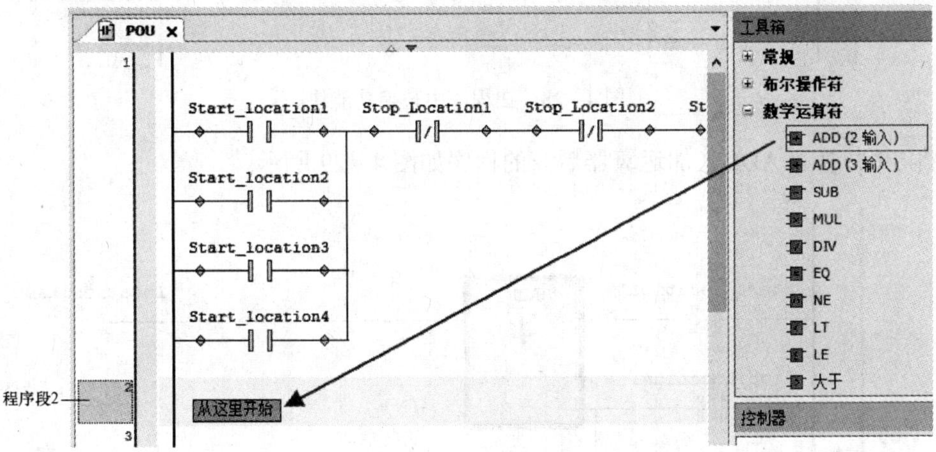

图 4－26　插入工具箱元件

添加后加法运行器就插入新的网络中了，如图 4－27 所示。读者可以单击【???】来添加变量或常量。

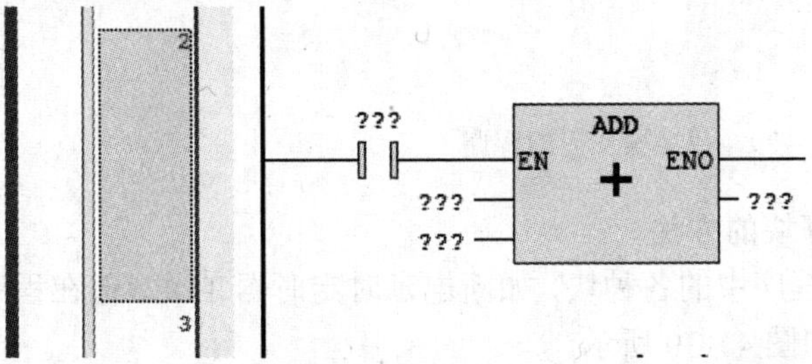

图 4－27　添加到新网络中的 ADD 加法运行器图示

3. 在程序中替换功能块

替换程序中现有的功能块时，将工具箱中的相应元件选中，并拖拽到要替换的程序中的块上的替换矩形框中即可，如图 4－28 所示。拖拽元件时，所有可以被替换的块都会显示出替换的矩形框，要将新的元件拖拽到需要替换的地方。

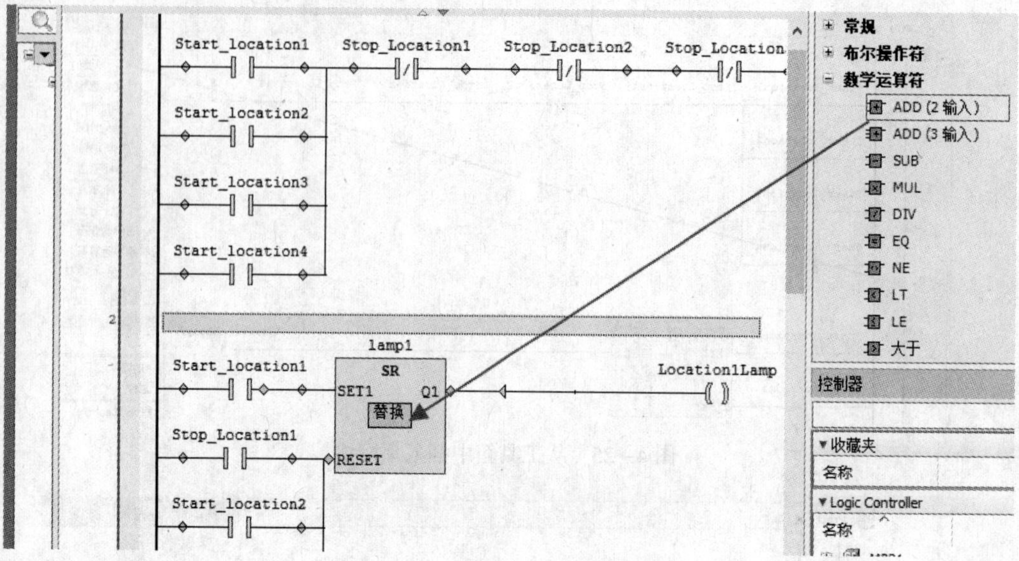

图 4-28　在程序中替换功能块

将 SR 替换为 ADD（加运算器后）的程序如图 4-29 所示。

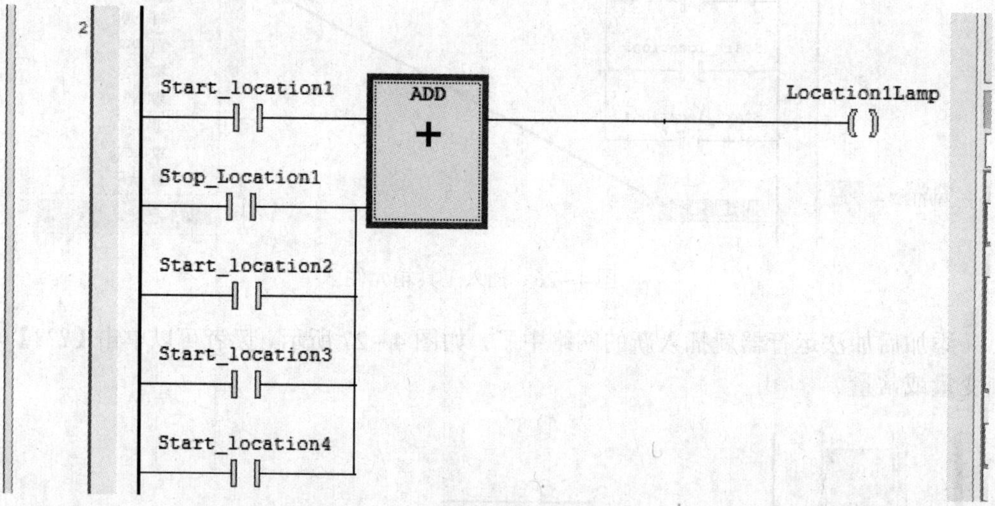

图 4-29　替换操作后的程序

4. 插入带有 EN 和 ENO 的运算块的方法

在 SoMachine 编程时可以插入程序中的各种块，如断电延时定时器 TOF。但在程序中的 TOF 没有 EN 和 ENO 的端子，如图 4-30 所示。

添加带有 EN 和 ENO 端子的程序块的方法是首先选择要添加的那个空的节，然后在工具箱中选中【梯形图元素】子项，在显示的梯形图元素中选中 MOVE 元件后拖拽到空的程序段 2 中，如图 4-31 所示。

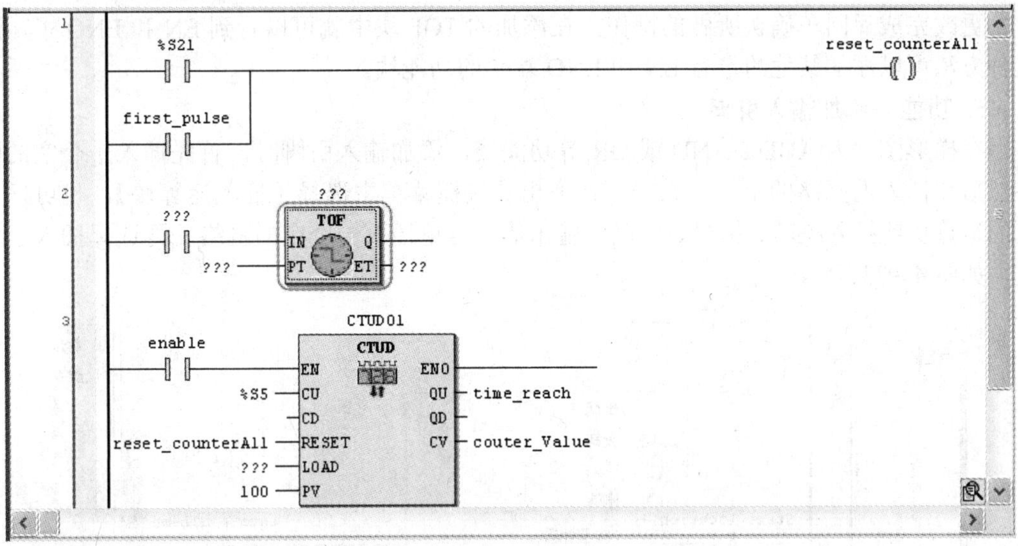

图 4-30　插入带有 EN 和 ENO 的运算块

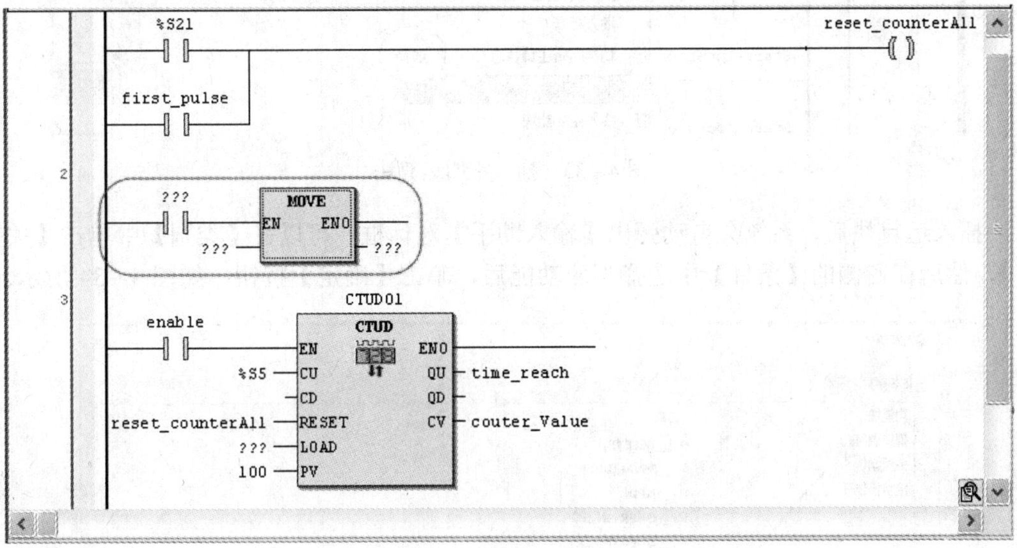

图 4-31　添加 MOVE 指令

在 MOVE 块中单击块中的字符 MOVE 后，可以输入要添加的块的名称，这里改为 TOF，如图 4-32 所示。

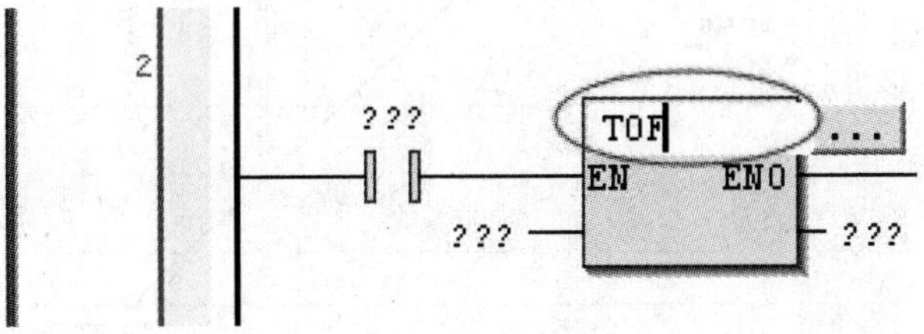

图 4-32　更改 MOVE 指令为 TOF 指令

更改完成后回车确认所做的操作，在添加的 TOF 块中就可以看到 EN 和 ENO 了，用这种方法可以添加其他的带有 EN 和 ENO 端子的功能块。

5. 功能块添加输入引脚

在梯形图中为 ADD、AND 或 OR 等功能块，添加输入引脚时，首先插入一个空的网络然后在插入的网络的空白处右击，在弹出的快捷菜单中选择【插入运算块】，也可插入空的运算块或插入跳转、标号、返回、输出等，这里插入一个空的网络后再选择插入运算块，如图 4－33 所示。

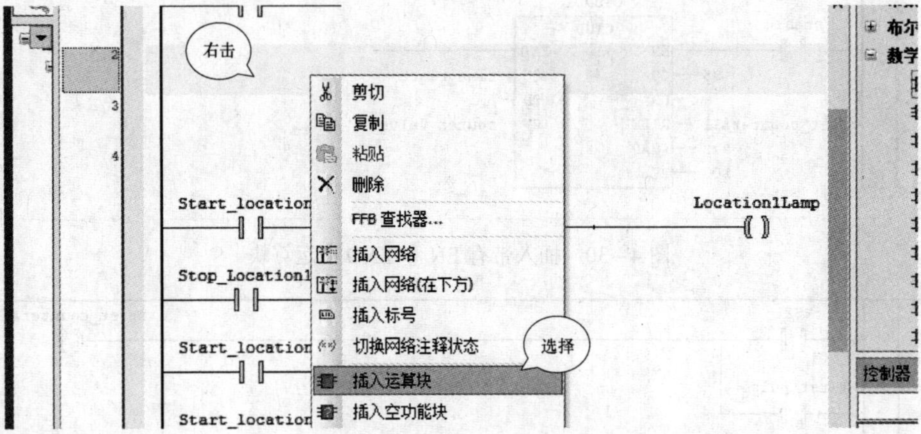

图 4－33　插入空的运算块

插入运算块后，系统会自动弹出【输入助手】对话框，可以在【类别】中单击【关键字】，然后在右侧的【条目】中选择相应功能后，单击【确定】按钮，如图 4－34 所示。

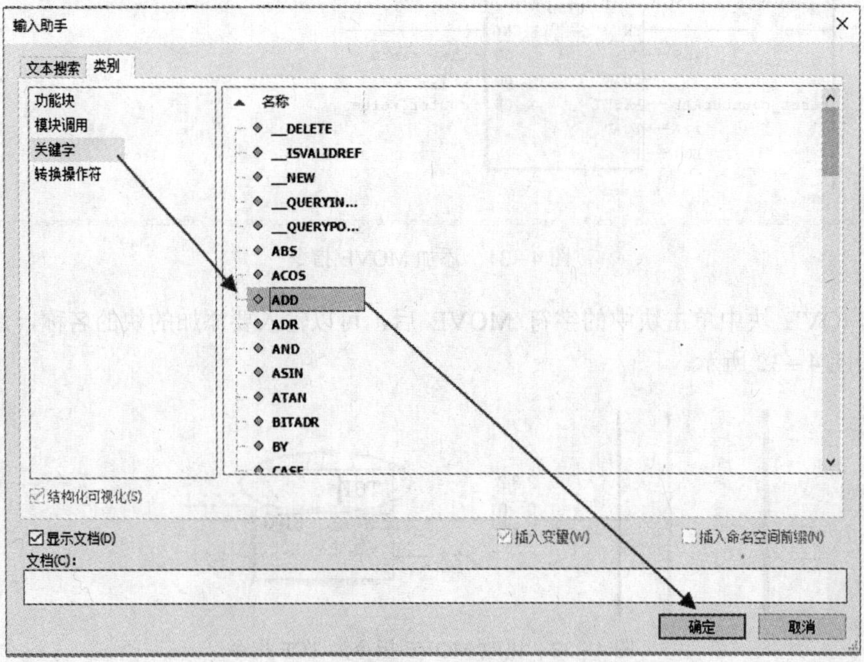

图 4－34　在【输入助手】对话框选择相应功能

在确定了插入的功能块为 ADD 后，程序中将出现 ADD 加运算块，可以看到，这个 ADD 加运算块的输入引脚有两个，如图 4-35 所示。

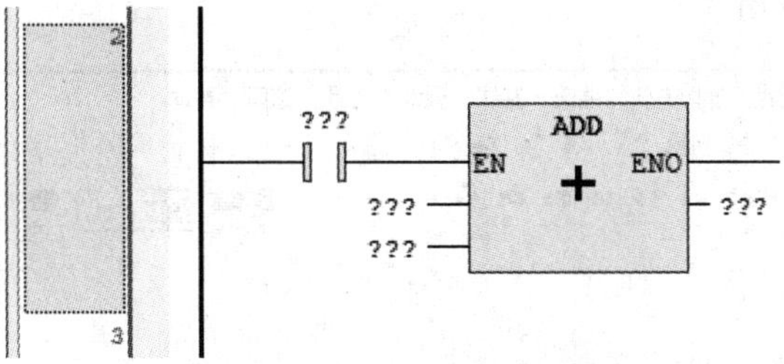

图 4-35　使用空的运算块添加的加法运算器

也就是说，可以对两个引脚连接的变量或数值进行加法的运算，但如果要进行加法的变量或数值多于 2 个时，就需要对这个 ADD 加运算块进行增加引脚的操作了。

对运算块的引脚进行增加操作时，要在 POU 中单击 ADD 功能块，然后选择工具箱中的扩展输入（输入图标），按住鼠标左键，向要添加的 ADD 功能块中间拖动，直到出现绿色的【附加输入】后，松开鼠标左键，操作流程如图 4-36 所示。

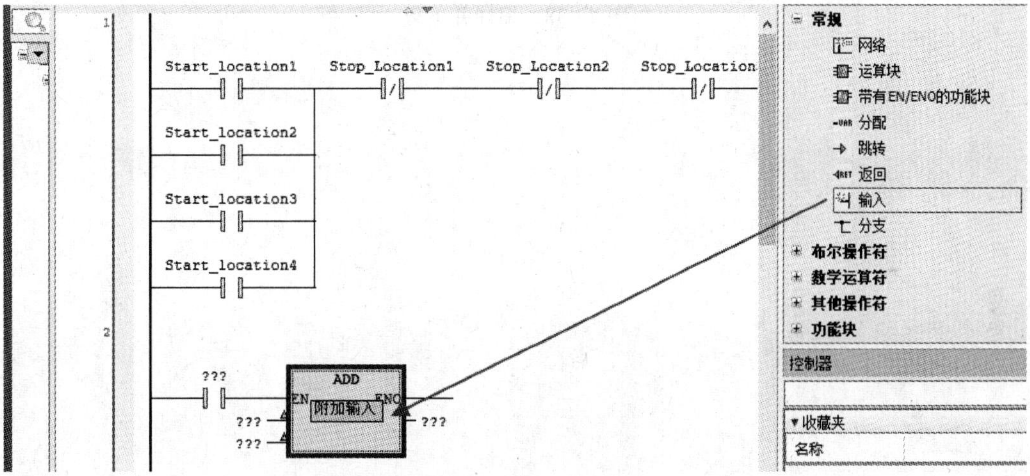

图 4-36　增加引脚

此时，ADD 功能块就会出现第三个输入引脚，如图 4-37 所示。

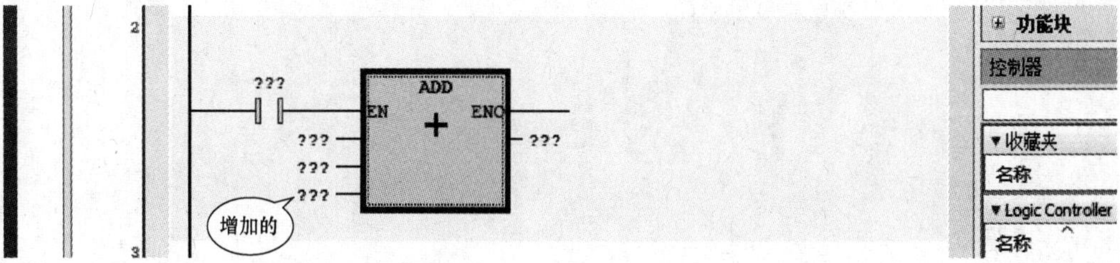

图 4-37　引脚增加完成

6. 编译并下载

单击【编译】图标，在没有错误后，再单击【登录到】图标或按 Alt+F8 进行下载的操作，如图 4－38 所示。

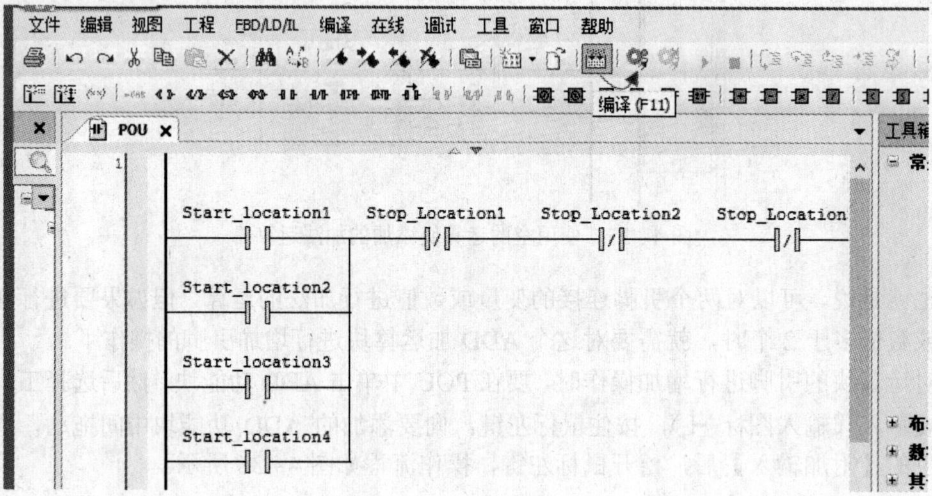

图 4－38　编译并下载

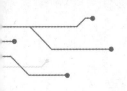

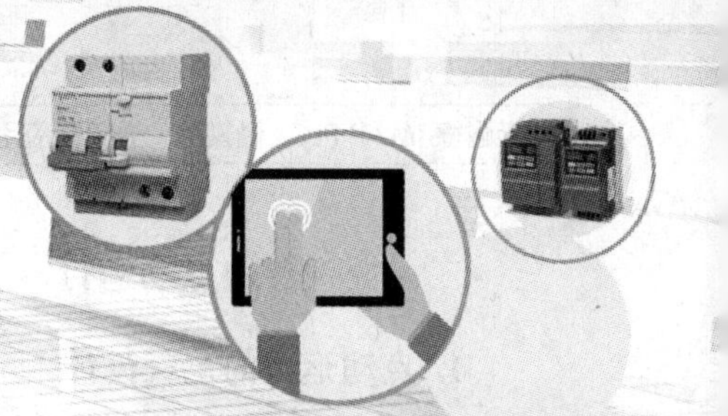

第五章

变频电动机及伺服电动机的控制

扫码看视频

电动机是一种能把电能转换成机械能的设备，一般分为直流电动机和交流电动机，本书将以在工程应用中使用最多的交流电动机为主来说明电动机的控制和调速。

交流电动机可以是同步电动机，也可以是异步电动机，而电动机常用的起动有全压直接起动、自耦减压起动、星一三角起动、软起动器和变频器这些方式。

第一节 变频电动机控制系统的电气设计与控制

本节介绍施耐德 ATV9x0 系列变频器常用的 6 个控制方式和与 PLC 的通信，此外，还将介绍变频器的频率设定功能、运行控制功能、电动机方式控制功能、PID 功能、通信功能和保护及显示等功能。

一、施耐德 ATV9x0 系列变频器的常规操作

施耐德 ATV9x0 系列变频器既可以采用两线制，也可以采用三线制进行控制。

两线制是指由输入点的上升沿（0→1）起动变频器，下降沿（1→0）停止变频器（出厂设置）或输入点接通（状态 1）起动变频器，断开（状态 0）停止变频器。其中 DI1 在两线制下固定为正转，不能修改。两线制接线如图 5－1 所示。

三线制是指停止输入信号接通（状态 1）时，方能使用正转或反转脉冲起动变频器。使用停机脉冲控制停车。其中 DI1 固定为停止，DI2 固定为正转。三线制接线如图 5－2 所示。

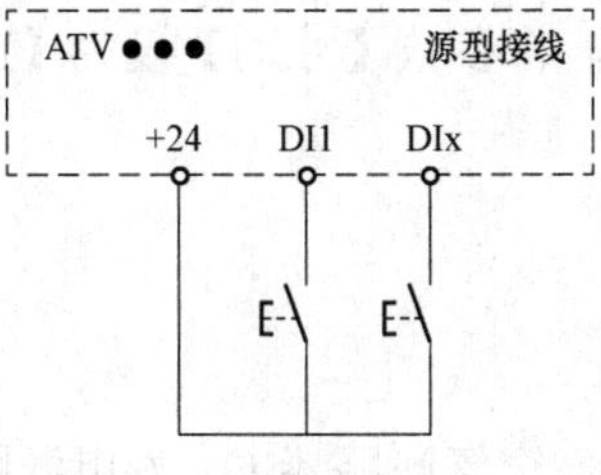

图 5－1　两线制接线

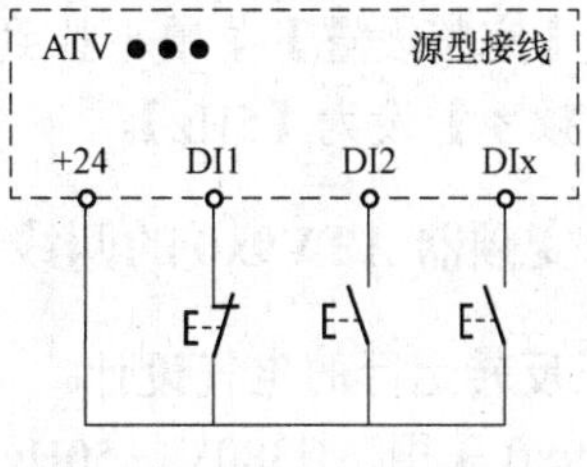

图 5－2　三线制接线

二、变频器地点动运行

1. 点动运行的电气设计

ATV9x0 系列变频器采用 AC380V、50Hz 三相四线制电源供电，空气断路器 Q1 为电源隔离短路保护开关，中间继电器 CR1 的常开触点控制变频器的正转运行，接触器 KM1 的主触头控制电动机变频器输入侧的电源通断，切换设置为 SRC（源型）位置，将使用输入电源给逻辑输入供电，二线制时变频器点动运行的电气设计如图 5-3 所示。

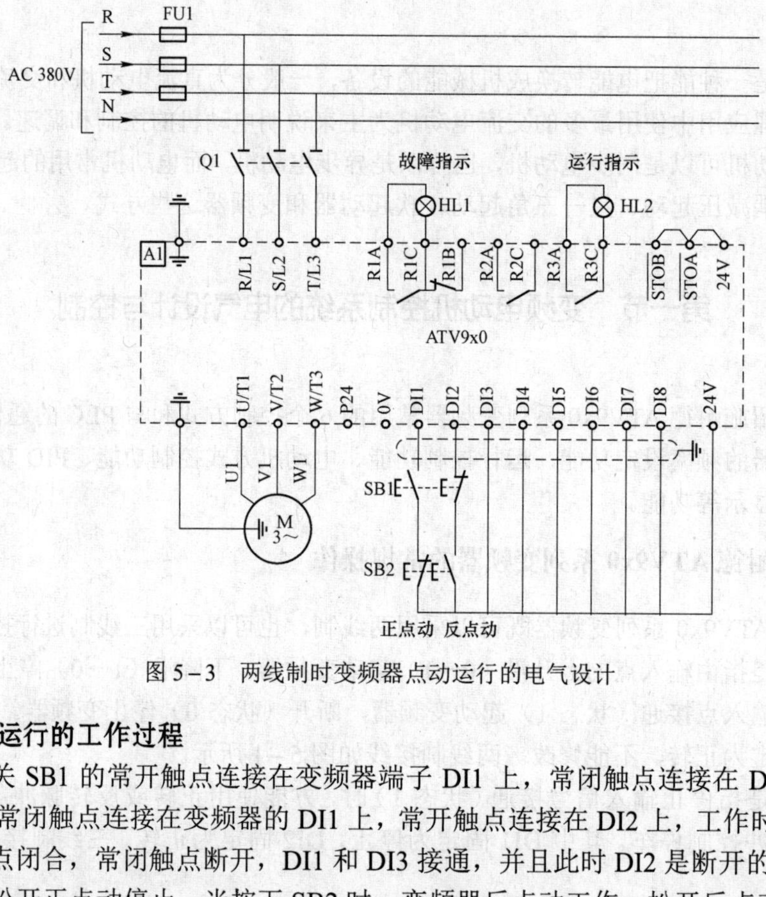

图 5-3　两线制时变频器点动运行的电气设计

2. 点动运行的工作过程

按钮开关 SB1 的常开触点连接在变频器端子 DI1 上，常闭触点连接在 DI2 上，按钮开关 SB2 的常闭触点连接在变频器的 DI1 上，常开触点连接在 DI2 上，工作时，按下 SB1 时，常开触点闭合，常闭触点断开，DI1 和 DI3 接通，并且此时 DI2 是断开的，变频器正点动工作，松开正点动停止，当按下 SB2 时，变频器反点动工作，松开反点动停止。

3. 参数设置

要在【完整设置】菜单下找到【通用功能】子菜单，将参数【寸动】设为【DI3】，再把【寸动频率】设为【5Hz】。

三、变频器 ATV9x0 的两线制正反转运行

1. 正反转运行的电气设计

ATV9x0 采用 AC380V、50Hz 三相四线制电源供电，空气断路器 Q1 为电源隔离短路保护开关，切换设置为 SRC（源型）位置，将使用输入电源给逻辑输入供电，正反转运行的电气设计如图 5-4 所示。

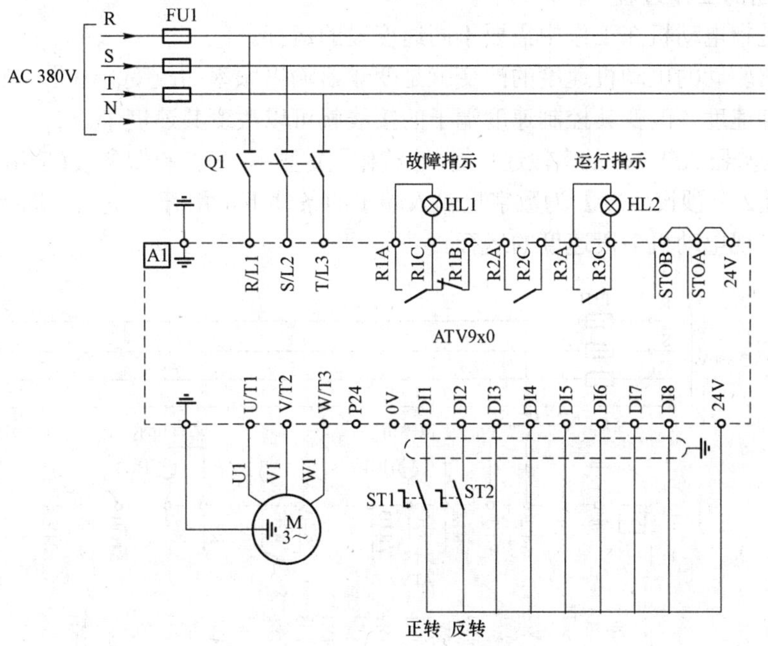

图 5－4　ATV9x0 正反转运行的电气设计

2. 正反转运行的工作过程

选择开关 ST1 连接在变频器端子 DI1 上，ST2 连接在变频器的 DI2 上，工作时，将选择开关 ST1 拨到接通位置，变频器正转工作，拨到断开位置正转停止，将选择开关 ST2 拨到接通位置，变频器反转工作，拨到断开位置反转停止。

3. 参数设置

ATV9x0 系列变频器的出厂设置为两线控制，DI1 是正转，DI2 是反转，故这里不需要设置，仅需设置电动机的铭牌参数，然后做自整定就可以了。

四、多段速正反转运行

1. 多段速正反转运行的电气设计

本实例实现的是 ATV320 系列变频器控制电动机进行三段速的频率运转。其中，DI1 端口设为电动机起停控制，DI4 和 DI5 端口设为三段速频率输入选择，三段速度设置如下。

（1）第一段：输出频率为 10Hz，电动机转速为 560r/min。

（2）第二段：输出频率为 30Hz，电动机转速为 1680r/min。

（3）第三段：输出频率为 50Hz，电动机转速为 2800r/min。

ATV9x0 系列变频器采用 AC380V、50Hz 三相四线制电源供电，空气断路器 Q1 为电源隔离短路保护开关，切换设置为 SRC（源型）位置，将使用输入电源给逻辑输入供电。多段速正反转运行的电气设计如图 5－5 所示。

图 5－5 中，电位计 R1 是典型的接触式绝对型角传感器，有一个在电阻膜（包含碳电阻膜、导电塑料薄膜、金属电阻膜、导电陶瓷膜等）上的滑动触点，由外部作用，使接触点位置改变从而改变电阻膜上下电阻的比率，实现输出端电压随外部位置变化。

2. 多段速的工作过程

多段速是指电动机在工作中需要不同速度段的运行。

由变频器驱动的电动机速度的改变就是变频器输出频率的改变。因此，在变频器内部可以设定多种速度，改变其控制速度端子的接线就可以改变其速度了。

施耐德变频器 ATV9x0 的多段速功能，也称作固定频率，就是设置参数【应用功能】→【预制速度】→【2 个预设速度】为数字量输入端子的条件下，用开关量端子选择固定频率的组合，从而实现电动机多段速度的运行。

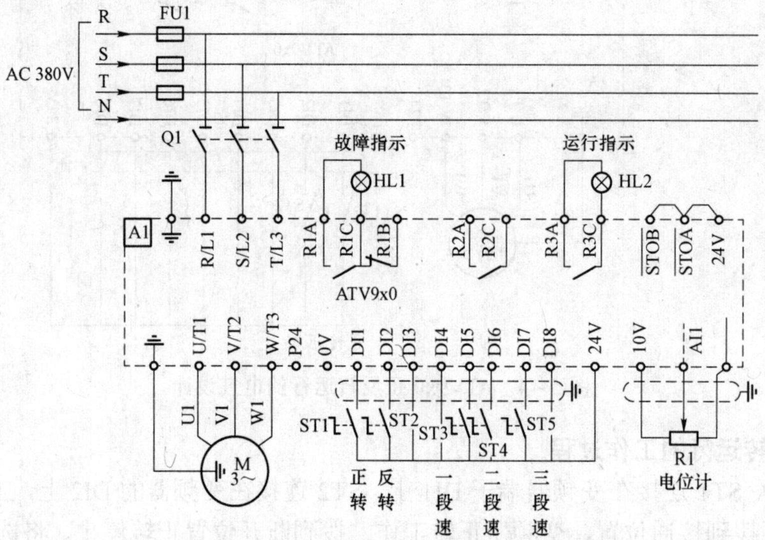

图 5-5　多段速正反转运行的电气设计

选择开关 ST1 连接在变频器端子 DI1 上，当 ST1 置于接通位置时，变频器正转运行；ST2 连接在变频器的 DI2 上，当 ST2 置于接通位置时，变频器反转运行；ST3、ST4、ST5 分别连接在端子 DI5、DI6 和 DI7 上，分别代表一段速、二段速和三段速，电位计 R1 连接在 0～10V 端子上，用来调节变频器的运行速度。

3. 参数设置

回到出厂设置参数是初次调试中推荐使用的重要步骤，具体操作是在设置用户参数之前，将变频器的参数设置回到出厂设置，这样可以保证用户所做的参数设置是从出厂设置开始的，避免因参数与出厂设置不同而导致出现变频器运行与预期不符的问题。

可以使用变频器本体上的操作面板回到出厂设置，具体操作为：【文件管理】→【参数组列表】，然后选择【全部】，如图 5-6 所示，再在【回到出厂】子菜单下选择【回到出厂设置】，确认【是】。

通过端子切换变频器 ATV9x0 运行频率的功能称作预置速度功能，方法如下。

（1）【完整菜单】→【通用功能】→【预置速度】→【2 个预置速度】，设置为【DI5】，即 DI5 用于切换第一个速度频率。

（2）在参数 PS4【4 个预置速度】选择端子排输入 DI6，在 PS8【8 个预置速度】选择端子排输入 DI7。

[参数组列表] FrY - 菜单

访问

[文件管理] → [出厂设置] → [参数组列表]

关于本菜单

选择要加载的菜单。

注意：在出厂配置且恢复为“出厂设置”后，将清空 [参数组列表] FrY。

[全部] ALL

所有菜单中的所有参数。

[变频器配置] drM

加载 [完整设置] CSt - 菜单。

[电机参数] Mot

加载 [电机参数] MPA - 菜单。

图 5-6 【参数组列表】菜单

（3）设置完成后在 SP2【预置速度 2】设置为 10Hz，SP3【预置速度 3】设置为 30Hz，最后还要把 SP5【预置速度 5】设置为 50Hz。

按照上面的方法设置好电动机 M1 的参数后，当只有选择开关 ST1 接通时，电动机 M1 将按照参数中 SP2【预置速度 2】设置的 10Hz 运行；当只有选择开关 ST4 接通时，电动机 M1 将按照参数 SP3【预置速度 3】中设置的 30Hz 运行；当选择开关 ST5 都接通时，电动机将按照参数 SP5【预置速度 5】中设置的 50Hz 运行。

这样就完成了项目要求的参数设置工作。预置速度设置见表 5-1。

表 5-1　　预 置 速 度 设 置

16 个预置速度（PS16）	8 个预置速度（PS8）	4 个预置速度（PS4）	2 个预置速度（PS2）	速度给定值
0	0	0	0	给定值 1
0	0	0	1	SP2
0	0	1	0	SP3
0	0	1	1	SP4
0	1	0	0	SP5
0	1	0	1	SP6
0	1	1	0	SP7
0	1	1	1	SP8
1	0	0	0	SP9
1	0	0	1	SP10
1	0	1	0	SP11
1	0	1	1	SP12
1	1	0	0	SP13
1	1	0	1	SP14
1	1	1	0	SP15
1	1	1	1	SP16

五、三线制正反转速度控制

1. 三线制正反转速度控制的电气设计

ATV9x0 采用 AC380V，50Hz 三相四线制电源供电，空气断路器 Q1 为电源隔离短路保护开关，切换设置为 SRC（源型）位置，将使用输入电源给逻辑输入供电。三线制正反转速度控制的电气设计如图 5-7 所示。

2. 三线制正反转速度控制的工作过程

停止按钮 SB3 连接在变频器端子 DI1 上，正转按钮 SB1 连接在变频器的端子 DI2 上，反转按钮 SB2 连接在变频器的 DI5 上，工作时，按下正转按钮 SB1 或反转按钮 SB2 实现变频器的正反转，按下 SB3 按钮停止变频器。

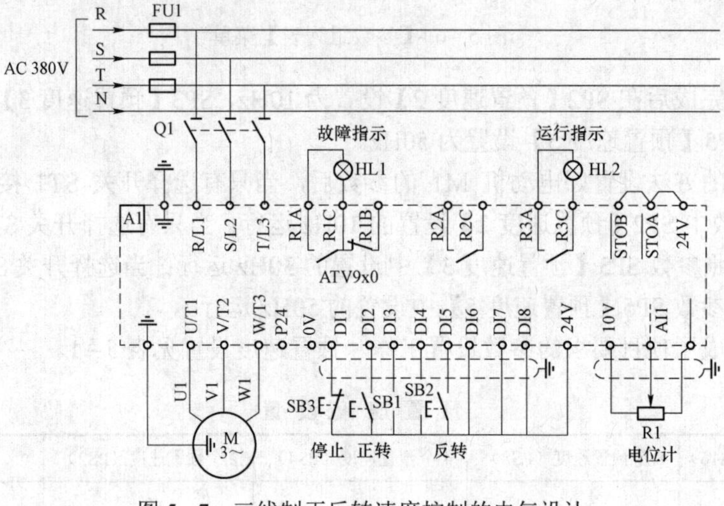

图 5-7　三线制正反转速度控制的电气设计

3. 参数设置

在【完整菜单】→【命令与参考值】中将【反转设置】设置为【DI5】；在【完整菜单】→【输入输出】→【继电器】中设置【R3 分配】设置为【变频器运行】。

六、按钮加减速控制运行的电气设计

1. 按钮加减速控制运行的电气设计

ATV9x0 采用 AC380V、50Hz 三相四线制电源供电，空气断路器 Q1 为电源隔离短路保护开关，切换设置为 SRC（源型）位置，将使用输入电源给逻辑输入供电。按钮加减速控制运行的电气设计如图 5-8 所示。

2. 按钮加减速控制运行的工作过程

选择开关 ST1 连接在变频器端子 DI1 上，加速按钮 QA1 接到变频器 DI4 端子上，减速按钮 QA2 接到变频器的 DI6 端子上，工作时，先将选择开关 ST1 转到运行的位置，然后按住加速按钮 QA1 加速，如果需要减速则按减速按钮 QA2。

3. 参数设置

在【完整菜单】→【命令与参考值】中将参数【给定通道 2】设置为【通过端子的加

减速】,【给定通道切换】设置为【给定通道 2】。在【通用功能】→【+/–速】中设置【加速分配】为【DI4】,【减速分配】为【DI6】;【给定值保存】设置为【存储到 EEPROM】。

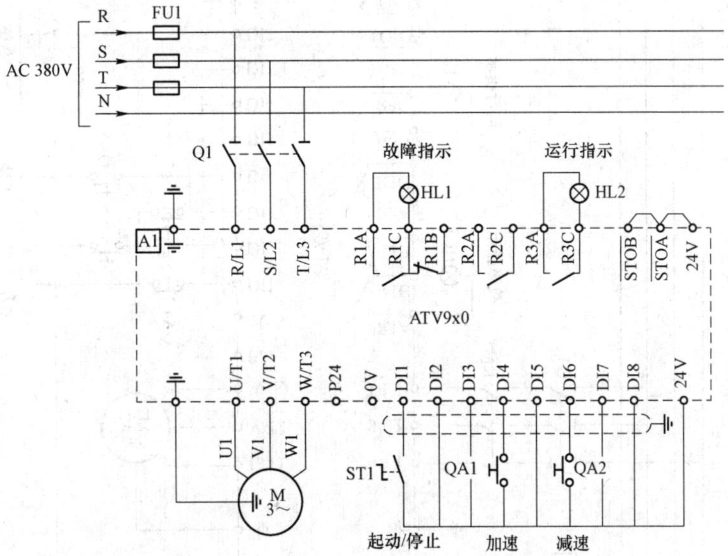

图 5-8 按钮加减速控制运行的电气设计

七、小型起重机手动控制的电气设计

1. 无 PLC 的小型起重机手动控制的电气设计

ATV9x0 采用 AC380V、50Hz 三相四线制电源供电，空气断路器 Q*为电源隔离短路保护开关，切换设置为 SRC（源型）位置，将使用输入电源给逻辑输入供电。无 PLC 的小型起重机手动控制的电气设计如图 5-9 所示。

2. 无 PLC 的小型起重机手动控制的工作过程

首先按下总起停按钮，KM1 接触器得电后，变频器才能上电，在本例中小型电动机采用锥形转子电动机，因此不用采用变频器的制动逻辑参数功能，但是需要在变频器的参数中加大定子压降补偿。

3. 参数设置

在【完整菜单】→【电动机控制】中将【定子电压补偿】设置为【110】,【电动机控制方式】为【5 点压频比】。

在【完整菜单】→【命令与参考值】中将【反转设置】中设置为【DI2】，在【通用功能】中将【点动】设置为 DI3，【点动频率】设置为【8Hz】。

八、主从控制的电气设计

1. 主从控制的电气设计

ATV9x0 采用 AC380V、50Hz 三相四线制电源供电，空气断路器 Q1 为电源隔离短路保护开关，切换设置为 SRC（源型）位置，将使用输入电源给逻辑输入供电，主从机之间采用屏蔽以太网网线进行连接。主从控制的电气设计如图 5-10 所示。

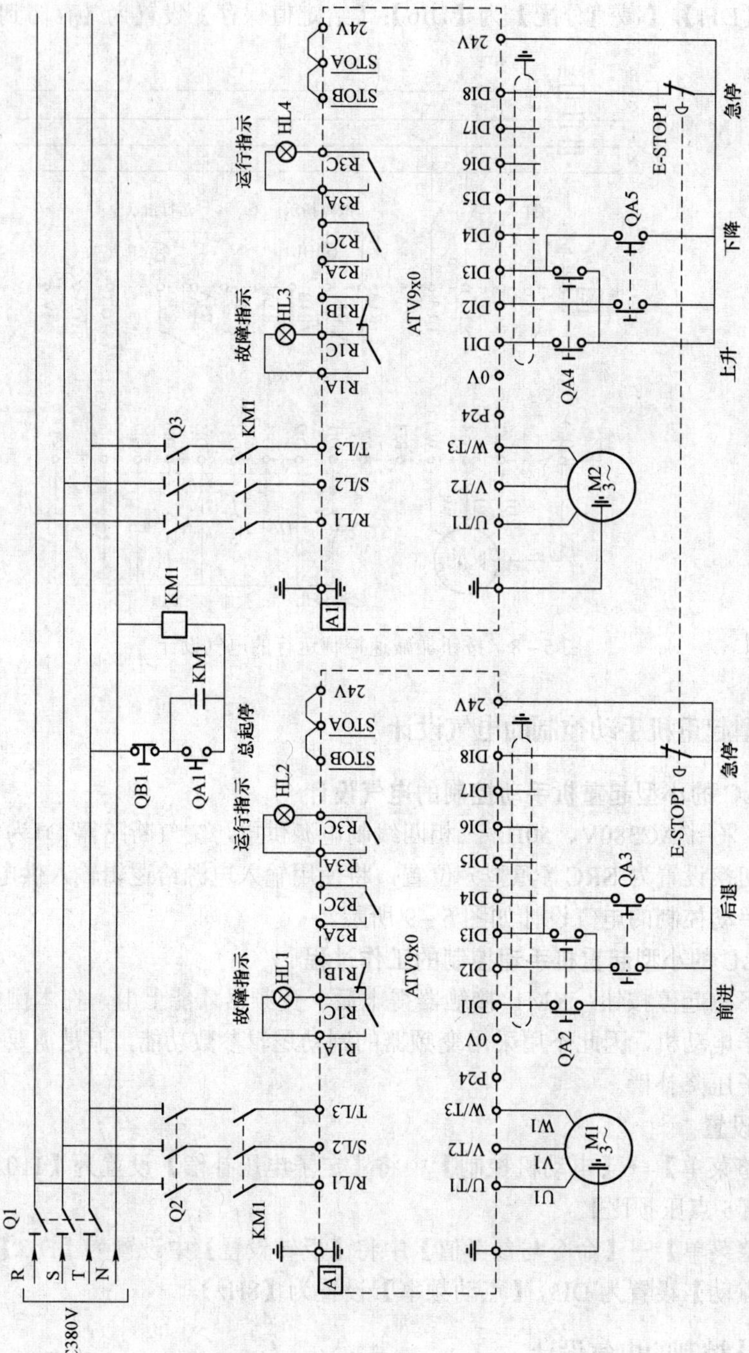

图 5－9　无 PLC 的小型起重机手动控制的电气设计

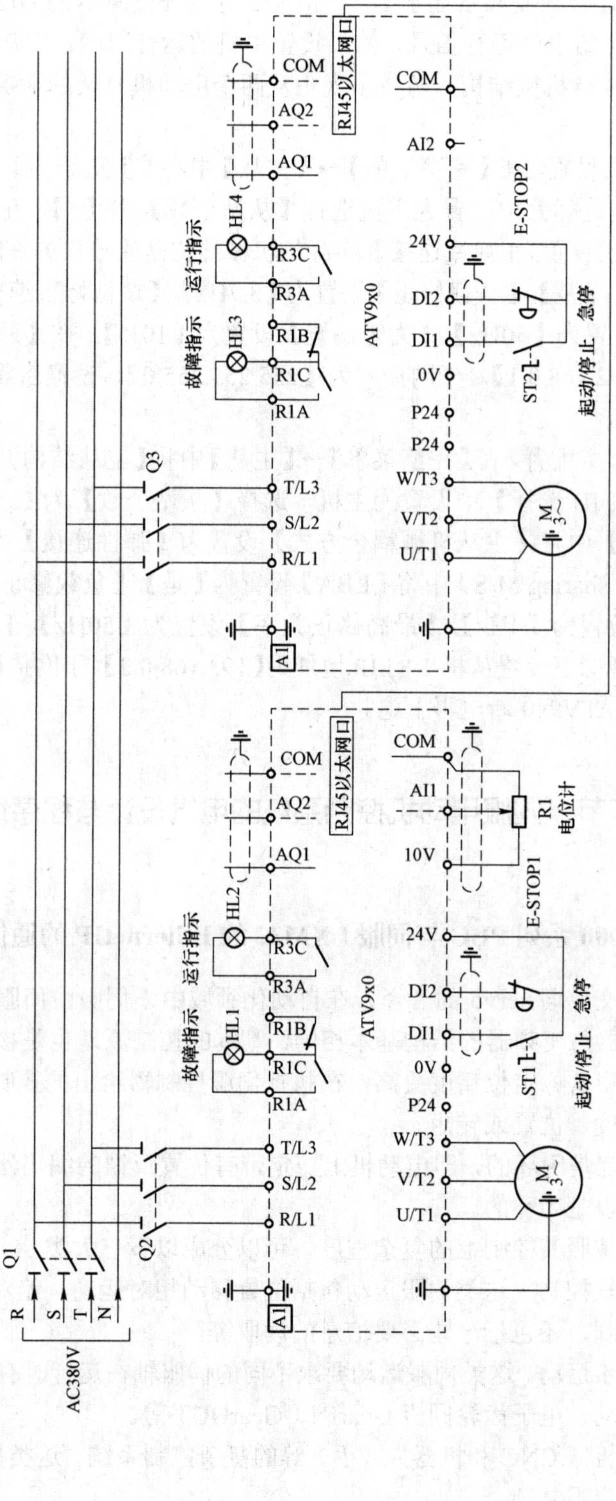

图 5－10　主从控制的电气设计

2. 主从控制的工作过程

选择开关 ST1 连接在变频器端子 DI1 上，ST2 连接在变频器的 DI2 上，工作时，要首先将从站先运行，再给主站运行信号，然后设置主机的运行速度，主从两个变频将会很好地工作，调试时需注意机械结构，防止出现主从两个电动机打架的情况。

3. 参数设置

（1）主机的参数设置。在【完整菜单】→【主从】中将【主从结构】设置为【MultiDrvie link】,【主机或从机选择】中设置为主机选择【从站个数】为【1】。在【主从控制】中将【主从机械耦合方式】设置为【弹性连接】(实际的机械结构是硬连接)；在【Load sharing M/S】中将【LBA】设置为【是】,【负载修正】设置为【3.7Hz】,【最低修正速度】设置为【4Hz】,【最高修正频率】设置为【50Hz】,【力矩偏置】设置为【10%】。在【通信菜单】下设置主机的 IP 地址为【192.168.0.1】，子网掩码为【255.255.255.0】。设置后需将变频器 ATV9x0 断电再上电。

（2）从机 1 的参数配置。在【完整菜单】→【主从】中将【主从结构】设置为【MultiDrvie link】,【主机或从机 ID 选择】中设置为主机，选择【从站个数】为 1。

在【主从控制】中将【主从机械耦合方式】设置为【弹性连接】(实际的机械结构是硬连接)，在【Load sharing M/S】中将【LBA】设置为【是】,【负载修正】设置为【3.7Hz】,【最低修正速度】设置为【4Hz】,【最高修正频率】设置为【50Hz】,【力矩偏置】设置为【10%】。在【通信菜单】下设置从机 1 的 IP 地址为【192.168.0.2】, 子网掩码【255.255.255.0】。设置后需将变频器 ATV9x0 断电再上电。

第二节 伺服电动机控制系统的电气设计与程序编制

一、Rslogix5000 系列 PLC 与伺服 LXM32 的 EthernetIP 的通信控制

伺服来源于英文单词 servo 的音译，在自动化领域中，伺服由伺服驱动器和伺服电动机组成，伺服驱动器与变频器的结构基本相同，基本的控制原理也是接近的，伺服驱动器相比变频器，响应更快、定位精度更高，在执行伺服控制器给出的控制指令时也更稳定。这个指令可以是速度、位置或转矩。

另外，伺服一定是闭环的，即电动机上一定带有位置反馈的编码器等元件，而变频器则可以是开环也可以是闭环的。

伺服控制系统按照其控制上的复杂程度，可以分成以下三大类。

（1）简单的单轴控制。这类伺服运动包括位置移动相对运动、绝对运动、附加运动，速度移动、扭矩控制，还包括一些必要信息的读取等。

（2）多轴的同步运动。这类伺服运动要求不同的伺服轴在运行时有确定要求的同步关系，如电子凸轮运动、电子齿轮同步 GearIN、GearOUT 等。

（3）包括数控机床 CNC 和机器人（手）等的复杂控制系统。这类控制不仅顺序复杂，而且在控制算法上也很复杂。

二、LXM32 EIP 通信控制项目的工艺要求

LXM32 EIP 通信控制项目是使用 AB 的 PLC 通过 EtherNetIP 通信方式控制 LXM32M 伺服+VW3A3616 通信卡，使用施耐德提供的库函数，实现伺服的单轴点到点的绝对位置移动功能，通信架构如图 5－11 所示。

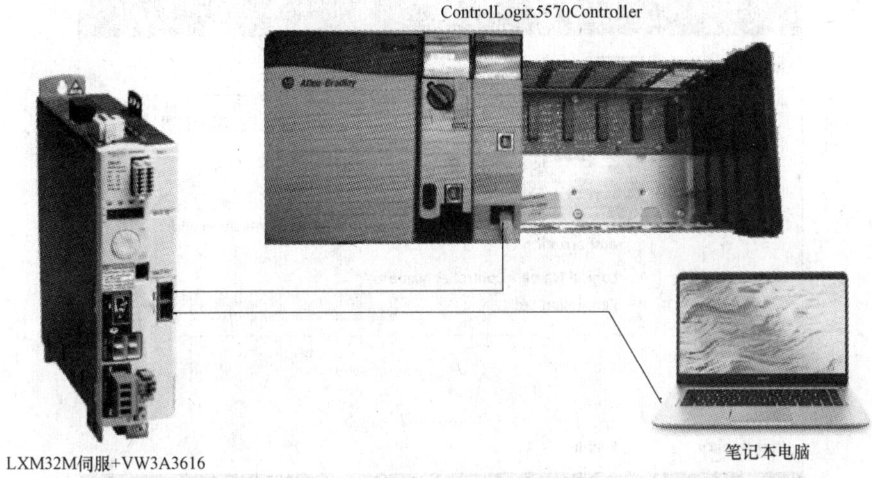

图 5－11　通信架构

三、电气系统设计

本实例主要用于演示伺服功能块的库的使用，所有的动作都通过 PLC 的在线变量强制功能，这与使用外部 I/O 模块仅仅是逻辑上的差别，因此在本实例中没有使用 I/O 模块。

四、ABRSlogix5000 控制系统的项目创建

扫码看视频

单击【New Project】，创建项目，如图 5－12 所示。

图 5－12　创建新项目的图示

选择【Logix】，然后选择【ControlLogix5570Controller】，再选择 PLC 型号为 1756－L73，填写项目名称【SE_Motion_LXM32_EIP_V2220_V30_L73_181031】，单击【Next】按钮；

选择PLC的版本号(Revision)为【30】,选择槽架(Chassis)为【1756－A7 7－Slot ControlLogix Chassis】，即槽架数为 7，选择 CPU 的槽号（slot）为【0】，完成后单击【Finish】按钮，如图 5－13 所示。

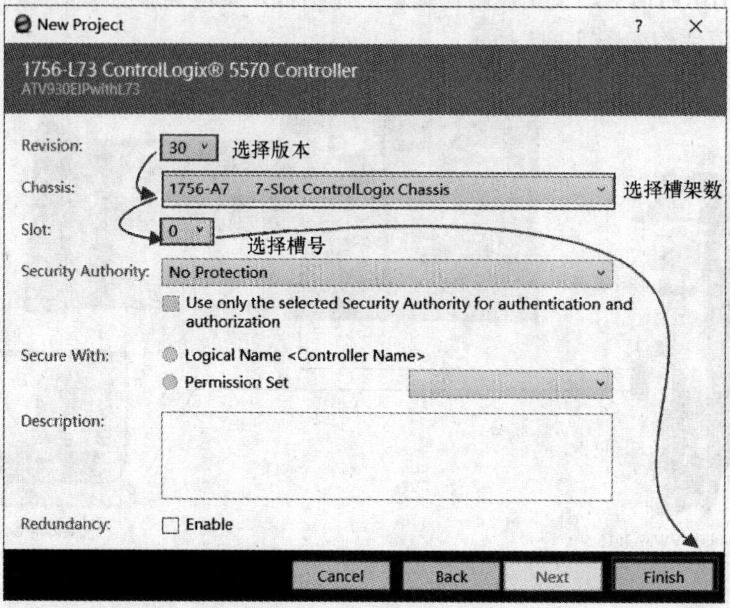

图 5－13　创建项目

五、I/O 模块的添加与组态

在【I/O Configuration】的右键快捷菜单中选择【New Module...】，添加 EtherNetIP 模块【1756－EN2T】，如图 5－14 所示。

扫码看视频

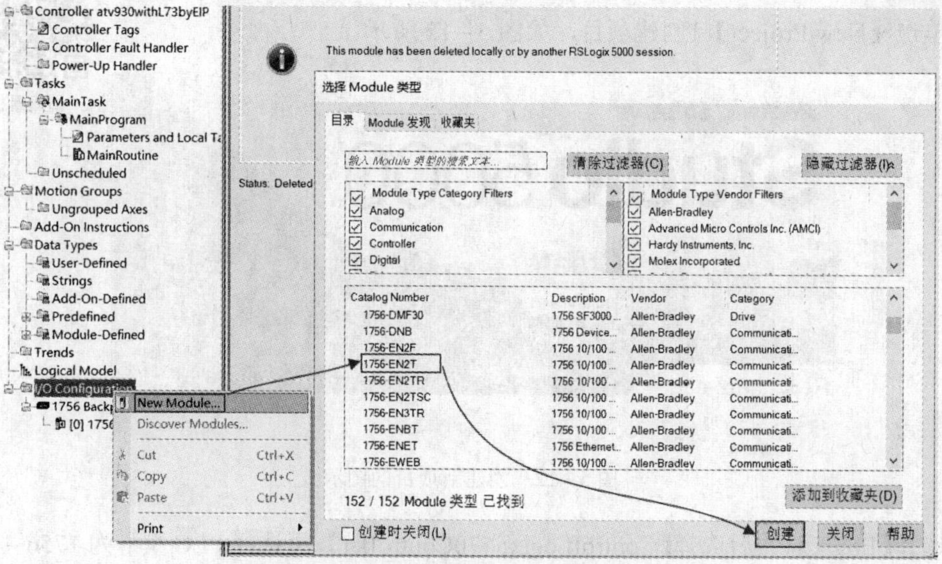

图 5－14　添加 1756－EN2T 模块

以设置模块的名称和 IP 地址，如图 5－15 所示。

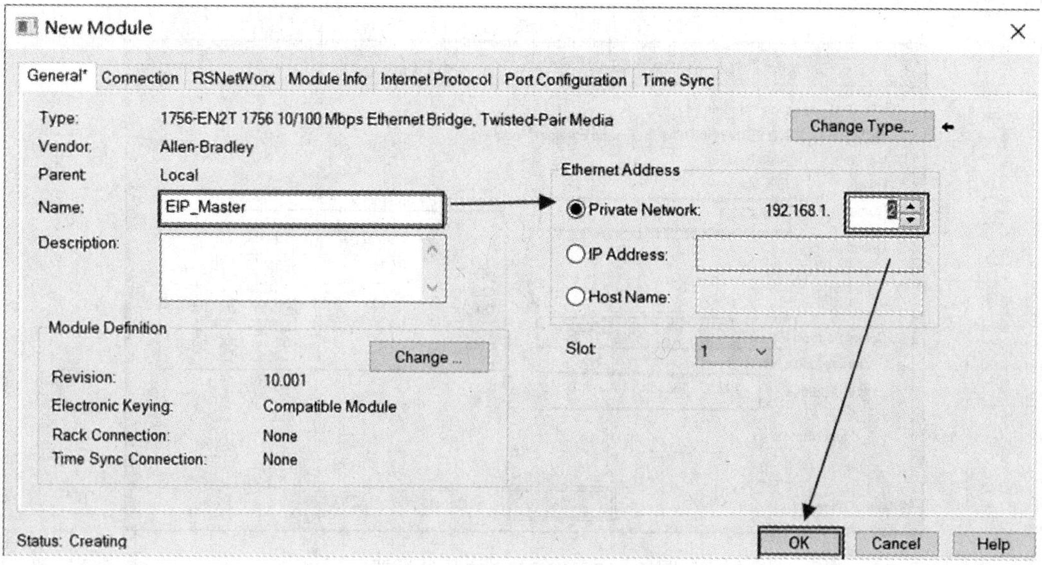

图 5－15　设置模块的名称和 IP 地址

加入通用从站（Generic Ethernet Module）而不需要导入 ATV930 的 EDS 文件，如图 5－16 所示。

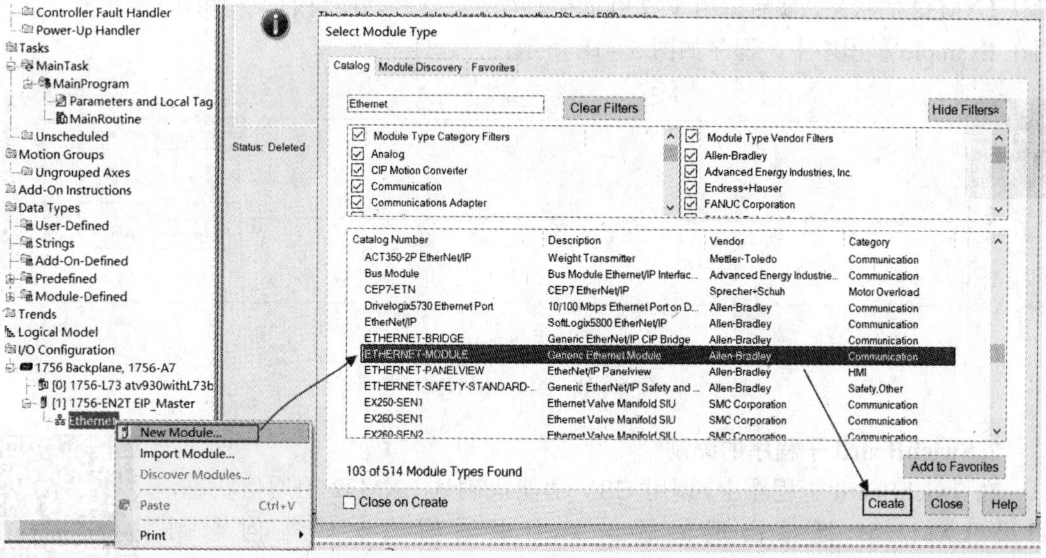

图 5－16　加入通用从站

双击从站，并设置变频器的名称为【LXM32M_1】，通信的数据格式为整型【Data_SINT】，变频器的 IP 地址为【192.168.1.3】，在连接参数（Connection Parameters）

的【Assembly Instance】中，将输入（Input）设为【113】，长度 38 个字节，输出的（Output）设为【103】，长度为 38 个字节，将配置（Configuration）设为【3】，然后单击【OK】按钮，如图 5－17 所示。

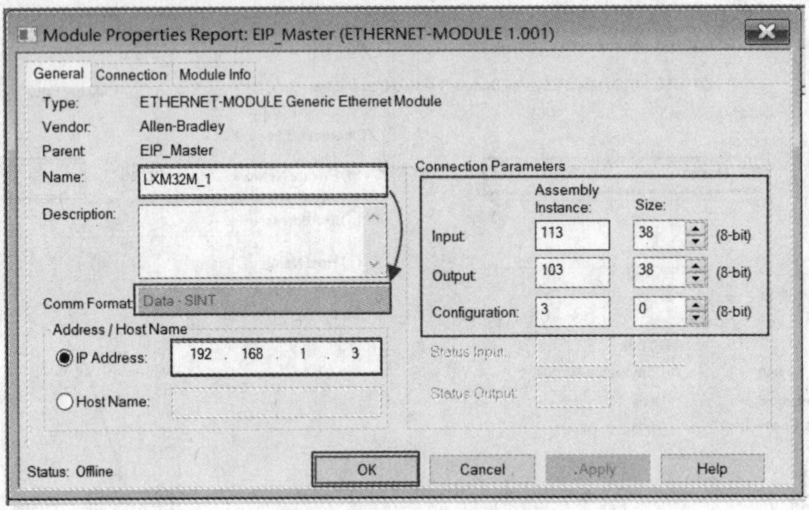

图 5－17　LXM32 的从站设置

六、RSlogix5000 控制系统中的程序编制

扫码看视频

1. 主程序 Main 的编制

在主程序 Main 中调用首先调用 SwitchBoard 子程序，这个子程序首先确认 LXM32 的状态，然后调用 V2220 库中功能块，这些功能块的管理和使用在 Example 子程序中，程序如图 5－18 所示。

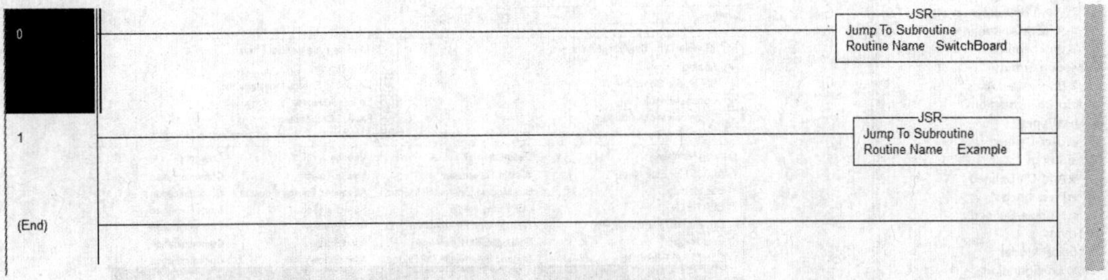

图 5－18　Main 中的程序

扫码看视频

2. SwichBoard 子程序的编制

在 SwichBoard 子程序中，调用 GSV 功能块确认 LXM32 的通信状态，如果 LXM32M 通信出现问题，如出现通信线断线等问题则【bDeviceCommunicationFault】将会被置位为 1，在 Newwork1 中调用 UpdateAxisRef_EthernetIP 功能块，在此功能块中需要关联 LXM32M 在加入从站时的【Controllertag－LXM32M_1：I.Data】和【LXM32M_1：O.Data】，如图 5－19 所示。

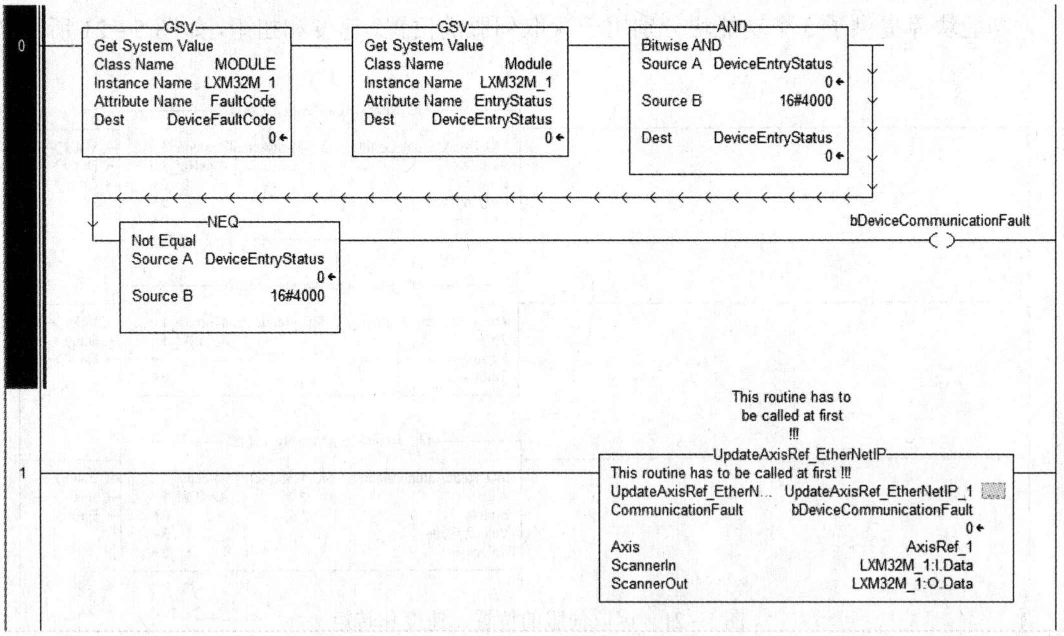

图 5－19　读取 LXM32 伺服的状态并关联 AxisRef

在 Network2 中调用 MC_Power_LXM32 功能块，此功能块是 LXM32 伺服使能功能块，是所有伺服运动的基础，MC_WriteParameter_LXM32 用于写伺服的参数，MC_ReadParameter_LXM32 用于读伺服的参数。LXM32 伺服的使能和参数读写程序如图 5－20 所示。

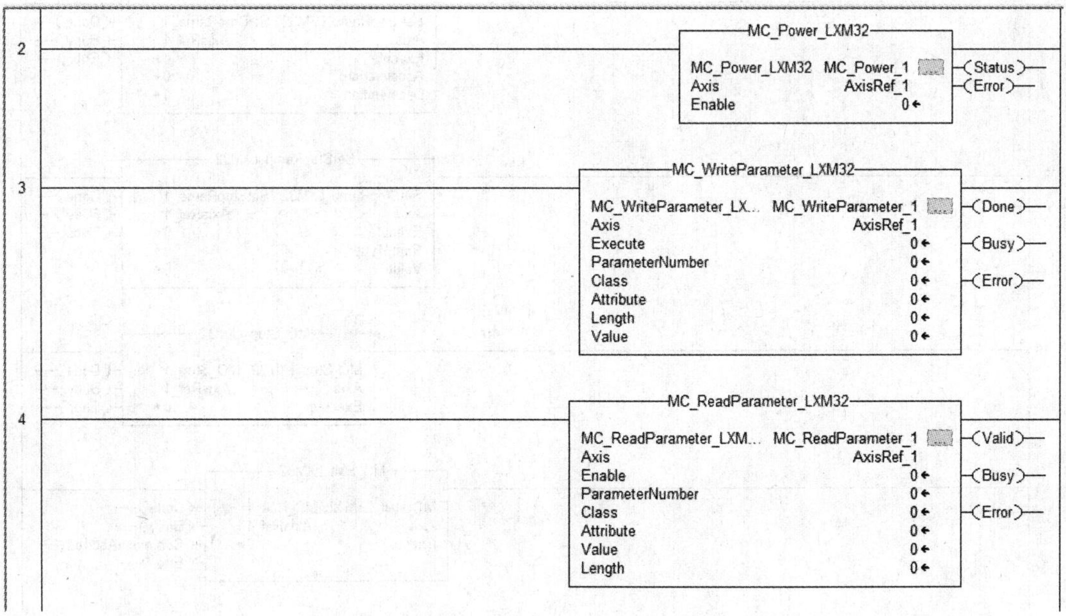

图 5－20　LXM32 伺服的使能和参数读写程序

功能块库提供了 3 个功能块分别用于读取伺服的位置、速度和扭矩，如图 5-21 所示。

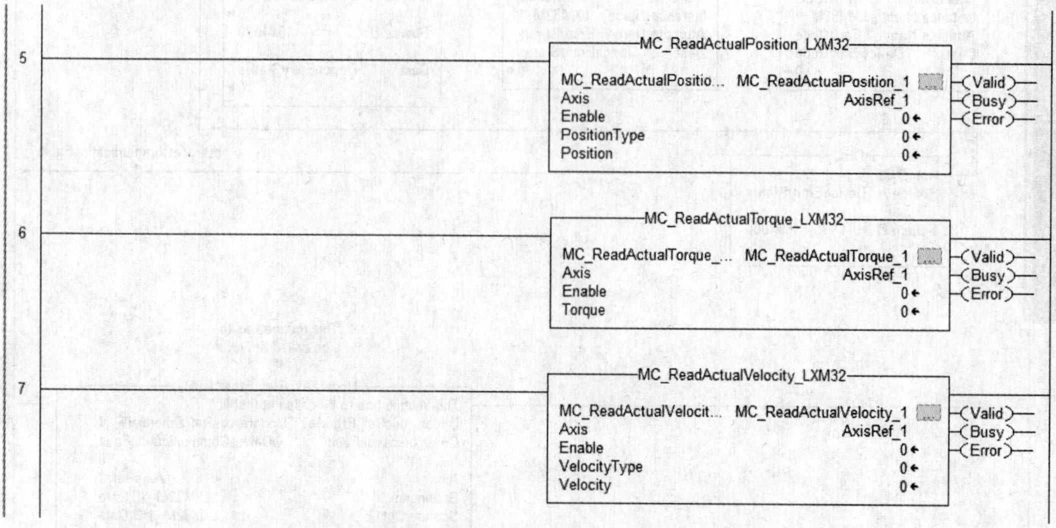

图 5-21　读取伺服的位置、速度和转矩

MC_SetDriveRamp_LXM32 功能块用于设置 32 伺服的加减速斜坡，MC_SetStopRamp_LXM32 用于调用 MC_Stop_LXM32（快停）的停止斜坡，MC_Stop_LXM32 用于中断正在进行的运动，此功能块优先级别很高，仅低于使能功能块 MC_Power，应仅用作急停。MC_Halt_LXM32 可以暂停正在运行的运动，此功能块的执行可以被其他运动的功能块打断。斜坡、急停、暂停功能块如图 5-22 所示。

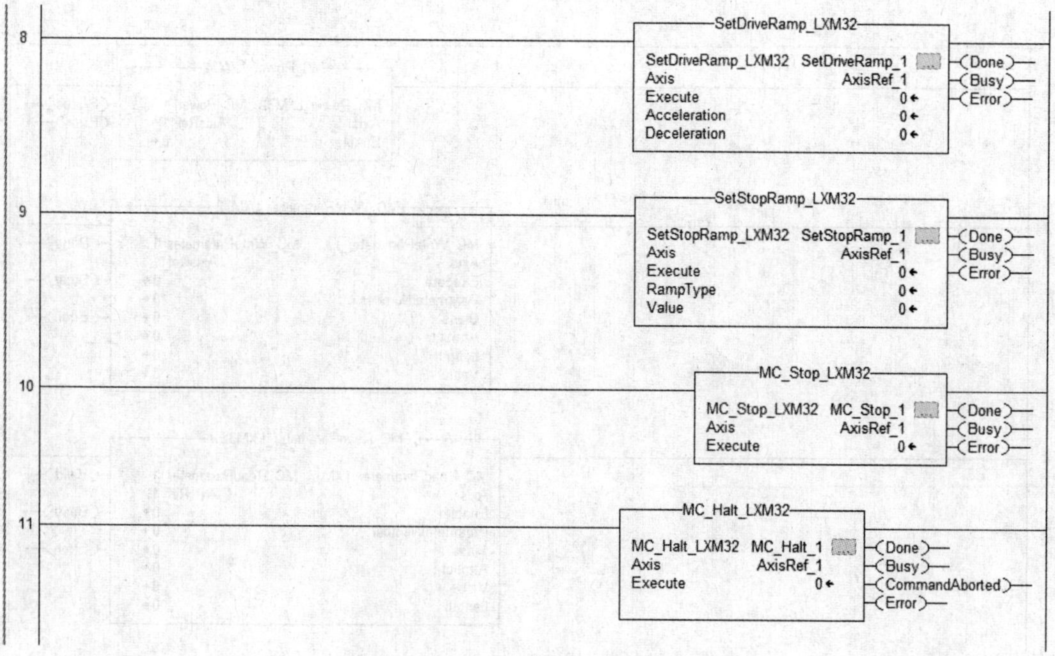

图 5-22　斜坡、急停、暂停功能块

使用 MC_ReadStatus_LXM32 读取伺服的状态，伺服状态数据类型及描述见表 5－2。

表 5－2　伺服状态数据类型及描述

伺服状态	数据类型	描　述
Errorstop	BOOL	值范围：FALSE，TRUE； 初始值：FALSE； TRUE 表示运动因为出错被打断
Disabled	BOOL	值范围：FALSE，TRUE； 初始值：FALSE； FALSE 表示伺服使能，TRUE 表示没有使能
Stopping	BOOL	值范围：FALSE，TRUE； 初始值：FALSE； TRUE 表示功能块 MC_Stop_LXM32 正在执行或者移动正在停止中
Referenced	BOOL	值范围：FALSE，TRUE； 初始值：FALSE； TRUE 表示原点有效
StandStill	BOOL	值范围：FALSE，TRUE； 初始值：FALSE； TRUE 表示轴正常停止状态，没有运动
DiscreteMotion	BOOL	值范围：FALSE，TRUE； 初始值：FALSE； TRUE 表示不连续运动状态，这类运动包括相对运动、绝对运动、叠加运动等，这类运动在完成后会自动停止
ContinuousMotion	BOOL	值范围：FALSE，TRUE； 初始值：FALSE； TRUE 表示速度移动过程中
SynchronizedMotion	BOOL	值范围：FALSE，TRUE； 初始值：FALSE； TRUE 表示同步移动中，如 Gearin、Gearout 动作中，属于多轴同步范畴
Homing	BOOL	值范围：FALSE，TRUE； 初始值：FALSE； TRUE 表示找原点过程中
DataSetMotion	BOOL	值范围：FALSE，TRUE； 初始值：FALSE； TRUE 表示 MotionSequence 模式已经起动

MC_ReadAxisError_LXM32 用于读取伺服的故障，可以用这个功能块的 ErrorID 辅助诊断，ErrorID 具体的含义见表 5－3。

表 5－3　MC_ReadAxisError_LXM32 的 ErrorID 具体含义

ErrorID（16 进制）	ErrorID（10 进制）	Error 等级	描　述
0000h～00FFh	0～255		参考 RockwellControlLogix（CIP）中的描述
1xxxh～Bxxxh	4096～49151		参考产品手册
FF11h	65296	0	参数超出范围

续表

ErrorID（16 进制）	ErrorID（10 进制）	Error 等级	描　述
FF20h	65312	0	未知的 PLCopen 状态
FF21h	65313	0	输入变量在响应以前就变化了（读、写参数）
FF22h	65314	0	试图中断不能中断的块（MC_Power_LXM32，MC_Stop_LXM32，MC_Halt_LXM32）
FF23h	65315	0	触发功能已经激活
FF24h	65316	0	PDO 超时
FF25h	65317	0	电子齿轮没有激活
FF27h	65319	0	电动机不转停止状态
FF2Ah	65322	0	触发事件丢失
FF34h	65332	0	伺服不能切到状态 6OperationEnabled
FF3Dh	65341	0	MotionSequence 模式没有激活
FF3Eh	65342	0	没有转换条件要求
FF3Fh	65343	0	参数表不完整
FF45h	65349	0	参数更改超时
FF46h	65350	0	Assembly101 或 assembly111 不正确

读取轴状态和轴错误的程序如图 5－23 所示。

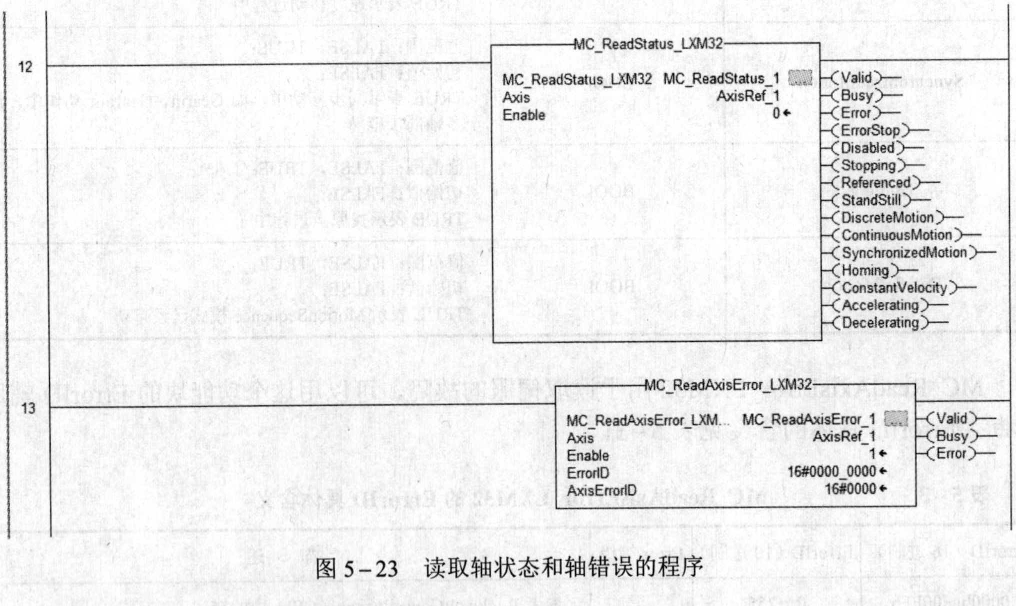

图 5－23　读取轴状态和轴错误的程序

ReadAxisWarning 用于读取伺服的警告。

MC_TorqueControl_LXM32 用于将 LXM32 切换到力矩控制模式。

MC_MoveVelocity_ETH_LXM32 用于实现伺服的速度控制，读取轴状态、伺服的力矩控制和速度控制功能块的程序如图 5-24 所示。

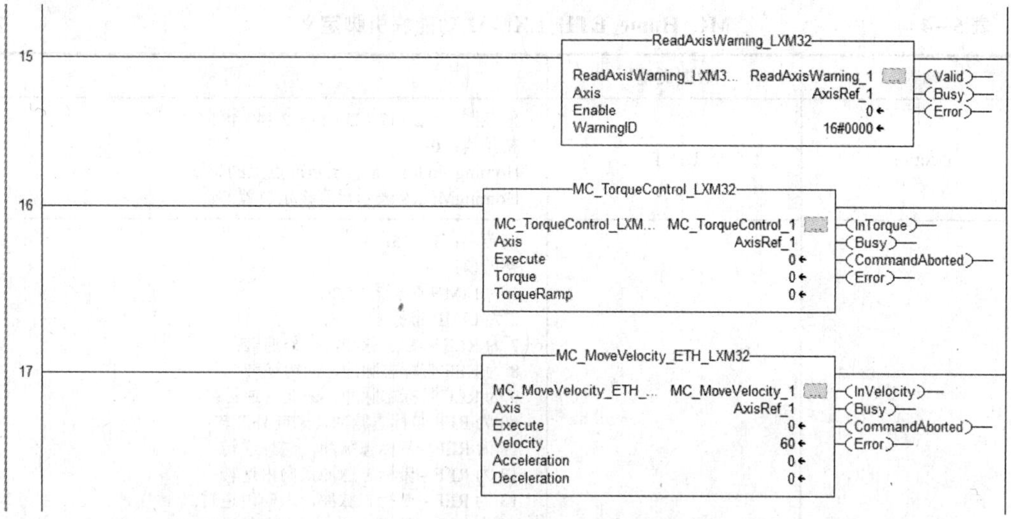

图 5-24 读取轴状态、伺服的力矩控制和速度控制功能块的程序

MC_MoveAbsolute_ETH_LXM32 用于实现驱动器相对于原点的运动，在此运动前要求有有效的原点，也就是说要在绝对运动前先找到原点，可以用 MC_homing 回原点功能块或者使用 MC_Setpostion 在使能的前提下把当前点作为原点。

MC_MoveRelative_ETH_LXM32 用于实现相对于上次运动的目标点或在上次的停止位置的相对运动。

MC_MoveAdditive_ETH_LXM32 用于在当前运动上叠加一个位置运动，相对位置、绝对位置和叠加位置运动功能块的程序如图 5-25 所示。

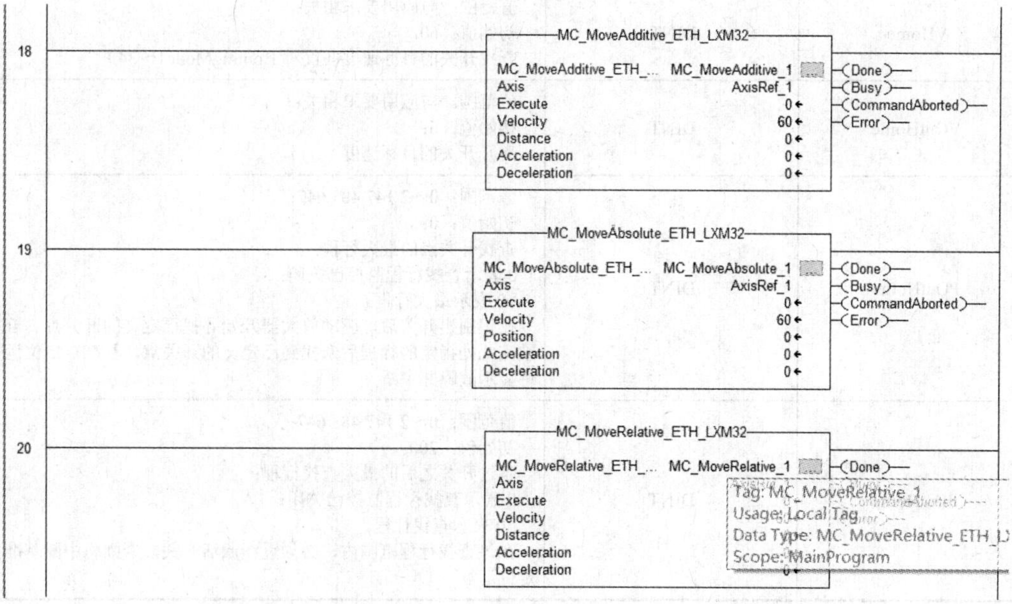

图 5-25 相对位置、绝对位置和叠加位置运动功能块的程序

MC_Home_ETH_LXM32 用于实现伺服的回原点功能，其引脚定义见表 5-4。

表 5-4　MC_Home_ETH_LXM32 功能块引脚定义

输入	数据类型	说　明
Position	DINT	值范围：-2 147 483 648～2 147 483 647； 初始值：0； HomingMode1～8 表示基准点上的位置， HomingMode9 表示尺度设定位置
HomingMode	INT	值范围：1～35； 初始值：1； 1 为 LIMN 带标志脉冲； 2 为 LIMP 带标志脉冲； 7 为 REF 带标志脉冲，向外逆转； 8 为 REF 带标志脉冲，向内逆转； 9 为 REF 带标志脉冲，未向内逆转； 10 为 REF 带标志脉冲，未向外逆转； 11 为 REF-带标志脉冲，向外逆转； 12 为 REF-带标志脉冲，向内逆转； 13 为 REF-带标志脉冲，未向内逆转； 14 为 REF-带标志脉冲，未向外逆转； 17 为 LIMN； 18 为 LIMP； 23 为 REF，向外逆转； 24 为 REF，向内逆转； 25 为 REF，未向内逆转； 26 为 REF，未向外逆转； 27 为 REF，向外逆转； 28 为 REF-，向内逆转； 29 为 REF-，未向内逆转； 30 为 REF-，未向外逆转； 33 为标志脉冲负旋转方向； 34 为标志脉冲正旋转方向； 35 为设定值
VHome	DINT	值范围：与应用要求相关； 初始值：60； 查找开关的目标速度（仅对 HomingMode1～34）
VOutHome	DINT	值范围：与应用要求相关； 初始值：6； 离开开关的目标速度
POutHome	DINT	值范围：0～2 147 483 647； 初始值：0； 查找开关点的最大行程： 0 表示查找行程监控已关闭； >0 表示最大行程。 在识别出开关后，驱动放大器开始寻找已定义的开关点。若行驶完此处指定的行程后未找到已定义的开关点，基准点定位运行将显示故障并中断
PDisHome	DINT	值范围：0～2 147 483 647； 初始值：200； 越过开关之后的最大查找行程： 0 表示查找行程监控已关闭； >0 表示查找行程。 在该查找行程范围内，必须重新激活开关，否则将中断基准点定位运行

MC_Setpositon 功能块仅能在电动机停止且已经使能后方可使用，通过设置当前点的位置值获得原点位置。

MC_Jog_ETH_LXM32 功能块启动运行模式 Jog（手动运行）。用输入 Forward 或 Backward 的 TRUE 启动手动运行。如果输入 Forward 和 Backward=FALSE，则结束运行模式，并置于输出 Done。如果输入 Forward 和 Backward=TRUE，运行模式则处于激活状态，停止手动运行并且输出 Busy 保持设置状态，点动模式和回原点功能块的程序如图 5－26 所示。

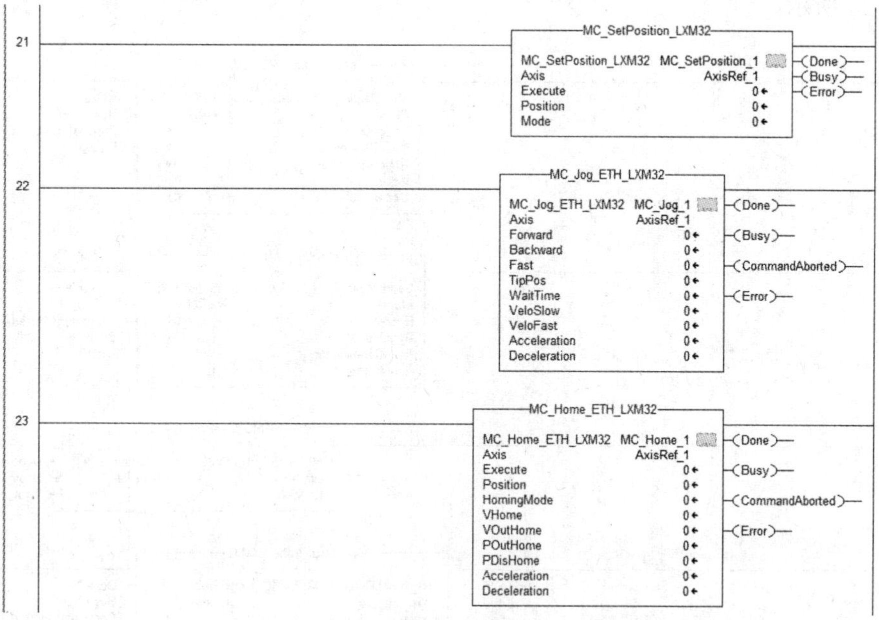

图 5－26　点动模式和回原点功能块的程序

MC_ReadDigitalInput_LXM32 用于读取伺服的逻辑输入点，MC_ReadDigitalOutput_LXM32 用于读取伺服的逻辑输出点，MC_WriteDigitalOutput_LXM32 用于写入伺服的逻辑输出状态，如图 5－27 所示。

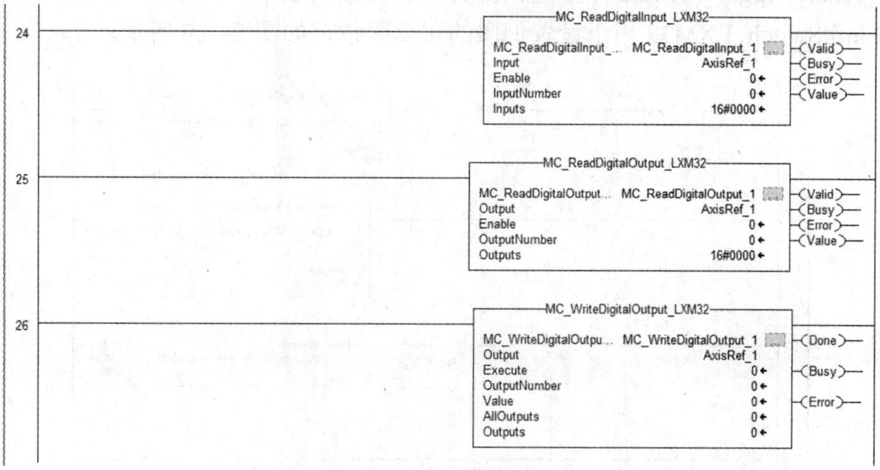

图 5－27　读取伺服的逻辑输入/输出点和写入伺服的逻辑输出状态

GearInSync_ETH_LXM32 使用外部脉冲信号输入，乘上功能块的电子齿轮比，实现与脉冲输出轴的齿轮位置同步。

MC_GearIn_ETH_LXM32 使用外部脉冲信号输入，乘上功能块的电子齿轮比，实现与脉冲输出轴的齿轮速度同步。

MC_GearOut_LXM32 终止外部的电子齿轮模式。

MC_TouchProbe_LXM 探针功能块启动位置捕获，多轴同步功能块和探针模块的程序如图 5-28 所示。

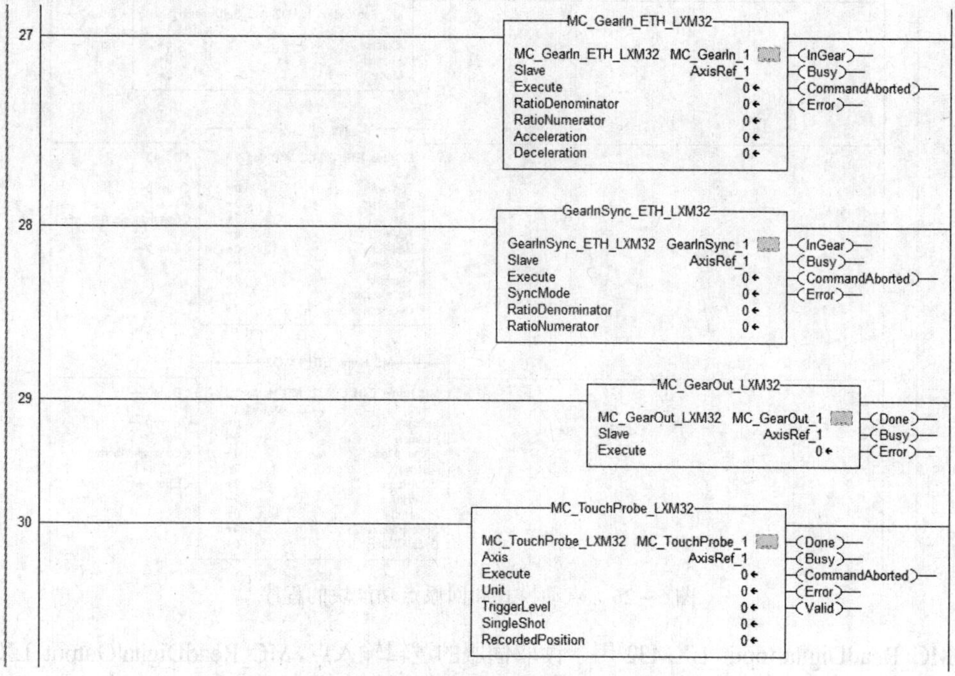

图 5-28 多轴同步功能块和探针模块的程序

MC_AbortTrigger_LXM32 用于退出探针位置捕获功能。

SetLimitSwitch_LXM32 用于设置伺服的正负限位，如图 5-29 所示。

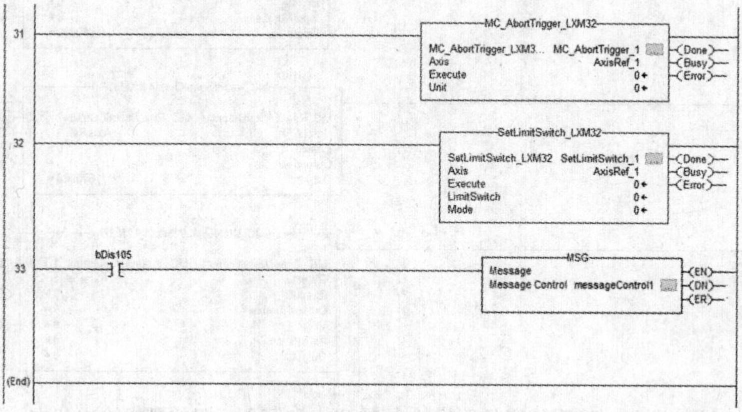

图 5-29 MC_AbortTrigger_LXM32 和 SetLimitSwitch_LXM32 功能块

3. Example 子程序的编制

扫码看视频

Example 子程序的采用结构化文本语言编写，这种语言接近高级语言。在上电的第一个周期初始化程序中使用的标志位，包括启动标志位、使能标志位和绝对移动 Execute，回原点标志位 home_referenced，并将故障复位变量置位为 1，在上电的第二个周期对伺服的故障进行复位。程序如下：

```
(* 上电第一个周期复位标志位 *)
IF S:FS THEN
    bStart  :=0;
    MC_Power_1.Enable   :=0;
    MC_Home_1.Execute   :=0;
    MC_MoveAbsolute_1.Execute        :=0;
    bhoming_referenced:=0;
    bFaultReset:=1;(* 第一个周期复位驱动器故障 *)
    diState:=0
    END_IF;
```

在故障复位功能块完成后，将伺服使能。

然后等待寻原点命令 homing_Start1 命令的到来，当此变量设为 1 后，开始回原点，回原点方式为 34（回电气原点），成功后置位会原点成功标志 homing_referenced 为真，程序如下：

```
(* 故障复位 *)
 IF bFaultReset THEN
        MC_Reset_1.Execute  :=1;
    IF MC_Reset_1.Done THEN
        MC_Reset_1.Execute  :=0;
        bFaultReset:=0;
      bEnable:=1;(* 故障复位后使能 *)
    END_IF;
    ELSE
        MC_Reset_1.Execute  :=0;
    END_IF;

(* 使能 *)
  if bEnable then
    MC_Power_1.Enable   :=1;
   else
  MC_Power_1.Enable   :=0;
  END_IF;

(* 等待寻原点启动命令 *)
```

```
IF bhoming_Start1 and MC_Power_1.Status THEN
  MC_Home_1.HomingMode    :=34;   (* 回电气原点 *)
  MC_Home_1.Execute  :=1;
  END_IF;
  IF MC_Home_1.Done THEN
      MC_Home_1.Execute   :=0;
      bhoming_Start1:=0;
      bhoming_referenced:=1; (* 置位回原点标志 *)
  END_IF;
```

读取轴故障信息方便查找故障，当 ErrorID 大于 0 时置位轴故障位，否则将轴故障位置 0，程序如下：

```
(* 读取轴错误 *)
 MC_ReadAxisError_1.Enable:=1;
 IF MC_ReadAxisError_1.AxisErrorID>0 THEN
 AxisErr:=1;
 ELSE
AxisErr:=0;
END_IF;
```

当自动启动命令 bStart 为真时，启动状态机完成循环的绝对运动，先从 0 到 1 638 400，再回到 0，再到 1 638 400，如此循环，程序中使用 CASE 语句完成这个顺序控制，当 bStart 并且回原点成功后，进入状态 1，设置速度为 200r/min，加速度和减速度为 2000，位置目标值为 1 638 400，移动到位后进入状态 2，同样设置速度为 200r/min，加速度和减速度为 2000，然后位置目标值为 0，移动位置完成后，状态字的值为 1，这样实现了绝对运动循环，程序还设置了 bStart 置位为 0 后退出，并将状态机的状态字设为 0。程序如下：

```
CASE diState OF
    0:  (* 等待 bStart 启动信号和寻原点完成信号 *)
        IF bStart、and bhoming_referenced THEN
            diState :=diState + 1;
            ELSE

            MC_MoveAbsolute_1.Execute        :=0;
        END_IF;

    1:  (* 绝对移动到 10 圈 *)
        MC_MoveAbsolute_1.Velocity      :=200;
```

```
        MC_MoveAbsolute_1.Acceleration :=2000;
        MC_MoveAbsolute_1.Deceleration :=2000;
        MC_MoveAbsolute_1.Position     :=1 638 400;
        MC_MoveAbsolute_1.Execute      :=1;
        IF MC_MoveAbsolute_1.Done THEN
            MC_MoveAbsolute_1.Execute      :=0;
            diState :=diState + 1;
        END_IF;

    2:  (* 绝对移动回到原点 *)
        MC_MoveAbsolute_1.Velocity     :=200;
        MC_MoveAbsolute_1.Acceleration :=2000;
        MC_MoveAbsolute_1.Deceleration :=2000;
        MC_MoveAbsolute_1.Position     :=0;
        MC_MoveAbsolute_1.Execute      :=1;
        IF MC_MoveAbsolute_1.Done and  bStart THEN
            MC_MoveAbsolute_1.Execute      :=0;
            diState :=diState - 1;
        END_IF;
        IF MC_MoveAbsolute_1.Done and not bStart  THEN
            MC_MoveAbsolute_1.Execute      :=0;
            diState :=0;
        END_IF;
END_CASE;
```

使用 MC_ReadActualPosition 功能块读取伺服的当前位置用于程序的监视，读取实际位置的程序如下：

```
(*读取实际位置*)
MC_ReadActualPosition_1.Enable:=1;
PositonofLxm32:=MC_ReadActualPosition_1.Position;
```

七、伺服 LXM32 的参数设置

伺服 LXM32 的参数设置主要为伺服的 IP 地址，如图 5－30 所示。

八、伺服 LXM32 控制系统的调试

PLC 进入运行状态后，会先复位故障然后使能，如图 5－31 所示。

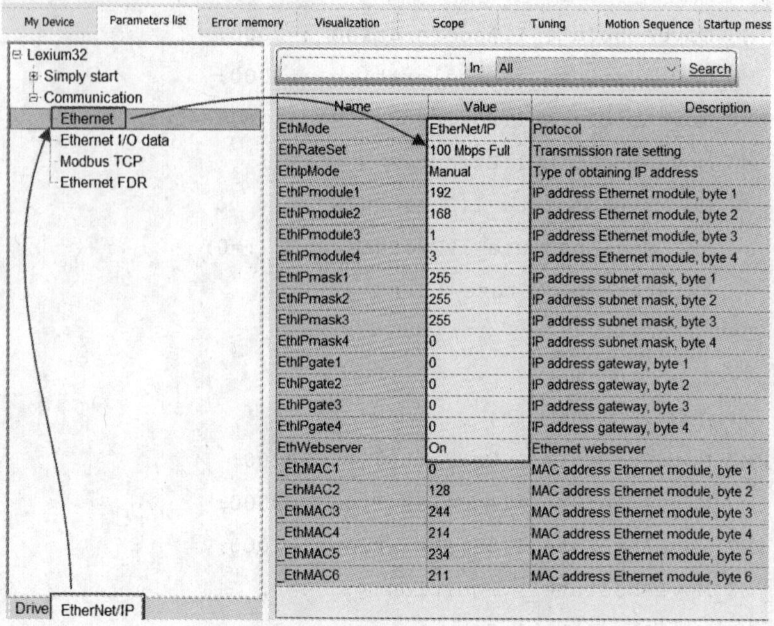

图 5－30　SoMove 中的以太网参数设置

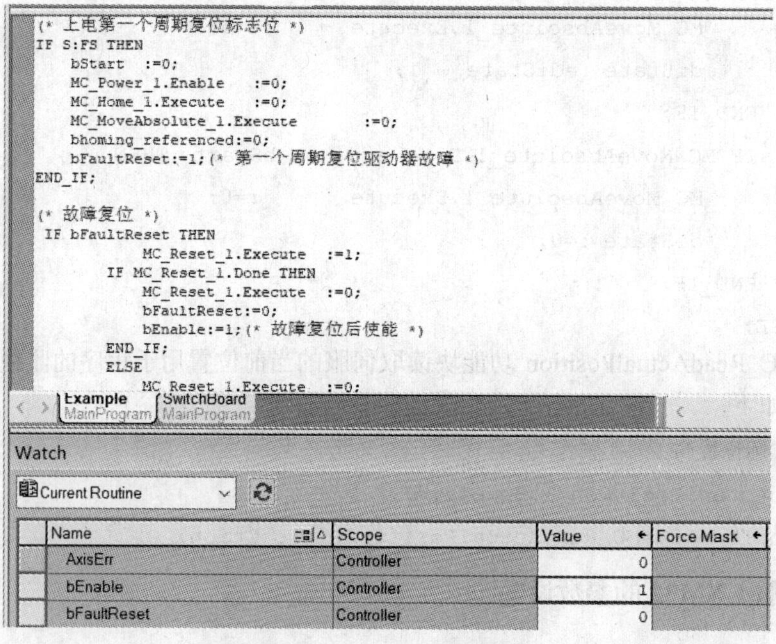

图 5－31　上电的使能

然后在 Watch 监视窗口将 bhoming_Start1 置位为 1，开始寻零（寻原点），如图 5－32 所示。

寻零成功后如图 5－33 所示。

将 bStart 置位为 1，开始自动运行，如图 5－34 所示。

Name	Scope	Value	Force Mask
AxisErr	Controller	0	
bEnable	Controller	1	
bFaultReset	Controller	0	
bhoming_referenced	MainProgram	0	
bhoming_Start1	MainProgram	1	
bStart	MainProgram	0	
+ diState	MainProgram	0	
MC_Home_1.Done	MainProgram	0	
MC_Home_1.Execute	MainProgram	0	
+ MC_Home_1.HomingMode	MainProgram	1	

图 5-32　开始寻零

Name	Scope	Value
MC_MoveAbsolute_1.Execute	MainProgram	0
+ MC_MoveAbsolute_1.Position	MainProgram	0
+ MC_MoveAbsolute_1.Velocity	MainProgram	60
MC_Power_1.Enable	MainProgram	1
MC_Power_1.Status	MainProgram	1
MC_ReadActualPosition_1.Enable	MainProgram	1
+ MC_ReadActualPosition_1.Position	MainProgram	0
+ MC_ReadAxisError_1.AxisErrorID	MainProgram	16#0000
MC_ReadAxisError_1.Enable	MainProgram	1
MC_Reset_1.Done	MainProgram	0
MC_Reset_1.Execute	MainProgram	0
+ PositonofLxm32	MainProgram	0

图 5-33　寻零成功

```
        MC_MoveAbsolute_1.Deceleration  :=2000;
        MC_MoveAbsolute_1.Position      :=1638400;
        MC_MoveAbsolute_1.Execute       :=1;
        IF MC_MoveAbsolute_1.Done THEN
            MC_MoveAbsolute_1.Execute        :=0;
            diState :=diState + 1;
        END_IF;

    2:  (* 绝对移动回到原点 *)
        MC_MoveAbsolute_1.Velocity      :=200;
        MC_MoveAbsolute_1.Acceleration  :=2000;
        MC_MoveAbsolute_1.Deceleration  :=2000;
        MC_MoveAbsolute_1.Position      :=0;
        MC_MoveAbsolute_1.Execute       :=1;
        IF MC_MoveAbsolute_1.Done and  bStart THEN
            MC_MoveAbsolute_1.Execute        :=0;
            diState :=diState - 1;
        END_IF;
        IF MC_MoveAbsolute_1.Done and not bStart  THEN
            MC_MoveAbsolute_1.Execute        :=0;
            diState :=0;
        END_IF;

END_CASE;

(*读取实际位置*)
```

Name	Scope	Value	Force Mask	Description
bEnable	Controller	1		
bFaultReset	Controller	0		
bhoming_referenced	MainProgram	1		
bhoming_Start1	MainProgram	0		
bStart	MainProgram	1		
+ diState	MainProgram	1		
MC_Home_1.Done	MainProgram	0		
MC_Home_1.Execute	MainProgram	0		

图 5-34　自动运行

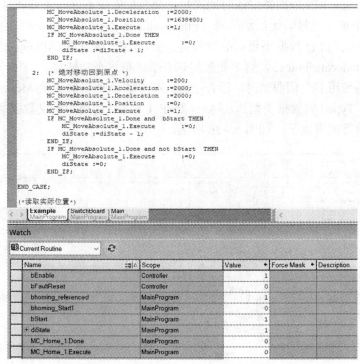

从 SoMove 软件可以看到，伺服在循环走绝对位置运动，实际位置和实际速度都在不断变化，在线监控画面如图 5-35 所示。

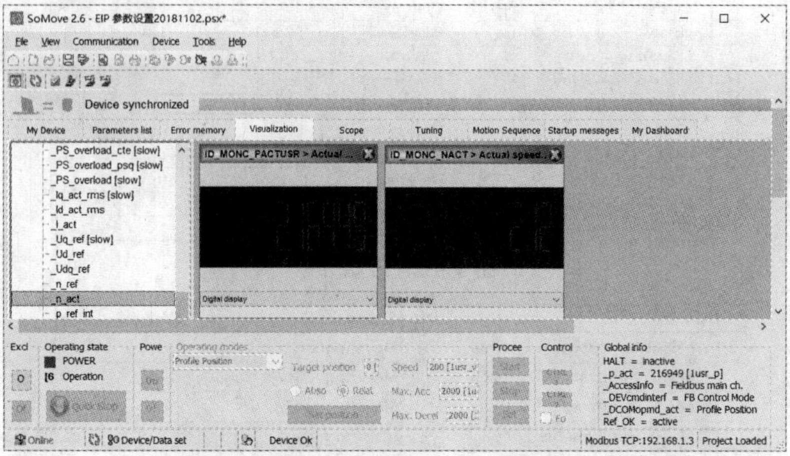

图 5-35 SoMove 的在线监控画面

九、伺服 LXM32 控制系统的实战总结

（1）现场在调试时经常碰到的故障是 B607-以太网 I/O 通信静止，造成这个故障主要是 PLC 停机，但是数据还在发送。

另一个常见故障是 B105，B105 是 I/O 通信超时故障，造成这个故障的主要原因是通信断线、通信干扰、RPI 数据帧发送时间过短、交换机质量不好，还有就是在 EIP 通信卡在 V1.16 版本下加入了封装无活动超时（Encapsulationinactivitytimeout）功能，此时间默认 120s，当主站处理 I/O 数据不正确的时候也会报 B105。可以将 CIPObjectTCP、IPObject（class245）–instanceattribute13，这个变量写成 0 禁止掉这个功能。

（2）当现场使用多个伺服轴时，除在 Ethernet 下方添加新的通信 Module 以外，还要按照 Axis_REF_Typed 的数据类型添加 Axis_REF_LXM32 的用户定义数据类型创建新轴，再调用轴功能块等就可以了，如图 5-36 所示。

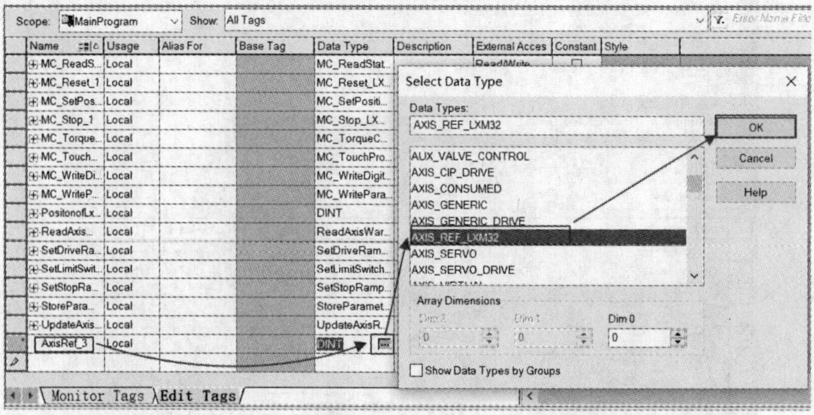

图 5-36 按照用户定义数据类型创建新轴

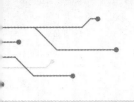

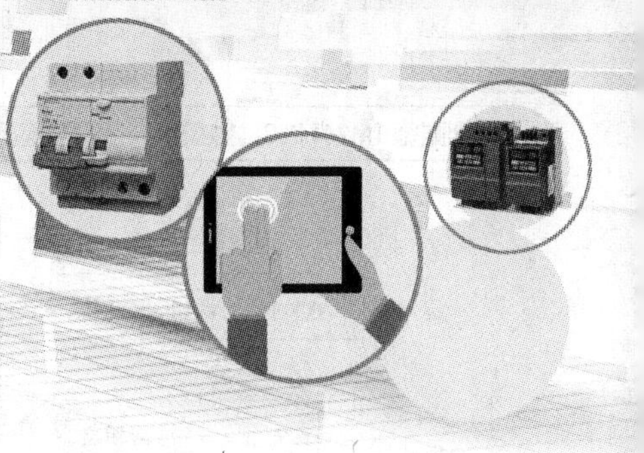

第六章

TM241 PLC 与变频器 ATV320 的 CANopen 通信

扫码看视频

第一节 CANopen 通信协议和通信接口

一、CANopen 通信协议

CAN（Controller Aera Network，控制器局部网）是德国 Bosch 公司在 1983 年开发的一种串行数据通信协议，最初应用于现代汽车中众多的控制与测试仪器之间的数据交换，是一种多主方式的串行通信总线，介质可以是双绞线、同轴电缆和光纤，速率可达 1Mbit/s，支持 128 个节点，还具有高抗电磁干扰性，而且能够检测出通信时产生的任何错误，从而保证了数据通信的可靠性。CAN 通信机制比较简单，可以降低设备的复杂程度，在工业领域得到了广泛应用，如汽车、电梯、医疗、船舶、纺织机械等领域，CAN 是欧洲重要的网络标准。

从 OSI 网络模型的角度来看，CAN 总线只定义了 OSI 网络模型的第一层，即（物理层）和第二层（数据链路层），而在实际设计中，这两层完全由硬件实现，设计人员是不需要再为此开发相关的软件或固件的。

CAN 除了只定义物理层和数据链路层以外，没有规定应用层，本身并不完整，因此需要一个高层协议来定义 CAN 报文中的 11、29 位标识符和 8 字节数据的使用。大家都知道在基于 CAN 总线的工业自动化应用中，越来越需要一个开放的、标准化的高层协议。这个协议必须支持各种 CAN 厂商设备的互用性、互换性，能够实现在 CAN 网络中提供标准的、统一的系统通信模式，并且能够提供设备功能描述方式和执行网络管理功能。

CANopen 协议也是 CAN-in-Automation（CiA）定义的标准之一，CANopen 协议被认为是在基于 CAN 的工业系统中占领导地位的标准。大多数重要的设备类型，如数字和模拟的 I/O 模块、驱动设备、操作设备、控制器、可编程控制器或编码器，都在称为“设备描述”的协议中进行描述。“设备描述”定义了不同类型的标准设备及其相应的功能。依靠 CANopen 协议的支持，可以对不同厂商的设备通过总线进行配置。

在 OSI 模型中，CAN 标准与 CANopen 协议之间的关系如图 6-1 所示。

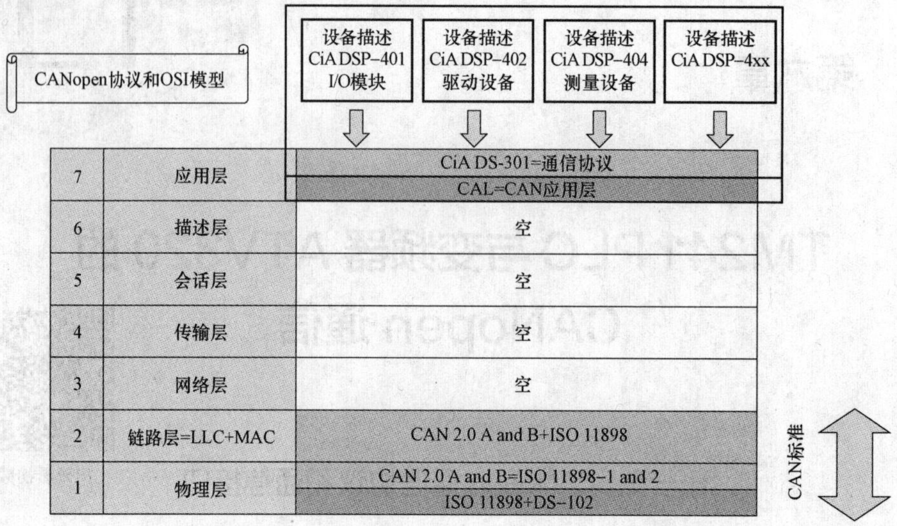

图 6-1　CAN 协议与 CANopen 标准之间的关系

二、ATV320 的 CANopen 的通信接口

施耐德变频器 ATV320 本体的 RJ-45 通信口支持 CANopen 协议，CANopen 的位置和使用的通信针脚如图 6-2 所示。

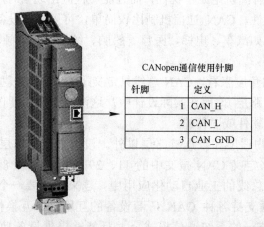

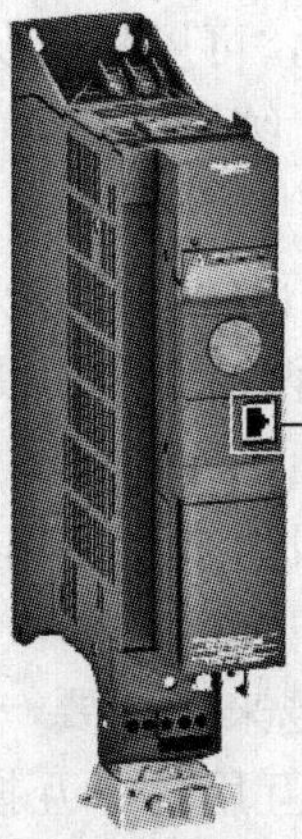

CANopen通信使用针脚

针脚	定义
1	CAN_H
2	CAN_L
3	CAN_GND

图 6-2　ATV320 本体 CANopen 的位置和使用的通信针脚

除此之外，ATV320B 还可以通过通信卡的查插槽加入菊花链形式的 CANopen 模块 VW3A3608，SUBD9 针方式的 CANopen 模块 VW3A3618 和端子接线方式的 CANopen 模块 VW3A3628，实现外加通信卡的 CANopen 通信。

ATV320B 是书本型变频器，通信卡的安装如图 6-3 所示。

ATV320C 是紧凑型变频器，CANopen 通信时除需要添加 CANopen 通信卡 VW3A3608，VW3A3618 和 VW3A3628 之外，还要选购用于安置通信卡的安装适配器 VW3A3600，如图 6-4 所示。

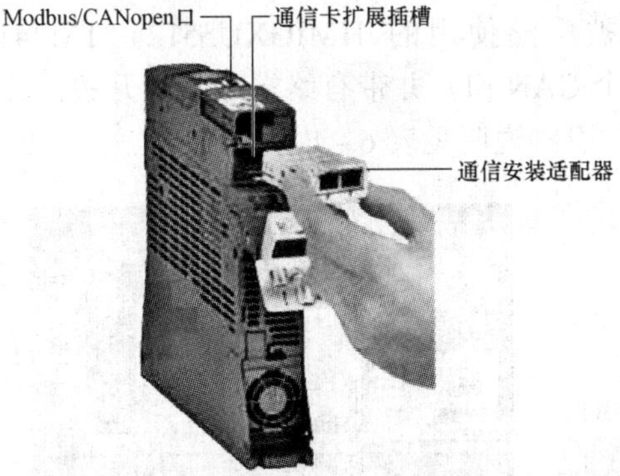

图 6－3 书本型 ATV320B 变频器通信卡的安装

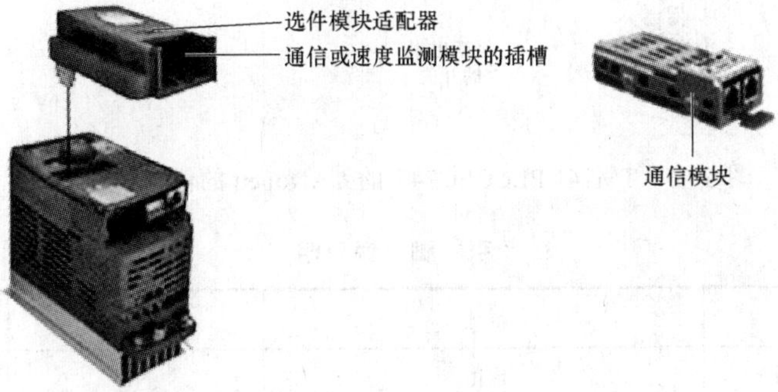

图 6－4 紧凑型 ATV320C 变频器通信卡的安装

第二节 TM241 与 AVT320 的 CANopen 通信的工艺要求和电气系统设计

一、CANopen 通信控制项目的工艺要求

TM241 PLC 通过 CANopen 通信控制变频器 ATV320 的工艺图如图 6－5 所示。

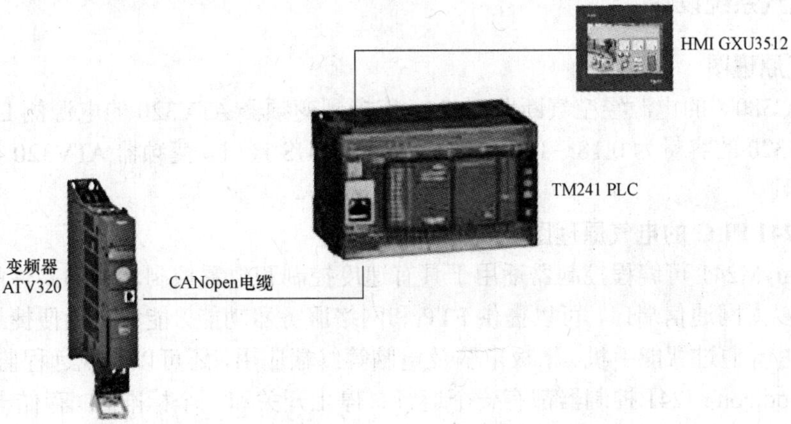

图 6－5 TM241 PLC 通过 CANopen 通信控制变频器 ATV320 的工艺图

其中，触摸屏选配被广泛使用的 HMIGXU3512，TM241 PLC 系列 PLCTM241 PLCCEC24T 本体集成一个 CAN 口，并带有终端电阻的开关，此 CAN 口采用端子方式进行连接，如图 6－6 所示，引脚说明见表 6－1。

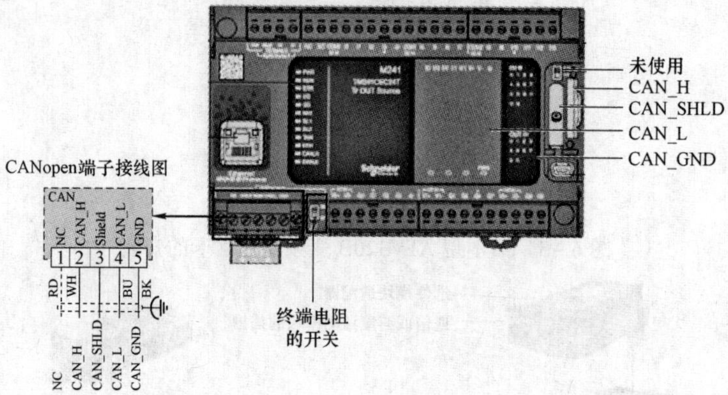

图 6－6　TM241 PLCCEC24T 的 CANopen 的位置和接线图

表 6－1　引脚说明

引脚	信号	描述	标记	电缆颜色
1	未使用	保留	NC	RD：红色
2	CAN_H	CAN_L 总线（低优先性）	CAN_H	WH：白色
3	CAN_SHLD	可选 CAN 屏蔽	屏蔽罩	—
4	CAN_L	CAN_L 总线（低优先性）	CAN_L	BU：蓝色
5	CAN_GND	CAN 接地	GND	BK：黑色

其中，CANopen 端子在 PLC 的左下方的 5 个接线端子的位置，在它的右侧是终端电阻的开关，当 PLC 在 CANopen 网络的首端或尾端时，需要将这个终端电阻拨到 ON 的位置。

二、电气系统设计

1. 电气原理图

交流 AC380V 的电源经空气断路器 Q1，连接到变频器 ATV320 的电源侧 L1、L2、L3，变频器 ATV320 的容量为 0.18～15kW，自带 MODBUS 接口，变频器 ATV320 控制电路如图 6－7 所示。

2. TM241 PLC 的电气原理图

Modicon M241 可编程控制器适用于具有速度控制和位置控制功能的高性能一体型设备。内置了以太网通信端口，可以提供 FTP 和网络服务器功能，能够更为便捷地整合到控制系统架构中，通过智能手机、平板电脑及电脑等终端应用，还可以实现远程监控和维护。

每个 Modicon M241 控制器都有一个运行、停止开关和一个标准 SD 存储卡槽。

Modicon M241 控制器内置的输入和输出的端子采用的是可以拆卸的螺钉接线端子，

接线方便。

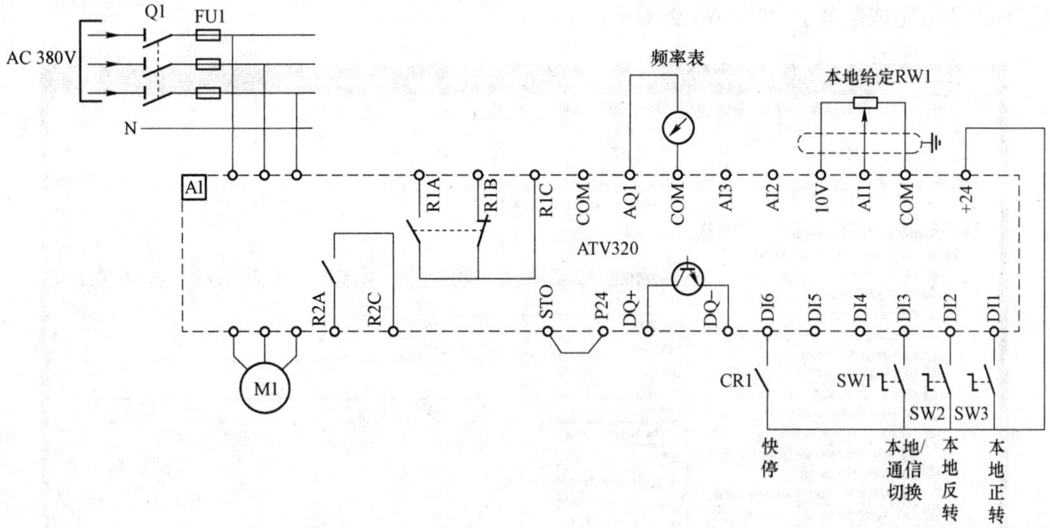

图 6－7　变频器 ATV320 控制电路

Modicon M241 可编程控制器有 5 个通信端口，内嵌网络服务功能的以太网通信端口、CANopen（主站）端口、2 个串行通信端口、编程端口。

TM241 PLC 的 PLC 控制原理如图 6－8 所示。

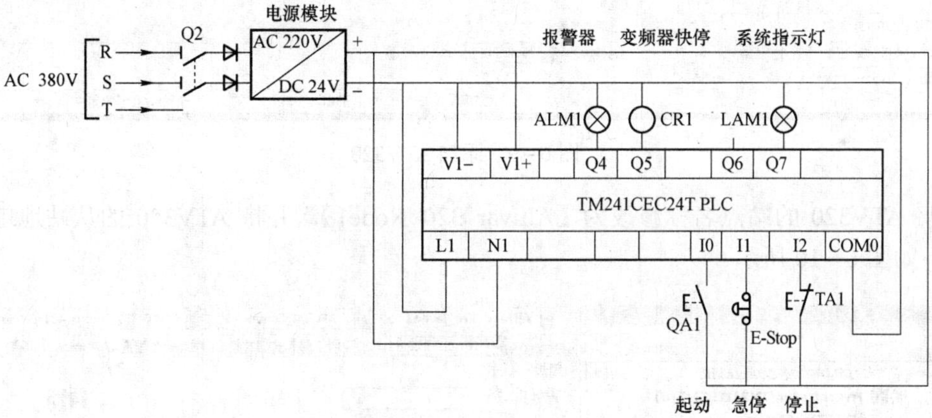

图 6－8　TM241 PLC 的 PLC 控制原理

第三节　TM241 PLC 的项目创建和程序编制

扫码看视频

一、CANopen 通信控制系统的 TM241 PLC 的项目创建和从站配置

在 SoMachine4.3 中创建新的项目，首先添加 ATV320 在【设备树】画面下，找到【设备和模块】，然后找到电动机控制【MotorControl】，在变频器【Varible Speed Drives】下找

到【Altivar 320】，然后按住左键将其拖曳到左侧的【CAN_1（CANopen bus）】，SoMachine 软件将自动完成配置，如图 6－9 所示。

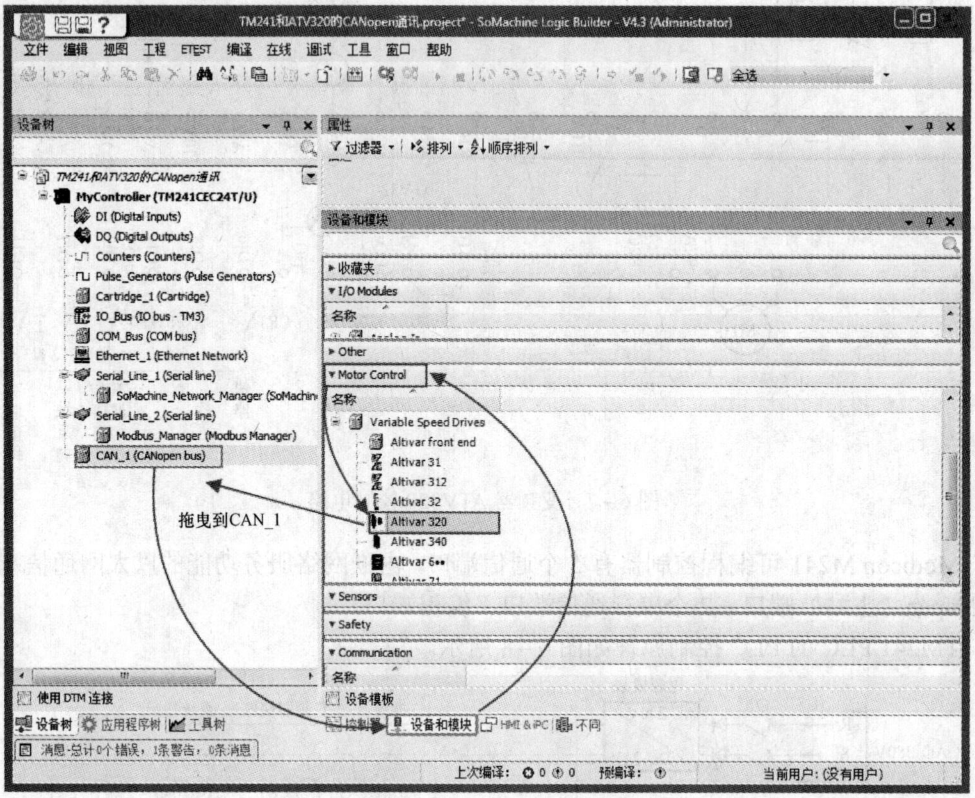

图 6－9　添加 ATV320

将 ATV320 的站点名称修改为【Altivar_320_Node1】，并将 ATV320 的从站地址修改为 2，如图 6－10 所示。

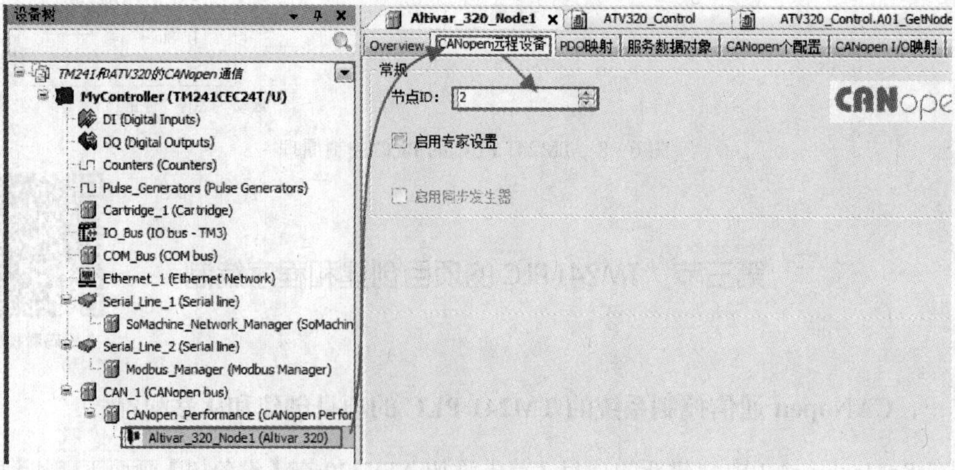

图 6－10　修改 ATV320 的名称和从站地址

二、CANopen 通信控制系统中 TM241 PLC 的程序编制

1. ATV320_ControlPOU 程序的创建

在【应用程序树】的项目视图下，右击【Application】，在右键菜单中点选【添加文件夹...】，文件夹的名称是【ATV320Node1】，添加过程如图 6-11 所示。

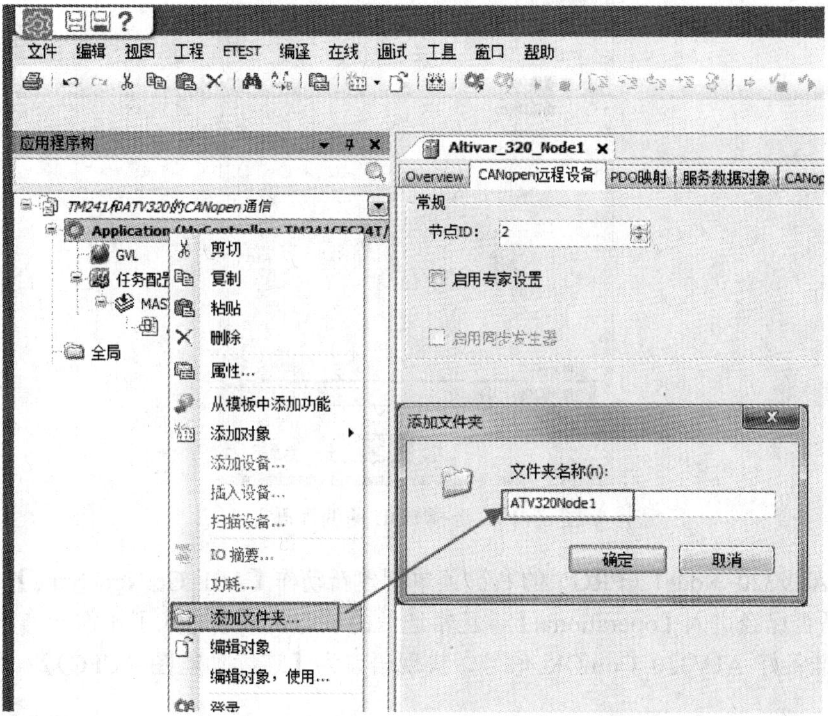

图 6-11　添加 ATV320 站点 1 的文件夹

选择【ATV320Node1】文件夹，在右键菜单中点选【添加对象】下的【POU...】来创建新的 POU，如图 6-12 所示。

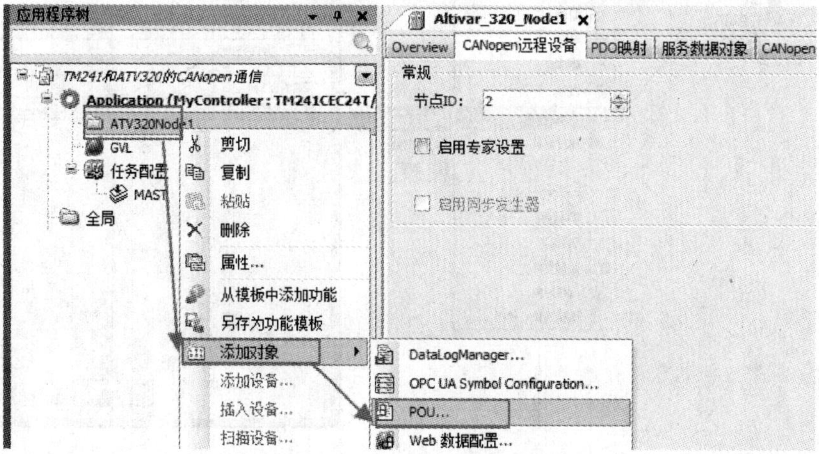

图 6-12　创建新的 POU

然后，在弹出来的【添加 POU】对话框中，选择 POU 的编程语言为【连续功能图(CFC)】，名称为 ATV320_Node1，如图 6-13 所示。

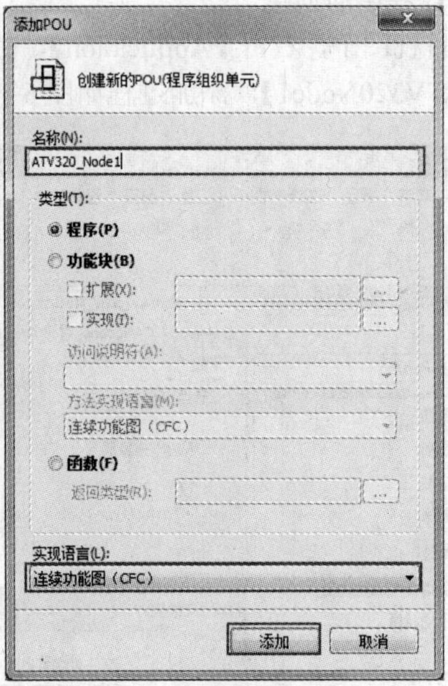

图 6-13　选择 POU 的编程语言

通过 ATV320_Node1（PRG）的右键菜单创建新动作【A01_GetNodeState】，用于获取 ATV320 是否已经进入【operational】-正常通信的状态，如果进入了正常通信状态，则输出通信为准备好 ATV320_ComOK 信号，实现语言为【连续功能图（CFC）】，如图 6-14 所示。

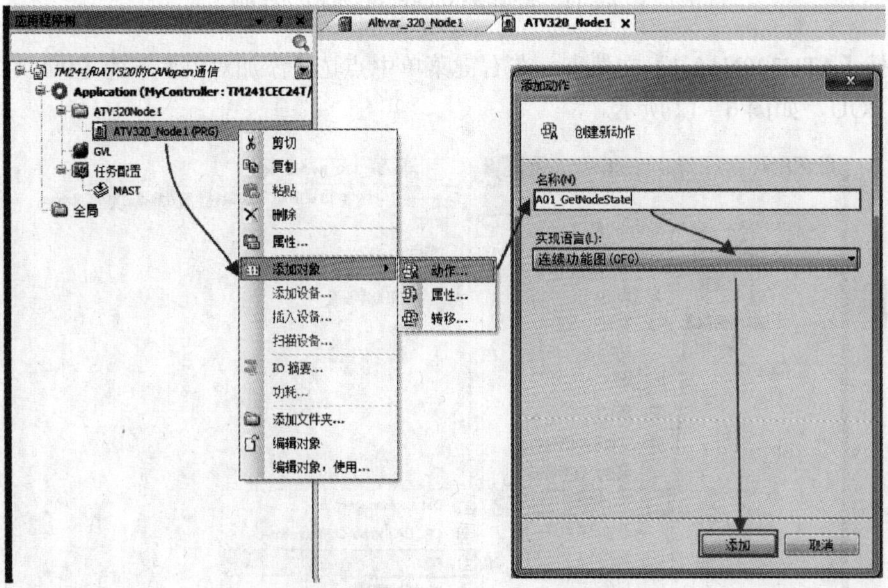

图 6-14　查询 ATV320CANopen 通信的网络状态

用同样的方法添加 A02_Ctr_ATV 动作，用于控制变频器的启动、停止、故障复位、速度给定等。编程语言选择为结构化文本 ST。

双击 ATV320_Controlpou，进入调用空的【功能块】，然后在【输入助手】对话框中选择动作【A01_GetNodeState】，具体操作过程如图 6－15 所示。

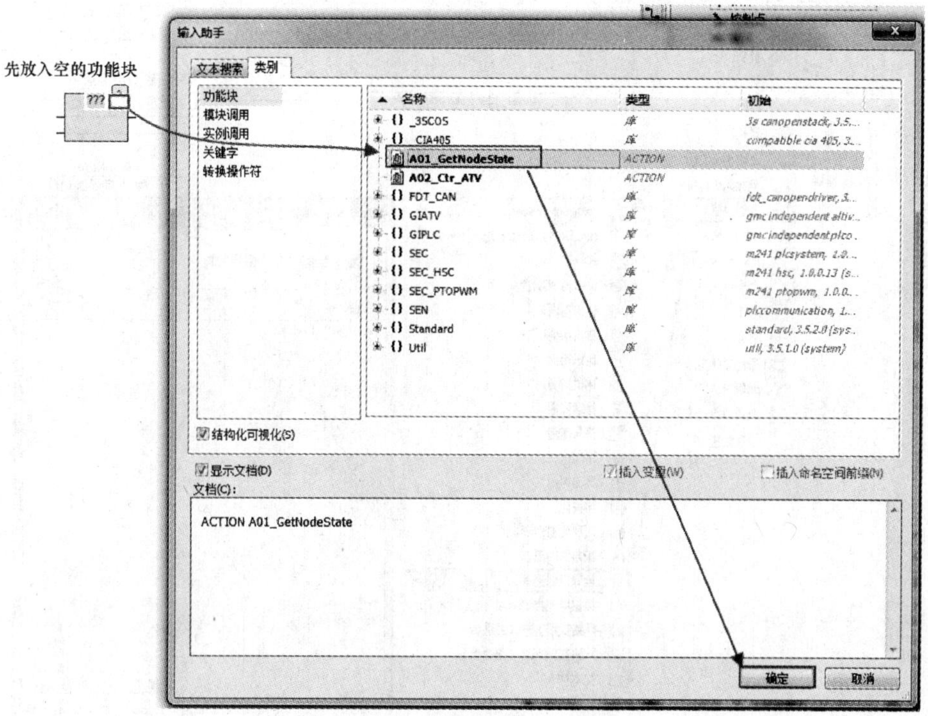

图 6－15　调用 A01 的动作

采用相同的方法调用 A02 的动作，然后加入两条注释，这样做的目的是方便理解程序，完成后如图 6－16 所示。

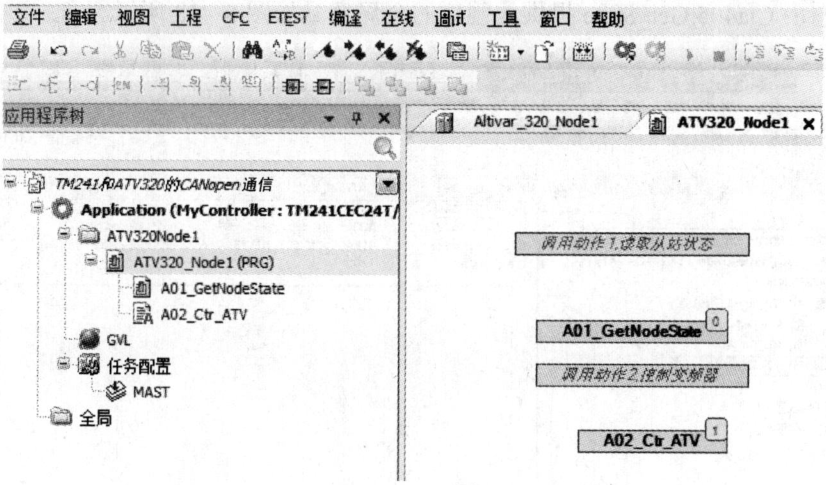

图 6－16　在 ATV320_POU 中调用两个动作

2. A01 动作的编程

首先创建变频器 ATV320 专用的全局变量【GVL_ATV320node1】，创建过程如图 6-17 所示。

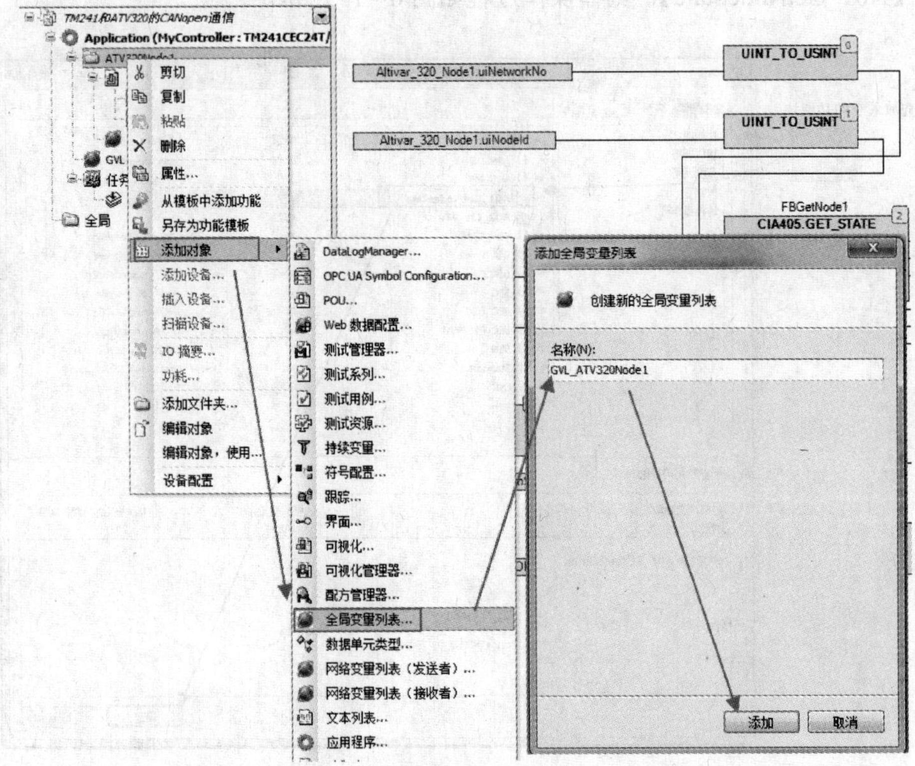

图 6-17　创建 ATV320 专用的全局变量

在全局变量列表中，创建两个变量一个是用于显示 CANopen 从站已经处于 “Operational” 的布尔型变量，另一个用于显示 CANopen 从站的当前状态 eComStat，这个从站的状态由 Cia405.Get_State 提供，创建的全局变量如图 6-18 所示。

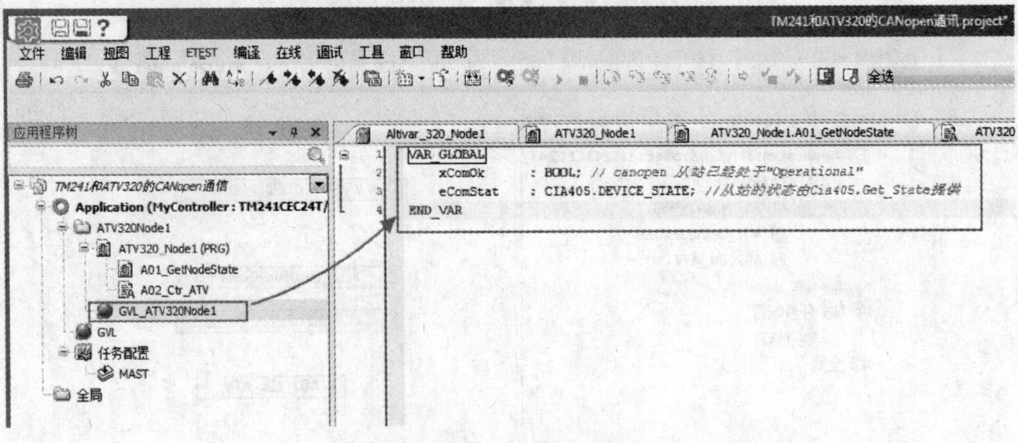

图 6-18　创建的全局变量

在输入助手的文本搜索中添加 Cia405.GET_STATE 功能块，添加过程如图 6－19 所示。

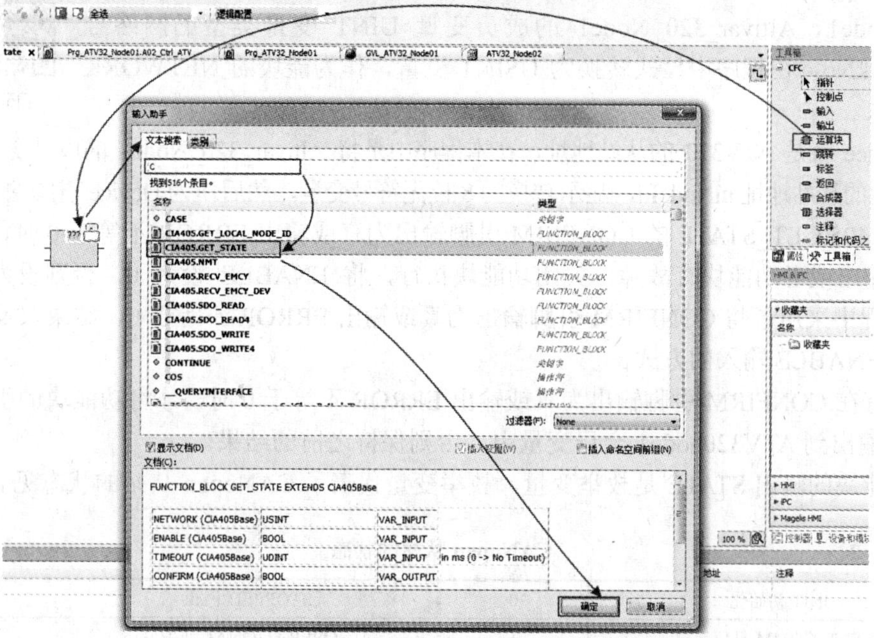

图 6－19　添加 Cia405.GET_STATE 功能块

这里需要注意的是，为了在编译时不会发生编译错误，不能在【类别】中选择调用 Get_State 的，错误的操作如图 6－20 所示。

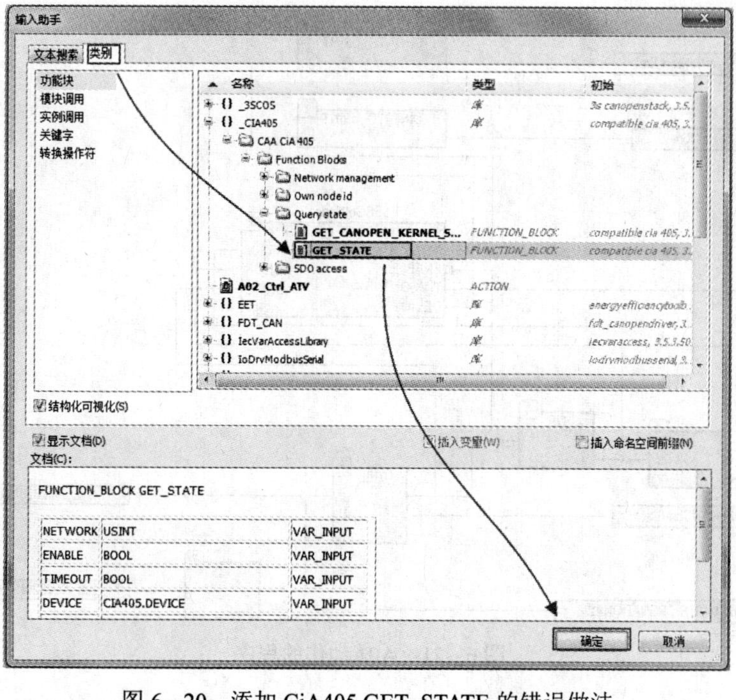

图 6－20　添加 CiA405.GET_STATE 的错误做法

3. A01_GetNodeState 的编程

【A01_GetNodeState】调用的 CIA405.GET_STATE 功能块的实例是 FBGetNode1，Altivar_320_Node1 的成员变量 UINT 变量类型的网络号 uiNetworkNo，在程序中显式转换为 USINT 变量，作为能块的 NETWORK 引脚输入。

扫码看视频

Device 就是 ATV320 的从站地址，在本程序中是将 Altivar_320_Node1 的成员变量 UINT 变量类型的从站地址 uiNodeId，显示转换为 8 位无符号变量，然后作为 Device 引脚的输入。

CIA405.GET_STATE 的 CONFIRM 引脚输出为真或输出 ERROR 不等于 0 时，即功能块正常输出或者功能块有故障，关闭功能块执行，将 ENABLE 设为 0，否则设为 1，在 CFC 编程中采用了将 CONFIRM 引脚输出为真或输出 ERROR 不等于 0，结果取反输出到功能块 ENABLE 输入的方式。

只有在 CONFIRM 引脚输出为真或输出 ERROR 不等于 0 时，才将功能块的引脚输出 STATE 输出到 ATV320node1 全局变量中，否则保持之前的结果。

功能块的输出 STATE 是枚举变量，枚举变量代表了 CANopen 从站的状态见表 6-2。

表 6-2　　CANopen 从站的状态

INIT 初始化	0	STOPPED 停止	4
RESET_COMM 复位通信	1	OPERATIONAL 正常	5
RESET_APP 复位应用	2	UNKNOWN 未知状态	6
PRE_OPERATIONAL 预处理	3	NOT_AVAIL 无效	7

CFC 编程的 A01 动作的程序如图 6-21 所示。

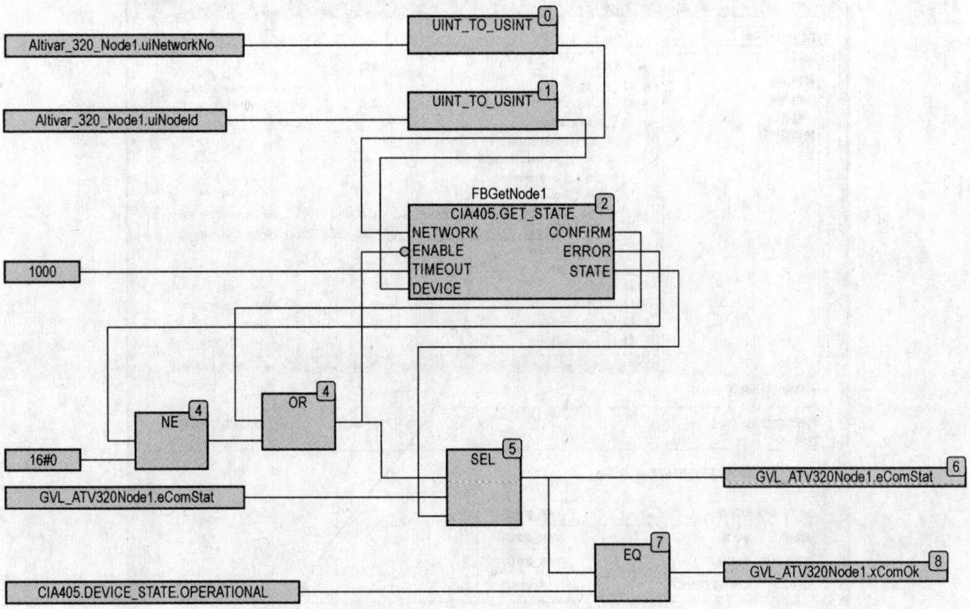

图 6-21　A01 动作的程序

4. A02 动作的编程

扫码看视频

在本项目中采用 GIPLC 的 PLCopen 功能块控制变频器，其中，MC_Power 使能后，变频器将进入运行状态，变频器进入使能状态后，可以进行 MC_JOG 变频器的点动，MC_MOVEVELOCITY 是变频器按给定速度运行，MC_READAXISERROR 是读取变频器的故障码，MC_RESET 是复位变频器的故障，而 MC_STOP 是停止变频器。

在程序的一开始，先判断本台变频器通信是否已经准备好，如已经进入 operational 状态，则继续执行程序，否则直接返回而不执行下面的程序：

```
//首先判断是否通信已经 OK，不 OK 返回
IF  NOT xComOk THEN
    RETURN;
END_IF;
```

然后一直调用读轴错误 ID 功能块 FBReadErrorNodel，查看变频器是否有故障，将故障码 ErrorID 输出到全局变量 wErrID，当错误 ID 不等于 0 时有故障，输出到全局布尔变量 xErr 中，程序如下：

```
// 调用 ReadAxis 获取当前是否有故障
FBReadErrorNode1(
    Axis:= Altivar_320_Node1,
    Enable:= TRUE,
    Valid=>,
    Busy=>,
    Error=>,
    ErrorID=>wErrID,
    AxisErrorID=> );
    xErr:=FBReadErrorNode1.ErrorID <>0;
```

调用 MC_Reset 功能块来复位变频器不太严重的故障，复位命令全局布尔变量 xCmdRst 的上升沿来执行故障复位，程序如下：

```
//调用 MC_Reset 复位功能块和变频器故障
FBResetNode1(
    Axis:=Altivar_320_Node1,
    Execute:= xCmdRst,
    Done=>,
    Busy=>,
    Error=>,
    ErrorID=> );
```

系统启动后，系统指示灯 systemlamp 亮起，调用使能功能块 MC_Power，这时可以在触摸屏上给变频器加上使能，程序如下：

```
//调用 MC_Power 给变频器使能
FBpowerNode1(
    Axis:=Altivar_320_Node1,
```

```
Enable:= xCmdEnPwr AND systemlamp,
Status=>xStatEnbl,
Error=>,
ErrorID=> );
```

调用 MC_JOG 功能块实现电动程序，在程序中正向点动和反向点动使用了自锁功能，点动速度由全局变量 iSetJogVelo 来给定，给定单位是 500 对应 50Hz，程序如下：

```
//调用 Jog 实现点动功能
FBJogNode1(
    Axis:= Altivar_320_Node1,
    Forward:=xCmdJogFwd AND NOT  xCmdJogRev,
    Backward:=xCmdJogRev AND NOT  xCmdJogFwd,
    Velocity:=iSetJogVelo,
    Done=>,
    Busy=>,
    CommandAborted=>,
    Error=>,
    ErrorID=> );
```

调用 ToolBoxdFB_Scaling 将机器速度转换为变频器的给定速度，这个功能块需要先在【应用程序树】页面中单击【新建库】，在弹出的对话框中找到【Application】下的【Toolbox】，然后单击【确定】来添加，如图 6－22 所示。

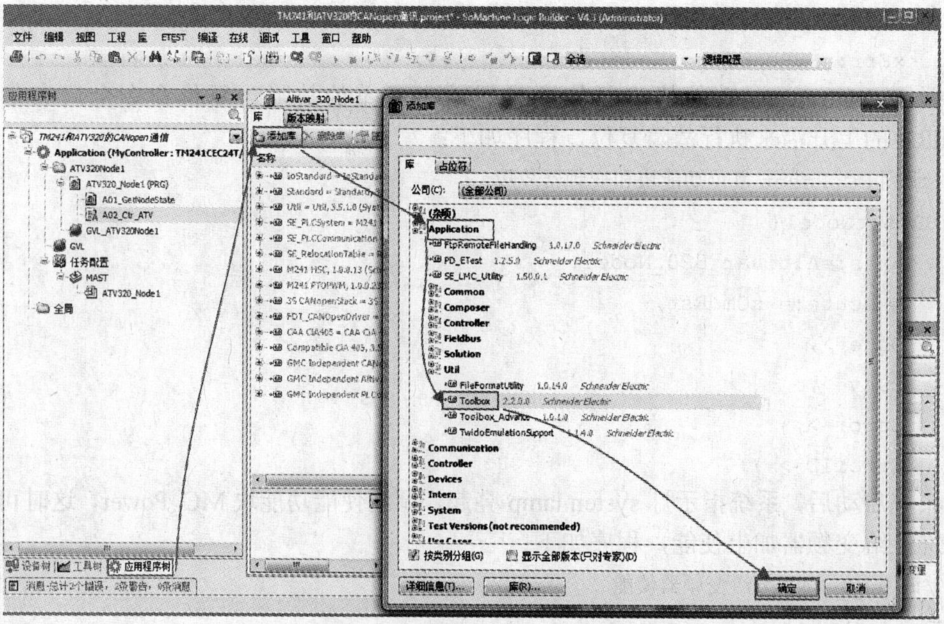

图 6－22　添加 Toolbox 功能块库

FB_SCalling 的位置在设备控制【EquipmentControl】文件夹下面，如图 6－23 所示。

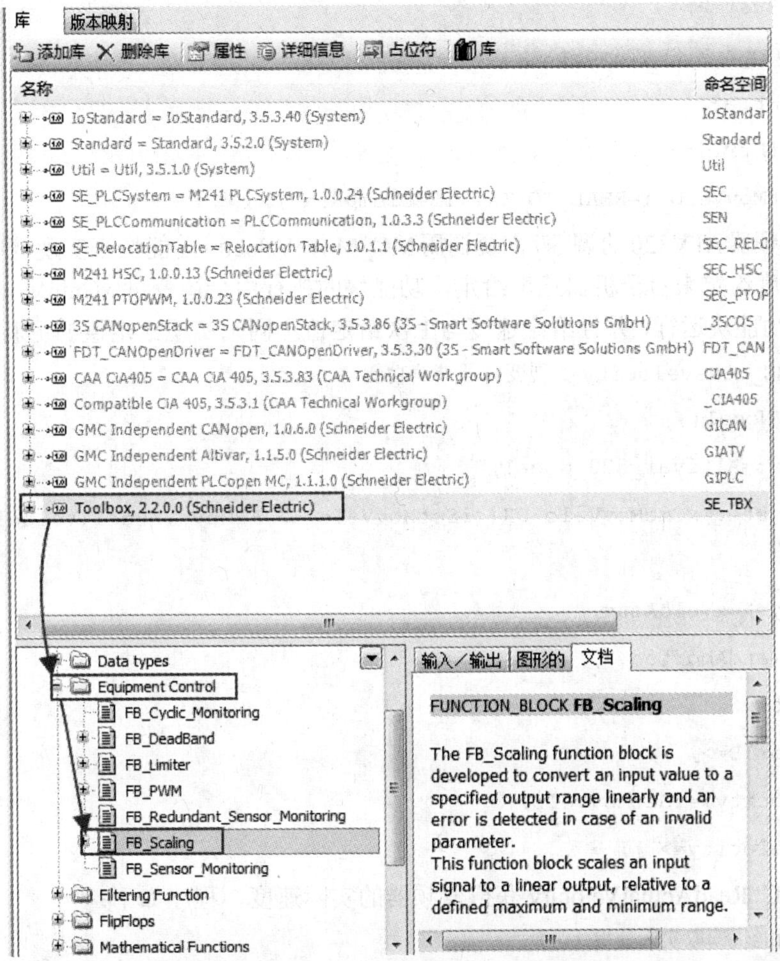

图 6－23　FB_Scaling 在 Toolbox 库中的位置

在程序中调用 FB_Scaling 将设备的机器速度转换为变频器的频率给定值，程序默认机器速度为 100%，速度给定为 20%，转换为 0～500 的频率给定的程序如下：

```
//调用 TOOlbox 库中的 FB_SCALING 实现机器速度到给定频率的转换
FBMachineSpeedConvertNode1(
    i_xEn:=TRUE,
    i_rIput:=rSetMacVelo,
    i_rMinIput:= 0.0,
    i_rMaxIput:=rMaxMacVelo,
    i_rMinOput:=0.0,
    i_rMaxOput:=500.0,
    i_xErrRst:=ConvertErr,
```

```
    q_xEn=>,
    q_xBusy=>,
    q_rOput=>iSetTempReal,
    q_xErr=>,
    q_uiErrId=> );
    iSetMovVelo :=REAL_TO_INT(iSetTempReal);
```

编写变频器ATV320的调速，需要调用MC_MoveVelocity功能块来实现变频器ATV320的调速，速度给定来自于机器速度给定，功能块的执行由全局变量 xCmdMovVelo 的上升沿，或者是功能块运行，并且给定速度与上次给定值不同则实现给定值的更新，程序如下：

```
//调用 MC_movevelocity 实现变频器调速功能
FBMoveVNode1(
    Axis:=Altivar_320_Node1,
    Execute:=xCmdMovVelo OR((iSetMovVelo <> FBMoveVNode1.Velocity) AND 
xVeloActv),
    Busy=> xVeloActv,
    CommandAborted=>,
    Error=>,
    ErrorID=>,
    Velocity:=iSetMovVelo,
    InVelocity=> );
```

调用 MC_ReadActualVelocity 获得变频器的实际速度，程序如下：

```
//调用功能块读取实际速度
FBReadV1(
Axis:=Altivar_320_Node1,
Enable:=1,
Valid=>,
Busy=>,
Error=>,
ErrorID=>,
Velocity=>ATV320_node1_ActSped );
```

POU 中使用的全局变量如下：

```
VAR_GLOBAL
    xComOk       AT %MX50.3: BOOL ; // canopen 从站已经处于"Operational"
    eComStat     : CIA405.DEVICE_STATE; //从站的状态由 Cia405.Get_State 提供
```

```
    xCmdEnPwr    AT %MX50.1: BOOL; // 使能信号
    xCmdRst      AT %MX50.2: BOOL; // 复位故障
    xCmdStop AT %MX50.6 : BOOL; // 停止变频器
    xCmdJogFwd   AT %MX50.4  : BOOL; // 正点动
    xCmdJogRev   AT %MX50.5: BOOL; // 反点动
    iSetJogVelo  AT %MW106: INT := 100; // 点动速度，单位 0.1Hz
    xCmdMovVelo  : BOOL; // 移动速度生效，上升沿有效
    iSetMovVelo  : INT := 100; // 移动速度下的设定点 unit = 0.1Hz
    rSetMacVelo AT %MD200: REAL:=20.0 ;//机器速度给定，默认情况下是百分数
    rMaxMacVelo AT %MD204: REAL:=100.0;//最大机器速度，默认情况下是 100%
    ATV320_node1_ActSped AT %MD208 : DINT;//功能块读取的实际运行速度

    xStatEnbl    : BOOL; // 变频器已经使能
    wErrID       : WORD; // 变频器的错误号
    xErr         : BOOL; // 变频器有故障
    xVeloActv    : BOOL; // 变频器工作在速度模式下为真
    xJogActv     : BOOL; // 变频器工作在点动模式下为真

    ConvertErr: BOOL;
END_VAR
```

创建 system 的 POU，完成系统启动和急停的逻辑，DI（Digital Inputs）点的变量配置如图 6－24 所示。

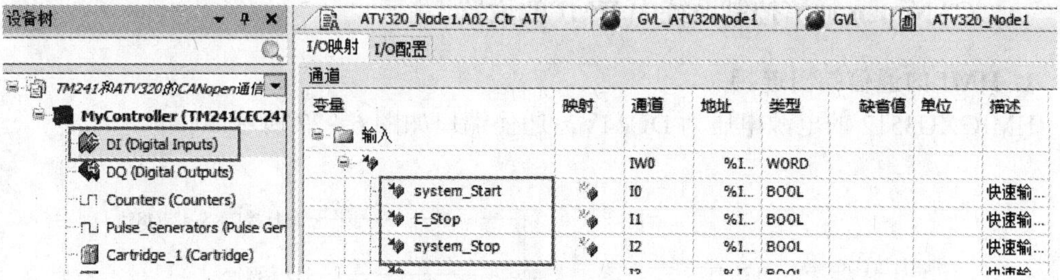

图 6－24　DI 的变量配置

DQ（Digital Outputs）的变量配置如图 6－25 所示。

然后完成系统启动 POU 的编程，编程语言采用的是梯形图，在第一个梯级中采用自锁的编程方法完成系统启动指示灯的编程，在第二个梯级中将急停指示的信号通过中间继电器输出给变频器的 DI6，作为变频器的外部快停信号，同时将变频器的快速停车分配参数（FSt）设置为 DI6，这样当按下急停按钮时将使变频器进入快停，程序如图 6－26 所示。

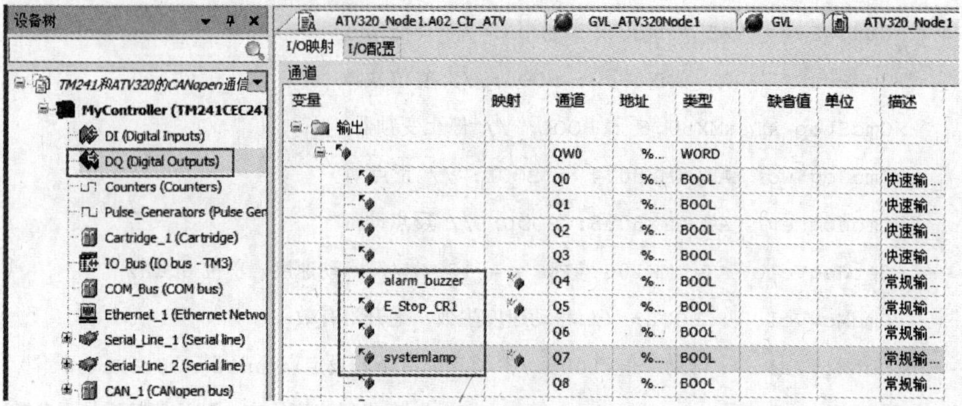

图 6-25　DQ 的变量配置

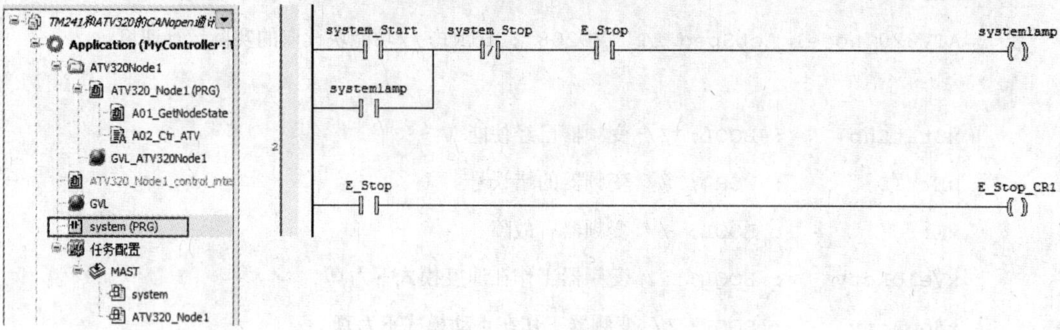

图 6-26　系统启动 POU 的编程

第四节　HMI 的设置和 ATV320 的参数设置

一、CANopen 通信控制系统中 HMI 的设置

1. HMI 的通信端口连接

HMIGXU3512 的电源电压为 DC24V，通信端口如图 6-27 所示。

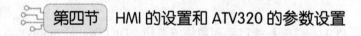

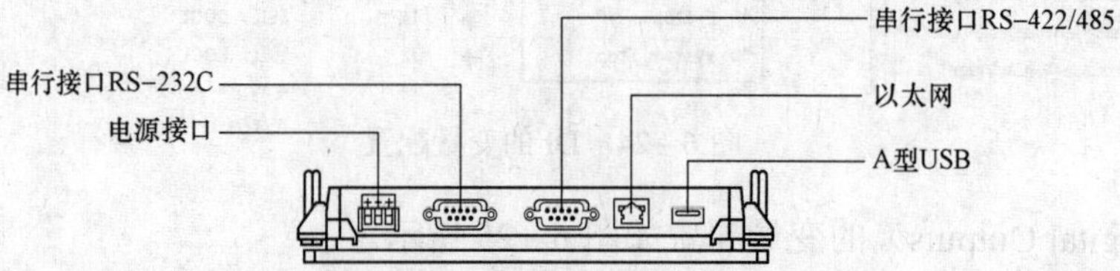

图 6-27　HMIGXU3512 的通信端口

TM241 PLC 本体有两个串口，本实例中采用 PLC 的串口 2 与 HMI 采用 RS-485 通信进行连接，其串口的九针连接器的说明见表 6-3。

表 6-3　　**RS-485 串口的九针连接器的说明**

接　口	说　明
串行接口 D-Sub9	
异步传输	RS-422/485
数据长度	7 位或 8 位
停止位	1 位或 2 位
奇偶校验	无、奇校验或偶校验
数据传输速度	2400～115200bit/s

RS-485 电缆与 D-Sub9 针接口相连接的 GXU3512 的 COM2 的针脚定义见表 6-4。

表 6-4　　**COM2 的 针 脚 定 义**

图示	针脚	信号名称	含义
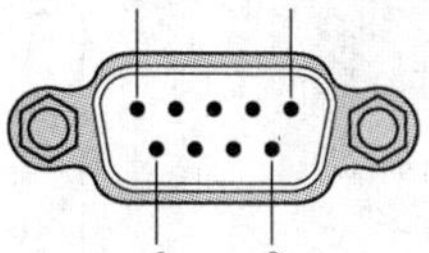	1	RDA	接收数据 A（+）
	2	RDB	接收数据 B（-）
	3	SDA	发送数据 A（+）
	4	—	
	5	SG	接地信号
	6	—	
	7	SDB	发送数据 B（-）
	8	—	
	9	—	
	外壳	FG	功能接地

2. HMI 的项目创建

施耐德 GXU 触摸屏使用【Vijeo Designer Basic】软件进行编辑，单击图标打开软件，选择【创建新工程】后，单击按钮【下一步】，如图 6-28 所示。

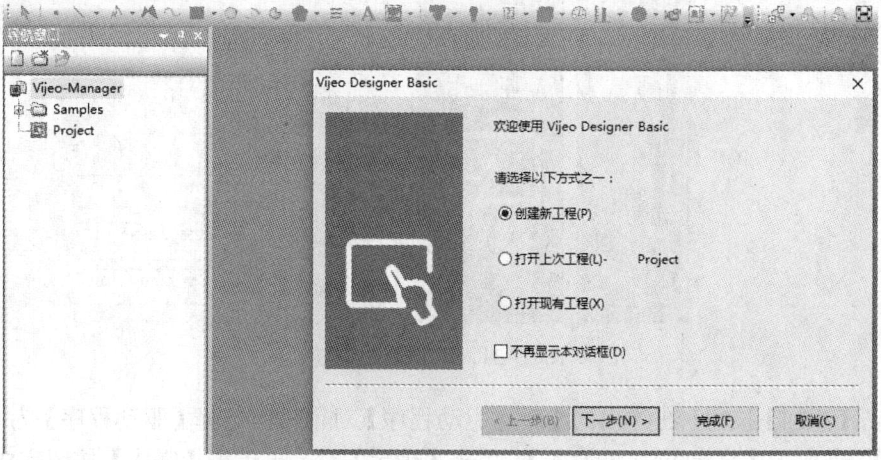

图 6-28　创建新工程

在工程名称的输入框中输入要创建的项目名称，因为不能包含 ASCII 字符，所以本 HMI 项目的项目名称设置为【T241 – ATV320CANOpen】，如图 6 – 29 所示。

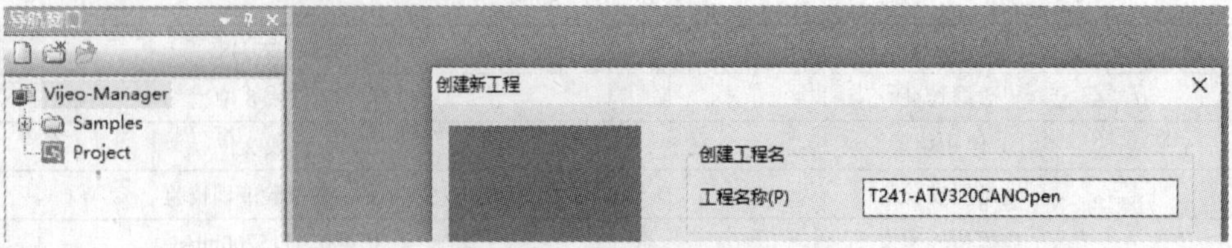

图 6 – 29　输入要创建的项目名称

目标名称用默认名称即可，如图 6 – 30 所示。

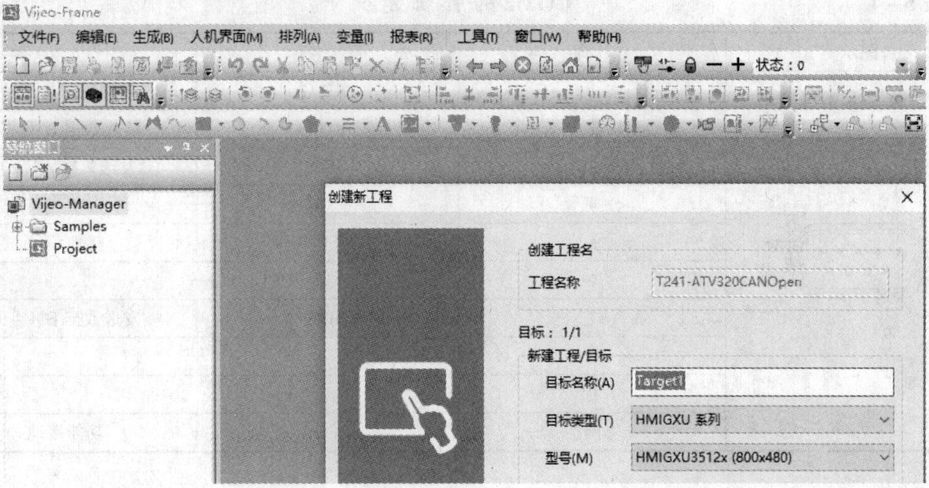

图 6 – 30　目标名称

IP 地址的设置如图 6 – 31 所示。

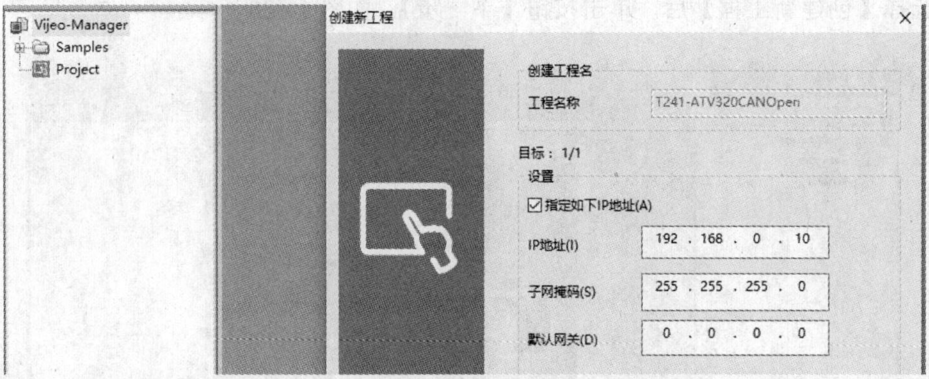

图 6 – 31　IP 地址的设置

单击【添加】按钮，在弹出的【新建驱动程序】对话框中选择【驱动程序】为【Mobus（RTU）】，设备为【Modbus_CT 设备】，单击【确定】后，再单击【完成】按钮完成项目的创建，如图 6－32 所示。

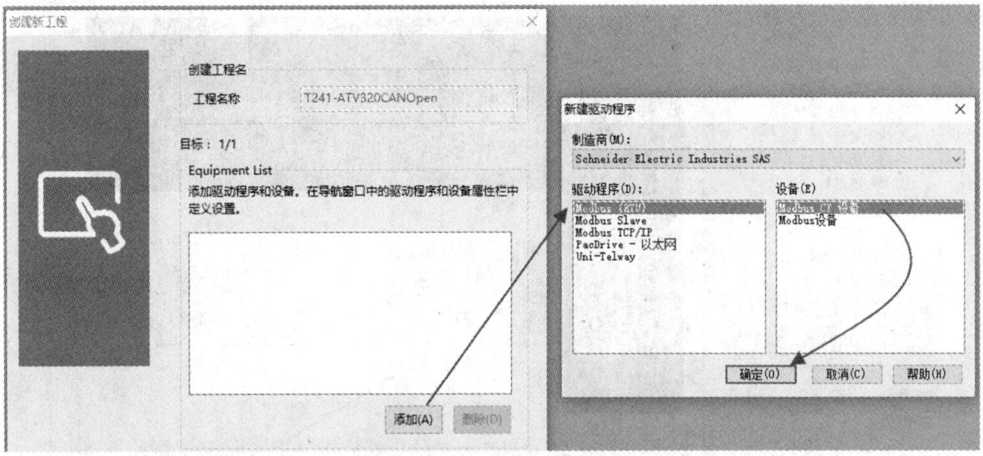

图 6－32　添加驱动程序

如果在创建项目时，没有添加驱动程序，那么需要读者在 I/O 管理器中进行添加，方法是右击【I/O 管理器】选择【新建驱动程序】，然后在弹出的对话框中选择驱动程序为【Modbus（RTU）】，设备为【Modbus】，单击【确定】即可，如图 6－33 所示。

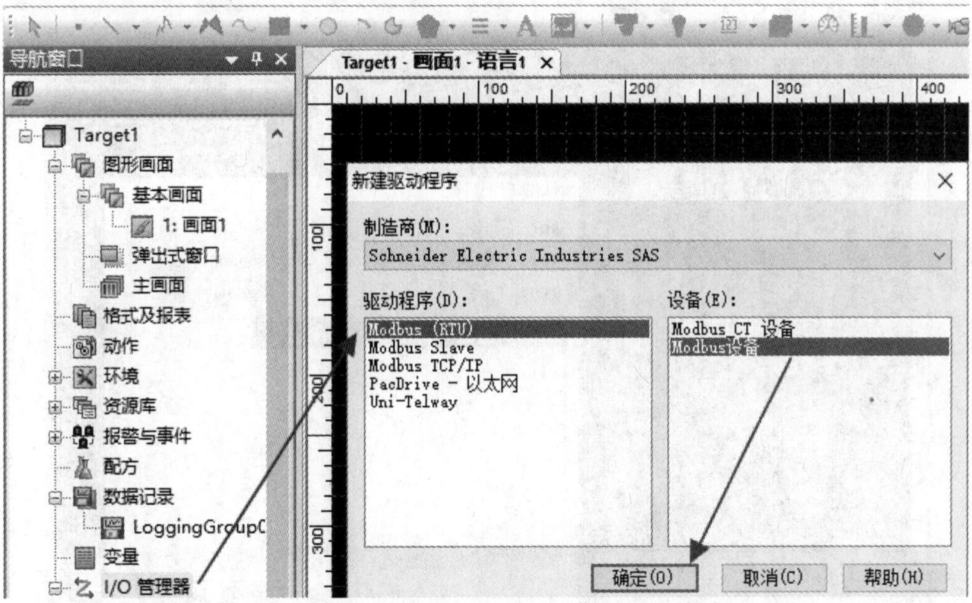

图 6－33　在 I/O 管理器中添加驱动程序

3. 文本的创建

单击菜单栏中的图标A，然后在画面中拖拽图标，给出文本的输入区域，在弹出的【文本编辑框】的输入框中输入文本内容【变频器运行速度：】，单击【确定】，如图 6－34 所示。

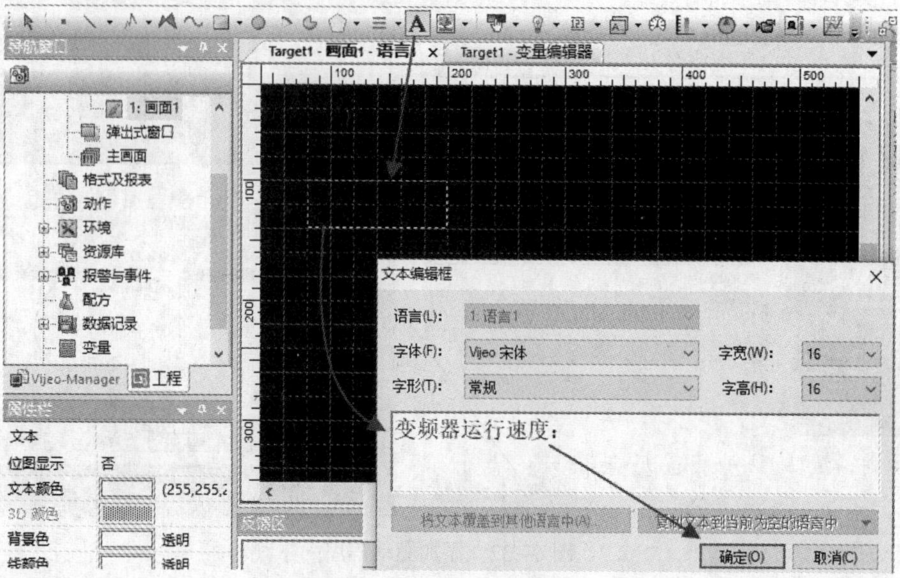

图 6－34　文本的创建

项目名称的添加如图 6－35 所示，设置字高和字形以及字宽。

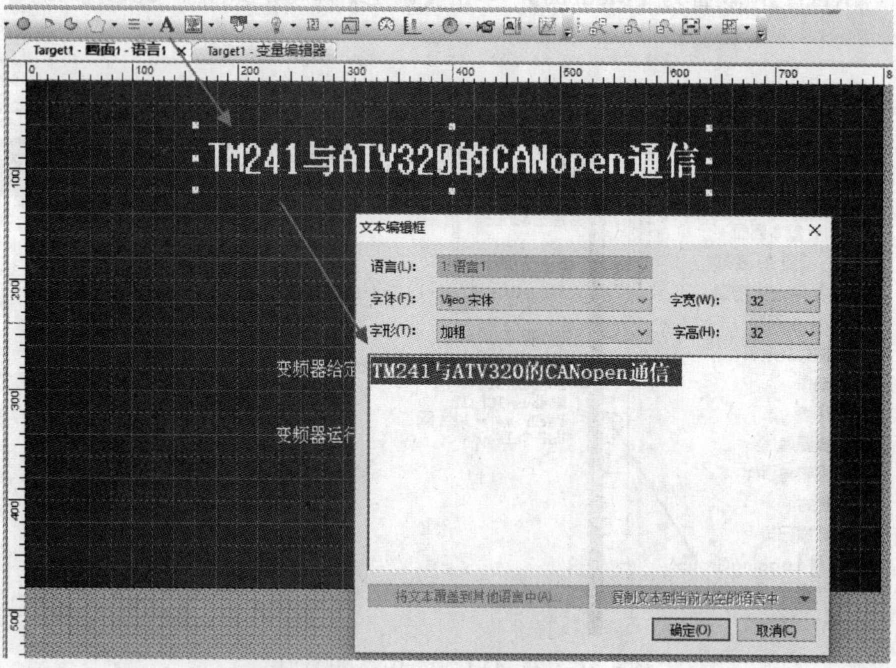

图 6－35　项目名称的添加

4. 创建 HMI 项目的变量表

单击项目视图中的【变量】，在右侧弹出来的空的变量表中，右键单击变量名称下的空白处或已有变量，然后单击【新建】，在弹出来的【新建变量】的对话框中创建 HMI 的变量，如创建 BOOL 变量【使能】，数据类型选择 BOOL，数据源点选【外部】，变量为外部变量时，地址要与 PLC 的地址一致，扫描组选择【ModbusEquipment01】，然后单击【设置设备】输入栏上的【…】，在弹出来的【Modbus（RTU）】对话框中，将偏移量选择为 50，位选择为 1，那么这个地址就是 40051.01 了，单击【确定】按钮，这个 BOOL 变量就创建完成了，如图 6－36 所示。

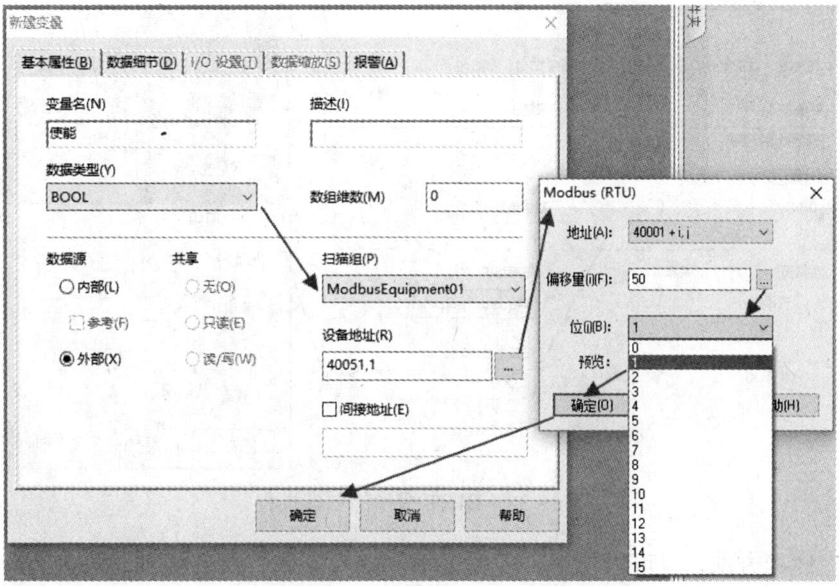

图 6－36　BOOL 变量的创建过程

创建 REAL 变量时，在新建变量中输入变量名为【变频器给定速度】，数据类型 REAL，数据源点选【外部】，扫描组选择【ModbusEquipment01】，然后单击【设置设备】输入栏上的，在弹出来的【Modbus（RTU）】中，将偏移量选择为 200，单击【确定】按钮，REAL 变量的创建过程如图 6－37 所示。

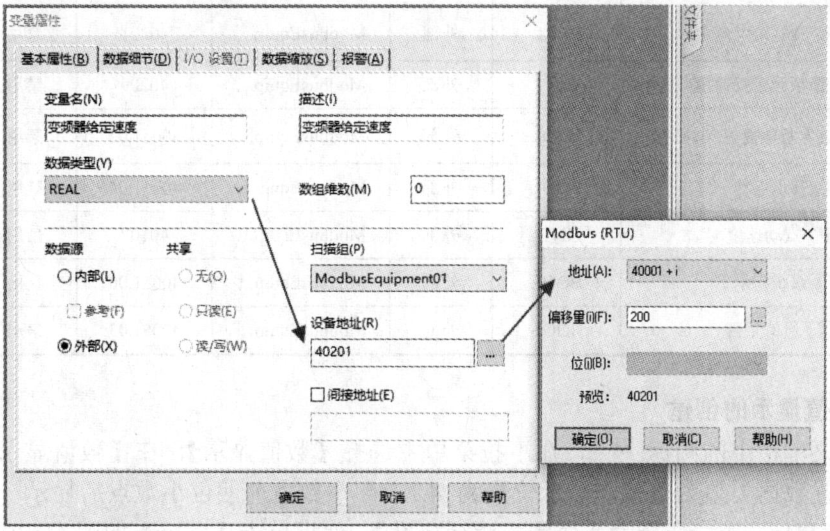

图 6－37　REAL 变量的创建过程

创建 DINT 变量时，在新建变量中输入变量名为【变频器运行速度】，数据类型 DINT，数据源点选【外部】，扫描组选择【ModbusEquipment01】，然后单击【设置设备】输入栏上的 ，在弹出来的【Modbus（RTU）】中，将偏移量选择为 208，单击【确定】按钮，DINT 变量的创建过程如图 6－38 所示。

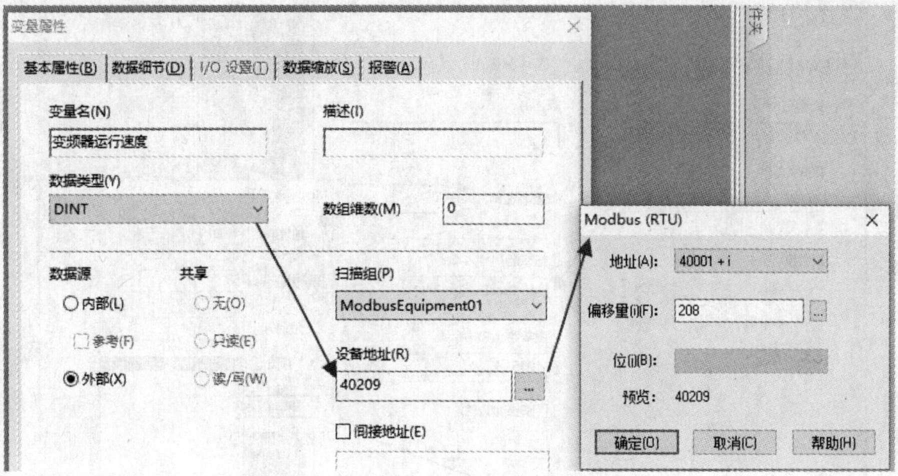

图 6－38　DINT 变量的创建过程

按照上述的方法，就可以根据工程的需要创建实际的工程变量表，本案例的变量表见表 6－5。

表 6－5　　HMI 的 变 量 表

名称	数据类型	数据源	扫描组	设备地址	报警组	记录组
使能	BOOL	外部	ModbusEquip…	40051,01	禁用	无
反点动	BOOL	外部	ModbusEquip…	40051,05	禁用	无
变频器给定速度	REAL	外部	ModbusEquip…	40201	禁用	无
变频器运行速度	DINT	外部	ModbusEquip…	40209	禁用	无
故障复位	BOOL	外部	ModbusEquip…	40051,02	禁用	无
正点动	BOOL	外部	ModbusEquip…	40051,04	禁用	无
点动速度	INT	外部	ModbusEquip…	40107	禁用	无
系统指示灯	BOOL	外部	ModbusEquip…	40051,00	禁用	无
通信正常	BOOL	外部	ModbusEquip…	40051,03	禁用	无

5. 数值显示的创建

单击菜单栏中的图标 ，在下拉菜单中选择【数值显示】，在【数值显示设置】对话框中设置数据类型为整型，显示位数为 4.1，即小数点前四位小数点后显示一位，显示文本设置为 Hz，变量选择为【变频器运行速度】，然后单击【确定】如图 6－39 所示。

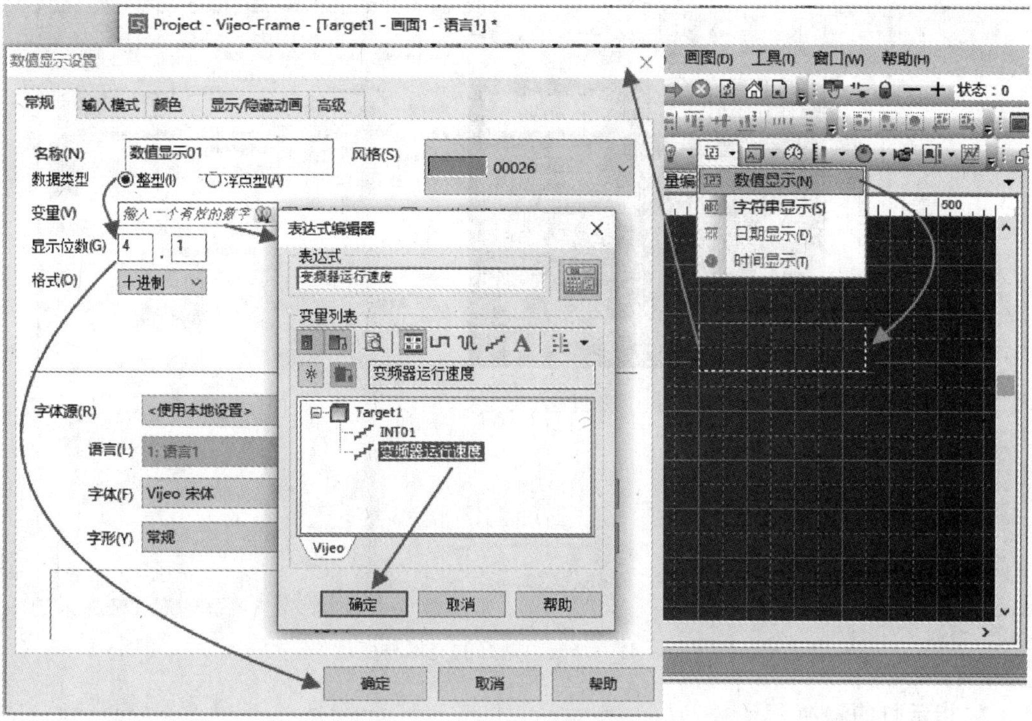

图 6－39　数值显示的创建操作

6. 复制与粘贴的操作

选择要复制的元件，右击后在右键菜单中选择【复制】，然后在响应位置进行粘贴即可，如图 6－40 所示。

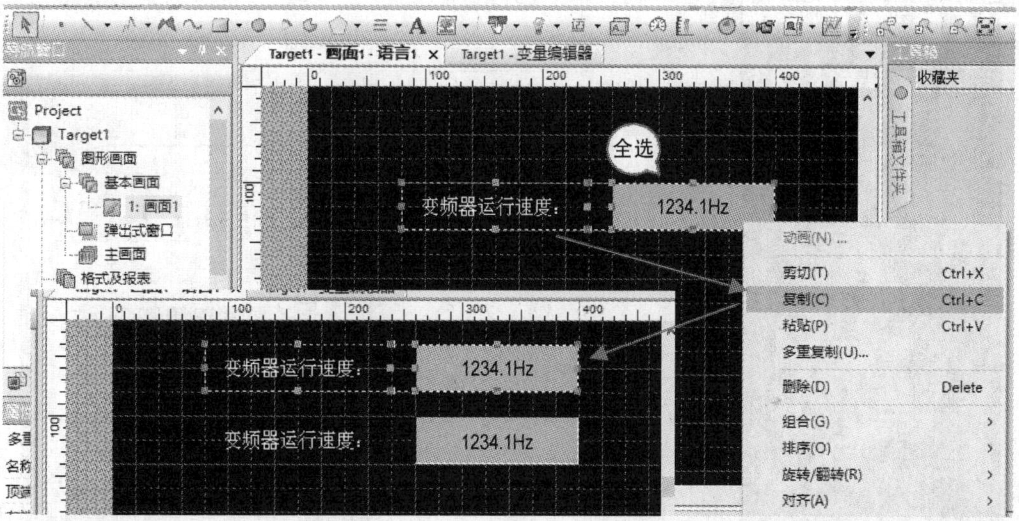

图 6－40　复制与粘贴的操作

使用双击粘贴好的文本，修改为【变频器给定速度】，然后双击刚刚粘贴好的数值显示 2，修改变量为【变频器给定速度】，单击【确定】即可，如图 6－41 所示。

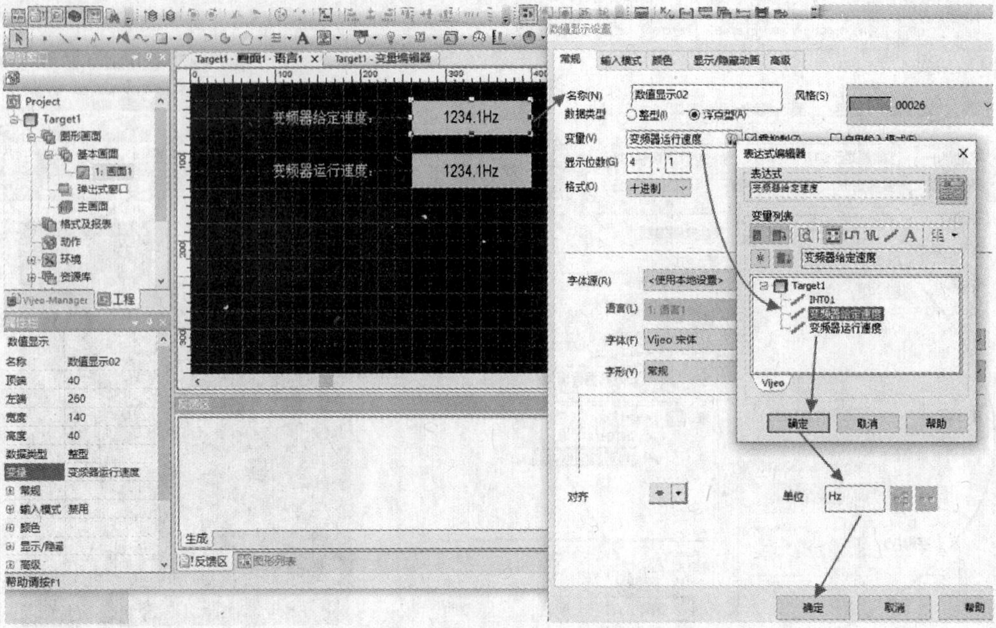

图 6-41　修改粘贴好的文本与变量

7. 指示灯的添加

单击菜单工具栏上的图标 ，选择指示灯后，在设置中输入名称，选择变量。添加指示灯的过程如图 6-42 所示。

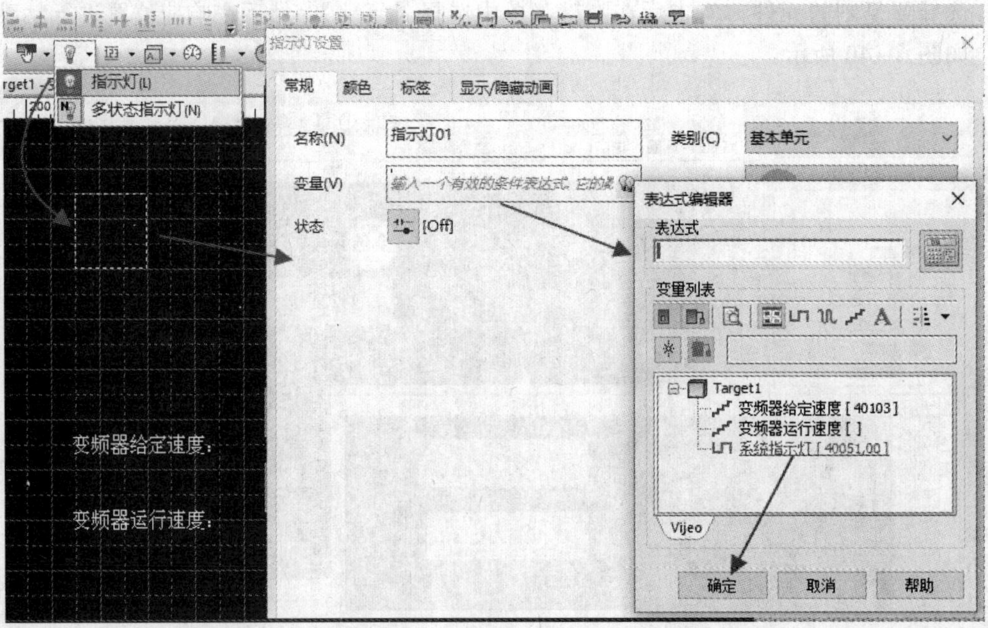

图 6-42　添加指示灯的过程

在【指示灯设置】对话框中的【标签】选项卡中，将标签类型选择为 On/Off，并设置 On 和 Off 的文本分别为系统正常和系统故障，如图 6-43 所示。

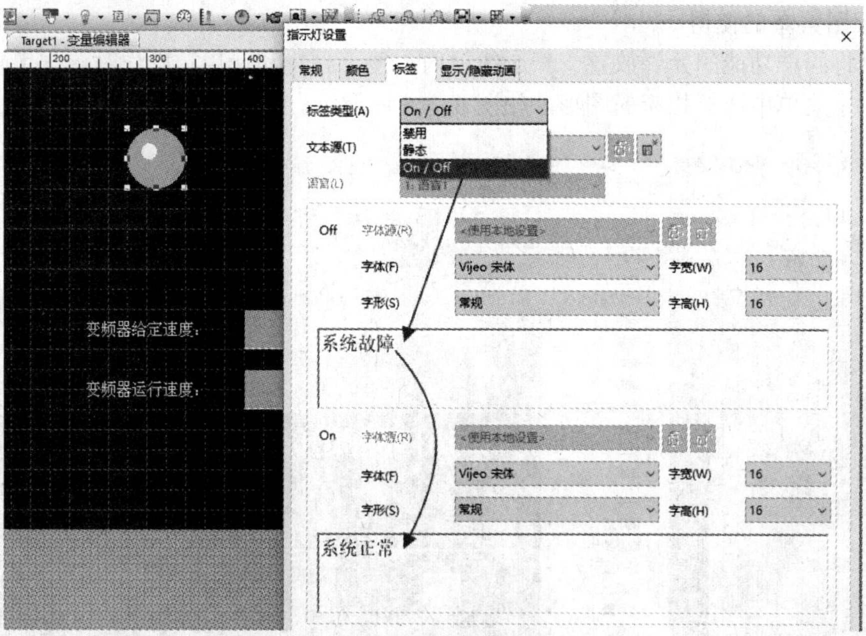

图 6-43 指示灯标签的设置

8. 开关按钮的添加

单击工具栏上的【开关】，在下拉菜单上单击【单选按钮】，然后在画面中用左键在响应位置上进行拖拽，然后在弹出来的【单选按钮设置】对话框中对开关按钮的属性进行设置，如选择开关按钮的风格，是否带有指示灯等，如果带指示灯在为这个指示灯配置响应的变量，这里选择单选按钮，变量配置为【使能】，配置完成后单击【确定】按钮即可，如图 6-44 所示。

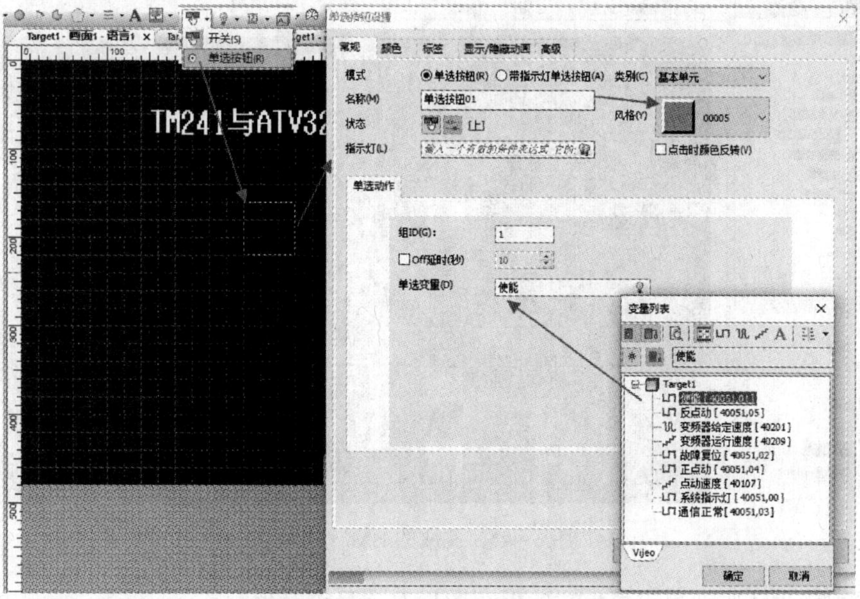

图 6-44 单选按钮的添加与配置

9. 画图菜单的使用

可以将同一功能的元件放置于一个线框内，便于寻找和使用，操作时单击【画图】菜单，在下拉菜单中选择相应的图形，如图 6-45 所示。

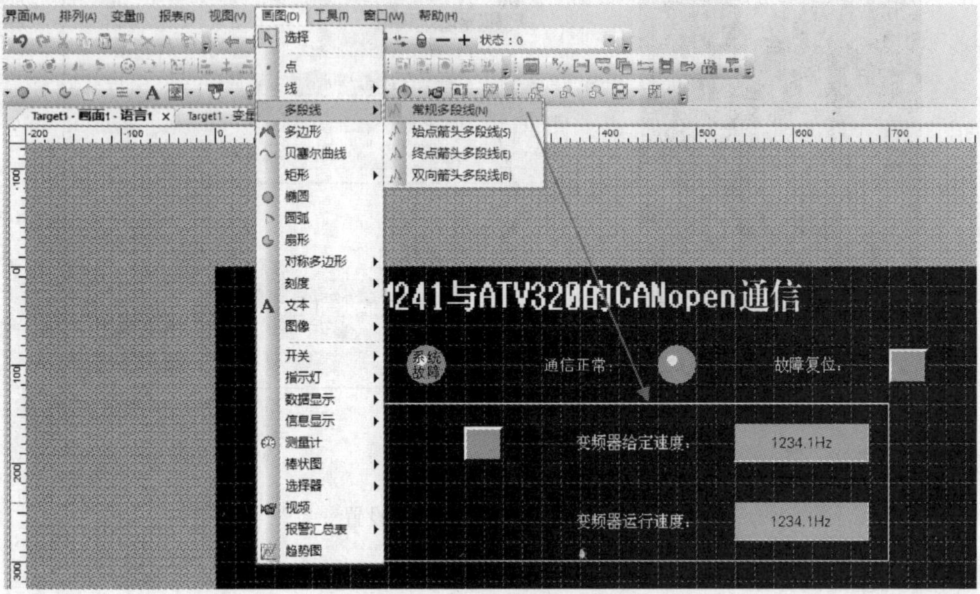

图 6-45　画图菜单的使用

可以根据上述这些元件的创建过程，在实际的工程项目中创建自己的图形元件，本实例的完成画面如图 6-46 所示。

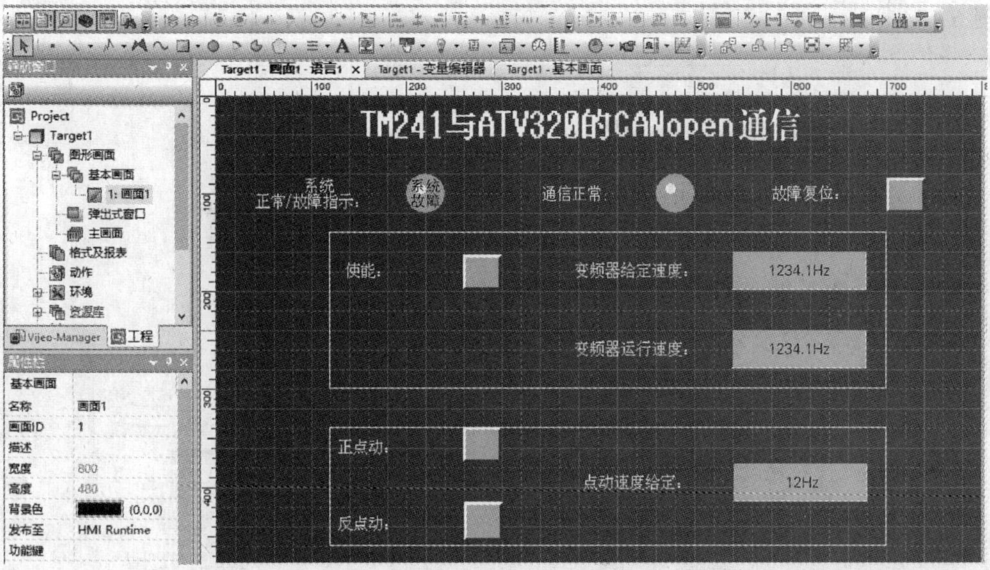

图 6-46　完成的 HMI 画面

项目完成后还需要单击菜单栏的保存图标对项目进行保存。

二、CANopen 通信控制系统中变频器 ATV320 的参数设置

设置 CANopen 通信控制系统中变频器 ATV320 的参数时，应该首先设置 CANopen 的从站地址，并且设置应该与 SoMachine 软件中的 CANopen 地址和波特率相同，如图 6－47 所示。这里需要强调的是在参数设置完成后，必须进行将变频器断电再上电的操作。

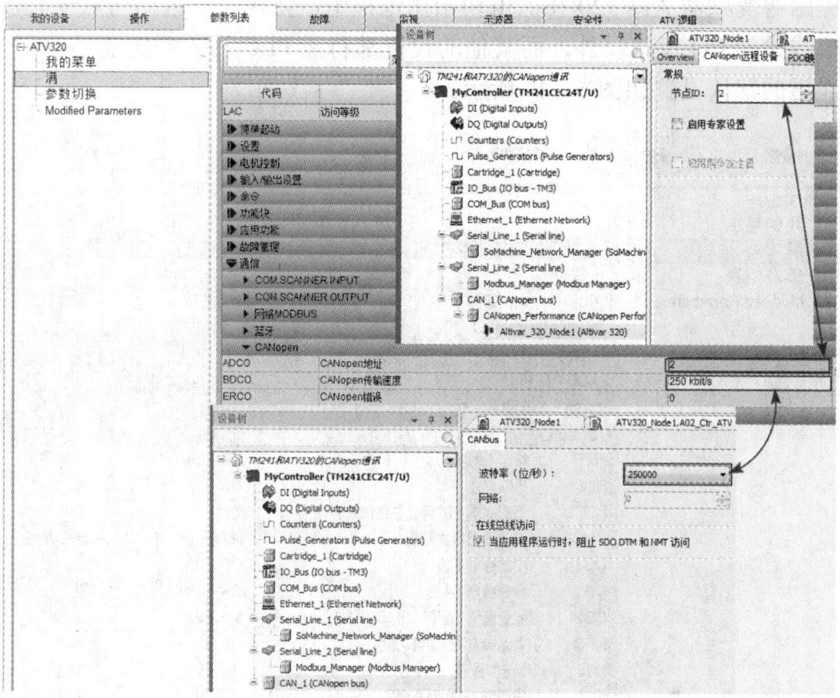

图 6－47　设置地址和波特率

当在 SoMachine 的配置中加入 ATV320 后，SoMachine 将自动配置 ATV320 中的一些参数，这些参数都是【完整菜单】下的【命令】菜单中的参数，如图 6－48 所示。

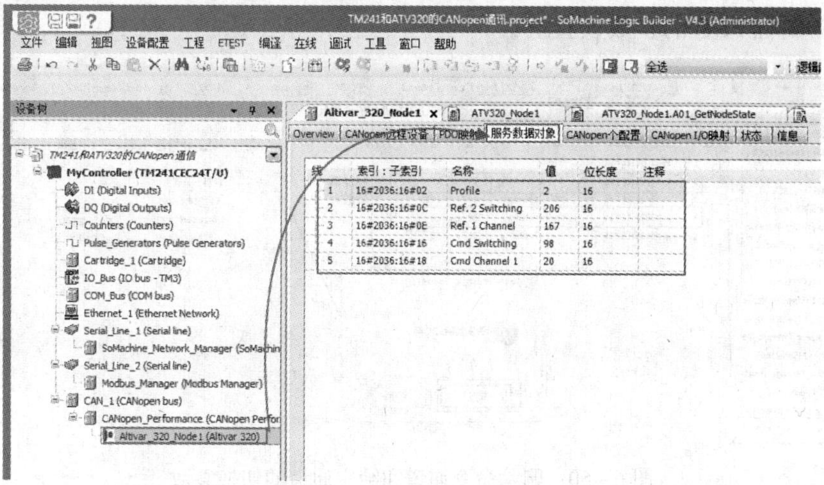

图 6－48　SoMachine 中变频器 ATV320 的默认设置

（1）参数【组合模式】设为分离模式。

（2）参数【给定 1 通道】设为 CANopen。

（3）参数【命令 1 通道】设为 CANopen。

（4）【给定 2 切换】设为 C214。

（5）参数【命令通道切换】设为通道 1 有效。

因为施耐德变频器 ATV320 在上电初始化过程中，会将服务数据写入变频器，所以除了将组合模式设为 I/O 模式以外，而其他的设置都将被 PLC 写入并覆盖。

命令通道的默认设置如图 6–49 所示。

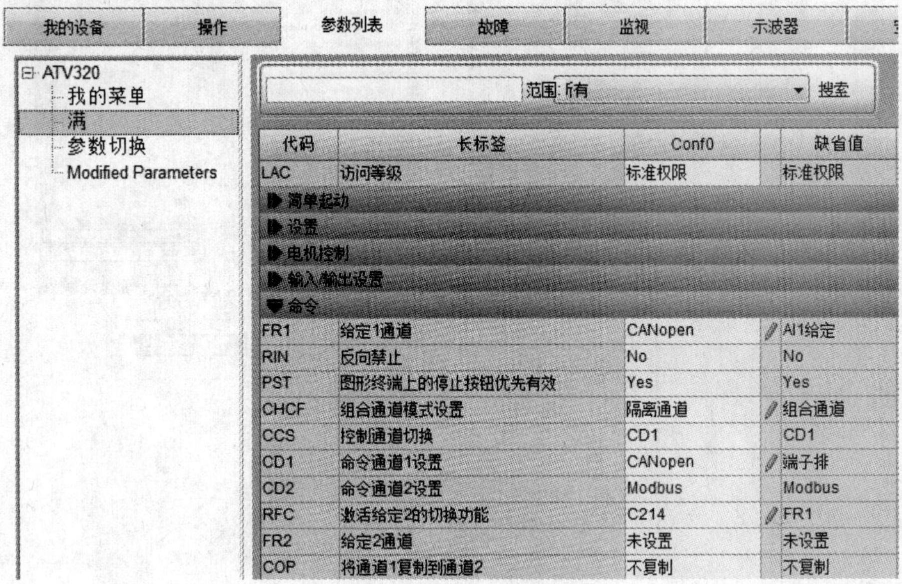

图 6–49　命令通道的默认设置

为了完成给定通道与需删除 SoMachine 中命令通道和给定通道的切换参数，如图 6–50 所示，否则在 SoMove 或在面板的参数修改会被 PLC 锁定，也就是变频器重新上电配置会重新编程 PLC 的参数设置值。

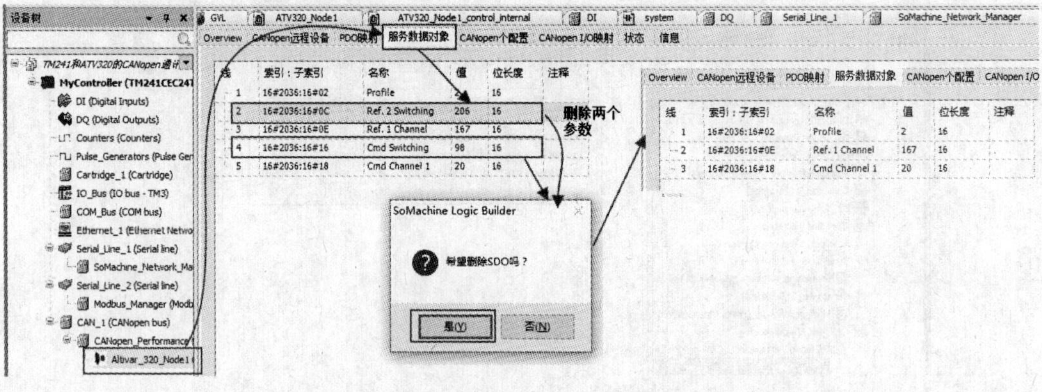

图 6–50　删除命令通道和给定通道的切换参数

然后在 SoMove 中设置【给定 2 切换为】和【命令 2 切换为】LI6，【给定 2 通道】设为 AI1，程序如图 6－51 所示。

▼命令			
FR1	给定1通道	CANopen	AI1给定
RIN	反向禁止	No	No
PST	图形终端上的停止按钮优先有效	Yes	Yes
CHCF	组合通道模式设置	隔离通道	组合通道
CCS	控制通道切换	LI6	CD1
CD1	命令通道1设置	CANopen	端子排
CD2	命令通道2设置	Modbus	Modbus
RFC	激活给定2的切换功能	LI6	FR1
FR2	给定2通道	AI1给定	未设置
COP	将通道1复制到通道2	不复制	不复制
FN1	F1 键分配	NO	NO
FN2	F2 键分配	NO	NO
FN3	F3 键分配	NO	NO
FN4	F4 键分配	NO	NO
BMP	图形终端命令	停车	停车

图 6－51　带本体切换的变频器给定菜单中的设置

第五节　CANopen 通信控制系统的调试

一、CANopen 通信线缆的选配和安装

为保障通信顺利，CANopen 的通信线应该选用高质量的双绞双屏蔽的网线，或者施耐德原装线，若为了降低成本选用低质量的通信线，最后的结果往往是得不偿失，因为如果通信线的质量出现通信故障，最后付出的服务成本要远远超出买原装线的成本，因此，不能仅简单的考虑一次性的项目成本，更要考虑项目的维护成本，施耐德原装线和 CANopen 分线器如图 6－52 所示。

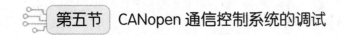

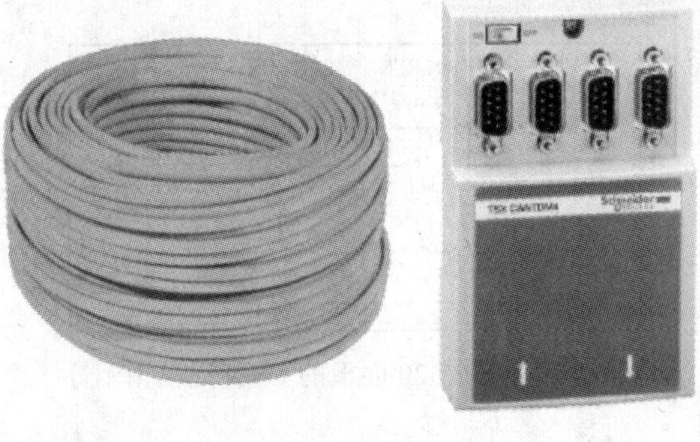

图 6－52　施耐德原装线和 CANopen 分线器

在 CANopen 通信布线时，要注意与变频器的输出线分开至少 30cm，如果交叉，要求呈 90° 垂直安装，并远离其他干扰源，包括其他的变频器的电动机电缆、整流器、电焊机。另外，大的接触器的线圈建议加防浪涌元件。还要引起足够重视的是变频器的输出线也不要和 PLC 的开关量线在线槽中一起布线，以免引起干扰。

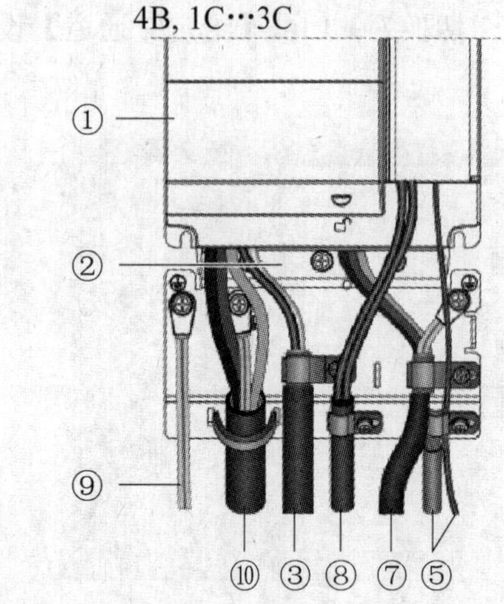

图 6－53　ATV320 的 EMC 安装板的安装方式

安装时，通信线屏蔽层需要可靠接地，这样可以增强抗干扰能力。通信线的屏蔽层要安装在 EMC 安装板上，屏蔽层的接地要采用压接方式，如图 6－53 所示。

其中，① 为 Altivar320；② 为钢板接地的 EMC 板；③ 用于制动电阻器连接（已使用的情况下）的屏蔽电缆，屏蔽层必须连续，中间端子必须安装在 EMC 板上；④ 为控制用 EMC 板；⑤ 用于控制信号部分和 STO 安全功能输入连接的屏蔽电缆；⑥ 用于控制用 EMC 板的安装孔；⑦ 用于电动机连接的屏蔽电缆，屏蔽层在两端均接地，屏蔽层必须连续，中间端子必须安装在 EMC 板上；⑧ 用于继电器触点输出的无屏蔽导线；⑨ 为保护接地；⑩ 用于变频器电源的无屏蔽电缆或导线。

二、变频器的启动和速度给定

在系统启动后在触摸屏先给变频器使能，然后在 HMI 上给出机器速度给定值，默认情况下此变量的给定范围上最大的机器速度的百分比，机器的最大速度默认是 50Hz。

三、ATV320 出现 CANopen 通信故障 COF 的处理方法

ATV320 出现 COF 故障的原因有 3 种：① 错误的 CANopen 配置；② 通信线缆的问题；③ EMC 干扰带来的通信错误。

当出现 COF 故障时，首先应该观察 LED 指示灯 CAN_RUN 和 CAN_ERR。ATV320 面板的 CAN 通信指示灯如图 6－54 所示。

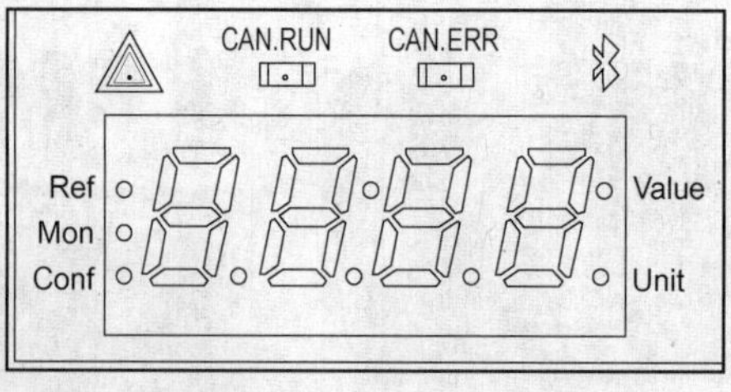

图 6－54　ATV320 面板的 CAN 通信指示灯

ATV320 面板的 CAN 通信指示灯的状态定义见表 6－6。

表 6－6　ATV320 面板的 CAN 通信指示灯的状态定义

通信指示灯状态		ATV320/CANopen 状态
CAN_RUN	⊗	The CANopen controller is in “OFF” state
		The Altivar 32 is in “STOPPED” state

续表

通信指示灯状态		ATV320/CANopen 状态
CAN_RUN		The Altivar 32 is in "PRE-OPERATIONAL" state
		The Altivar 32 is in "OPERATIONAL" state
CAN_ERR	⊗	No detected error reported
		Detected error reported by the CANopen controller of the Altivar 32 (example: too many detected error frames)
		Detected error due to the occurrence of a node-guarding event or a heartbeat event
		The CANopen controller is in "bus-off" state

其中，参数［Errorcode］（ErCO）的 CANopen 地址（index、subindex16#201E、39）用于显示最新发现的通信故障，并且保持到故障消失。

可以通过这个参数里的数值来辅助判断，如下：

- ［**0**］表示 CANopen 通信无故障。
- ［**1**］表示总线关闭，要求将变频器重新启动。
- ［**2**］表示节点保护监测到节点保护故障要求回到 NMT 初始化状态。
- ［**3**］表示 CAN 过载。
- ［**4**］表示心跳保护出现错误，返回 NMT 初始化状态。
- ［**5**］表示 NMT 状态表出现故障。

第六节 CANopen 通信控制系统的实战总结

一、新旧变频器替换

ATV32 是施耐德的旧型号，当设备中配备了 ATV32，需要使用 ATV320 替换 ATV32 时，如果 ATV320 的固件版本高于 V2.9IE34，可以使用专用的参数网络标识选择 NTID 用来更改 PLC 对 ATV320 的产品识别，可以将 ATV320 直接视为 ATV32 来使用，而不用修改程序，这个参数只能在面板上修改，目前在 SoMove 中只能监视，NTID 参数在通信菜单【Con】下面，如图 6-55 所示。

Code	Name / Description	Adjustment range	Factory setting
CoN-	**[COMMUNICATION] (continued)**		
ntid	**[Fieldbus Identifier Sel]** • This parameter allows to the ATV320 drive to be identified as an ATV320 or an ATV32 drive by the network. • The modification of the setting value is effective when you restart the drive. • This parameter is not part of a drive configuration. This parameter cannot be transfered. • A factory setting does not modify the setting value of this parameter.		-
320	**[ATV320]** (320): Network identifies the drive as an ATV320.		
32	**[ATV32]** (32): Network identifies the drive as an ATV32.		

图 6-55　ATV320 的参数选择

NTID 的网络识别的通信变量地址 Modbus 为 6694，CANopen 通信的地址为 16#2024/5F，设为 0 表示 ATV320，设为 1 表示 ATV32。

如果固件版本比较低，还可以采用升级固件的方法，也可以采用以下 3 种方式中的一种来完成 ATV32 到 ATV320 的平滑过渡。

1. 修改 SoMachine 中 ATV320 配置

如果在项目中使用了 ATV32 的 PLC 功能块，那么需要使用修改 PLC 的参数配置来进行替换，使用 ATV32 的 PLC 功能块的示例程序如图 6－56 所示。

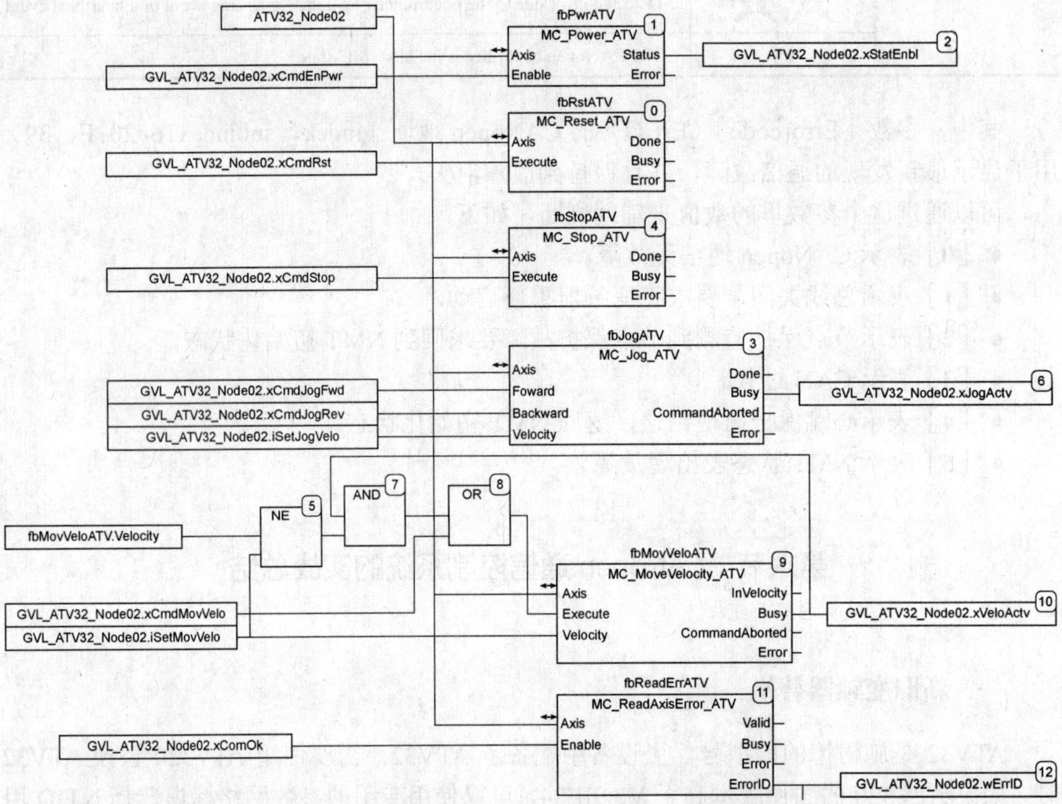

图 6－56　使用 ATV32 的 PLC 功能块的示例程序

另外，还需要在 CANopen 的硬件配置里，将 ATV32 的硬件配置的【检查产品号】前面的钩去掉，如图 6－57 所示，然后重新编译并下载。

去掉【检查产品号】的选择以后，就可以用 ATV32 的配置去控制 ATV320 了，这个方法可以在程序修改量很小的情况下，完成 ATV320 对 ATV32 的替换。

如果现场实际的工程项目已经在执行过程当中，如果采用两个配置程序，那会给维护带来很大的不便，此时可以使用后面介绍的两种方法，在不修改 PLC 程序的情况下，实现 ATV320 直接替代 ATV32。

2. 修改隐藏参数

这个方法需要用到中文面板，具体操作步骤如下。

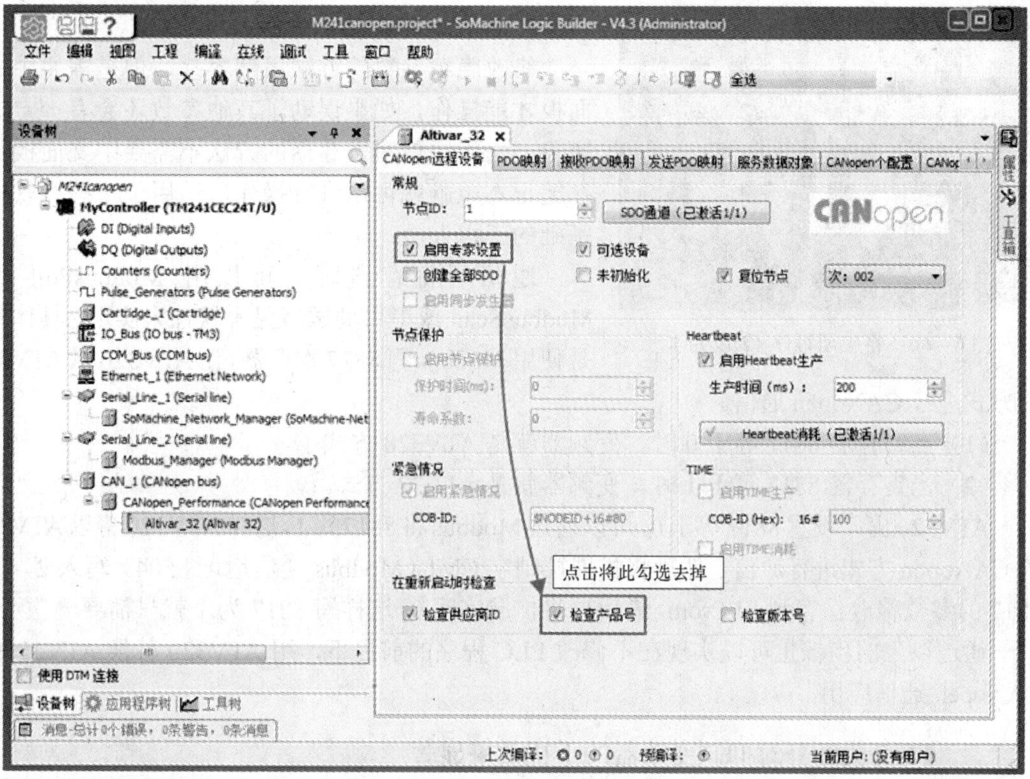

图 6-57　去掉检查产品号的选择图示

打开变频器中文面板，在【2 软硬件识别】中找到中文面板的版本，图形终端版本号的位置如图 6-58 所示。

然后按住 ENT 键 5s 以上，再进入【1 变频器菜单】，找到【1.3 满】菜单，然后按 ENT 键进入完整菜单找到【隐藏菜单】，如图 6-59 所示。

图 6-58　图形终端版本号的位置

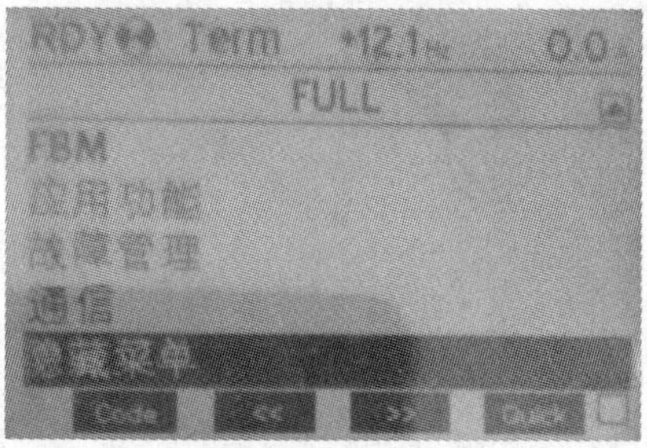

图 6-59　找到完整菜单下面的隐藏菜单

在隐藏菜单中找到 AP17【应用程序 17】，将其设为 1，变频器 ATV320 将按 ATV32 的方式响应 CANopen 通信，如图 6-60 所示。

上述的操作完成后，就可以完成 ATV320 对 ATV32 的替换了。但需要注意的是，不要随意改动隐藏菜单的其他参数，以免带来不可预知的副作用。

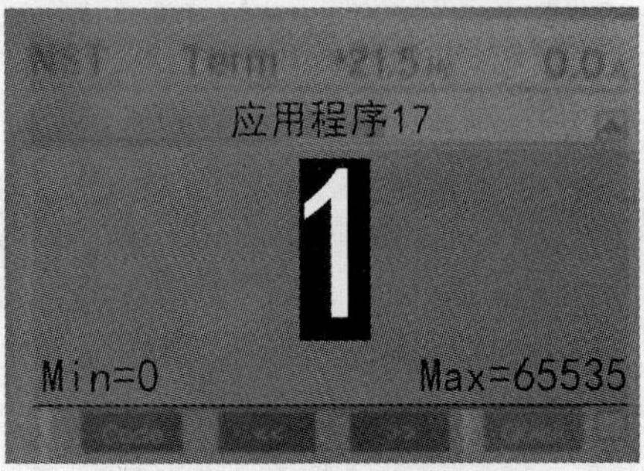

图 6－60　将应用程序 17 设为 1

3. 通信写寄存器的方法

修改隐藏参数的方法虽然容易，但是需要中文面板才能操作，如果误动了其他参数还会有一定的风险，采用通信写寄存器的方法不需要中文面板，在笔记本电脑就可以进行操作，适用于一些有软件基础的工程人员。

通信写寄存器时，可以用 ModbusPoll 或 ModbusScan 或串口调试精灵等软件来实现，具体就是使用 Modbus 写 8817 寄存器，让 ATV320 以 ATV32 的方式进行 CANopen 通信。

（1）当寄存器 8817 等于 0 时，变频器就是 ATV320 方式了。

（2）当寄存器 8817 等于 1 时，变频器就是 ATV32 方式。

ATV320 出厂设置 8817 等于 0，可以通过 Modbus 将 8817 写 1，这样 ATV320 将以 ATV32 的 CANopen 方式进行通信。然后将扩展控制字 CMI（Modbus 通信地址 8504）写入 2，将 8817 的参数修改保存到 EEProm，最后再将扩展字写 0，这样写 8817 为 1 就只需要一次了。

通过以上的步骤也可以实现在不修改 PLC 程序的前提下，用 ATV320 替换 ATV32 的 CANopen 通信应用。

二、IT 开关断开对抑制变频器的干扰效果显著

在实际的工程实际中发现断开 ATV320 的 IT 开关，可以一定程度上降低变频器 ATV320 对通信和模拟量等弱电信号的干扰，因为不需要增加成本，建议优先使用。ATV320 书本型变频器的 IT 开关断开方式如图 6－61 所示。

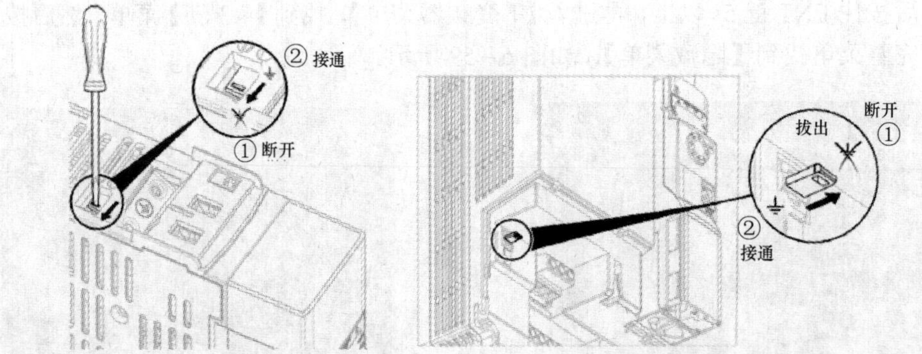

图 6－61　ATV320 书本型变频器的 IT 开关断开方式

（a）4kW 以下；（b）5.5～15kW

三、通信线选配错误

如果电缆选配的质量不佳，会导致通信稳定性出现问题，出现 COF 故障。处理方法是更换高质量的双绞双屏蔽的网线，或者施耐德原装线，即施耐德专用的 CANopen 通信线。

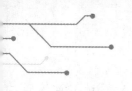

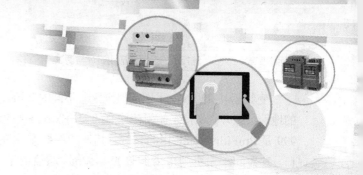

第七章

变频器 ATV340 与西门子 S7-1200 PLC 的 ProFidive 通信

扫码看视频

第一节　ProFidive 的通信协议和通信设备

一、ProFidive 的通信协议

ProFidive 是西门子 Profibus 和 PROFINET 两种通信方式针对驱动的生产和自动化控制应用的一种协议，西门子将其称为“行规”，ProFidive 主要由 3 部分组成。

（1）控制器（controller），包括一类 Profibus 主站和 PROFINETI、O 控制器。

（2）监控器（supervisor），包括二类 Profibus 主站和 PROFINETI、O 管理器。

（3）执行器（driveunit），包括 ProFibus 从站和 PROFINET I、O 装置。

ProFidive 的典型结构如图 7－1 所示。

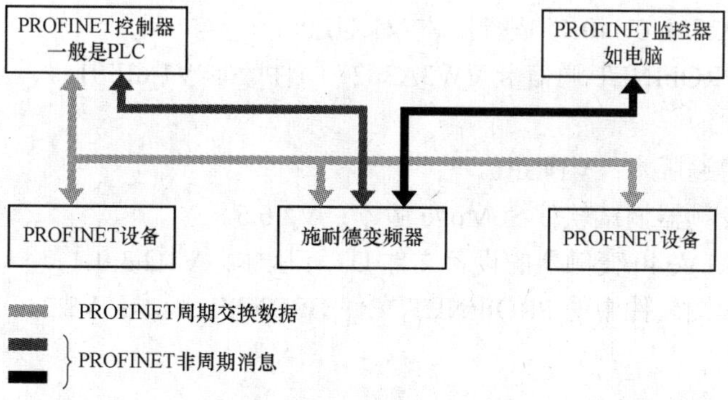

图 7－1　ProFidive 的典型结构

ProFidrvie 根据具体的产品的功能特点，制定了特殊的报文结构，每一个报文结构都与变频器的功能一一对应，而施耐德变频器 ATV340 支持的报文结构仅是最简单的一种，此报文为标准报文，是根据 ProFidive 规范制定的常规报文，如果要采用 ProFidive 行规控制 ATV340 变频器，在 PROFINET 通信组态时选择 ProFidive 报文即可。

ATV340 的 ProFidive 报文目前仅支持速度控制，周期读取由状态字 ZSW1 和实际速度 NIST_A 组成，周期写入由控制字 STW1 和速度给定 NSOLL_A 组成。

ProFidive 的参数通道使用所谓的 PNU 来组织，这种通信方式属于非周期通信方式。

变频器中的 PNU 采用数值来定义不同的参数，对于熟悉施耐德变频器的人来说，这部分的地址组织方式保持了施耐德原有的使用 Modbus 通信地址来定义参数的结构。其中 PNU900～999 是 ProFidive 标准化的参数，其他的参数则由变频器厂商自己定义，PNU1000 是统一接口，参数的子索引则采用参数的 Modbus 通信地址，当然也可以直接将 Modbus 通信地址作为 PNU 后面的数字，然后将 0 作为子索引。ProFidive 的参数地址结构如图 7－2 所示。

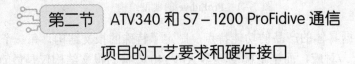

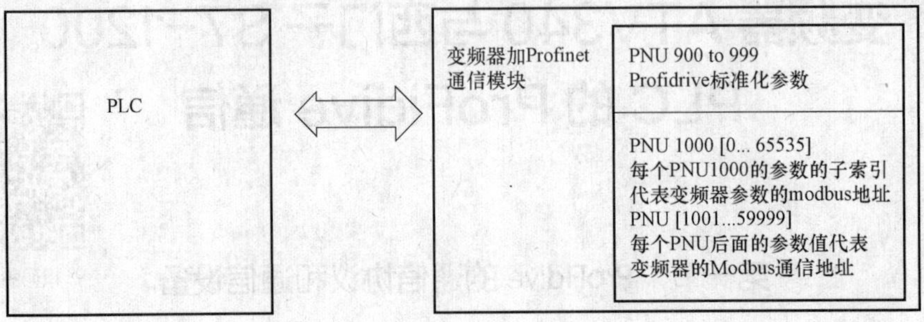

图 7－2　ProFidive 的参数地址结构

二、PROFINET 的通信设备

1. 施耐德的变频器 ATV340 的 PROFINET 通信设备

ATV340 本体不集成 PROFINET 通信，需外加通信卡 VW3A3627。

2. 西门子 S7－1200 PLC 的通信设备

PROFINET 通信可以直接采用 S7－1200 本体集成的网口作为 PROFINET 的通信主站。

3. 硬件版本

（1）西门子 S7－1200DC、DCAG40－0XB0 固件版本 V4.2。

（2）施耐德 ATV340U40N4 固件版本 V1.1IE06。

（3）施耐德 PROFINET 通信卡 VW3A3627 固件版本 V1.6IE01。

4. 软件版本

（1）西门子博途版本：V14SP1。

（2）施耐德变频器调试软件 SoMove 版本：V2.6.5。

（3）施耐德 ATV340 变频器的设备文件 DTM 版本：V1.2.3.0。

（4）需导入博图软件中的 PROFINET 文件 GSDXML 版本：V2.3。

第二节　ATV340 和 S7－1200 ProFidive 通信项目的工艺要求和硬件接口

一、ProFidive 通信控制项目的工艺要求

本项目中实现的是 S7－1200 通过 ProFidive 协议控制 ATV340 变频器的启停和速度给

定，实现变频器的远程控制。西门子 S7－1200 与 ATV340 变频器的 PROFINET 的网络通信如图 7－3 所示。

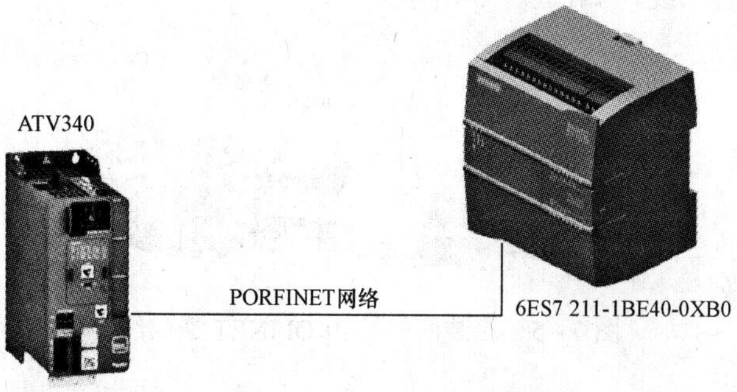

图 7－3　西门子 S7－1200 与 ATV340 变频器的 PROFINET 的网络通信

二、PROFINET 以太网口和网线

1. VW3A3627 的接口针脚定义

PROFINET 通信卡 VW3A3627 的接口是 2 个 RJ－45 的接头，针脚排布如图 7－4 所示。

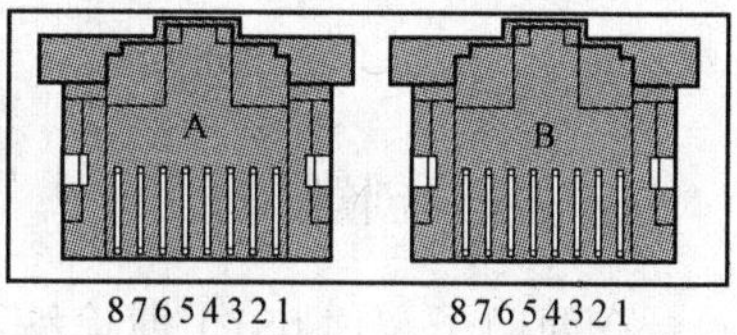

图 7－4　PROFINET 接口的针脚排布

RJ－45 中 PROFINET 使用的 4 根通信线的定义见表 7－1。

表 7－1　RJ－45 中 PROFINET 使用的 4 根通信线的定义

针脚	信号	说　明
1	TX+	以太网发送正
2	TX－	以太网发送负
3	Rx+	以太网接收正
6	Rx－	以太网接收负

2. 西门子 S7－1200 PLC 的以太网口定义

S7－1211C 仅有一个以太网口，其的针脚定义见表 7－2。

表 7－2　S7－1211 单以太网口的针脚定义

针脚	信号名称	说　明	图　示
1	TD+	传输数据	
2	TD－		
3	RD+	接收数据	
4	GND	接地	 X1P1
5	GND		
6	RD－	接收数据	
7	GND	接地	
8	GND		

3. 通信线要求

为保证 PROFINET 通信的可靠性，本项目采用了专用的 PROFINET 通信线，即原装西门子 PROFINET 通信线，如图 7-5 所示。

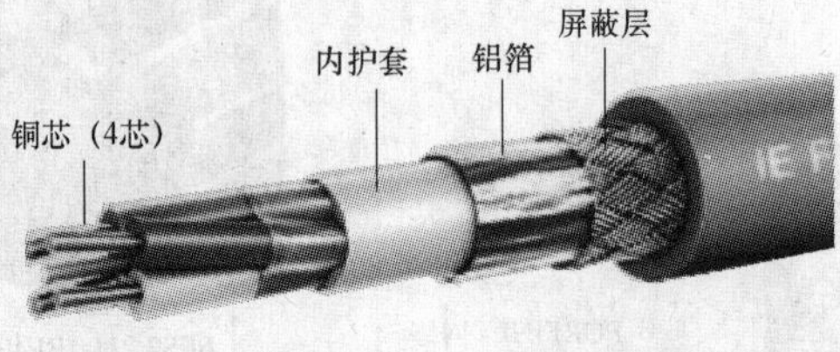

图 7-5　原装西门子 PROFINET 通信线

第三节　ATV340 和 S7-1200 ProFidive 通信的项目创建和程序编制

一、项目创建

在西门子 V14.0SP1 博途编程平台中，单击【添加新设备】，在弹出的【添加新设备】对话框中添加西门子 S7-1200，方法是单击【添加新设备】→【控制器】→【6ES7211-1BE40-0XB0】，选择版本 V4.2，单击【添加】按钮，如图 7-6 所示。

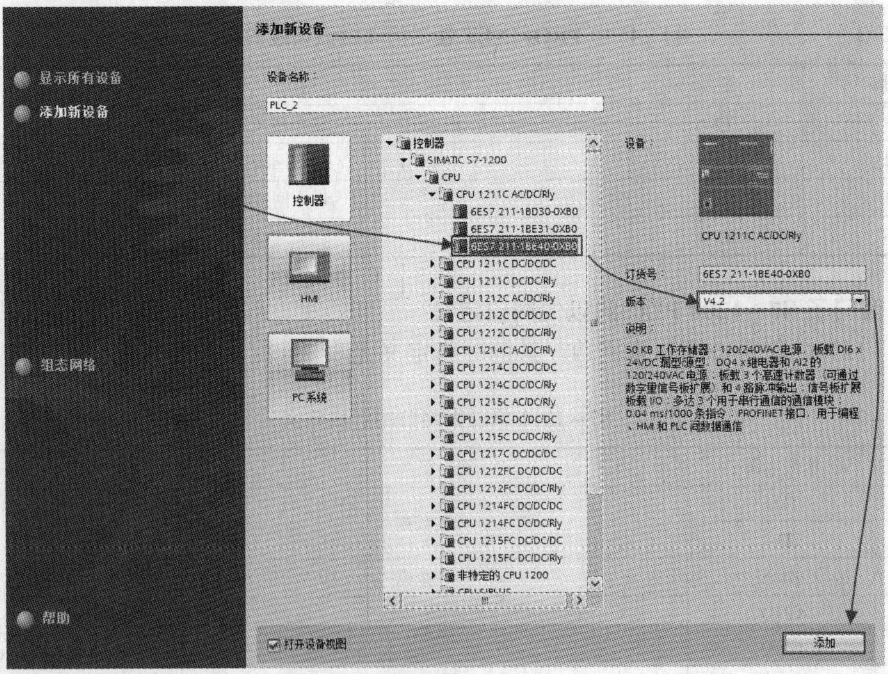

图 7-6　添加西门子 S7-1200

双击 PLC_1【CPU1211AC/DC/Rly】下的【设备组态】，对 PLC 进行配置，在【常规】选项卡中选择【以太网地址】，然后单击【添加新子网】，如图 7-7 所示。

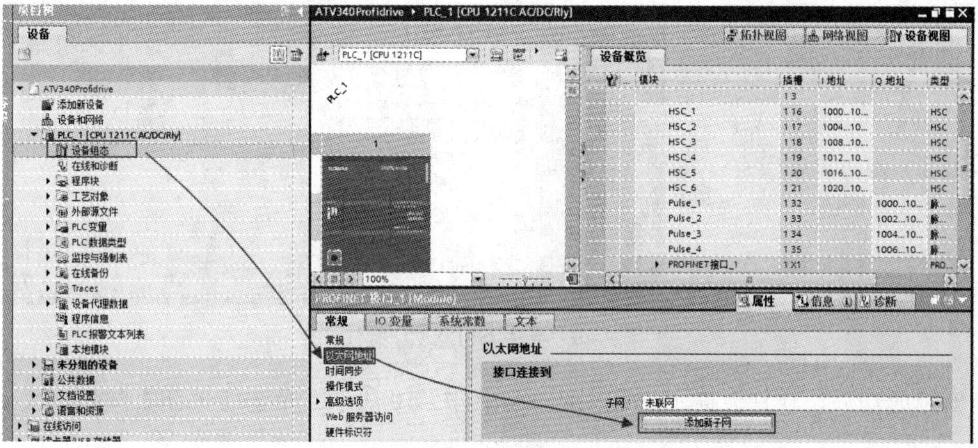

图 7-7　添加新子网

设置 PLC 网口的 IP 地址为 192.168.0.1，子网掩码为 255.255.255.0，如图 7-8 所示。

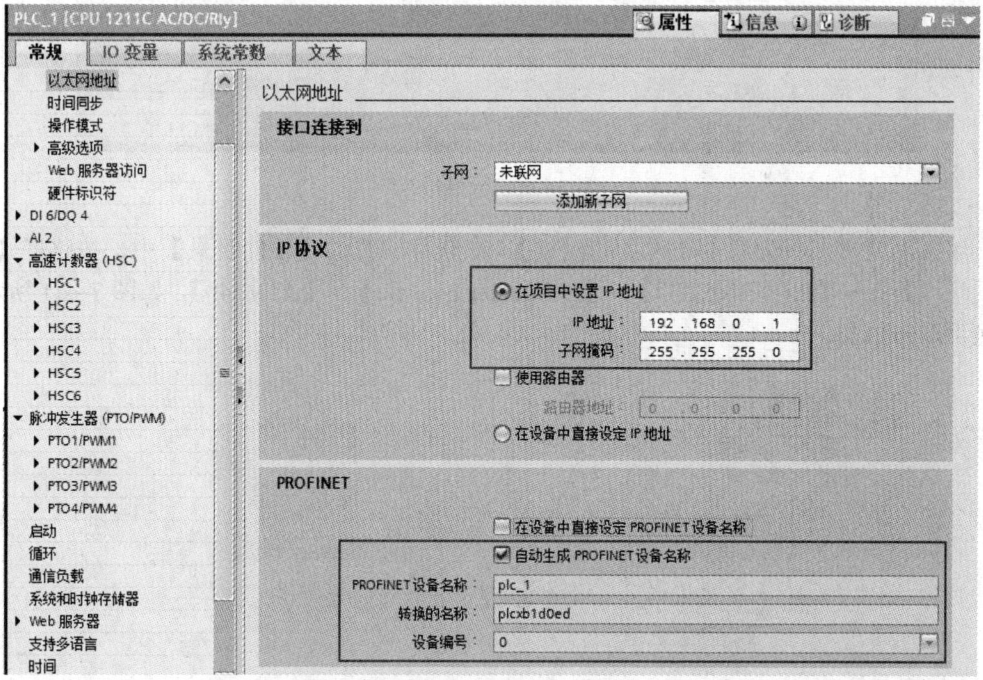

图 7-8　设置 IP 地址

在菜单【选项】下选择【管理通用站描述文件（GSD）】导入 PROFINET 通信用的 GSDXML 文件，在弹出的对话框中选择【源路径】右侧的【...】，选择 GSDXML 文件所在路径，勾选文件，单击【安装】按钮，如图 7-9 所示。

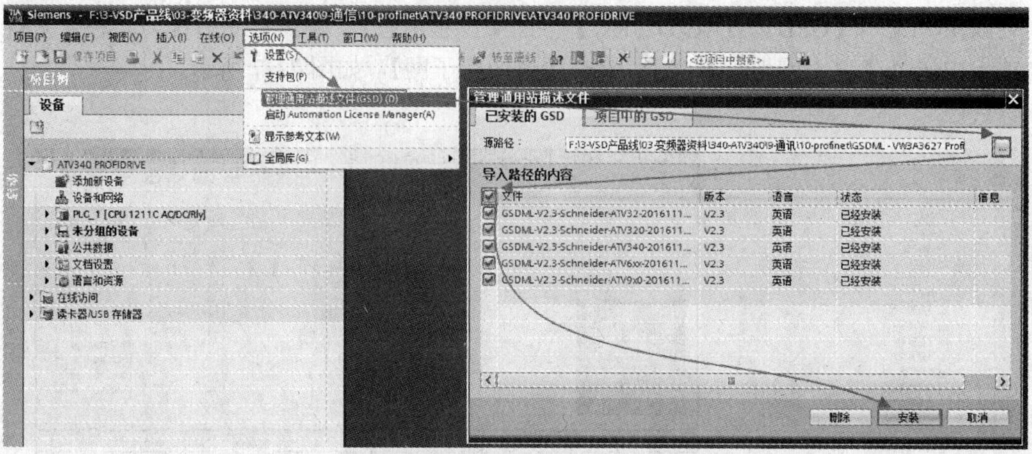

图 7-9　导入 GSDXML 文件

安装成功后，软件会提示安装完成，如图 7-10 所示。单击【关闭】按钮，关闭对话框。

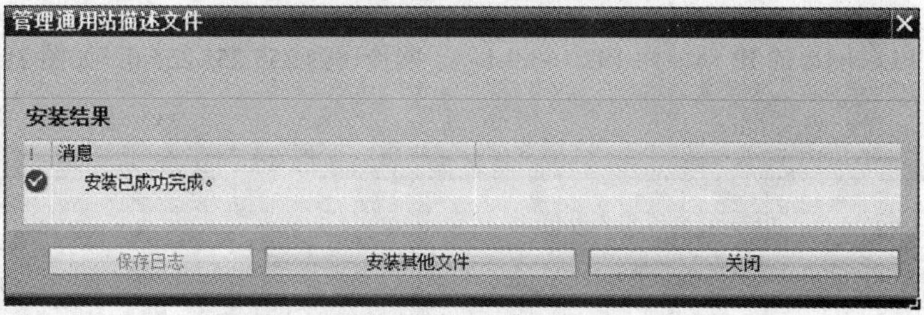

图 7-10　安装成功

组态网络时，首先双击【设备和网络】，在软件右侧的【硬件目录】中，按路径【其他现场设备】→【PROFINETIO】→【Schneider Electric】→【ATV340】，如图 7-11 所示，找到后双击添加。

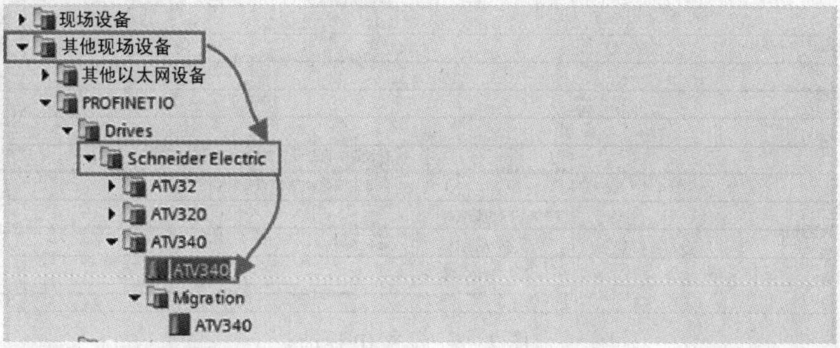

图 7-11　添加 ATV340 PROFINET 从站

单击【未分配】，在弹出的菜单中选中【PLC_1.PROFINET 接口_1】建立变频器和 PLC 的通信连接，如图 7-12 所示。

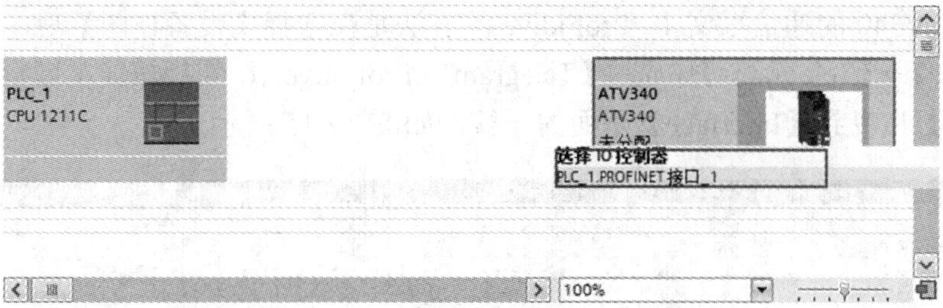

图 7-12　建立变频器和 PLC 的通信连接

建立通信后，会显示设备和网络的通信示意，如图 7-13 所示。

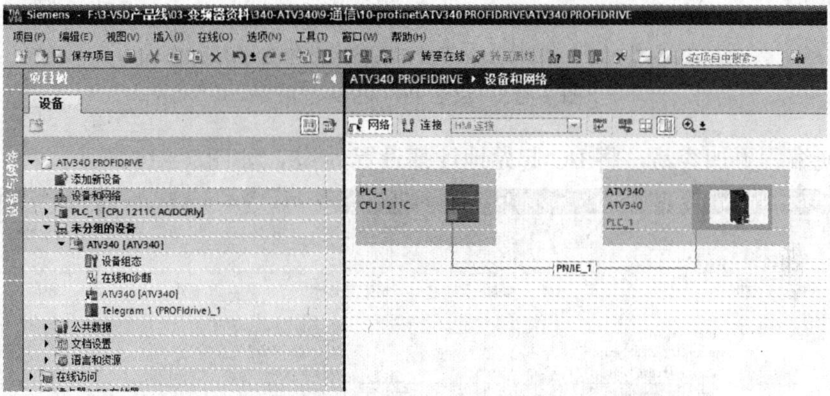

图 7-13　ATV340 已经建立与 PLC 的 PROFINET 通信连接

双击 ATV340 图标，设置变频器的以太网 IP 地址为【192.168.0.2】，子网掩码【255.255.255.0】，如图 7-14 所示。

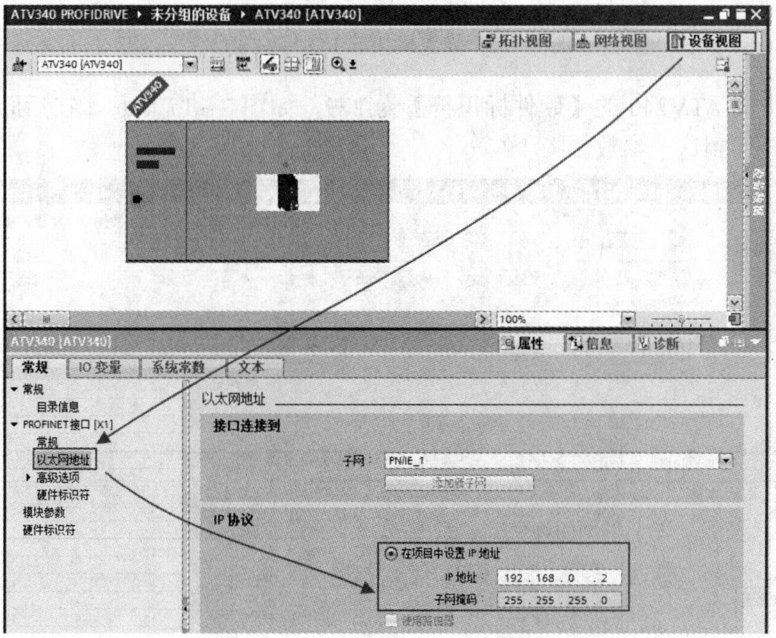

图 7-14　设置变频器的 IP 地址

添加 ATV340 的通信报文 1 – ProFidive 的方法是在选择【设备视图】后，在【硬件目录】→【模块】→【Telegrams】中选择【Telegram1（ProFidive）】，然后按住左键将【Telegram1（ProFidive）】拖曳到【Interface】下面的一行，如图 7 – 15 所示。

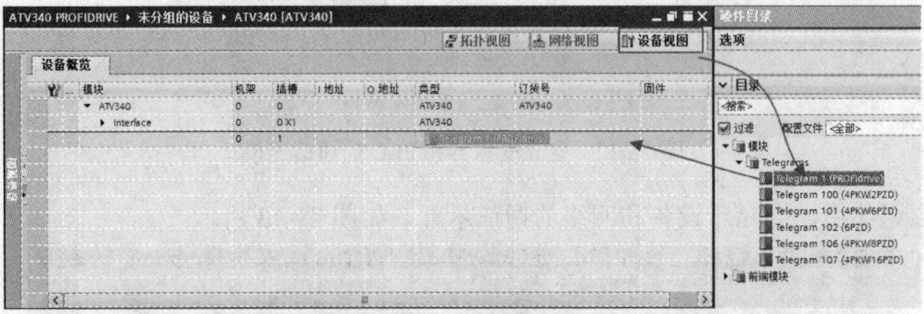

图 7 – 15　添加 ProFidive 的报文

为了使编程更加容易，将 I/O 起始地址都设置为 68，如图 7 – 16 所示。

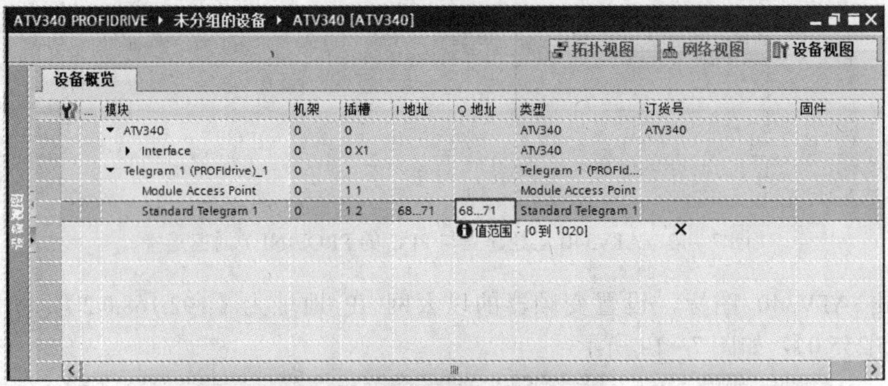

图 7 – 16　设置模块的 I/O 起始地址

本示例中的 ATV340 的【硬件标识符】为 279，如图 7 – 17 所示。在后面的参数通道编程中，需要用到这一参数。

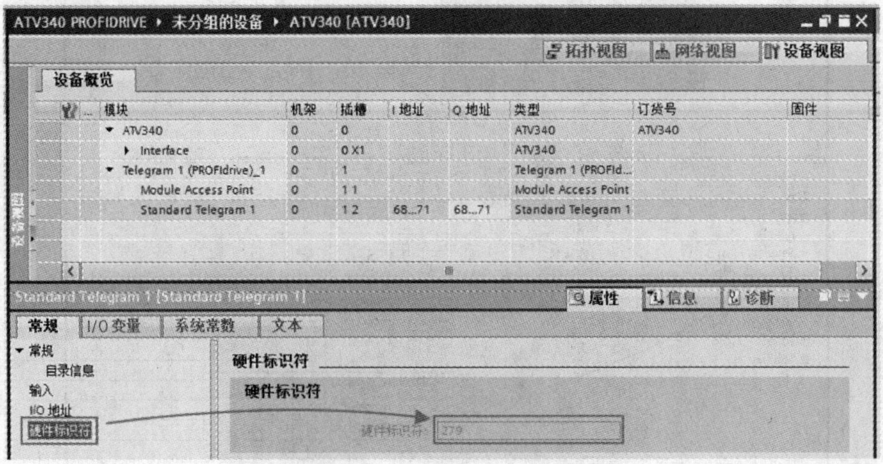

图 7 – 17　ATV340 的硬件标识符

在线的连接设置，单击【转至在线】，依次选择【PN/IE】→PC 的以太网卡→【插槽 “1×1” 处的方向】→【开始搜索】，如图 7-18 所示。

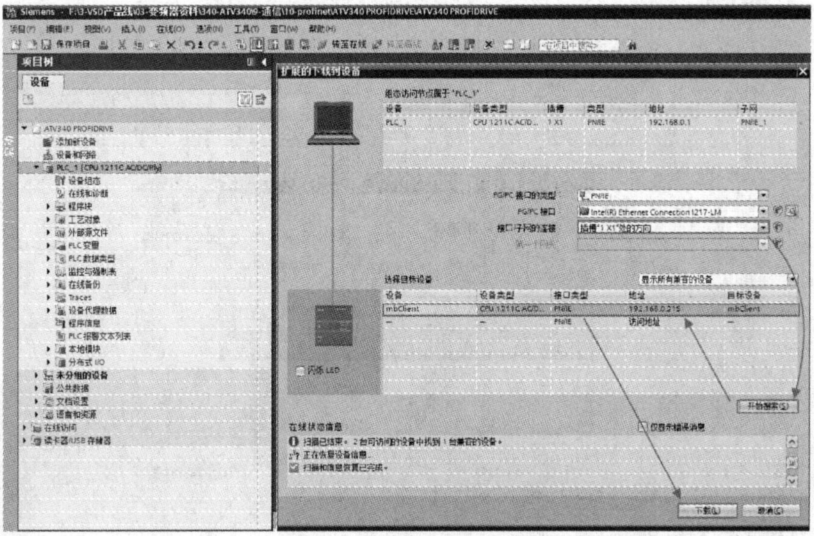

图 7-18　在线扫描设备

搜索结果如图 7-19 所示。

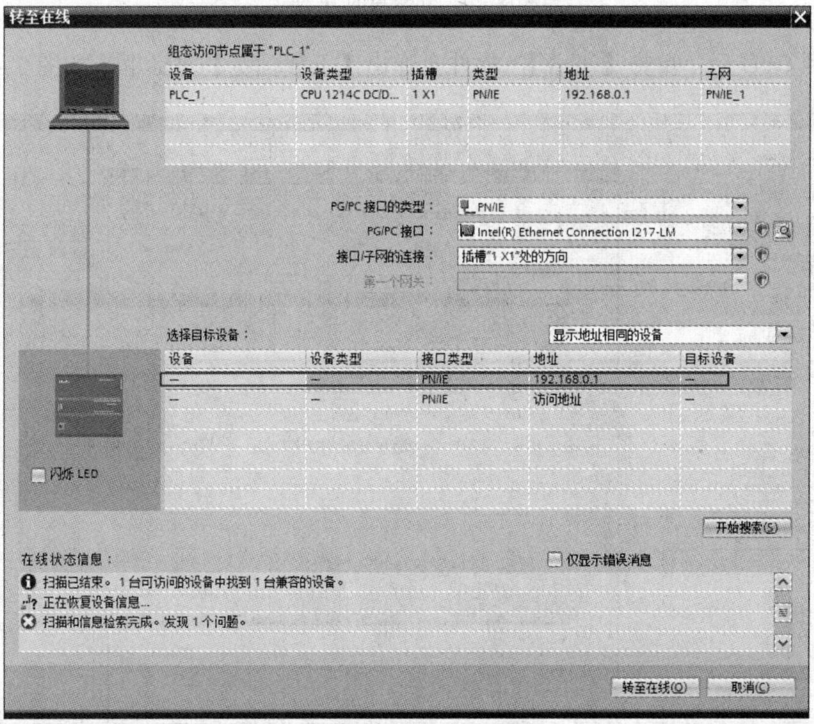

图 7-19　搜索结果

单击【转至在线】，将会弹出对话框要求分配新的 IP 地址，如图 7-20 所示。

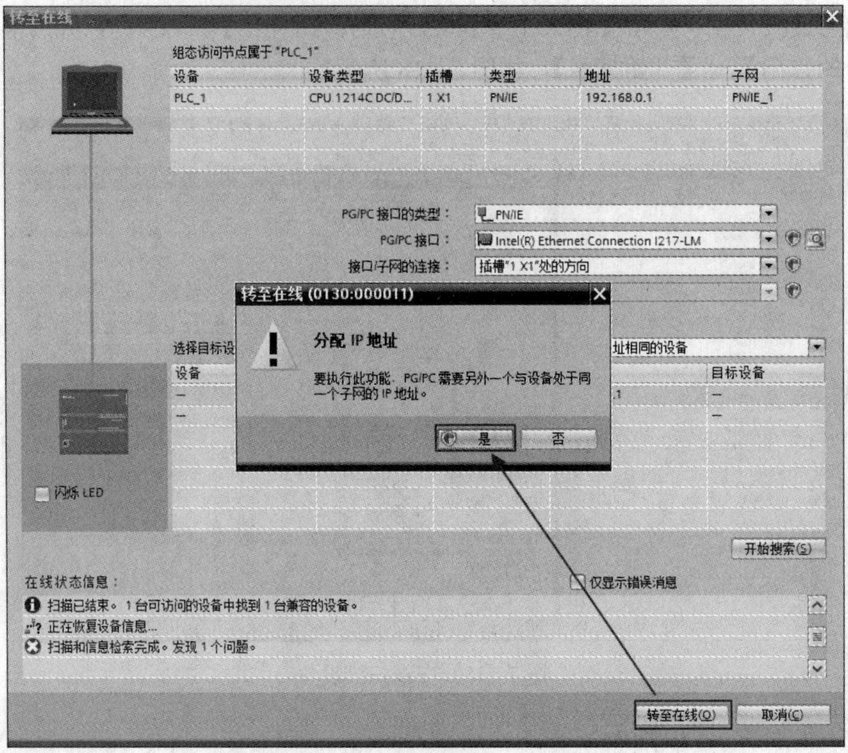

图 7-20　分配新的 IP 地址

搜索到 CPU 后，单击【下载】，软件会弹出【下载预览】对话框，如图 7-21 所示。

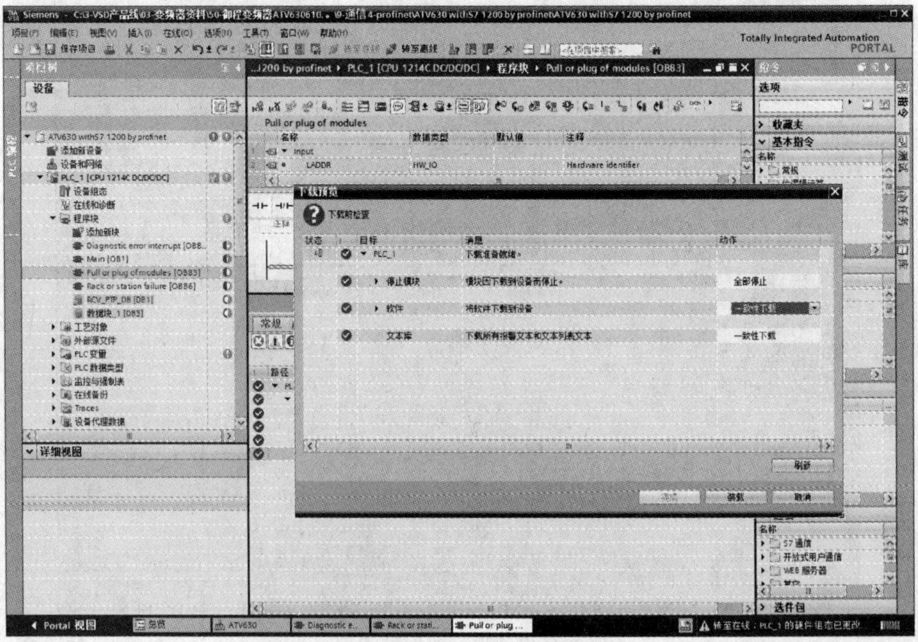

图 7-21　【下载预览】对话框

设置下载后启动 CPU，如图 7-22 所示。

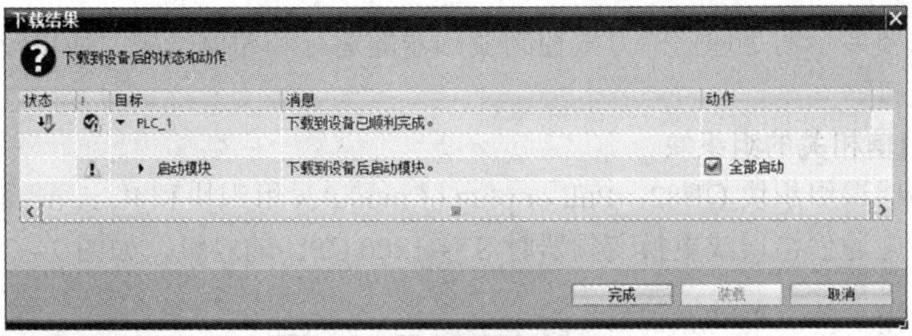

图 7-22　设置下载后启动 CPU

在线后，在【未分组的设备】找到 ATV340 变频器，并设置 IP 地址为 192.168.0.2，子网掩码为 255.255.255.0，设置完成后如图 7-23 所示。

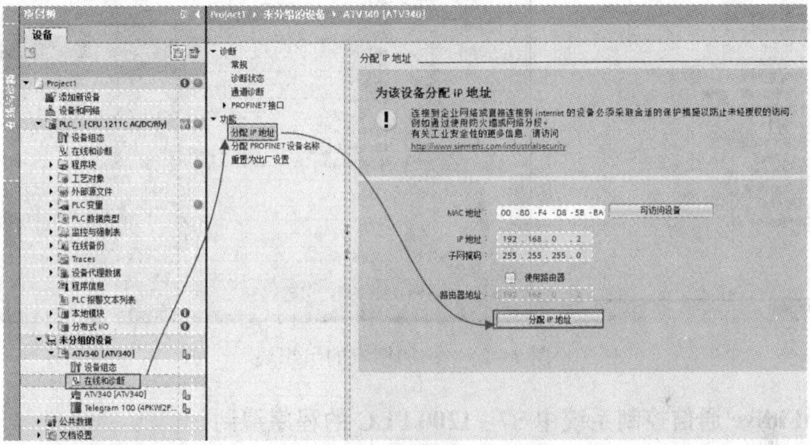

图 7-23　在线后配置 ATV340 的 IP 地址

然后设置 ATV340 变频器在 PROFINET 网络的名称，这是关键的一步，只有分配了 PROFINET 上的设备名称后，变频器方可正常运行，如图 7-24 所示。

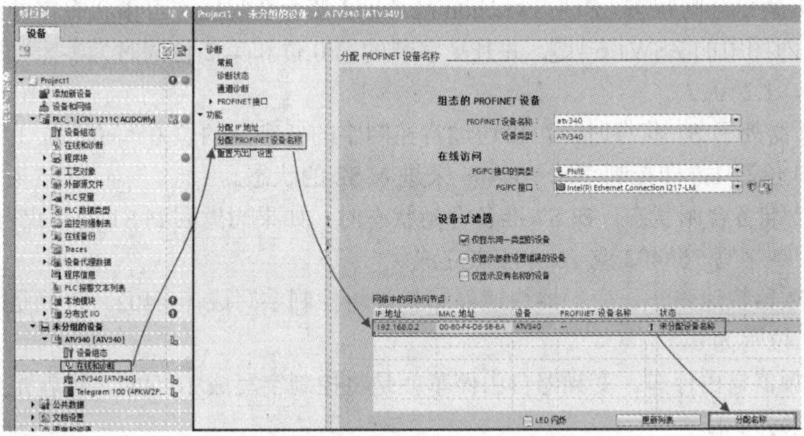

图 7-24　设置 ATV340 变频器在 PROFINET 网络上的设备名称

二、ProFidive 通信控制系统中 S7－1200 PLC 的程序编制

本示例主要展示的是通信的方式控制变频器的运行和速度给定，所以没有在 PLC 上给出硬件的连接。

1. 添加通信相关的组织块

添加诊断错误组织块 OB82，Pull or plug of modules 组织块和 Rack or station failure 组织块，防止发生通信错误或更换变频器时 S7－1200 CPU 的停机，如图 7－25 所示。

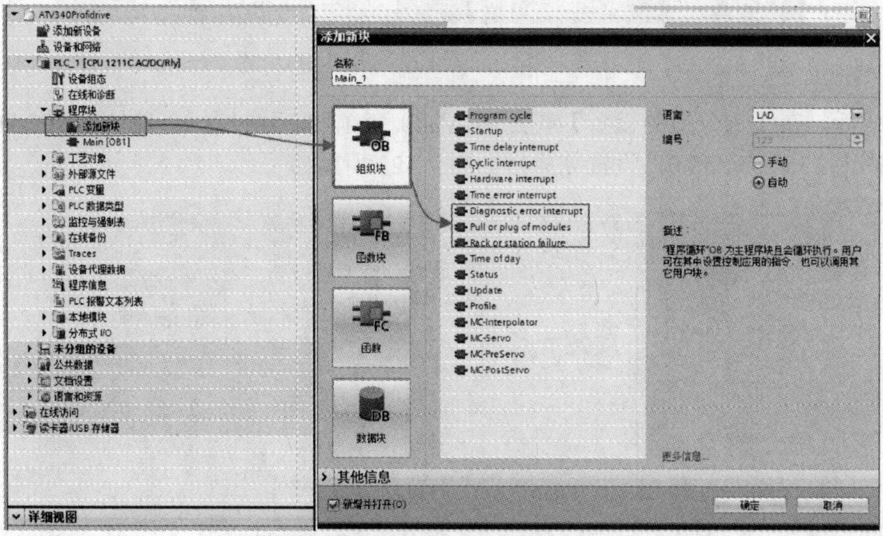

图 7－25　添加相应的组织块

2. ProFidive 通信控制系统中 S7－1200 PLC 的程序编制

本示例中，要编写的功能块的编程的依据是 ProFidive 变频器控制流程图，也就是 ProFidive 协议和流程表，如图 7－26 所示。

ProFidive 变频器控制流程图是依据状态字的位状态，理解了整个 ProFidive 的流程图，编写程序才会有比较清晰的思路。

（1）S1 禁止合闸状态。S1－Switchoninhabited 禁止合闸状态可由状态字的低字节的第 6 位为真（即图中的 ZSW1.6=1），并且高字节的第 0 位和第 2 位同时为零来判断（即图中的 ZSW1.0，1.2=0）。

当变频器处于 S1 状态时，可以通过将控制字的低字节的位 0 写 0，位 1 写 1 和位 2 写 1，第 10 位写 1，即控制字写 16#406 来进入 S2 的状态。

（2）S2 准备合闸状态。在 S2 准备合闸状态时，如果想返回到 S1 的禁止合闸状态时，则可以将控制字写 16#402 或 16#404 来完成。

1）变频器快速停车。变频器快速停车就是将控制字写成 16#402，也就是将控制字低字节的第二位写为 0。

2）变频器自由停车。变频器自由停车就是将控制字写成 16#404，也就是将控制字低字节第一位写为 0。

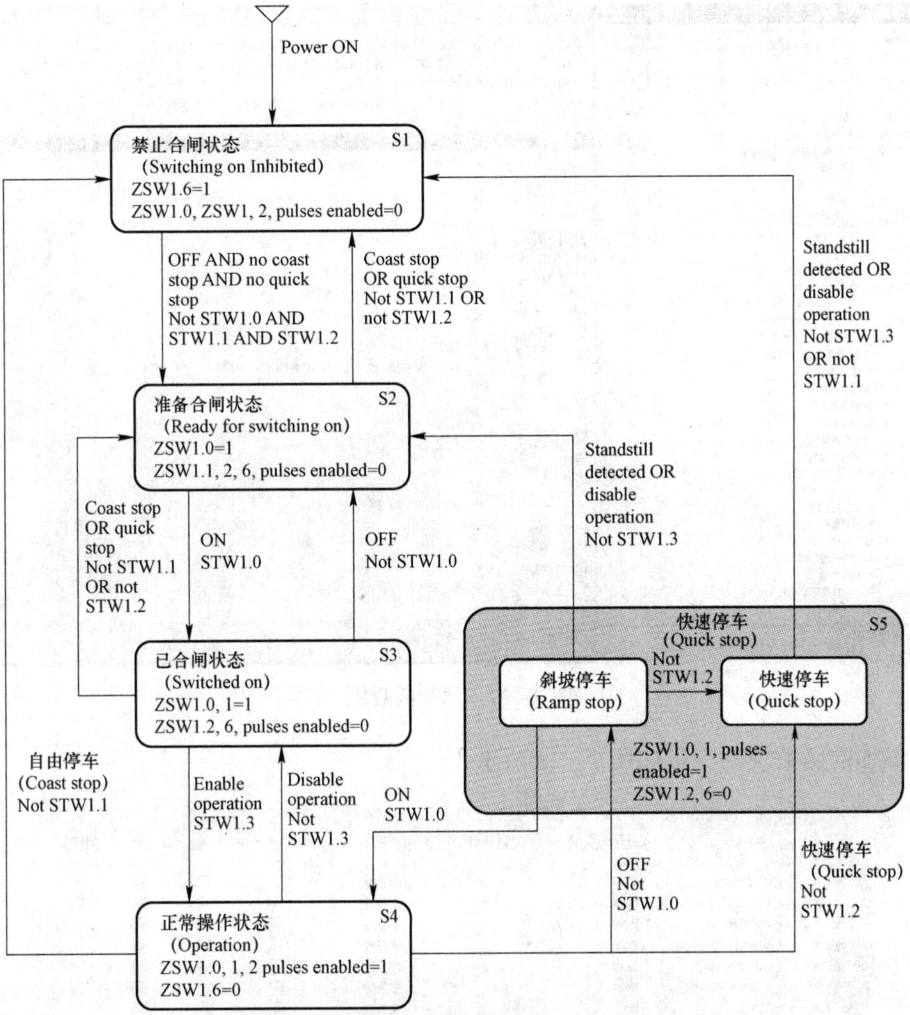

图 7-26 ProFidive 变频器控制流程图

（3）S3 已合闸状态。写入控制字 16#407 就可以进入 S3 状态，S3 退回到 S2 则仅需发送 16#406。

（4）S4 正常操作状态。由 S3 状态进入 S4 状态，需发送控制字的值是 16#40F，如果要从 S4 状态返回到 S3 状态，可以发送 16#407。

（5）S5 变频器的斜坡停车状态和快速停车状态。S5 的状态有变频器的斜坡停车和快速停车两个。如果想实现变频器的斜坡停车，则可以发送控制字的值是 16#40E，停车完成后或将控制字写 16#407，变频器将自动进入 S2 状态；如果要实现快速停车功能，可以在 S4 的状态下，写控制字 16#402，即控制在第二位写 0，停车完成后写 16#407 或 16#404，则变频器进入 S1 禁止合闸状态。

3. ProFidive 功能块 FB1 的编写

为了提高编程的效率，在本示例中将通过编写功能块的方式，来实现多个变频器的控制。双击【添加新块】，在弹出的对话框中输入功能块的名称【ATV_Control_ProFidive】，如图 7-27 所示。

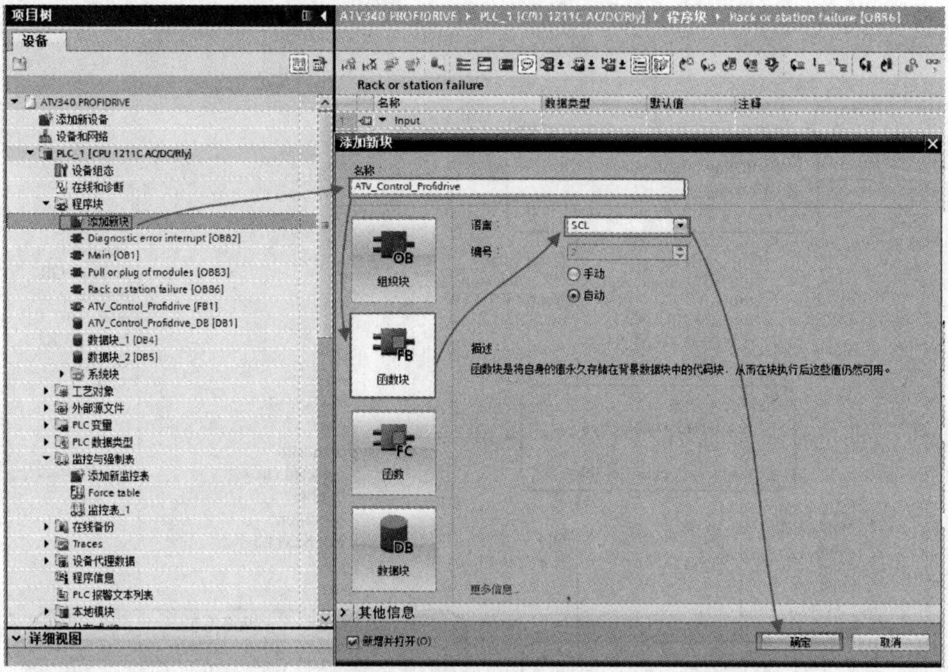

图 7-27　添加函数块

新添加的函数块的变量如图 7-28 所示。

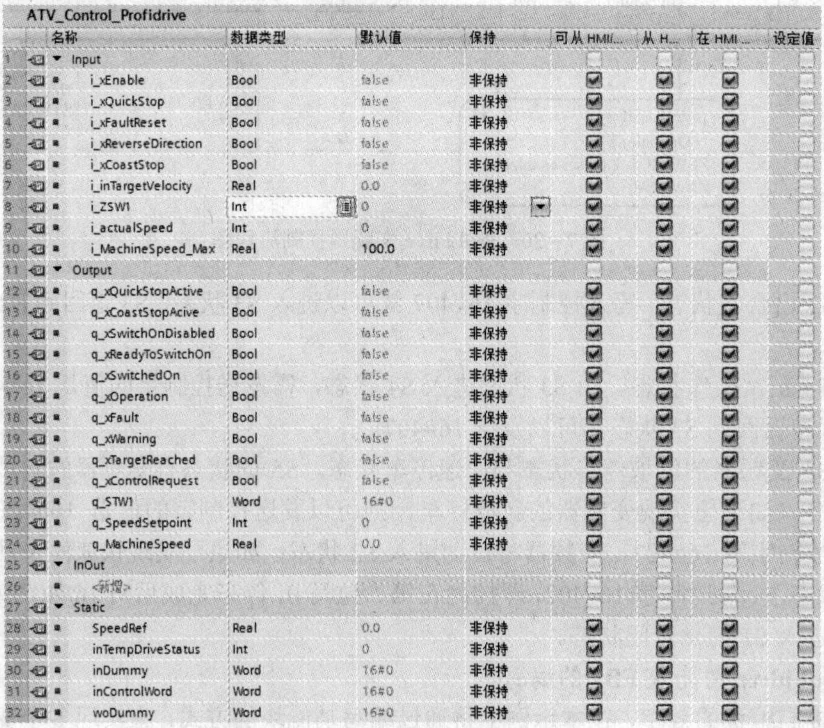
ATV_Control_Profidrive

	名称	数据类型	默认值	保持
1	Input			
2	i_xEnable	Bool	false	非保持
3	i_xQuickStop	Bool	false	非保持
4	i_xFaultReset	Bool	false	非保持
5	i_xReverseDirection	Bool	false	非保持
6	i_xCoastStop	Bool	false	非保持
7	i_inTargetVelocity	Real	0.0	非保持
8	i_ZSW1	Int	0	非保持
9	i_actualSpeed	Int	0	非保持
10	i_MachineSpeed_Max	Real	100.0	非保持
11	Output			
12	q_xQuickStopActive	Bool	false	非保持
13	q_xCoastStopAcive	Bool	false	非保持
14	q_xSwitchOnDisabled	Bool	false	非保持
15	q_xReadyToSwitchOn	Bool	false	非保持
16	q_xSwitchedOn	Bool	false	非保持
17	q_xOperation	Bool	false	非保持
18	q_xFault	Bool	false	非保持
19	q_xWarning	Bool	false	非保持
20	q_xTargetReached	Bool	false	非保持
21	q_xControlRequest	Bool	false	非保持
22	q_STW1	Word	16#0	非保持
23	q_SpeedSetpoint	Int	0	非保持
24	q_MachineSpeed	Real	0.0	非保持
25	InOut			
26	<新增>			
27	Static			
28	SpeedRef	Real	0.0	非保持
29	inTempDriveStatus	Int	0	非保持
30	inDummy	Word	16#0	非保持
31	inControlWord	Word	16#0	非保持
32	woDummy	Word	16#0	非保持

图 7-28　函数功能块的变量

本示例中功能块的输入引脚定义见表 7-3。

表 7-3　　功能块的输入引脚定义

引脚名称	数据类型	默认值	说　明
i_xEnable	Bool	false	变频器的使能，在不改变运行方向的情况下变频器正转运行
i_xQuickStop	Bool	false	快速停车（快停），此引脚为真时触发紧急停止，当快停变为 OFF 后，如果 Enable 为真则变频器将运行
i_xFaultReset	Bool	false	故障复位，变为真时通过控制字进行变频器的故障复位。故障如果复位成功，如果 Enable 为真则变频器将运行
i_xReverseDirection	Bool	false	变频器反向运行，为假时正转，为真时反转
I_xCoastStop	Bool	false	为真时变频器自由停车，优先级低于快停
i_inTargetVelocity	Real	0	机器速度给定值，默认速度范围-100.0%～100.0%，也可以直接设置机器速度值，与最大机器速度设定值有关
i_ZSW1	Int	0	ProFidive 的控制字
i_actualSpeed	Int	0	PROFINET 读回来的实际速度，16384 对应最大输出频率
i_MachineSpeed_Max	Real	100.0	机器速度的最大值，默认对应 100%

本示例中功能块的输出引脚定义见表 7-4。

表 7-4　　功能块的输出引脚定义

引脚名称	数据类型	默认值	说　明
q_xQuickStopActive	Bool	false	快停激活后，此位为真
q_xSwitchOnDisabled	Bool	false	不能合闸
q_xReadyToSwitchOn	Bool	false	合闸准备好
q_xOperation	Bool	false	变频器运行
q_xSwitchedOn	Bool	false	已合闸
q_xFault	Bool	false	当变频器有故障时输出为真
q_xWarning	Bool	false	当变频器有报警时输出为真
q_xTargetReached	Bool	false	速度给定值到达
q_xControlRequest	Bool	false	网络控制时为真
q_STW1	Word	0	控制字
q_SpeedSetpoint	Int	0	速度设定点-16384～16384 对应-100%～100%
q_MachineSpeed	Real	0.0	当前实际的机器速度

本示例中笔者编写的功能块的状态变量定义见表 7-5。

表 7-5　　功能块的状态变量定义

引脚名称	数据类型	默认值	说　明
SpeedRef	Real	0.0	速度计算的内部变量
inTempDriveStatus	Int	0	状态字的中间变量，用于变频器状态的判断

续表

引脚名称	数据类型	默认值	说　明
inDummy	Word	0	控制字写入值的中间变量
inControlWord	Word	0	控制字的状态变量
woDummy	Word	0	分离状态字中位的变量

ProFidive 中控制字 STW1 的位定义见表 7-6。

表 7-6　　控制字 STW1 的位定义

位	位 7	位 6	位 5	位 4	位 3	位 2	位 1	位 0
说明	故障复位	—	—	—	驱动使能	快速停车	自由停车	开、关
位	位 15	位 14	位 13	位 12	位 11	位 10	位 9	位 8
说明	—	—	—	—	—	通过 PLC 控制	—	—

状态字 ZSW1 的位定义见表 7-7。

表 7-7　　状态字 ZSW1 的位定义

位	位 7	位 6	位 5	位 4	位 3	位 2	位 1	位 0
说明	报警	切换禁止	快速停车没有激活	自由停车没激活	有故障	已使能	准备操作	准备合闸
位	位 15	位 14	位 13	位 12	位 11	位 10	位 9	位 8
说明	—	—	—	—	—	速度或频率超过给定值	控制请求	速度误差在规定范围内

（1）逻辑输出引脚的复位程序。为保证输出引脚状态的正确，在每个扫描周期的开始，将功能块的输出引脚设零，程序如下：

```
// ***********************************************************************

(* 每个循环复位输出 *)
#q_xQuickStopActive := 0;
#q_xCoastStopAcive := 0;
#q_xSwitchOnDisabled := 0;
#q_xReadyToSwitchOn := 0;
#q_xOperation := 0;
#q_xSwitchedOn := 0;
#q_xFault := 0;
```

（2）变频器的状态切换流程程序。程序首先将状态字与 16#4F，得到用于判断变频器是处于 S1～S5 的哪个状态的中间字#inTempDriveStatus，然后根据#inTempDriveStatus 的值和功能块的输入引脚的状态，设置控制字的数值，实现变频器的控制，程序如下：

```
// 读取 ATV340/320/630..的状态并与 16#4F 仅判断 ZSW1.6 和 1.0,1.1,1.2, 1.3
#inTempDriveStatus := WORD_TO_INT(#i_ZSW1 AND 16#004F);
```

使用Case语句，根据S1到S5不同变频器的状态的编程，当#inTempDriveStatus=16#40时，变频器处于S1（禁止合闸）状态，则程序自动发送16#406将变频器切换到S2（准备合闸）状态，如果此时没有自由停车或快速停车，则发送控制字的值16#407使变频器进入S3（已合闸）状态。需要注意的是，在项目中，如果采用了外部24V给ATV340的STO端子供电，必须保证变频器的主电源已经得电，否则变频器将锁定在S2状态。

在S3状态中，如果自由停车或者快速停车没有激活，则判断使能i_xEnable功能块引脚有没有变为真，如果为真则发送控制字的值16#40F，变频器将进入S4（正常操作）状态。

在变频器进入S4状态后，如果i_xEnable变为假，并且没有自由停车或者快速停车，则发送16#40E到变频器控制字，使变频器斜坡停车。如果此时急停输入i_xQuickStop变为真，则发送16#402到变频器控制字，使变频器快速停车，快速停车完毕，变频器会自动切到静止状态，然后切到S1禁止合闸状态。如果此时自由停车输入i_xCoastStop变为真，则发送16#442到变频器控制字，使变频器输出关闭，变频器会自动切到静止状态，然后切回S2状态。

当状态字的ZSW低字节的第3位为真时，变频器处于故障状态，输出#q_xFault为真，否则为假，程序如下：

```
CASE #inTempDriveStatus OF
    16#0040:    (* S1  -  Switch ON Disabled *)//ZSW1.6=1 且 ZSW1.0~3 都等于零
        #q_xSwitchOnDisabled := 1;
        #inDummy := #inControlWord AND 16#F0F0;
        #inControlWord := #inDummy + 16#0406;

    16#0001:    (* S2  -  Ready to Switch ON *)//ZSW1.6=0 且 ZSW1.0=1,ZSW1.1~
1.3=0
        #q_xReadyToSwitchOn := 1;
        IF NOT #i_xCoastStop AND NOT #i_xQuickStop THEN
            #inDummy := #inControlWord AND 16#F0F0;
            #inControlWord := #inDummy + 16#0407;
        END_IF;

    16#0003:    (* S3  -  Switched ON *)////ZSW1.6=0 且 ZSW1.0,1=1,ZSW1.2~
1.3=0
```

```
        #q_xSwitchedOn := 1;
        IF #i_xEnable AND  NOT #i_xQuickStop AND NOT #i_xCoastStop THEN
           #inDummy := #inControlWord AND 16#F0F0;
           #inControlWord := #inDummy + 16#040F;
        END_IF;

     16#0007:   (* S4 - operation *)
        #q_xOperation := 1;
        IF NOT #i_xEnable AND NOT #i_xQuickStop AND NOT #i_xCoastStop THEN
           #inDummy := #inControlWord AND 16#F0F0;
           #inControlWord := #inDummy + 16#040E;//S5 - 斜坡停车
        ELSIF #i_xQuickStop THEN
           #inDummy := #inControlWord AND 16#F0F0;
           #inControlWord := #inDummy + 16#0402;//S5 - 快速停车
        ELSIF #i_xCoastStop AND NOT #i_xQuickStop THEN
           #inDummy := #inControlWord AND 16#F0F0;
           #inControlWord := #inDummy + 16#0404; //自由停车
        END_IF;

     16#0008:   (* 故障 *)
        #q_xFault := 1;
        ;
     ELSE
        #q_xFault := 0;
        #inControlWord := 0;
        #inTempDriveStatus := 0;
  END_CASE;
```

（3）快速停车的处理程序。为保证快速停车（停）的优先级，当按下快停按钮，不论在任何状态都设置变频器控制字的值为 16#402，当状态字的第 6 位为 0 时有急停，为 1 的时候没有快停，在实际项目中，可以将实际的快停按钮连接到此功能块的 i_xQuickStop 引脚来实现变频器的快速停车，程序如下：

```
(* 急停 QuickStop *)
```

```
IF #i_xQuickStop THEN
    #inDummy := #inControlWord AND 16#F0F0;
    #inControlWord := #inDummy + 16#0402;

END_IF;
(* 快速停车状态 *)
IF (#i_ZSW1 AND 16#0020) > 0 THEN
   #q_xQuickStopActive := 0;
ELSE
    #q_xQuickStopActive := 1;

END_IF;
```

（4）自由停车的状态程序。使用状态字判断自由停车的状态，当状态字的第4位为0的时候，显示自由停车，为1则没有自由停车，程序如下：

```
(* 自由停车状态 *)
IF (#i_ZSW1 AND 16#0010) > 0 THEN
    #q_xCoastStopAcive := 0;
ELSE
    #q_xCoastStopAcive := 1;

END_IF;
```

（5）变频器故障的复位程序。当按下故障复位按钮（i_xFaultReset输入引脚为真）时，对控制字写16#0480复位变频器的故障，程序如下：

```
(* 故障复位 *)
IF #i_xFaultReset THEN // Bit 7
    #inControlWord := #inControlWord OR 16#0480;// 1;
ELSE
    #inControlWord := #inControlWord AND 16#FF7F;//0;
END_IF;
```

（6）变频器状态的编程。变频器的状态显示包括自由停车状态、速度到达状态，控制请求的状态等，编程的方式就是将状态字相应的位剥离出来，然后输出相应的状态。ProFidive状态字的位10是实际速度达到或高于给定值，经实际测试需要与位8结合起来，来判断速度给定到达才准确，程序如下：

```
// 报警位 7
#woDummy:=#i_ZSW1 AND 16#0080;
```

```
IF #woDummy > 0 THEN
   #q_xWarning := TRUE;
ELSE
   #q_xWarning := FALSE;
END_IF;
// 控制请求位 9
#woDummy := #i_ZSW1 AND 16#0200;
IF #woDummy > 0 THEN
   #q_xControlRequest := TRUE;
ELSE
   #q_xControlRequest := FALSE;
END_IF;
// 速度到达位 8 和位 10
#woDummy := #i_ZSW1 AND 16#0500;
IF #woDummy > 0 THEN
   #q_xTargetReached := TRUE;
ELSE
   #q_xTargetReached := FALSE;
END_IF;
(* 反向 *)
IF #i_xReverseDirection THEN //将给定速度值取反
   #SpeedRef := #i_inTargetVelocity * ( - 1.0);
ELSE
   #SpeedRef := #i_inTargetVelocity;
END_IF;
```

（7）变频器正反转的切换程序。ProFidive 的正反转输出的切换是采用更改速度给定的符号来实现的，当变频器运行反向 i_xReverseDirection 为真时，将机器速度给定乘以一个 −1.0，程序如下：

```
(* 反向 *)
IF #i_xReverseDirection THEN //将给定速度值取反
   #SpeedRef := #i_inTargetVelocity * ( - 1.0);
ELSE
   #SpeedRef := #i_inTargetVelocity;
END_IF;
```

（8）变频器机器速度和给定速度直接的转换程序。默认情况下，为防止出现除零的错误，程序加了一个判断要求最大机器速度不能低于0.01的值。程序实现和变频器的机器速度到给定速度（-16384～16384对应负最大输出频率tFr到正最大输出频率tFr的转换，同时也将从变频器读回的实际速度值转换为机器速度，程序如下：

```
// 写输出值 ATV
#q_STW1 :=INT_TO_WORD( #inControlWord);
IF #i_MachineSpeed_Max >0.01 THEN //判断最大机器速度要大于0.01,避免出现除零错误
    // 写变频器的实际频率16384对应施耐德变频器的最大输出频率
    #q_SpeedSetpoint := REAL_TO_INT(#SpeedRef / #i_MachineSpeed_Max * 16384.0);
    #q_MachineSpeed := INT_TO_REAL(#i_actualSpeed) / 16384.0 * #i_MachineSpeed_Max;
    ;
END_IF;
```

4. OB1功能块的编写

在OB1中调用变频器ProFidive控制功能块，如图7-29所示。

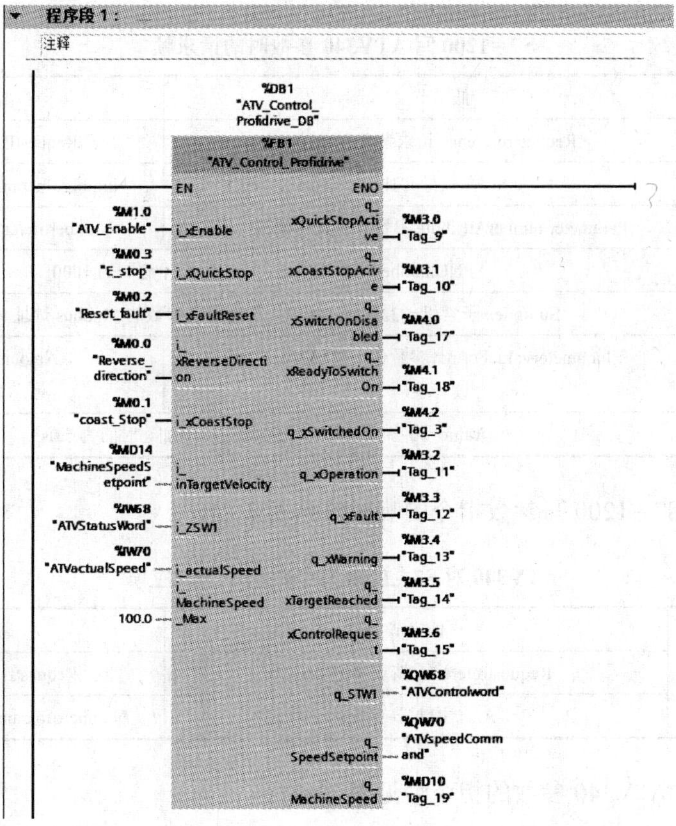

图7-29　在OB1中调用变频器ProFidive控制功能块

对于需要修改变频器参数的应用，仅仅使用上述的功能块是不能满足要求的，下面介绍如何使用 WRREC－写数据记录功能块和 RDREC－读取数据记录功能块来读取或者修改变频器的内部参数的编程方法。

在这之前，首先介绍 ProFidive 的报文结构，这是使用 WRREC－写数据记录功能块和 RDREC－读取数据记录功能块的基础，ProFidive 的报文结构见表 7－8。

表 7－8　**ProFidive 的报文结构**

标识	字节数量	请求
功能码	0	
槽号	1	0：全局参数
索引	2	47：固定为 ProFidive 专用
长度	3	ProFidive 参数长度
数据	4..5	ProFidive 参数帧：检查

ATV340 的参数的 PNU 编号从 1～65535，每个参数由 3 个主要区域组成：① PWE，参数数值；② PBE，描述参数属性；③ 文本区域。当使用 PLC 访问这些参数的数值时需使用 16#10 作为属性。

S7－1200 写 ATV340 参数时的请求帧见表 7－9。

表 7－9　**S7－1200 写 ATV340 参数时的请求帧**

	低字节	高字节
报文头	Requestreference 请求参考号=01	RequestID 请求 ID=02
	Axis 主轴号=01hex	Numberofparameters 参数个数=01
参数	ParameternumberAttribute 参数号属性=10hex	*Numberofelements 元素个数=01
	PNUnumberPNU 参数号=3E8hex 即十进制的 1000	
	Subindex 子索引=2329hex（9001）加速时间参数的 Modbus 地址 9001	
参数值	ParametervalueFormat 参数值类型=42hex 读写字	Amountvalues=01 数量
	Value=50 参数值，当写 50 时对应的加速时间为 5.0s	

ATV340 对 S7－1200 写参数指令的响应帧见表 7－10。

表 7－10　**ATV340 对 S7－1200 写参数指令的响应帧**

	低字节	高字节
响应头	Requestreference 请求参考号=01	RequestID 请求 ID=02
	Axis 主轴号=01hex	Numberofparameters 参数个数=01

S7－1200 读 ATV340 参数的指令帧见表 7－11。

表 7-11　　S7-1200 读 ATV340 参数的指令帧

	低字节	高字节
报文头	Requestreference 请求参考号=01	RequestID 请求 ID=01
	Axis 主轴号=01hex	Numberofparameters 参数个数=01
参数	ParameternumberAttribute 参数号属性=10hex	*Numberofelements 元素个数=01
	PNUnumberPNU 参数号=3E8hex 即十进制的 1000	
	Subindex 子索引=2329hex（9001）加速时间参数的 Modbus 地址 9001	

ATV340 对读参数指令的响应帧见表 7-12。

表 7-12　　ATV340 对读参数指令的响应帧

	低字节	高字节
响应头	Requestreference 请求参考号=01	RequestID 请求 ID=01
	Axis 主轴号=01hex	Numberofparameters 参数个数=01
响应值	ParametervalueFormat 参数值类型=42hex 读写字	*Numberofelements 元素个数=01
	PNUnumberValuePNU 参数数值当加速时间 ACC 为 6s 时读回值 60	

S7-1200 读写参数时都要使用 WRREC-写数据记录功能块，不同的是读和写的请求码不同，读参数时的请求码是 1，而写参数时的请求码是 2。

而读写参数的响应数值则需要调用指令“RDREC”-读取数据功能块，此功能块可以从使用 ID 寻址的 ATV 变频器中，读取编号为 INDEX 的数据记录。

WDREC 写数据记录功能块，可以将 RECORD 数据记录传送到地址为 ATV340 变频器的 ID 的组件中。在本项目中使用的 ATV340 的硬件 ID 是 276。

WDREC 写数据记录功能块的 INDEX 参数，由于使用的是 PROFINET 通信，所以，此数值固定为 47。

WRREC 功能块使用源区域 RECORD，此区域由 DB4 下面的 WriteRecord 结构来规定，如图 7-30 所示。

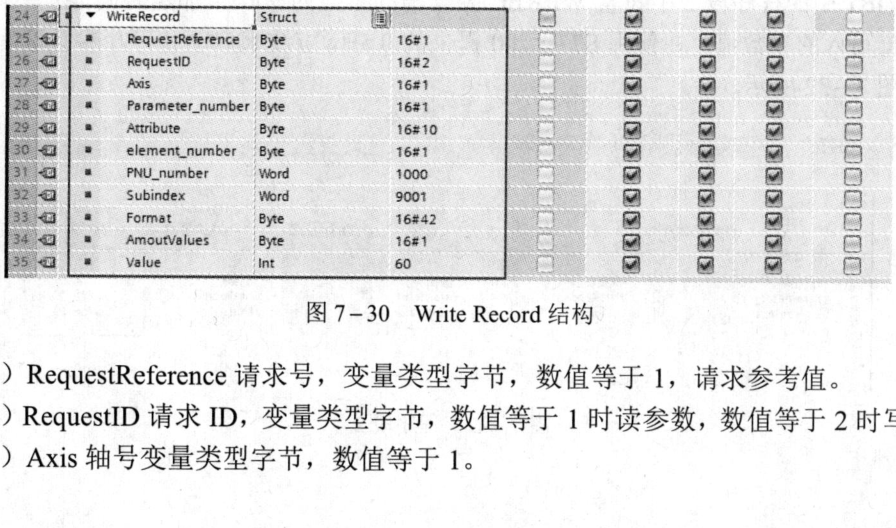

24	▼ WriteRecord	Struct	
25	RequestReference	Byte	16#1
26	RequestID	Byte	16#2
27	Axis	Byte	16#1
28	Parameter_number	Byte	16#1
29	Attribute	Byte	16#10
30	element_number	Byte	16#1
31	PNU_number	Word	1000
32	Subindex	Word	9001
33	Format	Byte	16#42
34	AmoutValues	Byte	16#1
35	Value	Int	60

图 7-30　Write Record 结构

（1）RequestReference 请求号，变量类型字节，数值等于 1，请求参考值。

（2）RequestID 请求 ID，变量类型字节，数值等于 1 时读参数，数值等于 2 时写参数。

（3）Axis 轴号变量类型字节，数值等于 1。

（4）Parameter_number 参数数量，变量类型字节，数值等于 1。

（5）Attribute 属性，变量类型字节，因为要读写的是参数的数值，所以此处设 16#10。

（6）element_number 元素数量，变量类型字节，数值等于 1。

（7）PNU_numberPNU 参数号，变量类型字，数值等于 1。

（8）Subindex 子索引变量类型字，数值等于 1。

（9）Format 数据格式，变量类型字节，数值等于 16#42，因为 ATV340 绝大多数的参数都是字，所以数值等于 16#42，如果是双字，此数值为 16#43。

（10）AmoutValues 变量类型字节，数值等于 1。

（11）Value–要写入的参数数值变量类型字节，数值等于 1。

输出参数 DONE 的值为 TRUE 时，表示数据记录已成功传送。

如果在传送数据记录过程中出现错误，则由输出参数 ERROR 表示。此时，输出参数 STATUS 中包含错误信息。

RDREC 功能块使用的 ReciveRecord 参数结构如图 7–31 所示。

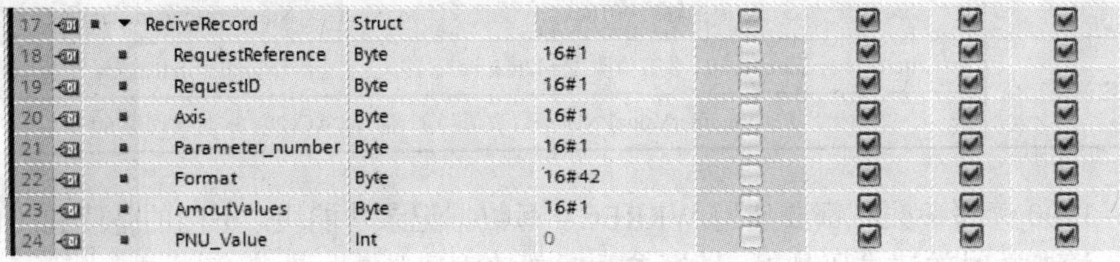

17	▼ ReciveRecord	Struct			☑	☑	☑
18	RequestReference	Byte	16#1		☑	☑	☑
19	RequestID	Byte	16#1		☑	☑	☑
20	Axis	Byte	16#1		☑	☑	☑
21	Parameter_number	Byte	16#1		☑	☑	☑
22	Format	Byte	16#42		☑	☑	☑
23	AmoutValues	Byte	16#1		☑	☑	☑
24	PNU_Value	Int	0		☑	☑	☑

图 7–31 ReciveRecord 参数结构

（1）RequestReference 请求号，变量类型字节，数值等于 1，请求参考值。

（2）RequestID 请求 ID，变量类型字节，数值等于 1 时读参数，数值等于 2 时写参数。

（3）Axis 轴号变量类型字节，数值等于 1。

（4）Parameter_number 参数数量，变量类型字节，数值等于 1。

（5）Format 数据格式，变量类型字节，数值等于 1。

（6）element_number 元素号，变量类型字节，数值等于 1。

（7）PNU_Value–读回的参数数值变量类型带符号整型。

在 OB1 中的程序段 2 中设置 WRREC 要读写的参数为 9001–加速时间，在写参数时，还要设置写入的参数值，并使用 S7–1200 提供的 0.5Hz 方波来启动和停止参数读写请求，程序如图 7–32 所示。

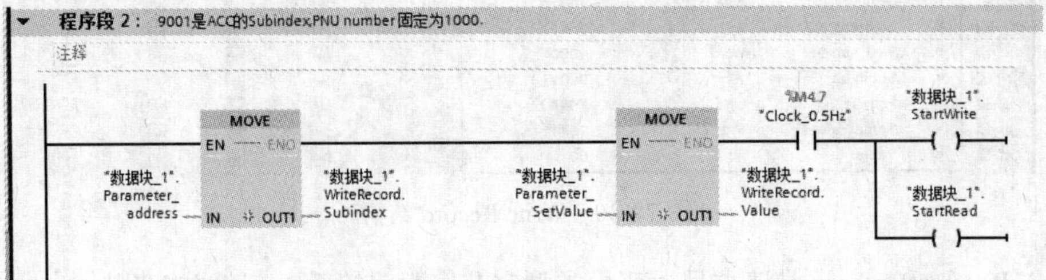

图 7–32 程序段 2

其中，0.5Hz 的方波由【时钟存储器位】来完成，设置方法如图 7-33 所示。

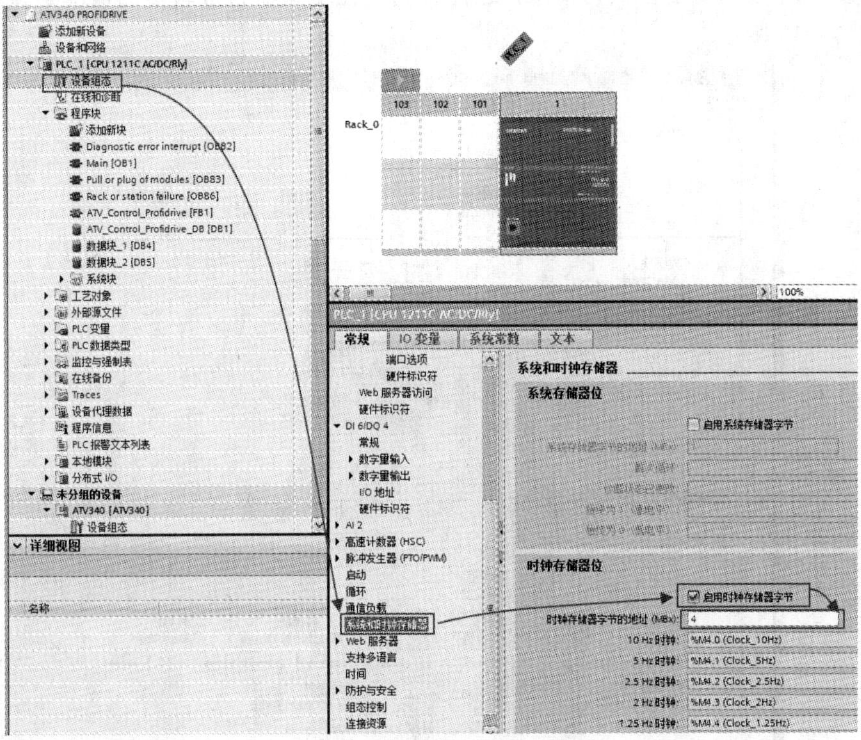

图 7-33　设置 0.5Hz 的方波

在 OB1 中的程序段 3 和程序段 4 中根据读写参数的选择设置请求 ID 为 1 或 2，如图 7-34 所示。

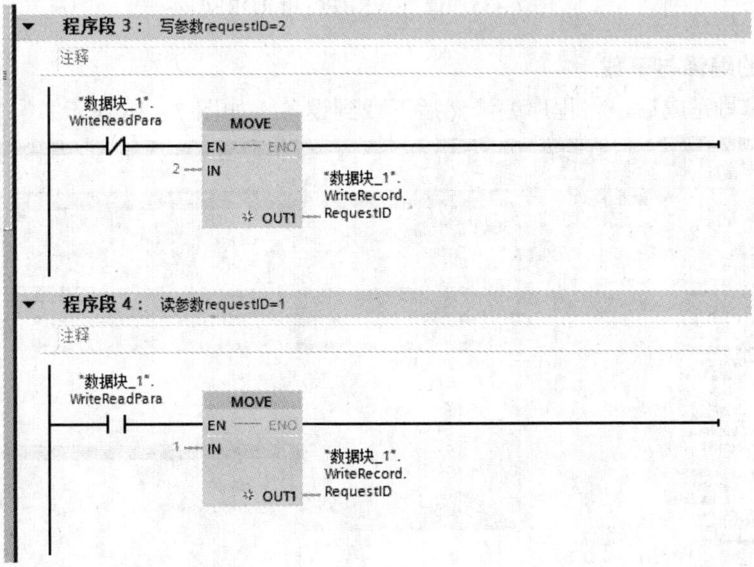

图 7-34　请求 ID 的设置

在 OB1 中的程序段 5 和程序段 6 中调用 WRREC 和 RDREC，ID 为 276，INDEX 为 47，在参数读写成功后复位读写请求，这样有利于在变频器台数较多的情况下减小网络负载，如图 7-35 所示。

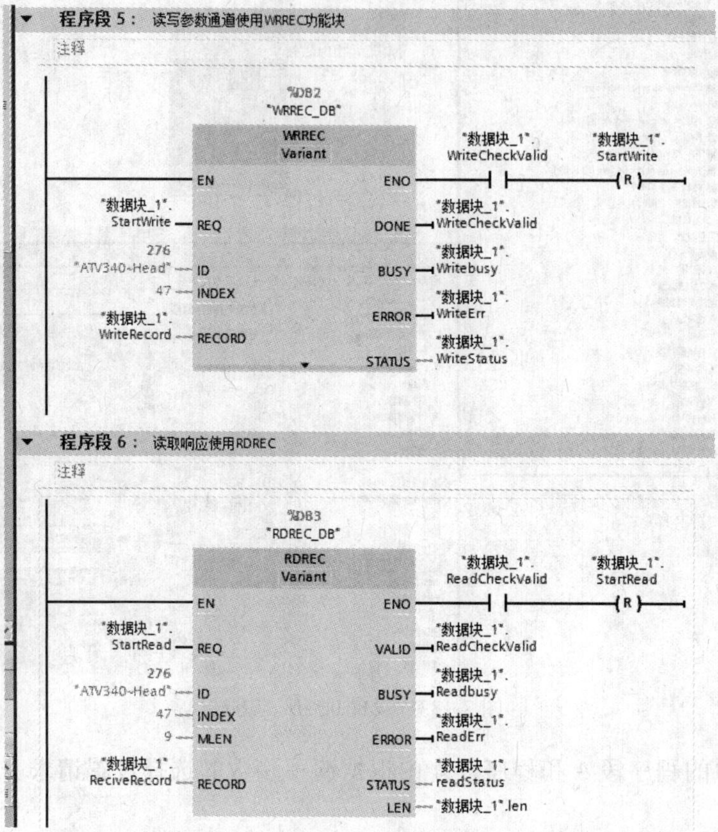

图 7-35 调用 WRREC 和 RDREC

5. 程序的编译与下载

程序的编写完成后，将程序编译然后下载到设备，如图 7-36 所示。

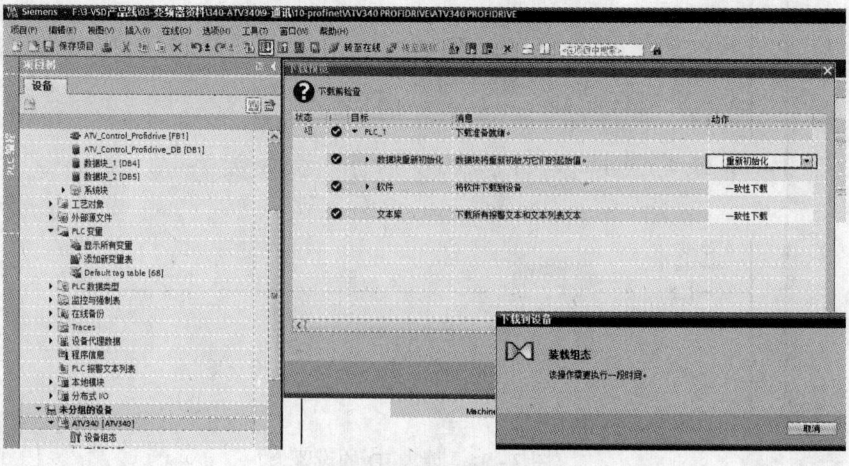

图 7-36 下载程序

6. 监控

创建监控表如图 7-37 所示。

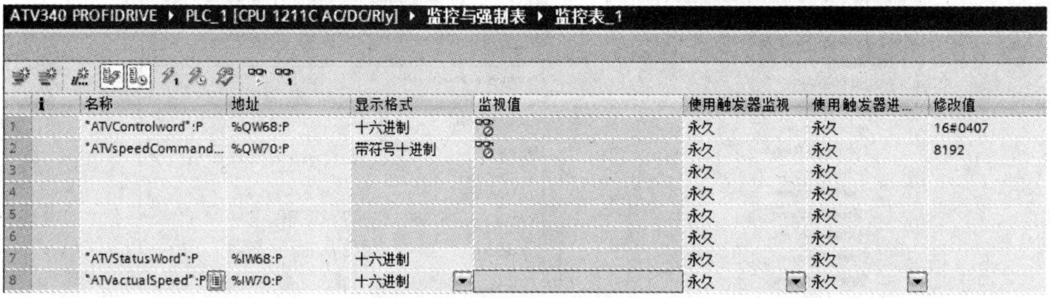

图 7-37　创建监控表

三、PROFINET 通信控制系统中变频器 ATV340 的参数设置

变频器 ATV340 的参数可以在 SoMove 软件中进行配置。

1. 命令菜单参数的设置

给定通道设为通信卡，组合通道采用组合模式，这是变频器的出厂设置。命令菜单参数的设置如图 7-38 所示。

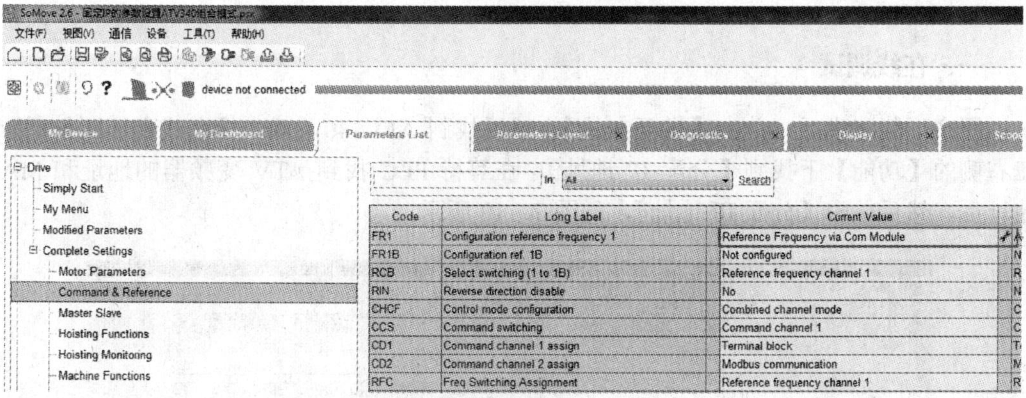

图 7-38　命令菜单参数的设置

2. PROFINET 通信卡菜单参数的设置

这里是 SoMove 读取的变频器的参数设置，实际的 PROFINET 的参数设置是在 PLC 完成的，如图 7-39 所示。

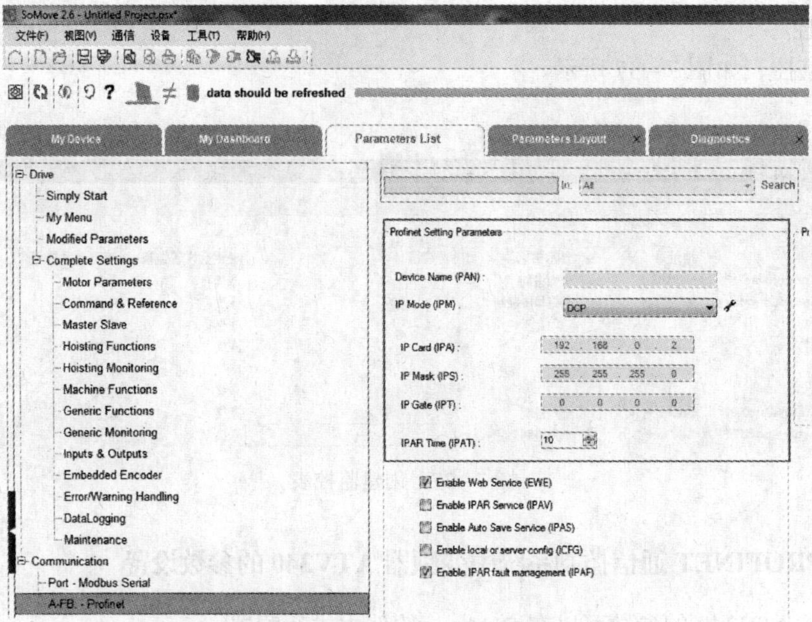

图 7-39　PROFINET 通信卡菜单参数的设置

第四节　ProFidive 通信控制系统的调试

一、在线调试

程序下载完成后，单击【转至在线】，然后找到 ATV340，双击【在线和诊断】，然后在右侧的【功能】下找到【分配 IP 地址】，在等待 PLC 找到 ATV 变频器的地址和 MAC 地址后，然后单击【分配 IP 地址】，如图 7-40 所示。

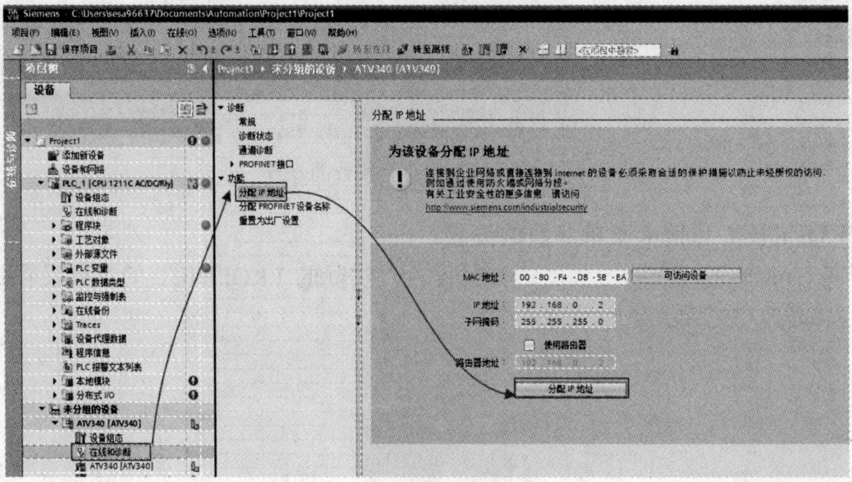

图 7-40　为变频器分配 IP 地址

二、分配设备名称

分配 ATV340 的设备名称的操作过程如图 7－41 所示，单击【在线和诊断】，在【功能】下选择【分配 PROFINET 设备名称】，然后单击【更新列表】和【分配名称】按钮。

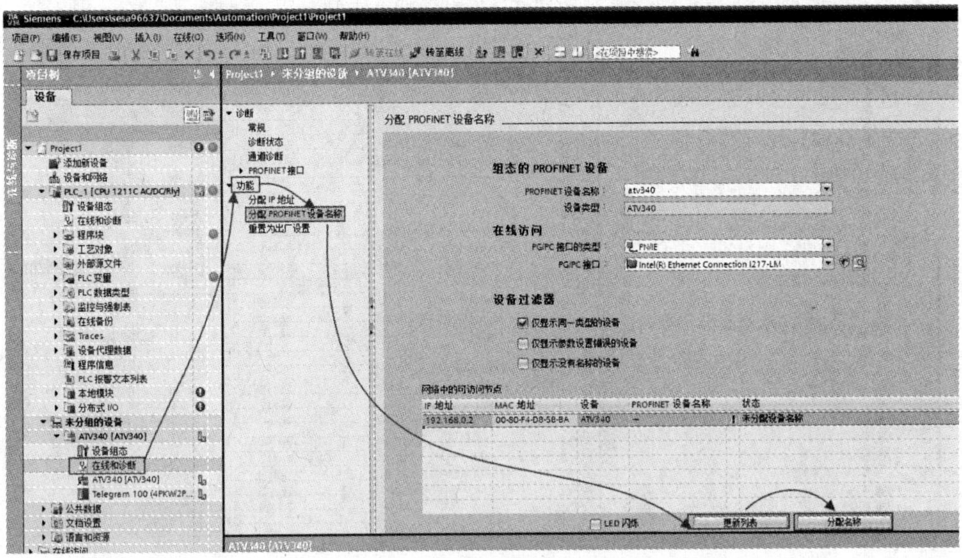

图 7－41　分配 ATV340 的设备名称的操作过程

分配变频器的设备名称是 PROFINET 通信非常关键的一步，只有正确分配了设备名称，ATV340 的 PROFINET 才能正常运行。

三、监视的操作

如果没有有效的分配变频器的 IP 地址和设备名称，会导致变频器触发 EPF2 报警。

PLC 转到在线后，单击【启用禁止监视】，选择【"数据块_1".Parameter_address】，在右键快捷菜单里选择【修改操作数】，将此参数修改为 200，对应的加速时间为 20s，如图 7－42 所示。

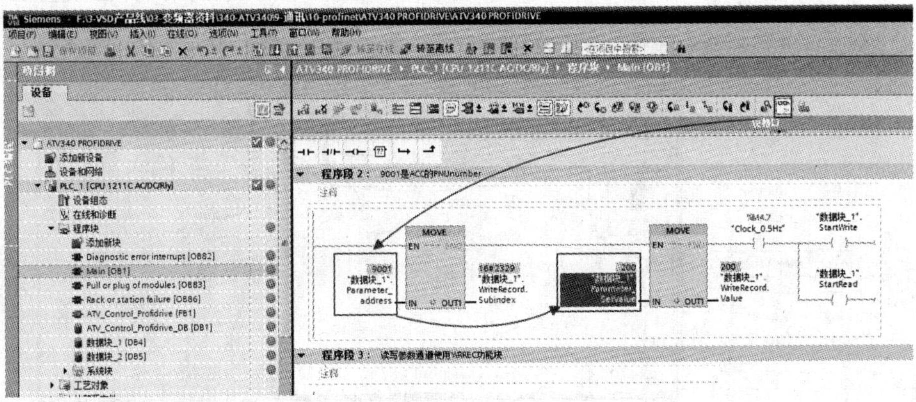

图 7－42　设置加速时间的参数设定值

双击打开【数据块_1】，单击【全面监视】，可以看到要写入的参数值为 200，而读回的参数也是 200，参数已经修改成功，如图 7－43 所示。

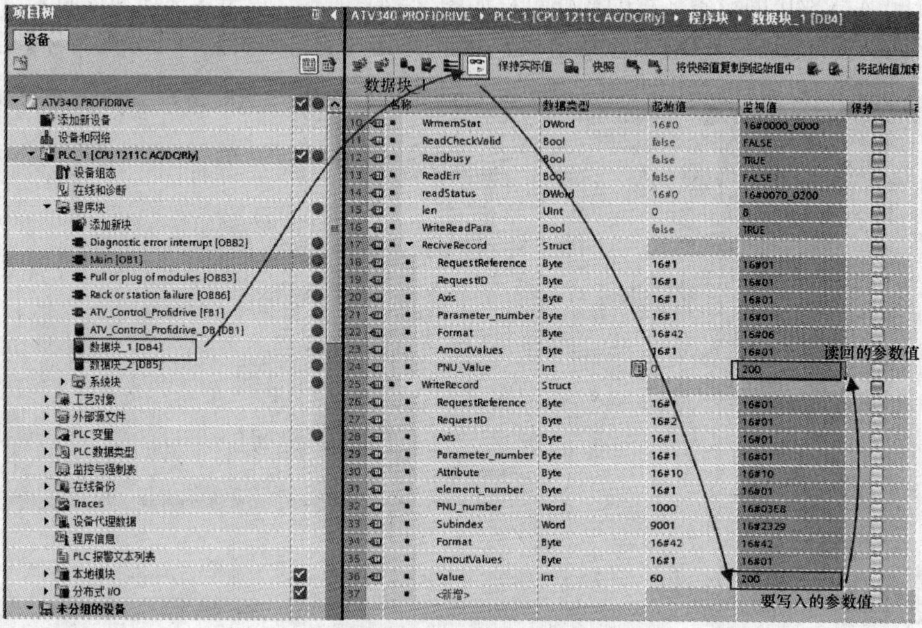

图 7－43　参数修改成功

第五节　ProFidive 通信控制系统的实战总结

一、使用以太网线用 SoMove 软件直接配置变频器参数

ATV340 的 PROFINET 通信卡可以同时使用 Modbus TCP 连接 SoMove，这样 PC 机可以使用以太网线对变频器参数进行设置，需要在 SoMove 软件中的【编辑连接/扫描】中选择【Modbus TCP】，如图 7－44 所示，然后在【高级设置】中的地址扫描界面设置 IP 地址。

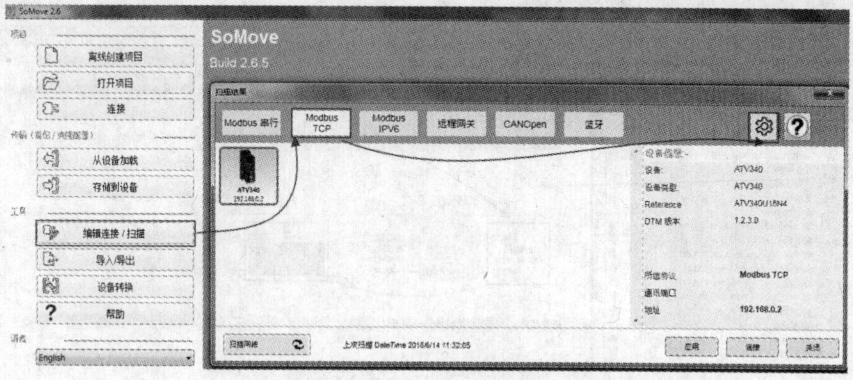

图 7－44　在【编辑连接/扫描】中选择【Modbus TCP】

将【高级设置】对话框中【扫描】选项卡的【目标网络】设为【192.168.0.2】，然后选择【单个】，数量设置为【2】，设置完毕后单击【确定】，如图 7-45 所示。

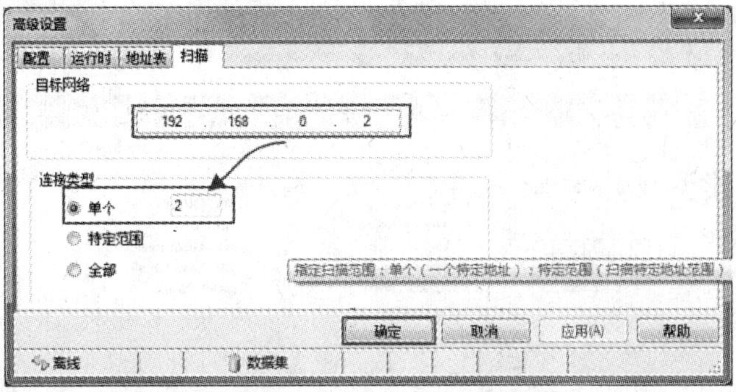
高级设置
配置
运行时
地址表
扫描
目标网络
192 . 168 . 0 . 2
连接类型
单个
2
特定范围
全部
指定扫描范围：单个（一个特定地址）；特定范围（扫描特定地址范围）
确定
取消
应用(A)
帮助
离线
数据集

图 7-45　设置 ATV340 的 Modbus TCP 地址

然后单击【连接】，如图 7-46 所示。

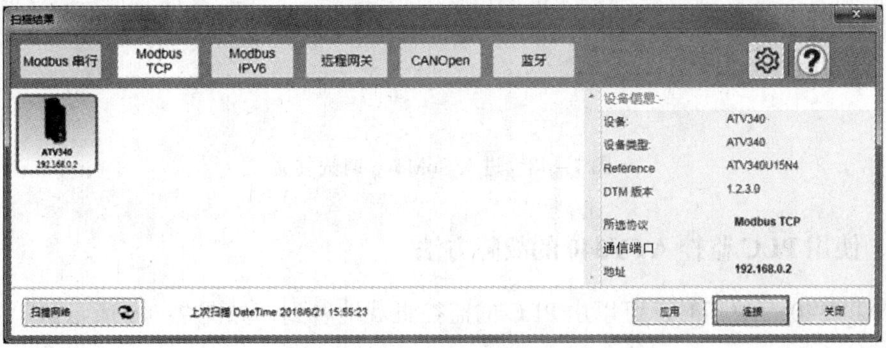
扫描结果
Modbus 串行
Modbus TCP
Modbus IPV6
远程网关
CANOpen
蓝牙
ATV340
192.168.0.2
设备信息:-
设备 ATV340
设备类型 ATV340
Reference ATV340U15N4
DTM 版本 1.2.3.0
所选协议 Modbus TCP
通信端口
地址 192.168.0.2
扫描网络
上次扫描 DateTime 2018/6/21 15:55:23
应用
连接
关闭

图 7-46　单击【连接】

勾选单击【连接】后会出现安全提示，勾选对话框表示已经阅读并已完全理解，然后单击【OK】，如图 7-47 所示。

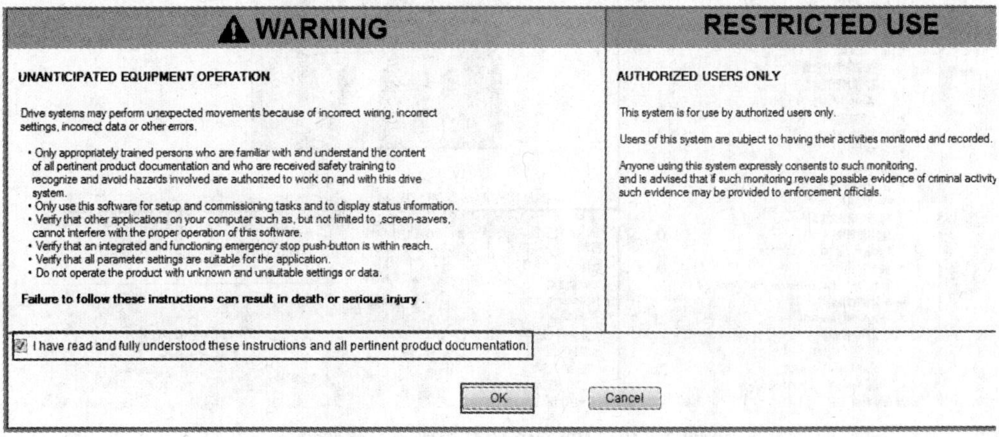
WARNING
UNANTICIPATED EQUIPMENT OPERATION
Drive systems may perform unexpected movements because of incorrect wiring, incorrect settings, incorrect data or other errors.
• Only appropriately trained persons who are familiar with and understand the content of all pertinent product documentation and who are received safety training to recognize and avoid hazards involved are authorized to work on and with this drive system.
• Only use this software for setup and commissioning tasks and to display status information.
• Verify that other applications on your computer such as, but not limited to ,screen-savers, cannot interfere with the proper operation of this software.
• Verify that an integrated and functioning emergency stop push-button is within reach.
• Verify that all parameter settings are suitable for the application.
• Do not operate the product with unknown and unsuitable settings or data.
Failure to follow these instructions can result in death or serious injury .
RESTRICTED USE
AUTHORIZED USERS ONLY
This system is for use by authorized users only.
Users of this system are subject to having their activities monitored and recorded.
Anyone using this system expressly consents to such monitoring.
and is advised that if such monitoring reveals possible evidence of criminal activity such evidence may be provided to enforcement officials.
I have read and fully understood these instructions and all pertinent product documentation.
OK
Cancel

图 7-47　确认阅读并已完全理解安全提示

通过 Modbus TCP 进入 SoMove 的调试页面，如图 7-48 所示。

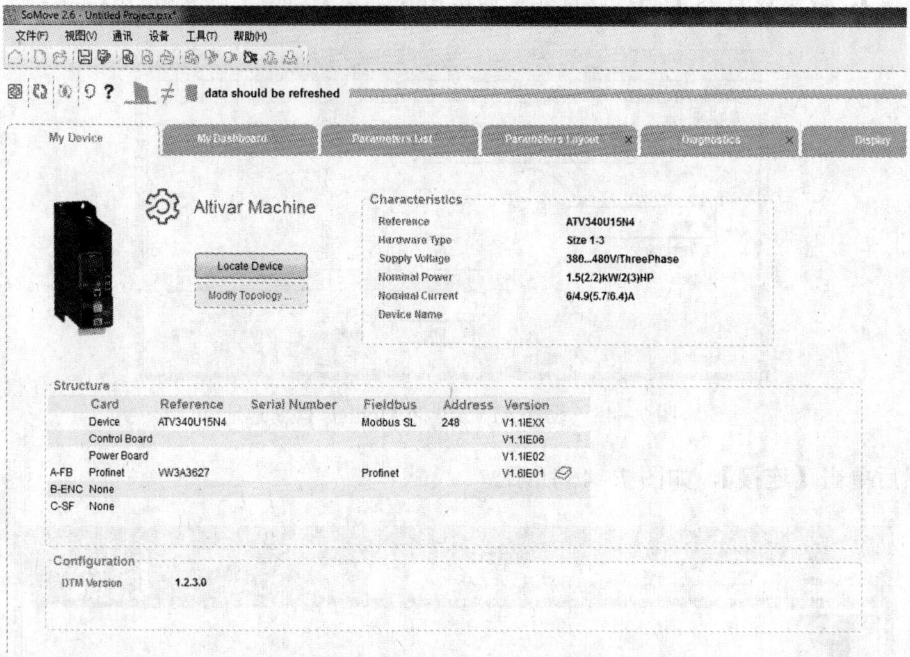

图 7-48 进入 SoMove 调试页面

二、使用 PLC 监控 ATV340 的故障方法

当 ATV340 有故障时，可以由 PLC 的监控直观地看到，如图 7-49 所示。

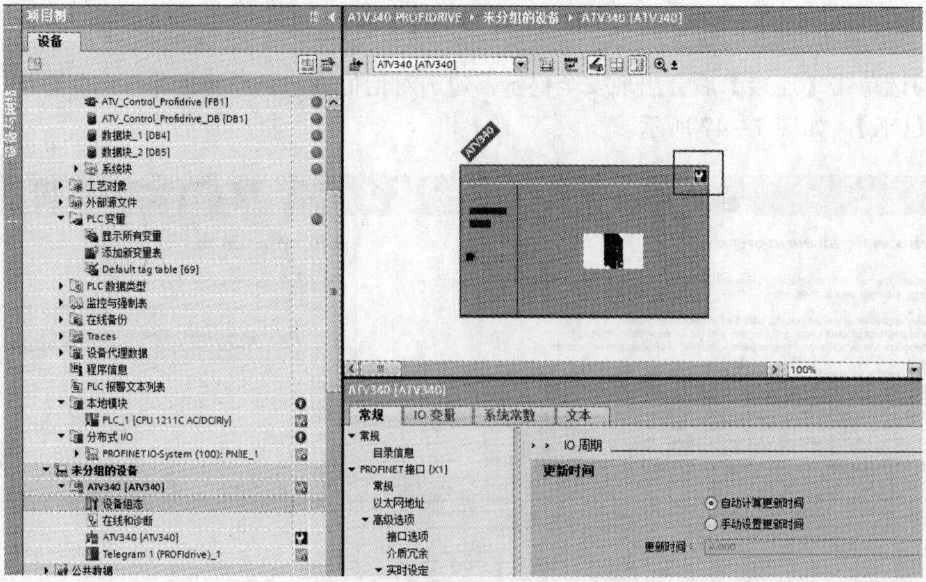

图 7-49 ATV340 的变频器的在线监控

在 SoMove 中的诊断页面（Diagnostics）里可以查看故障，此处是输入缺相故障，如图 7-50 所示。

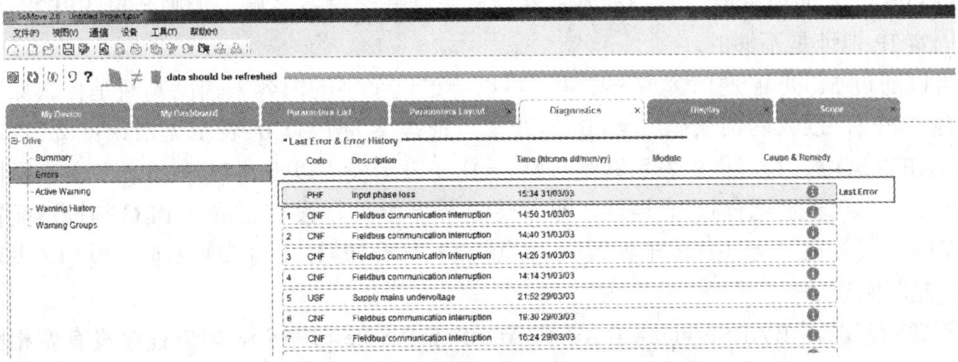

图 7-50 在诊断页面中查看变频器的故障

三、如何设置 PROFINET 的通信报警时间

在环路中变频器可能会因为比较低的通信报警（看门狗）时间导致 CNF 故障，这时要手动设置加大 PROFINET 的超时时间，在 ATV340 的网络组态画面，先选择【手动设置更新时间】，然后设置【更新时间】，然后设置【I/O 数据丢失时允许的周期数目】。【更新时间】和【I/O 数据丢失时允许的周期数目】的设置最大值均为 255。总的看门狗时间等于【I/O 数据丢失时允许的周期数目】乘以【更新时间】。看门狗的时间设置如图 7-51 所示。

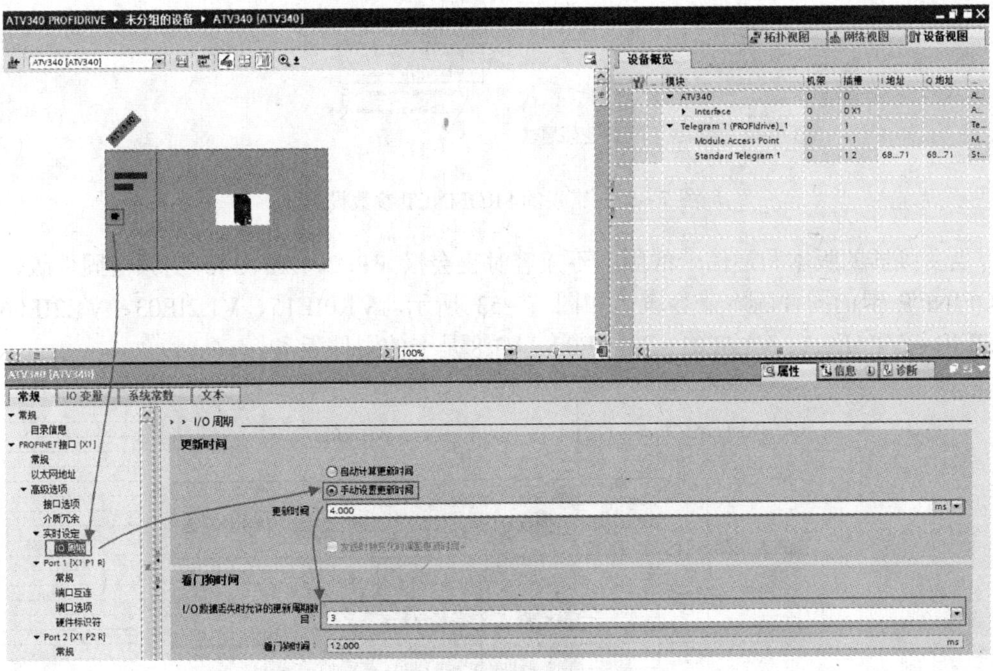

图 7-51 看门狗的时间设置

四、PROFINETEPF2 故障的处理

PROFINET 通信需要主站扫描到从站后，正确分配设备名称，否则会报 EPF2，仅仅设置固定 IP 地址是不够的。

可以通过 Modbus 通信读取 64260，可以通过这个字的内容来辅助判断是什么原因导致出现 EPF2，以太网错误码 64260 的变量地址含义为：① 0 表示无错误；② 1 表示 PROFINET I/O 超时；③ 2 表示网络过载；④ 3 表示失去以太网载体；⑤ 9 表示雷同的 IP 地址；⑥ 10 表示无有效 IP 地址，即如果变频器 IP 地址没有正确在 PLC 扫描后配置就会报 EPF2；⑦ 12 表示 IPAR 未配置状态；⑧ 13 表示 IPAR 不可恢复故障；⑨ 17 表示应用 I/O 配置错误。

不要随意激活 IPARService－IPAV 和 AutoSaveSevice（IPAS），如果程序没有做相应配置，会导致出现 EPF2，正确的设置应去掉这两个选择，如图 7－52 所示。

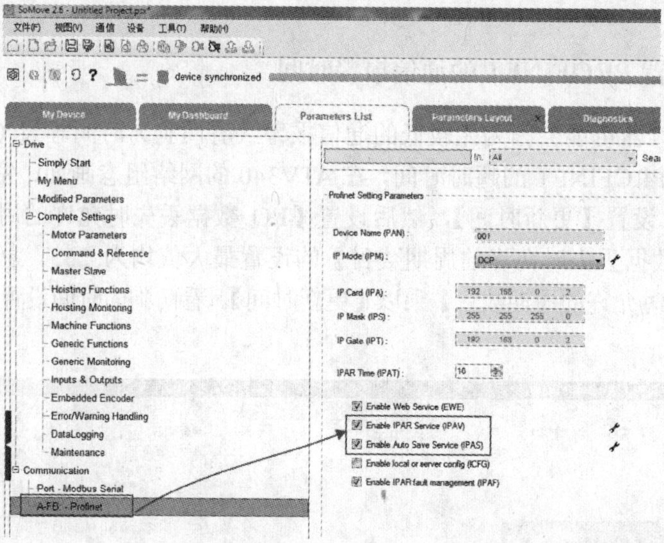

图 7－52 错误的 PROFINET 参数设置

当变频器的版本和通信卡的版本不兼容时也会报 EPF2，ATV340 变频器固件版本和 PROFINET 卡的固件版本兼容表，如图 7－53 所示。V1.0IE15、V1.2IE03、V1.2IE06、V1.3E01、V1.5E0.2、V1.6E01、V1.7E02、V1.8 是卡的固件版本。

PROFINET			VW3A3627						
产品	种类	版本	v1.0IE15	v1.2IE03	v1.2IE06	v1.3E01	v1.5E02	v1.6E01	v1.7E02
		v2.1IE15							
		v2.3IE17							
		v2.5IE27							
		v2.7IE33							
ATV320	Standard	v2.7IE23							
		v2.7IE25							
		v2.7IE26							
		v2.7IE28							
		v2.7IE30							
		v2.7IE32							
ATV340	Standard	v1.1IE02							
		v1.1IE03							
		v1.1IE06							

图 7－53 ATV340 变频器固件和 PROFINET 通信卡版本的兼容表

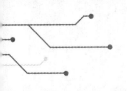

第八章

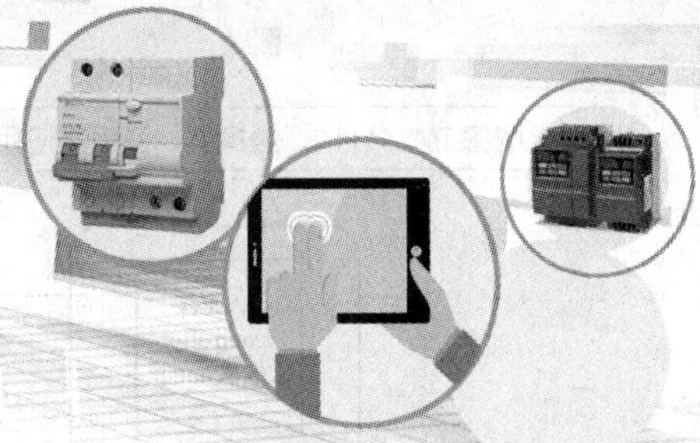

变频器 ATV930 与罗克韦尔 Controllogix 系列 PLC 的 EtherNetIP 通信

第一节 EtherNetIP 通信协议和通信设备

扫码看视频

一、EtherNetIP 通信协议

EtherNetIP 是在 1990 年后期由罗克韦尔自动化公司开发的工业以太网通信协议，是罗克韦尔工业以太网络方案的一部分。后来罗克韦尔就将 EtherNetIP 交给 ODVA 管理，ODVA 管理 EtherNetIP 通信协定，并确认不同厂商开发的 EtherNetIP 设备都符合 EtherNetIP 通信协定，确保多供应商的 EtherNetIP 网络仍有互操作性。

EtherNetIP 将以太网的设备以预定义的设备种类加以分类，每种设备有其特别的行为，此外，EtherNetIP 设备支持下列功能：

（1）用用户数据报协议（UDP）的隐式报文传送基本 I/O 资料。

（2）用传输控制协议（TCP）的显式报文上传或下载参数、设定值、程式或配方。

（3）用主站轮询、从站周期性更新或是状态改变（COS）时更新的方式，方便主站监控从站的状态，信息会用 UDP 的报文送出。

（4）用一对一、一对多或是广播的方式，透过用 TCP 的报文送出资料。

（5）EtherNetIP 使用 TCP 埠编号 44818 作为显式报文的处理，UDP 埠编号 2222 作为隐式报文的处理。

二、EtherNetIP 的通信设备

ATV9xx 内置的以太网支持 Modbus TCP 和 EtherNetIP 通信，在与 AB PLC 通信过程中，由于 ATV9xx 最早的几个版本的 EDS 文件与 AB PLC 不兼容，如果按常规做法，直接导入老版本的 EDS 文件后，会出现在 AB 编程软件中 ATV9xx 的控制器标签缺失的情况，目前，最新的版本 V1.7 是可以正常进行配置的。

ATV9xx 的 EtherNetIP 通信支持的功能包括 Assembly 和 Message，内置的 WebServer 还可以通过以太网进行参数设置、观察驱动器状态等功能。

ATV9xx 内置的 EtherNetIP 通信支持以下功能，如图 8-1 所示。

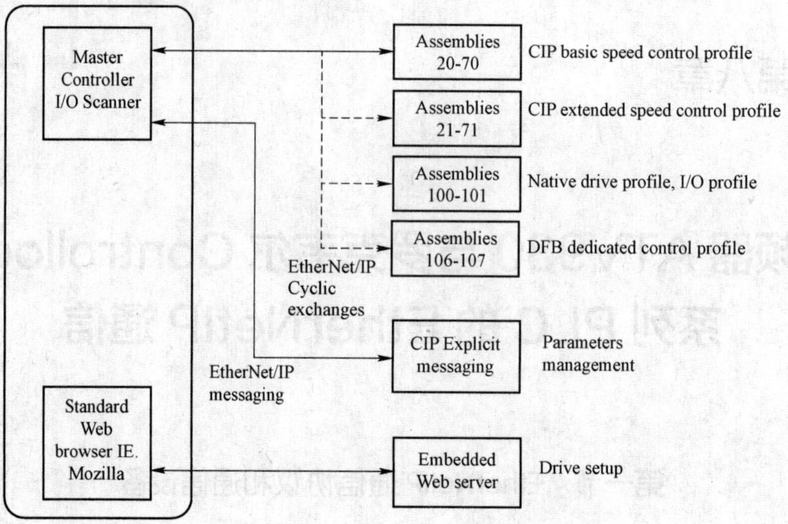

图 8-1　ATV9xx 内置以太网口支持的通信功能

ATV9xx 内置的 EtherNetIP 通信支持功能可分成两类，一类是以组合（Assemblies）形式出现的，这类周期的通信数据交换在 AB 编程软件中不需要编程，属于隐式交换，其功能与 CANopen 的 PDO 的功能类似，ATV930 变频器需要与 PLC 通信的数据，可以在 SoMove 软件中进行配置，如图 8-2 所示。

变频器 I/O 配置文件
输入(变频器到控制器)
通道 代码 说明 逻辑地址
1 ETA CIA402状态字 3201
2 RFRD DRIVECOM : Actual speed value 8604
3 LCR 电机输出电流 3204
4 ULN 电源电压 3207
5
输出(控制器到变频器)
通道 代码 说明 逻辑地址
1 CMD 命令寄存器 8501
2 LFRD DRIVECOM : Nominal speed value 8602
3 CMI Internal command register 8504
4
5
应用对设备的更改

图 8-2　在 SoMove 中配置 ATV930 需要与 PLC 通信的数据

组合（Assemblies）是将多个对象组合在一起，以便在隐式传输中通过一次通信的连接完成每个对象的信息传输。

变频器 ATV9xx 支持的通信组合包括 ODVA 定义的 20、70、21、71 和按照 CIA402 定义的 100、101，以及 ATV9x0 解决方案专用的组合 106、107。

ATV9xx 支持的 ODVAAC 驱动器配置文件包括以下组合。

（1）20：基本速度控制输出，大小 2 字、8 字节。

（2）21：扩展速度控制输出，大小 2 字、8 字节。

（3）70：基本速度控制输入，大小 2 字、8 字节。

（4）71：扩展速度控制输入，大小 2 字、8 字节。

施耐德变频器 ATV9xx 的以太网适配器，转换 ODVA 配置文件中的命令、行为和显示信息（在网络上）到 CiA402 配置文件（在驱动器中）。

1. 20、70ODVA 基本速度控制输出和 ODVA 基本速度控制输入

CIP20、70 与 AB 的变频器的控制方式相同，用户可以用来直接替换项目中使用的 AB 变频器。

输出组合 20，使用两个字控制变频器，一个是控制字，另一个是速度给定（单位 RPM），输入组合 70 由两个字组成，一个是状态字另一个是实际运行速度（单位 RPM）。

2. 21、71ODVA 扩展速度控制输出和 ODVA 扩展速度控制输入

组合 21、71 与 AB 的变频器的控制方式相同，用户可以用来直接替换项目中使用的 AB 变频器。

输出组合 21，使用两个字控制变频器，一个是控制字，其功能强于组合 20，在控制字上可正反转并可以实现变频器启动和给定在 EtherNetIP 和端子之间的切换，另一个是速度给定（单位 RPM）；输入组合 71 由两个字组成，一个是状态字，状态字的功能相比组合 70 来说也强了很多，可以显示当前的速度给定方式、变频器当前状态（包括运行、停止故障等），另一个是实际运行速度（单位 RPM）。

变频器 ATV930 的参数设置见表 8－1，必须按此设置。

表 8－1　　使用组合 21、71 时 ATV930 的参数设置

菜单	参数	设置
（Complete settings）【CSt】（Command and Reference）【CrP】	[Control Mode]【CHCF】	[Separate]【SEP】
	[Ref Freq 1 Config]【Fr1】	[Embedded Ethernet]【EtH】
	[Ref Freq 2 Config]【Fr2】	[AI1]【AI1】或[AI2]【AI2】
	[Cmd Channel 1]【Cd1】	[Ethernet]【EtH】
	[Cmd Channel 2]【Cd2】	[Terminals]【tEr】
	[Command Switching]【CCS】	[C512]【CS12】
	[Ref Freq 2 switching]【rFC】	[C513]【CS13】

3. 100、101 组合

100、101 组合方式是默认方式，输入和输出最大 32 个字，变频器 ATV930 将按 CiA402 通信流程来控制，因为这种配置相对简单和自由，建议读者使用此组合模式对变频器进行控制。

4. 106、107 组合

106、107 组合是 ATV9xx 解决方案中专用的组合，其使用的通信变量如图 8－3 所示。

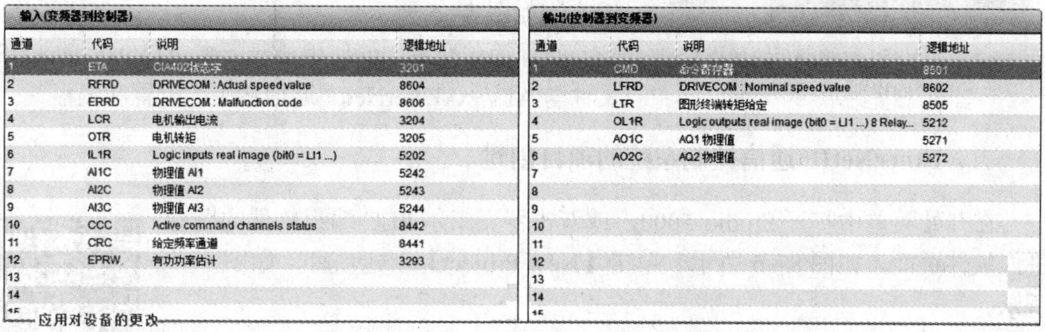

图 8－3　106、107 组合使用的通信变量

显式消息，如 CIP 请求（CIPExplicitmessaging），即使用功能块读取、写入参数的属

性（Get、SetAttribute），这类请求需要在编程软件中使用 MSG 功能块方能正常工作。使用消息功能块读取变频器的内部参数的实例程序如图 8－4 所示。

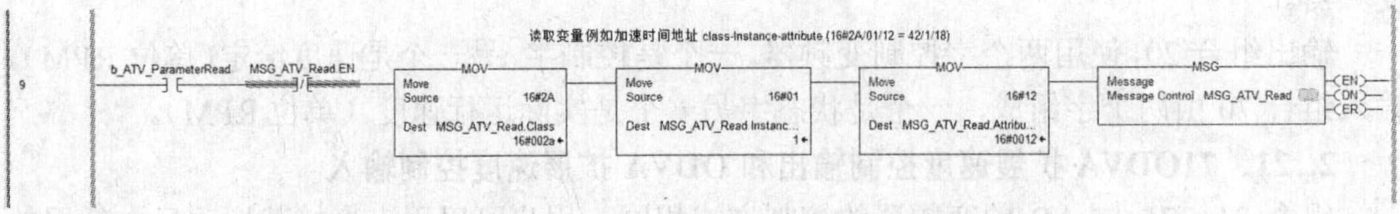

图 8－4　使用消息功能块读取变频器的内部参数

第二节　ATV930 与 AB PLC 的 EtherNetIP 通信的工艺要求和项目创建

一、EtherNetIP 通信控制项目的工艺要求

本示例将详述在 AB PLC 不导入 ATV9xx 的 EDS 文件的情况下，使用 Rockwell EDS 文件，并且 ATV9xx 采用 I/O 模式控制的详细编程过程，这样就可以不导入 EDS 文件，从而避开了 ATV9xx 老版本 EDS 的问题。

EtherNetIP 通信控制项目的元件配置如下。

（1）罗克韦尔 CPU 的型号为 logix5573，L73 版本 V30。

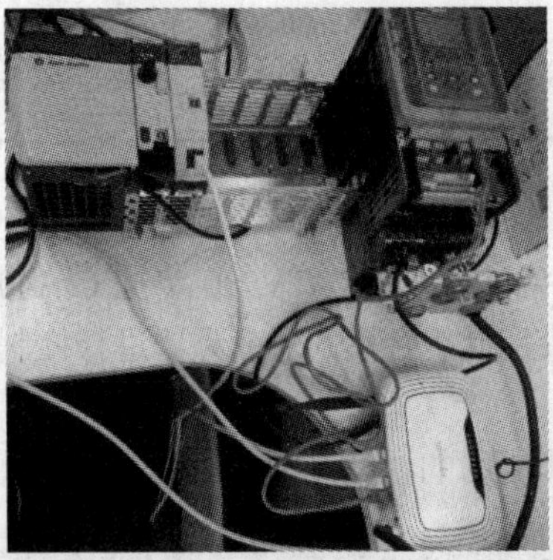

图 8－5　ATV930 变频器与 AB PLC 的 EtherNetIP 通信连接实物

（2）HUB 的 IP 地址为 192.168.1.1，子网掩码为 255.255.255.0。

（3）以太网通信模块 1756－EN2T 的 IP 地址为 192.168.1.2，子网掩码为 255.255.255.0。

（4）ATV930U07M3，版本 V1.8IE14 的 IP 地址为 192.168.1.3，子网掩码为 255.255.255.0。

（5）电脑为 Win10 专业版，其 IP 地址为 192.168.1.120，子网掩码为 255.255.255.0。

ATV930 变频器与 AB PLC 的 EtherNetIP 通信连接实物如图 8－5 所示。

下面简单介绍如何使用最新版本 ATV9xx 的 EDS 文件与 ATV9xxEtherNetIP 通信相关的配置和编程。

二、EtherNetIP 通信控制系统的项目创建

在开始菜单中打开 Studio 5000，或双击罗克韦尔 PLC 编程软件的图标进入软件页面，如图 8－6 所示。单击【New Project】创建项目，如图 8－7 所示。

扫码看视频

在打开的【New Project】页面中，添加 PLC 控制器，选择【Logix】，然后在右侧的控制器库中选择【ControlLogix 5570 Controller】，再选择 PLC 型号为 1756－L73，填写项目名称【ATV930 EtherNetIP with L73】，单击【Browse】按

钮，如图 8－8 所示。

图 8－6　打开 Studio5000

图 8－7　创建项目

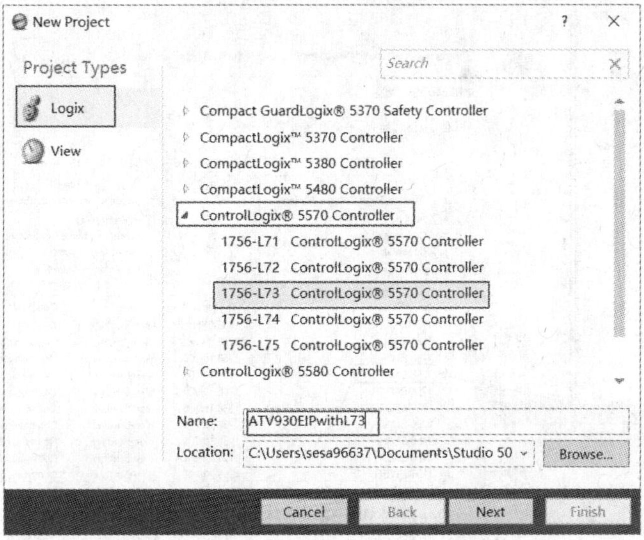

图 8－8　选择 PLC 型号，填写项目名称

选择 PLC 的版本号（Revision）为【30】，选择槽架（Chassis）为【7－Slot ControlLogix Chassis】，即槽架数为 7，选择 CPU 的槽号（Slot）为【0】，完成后单击【Finish】按钮，如图 8－9 所示。

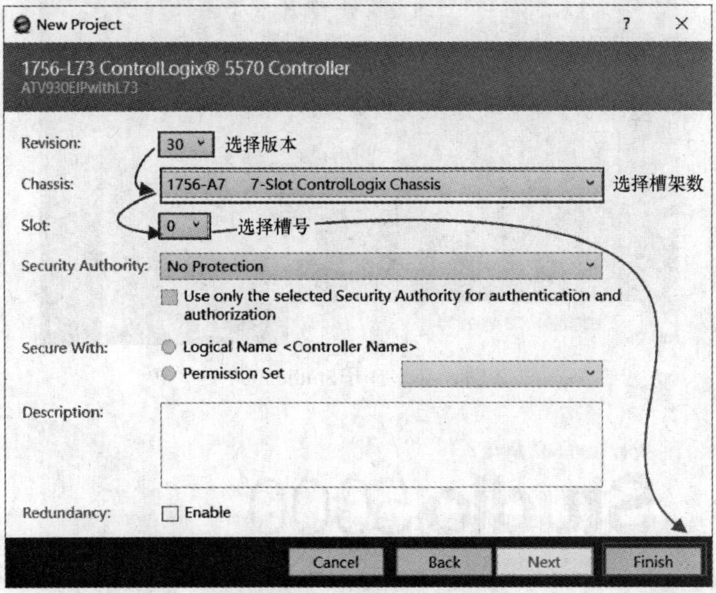

图 8－9　创建项目

三、从站组态与配置

在【I/O Configuration】的右键快捷菜单中选择【New Module...】，添加 EtherNetIP 模块【1756－EN2T】，如图 8－10 所示。

扫码看视频

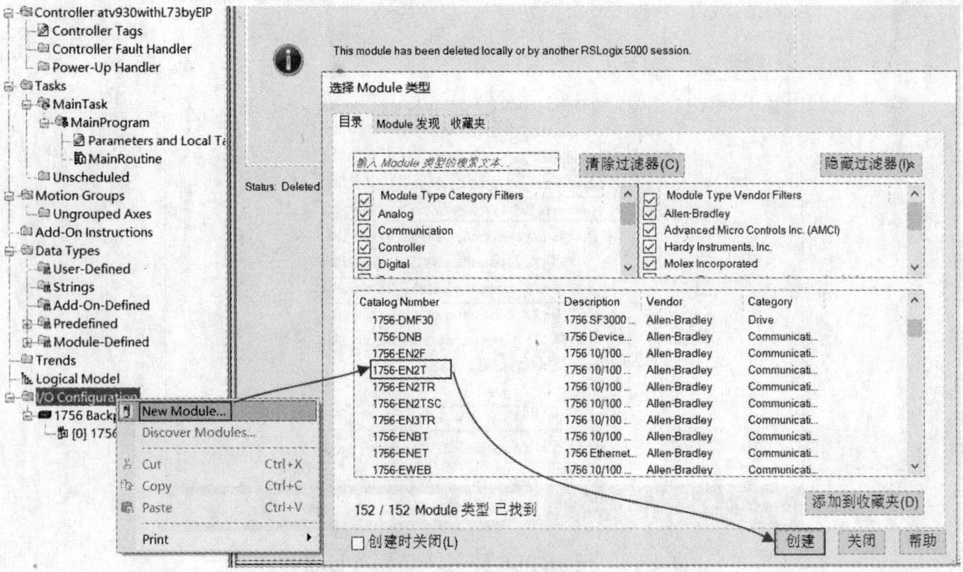

图 8－10　添加 1756－EN2T 模块

设置模块的名称和 IP 地址，如图 8－11 所示。

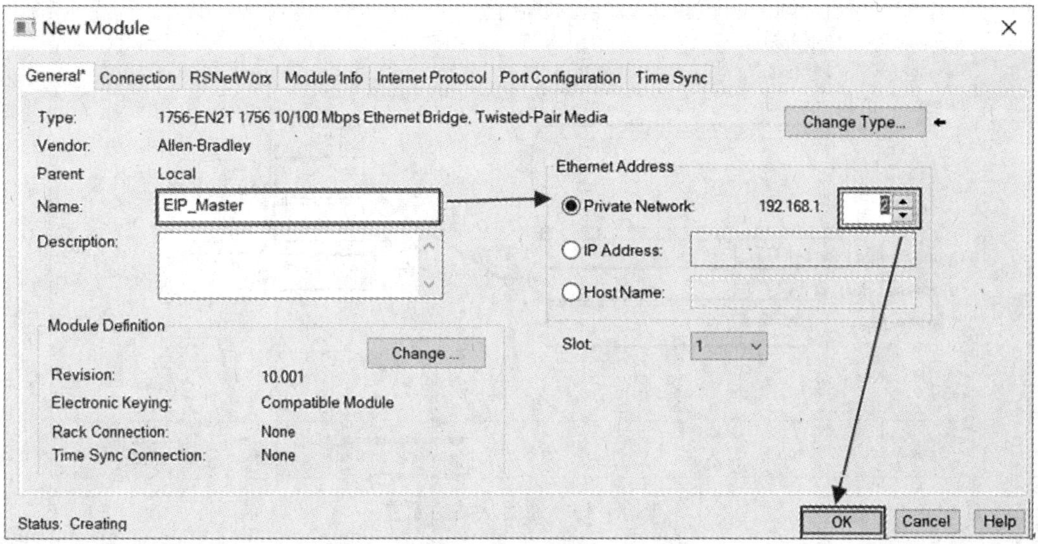

图 8－11　设置通信模块的名称和 IP 地址

加入通用从站(GenericEthernetModule)而不需要导入 ATV9xx 的 EDS 文件，如图 8－12 所示。

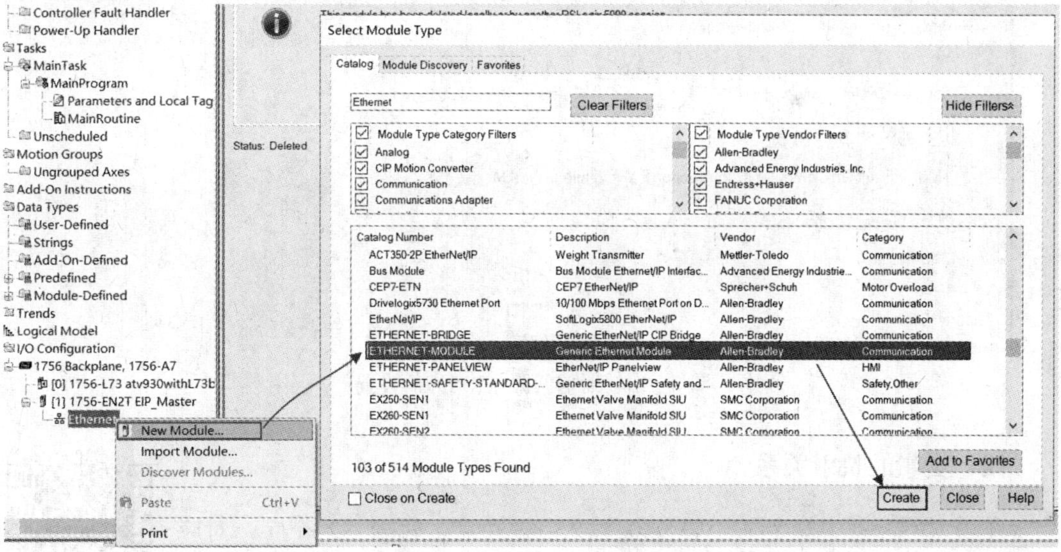

图 8－12　加入通用从站

双击从站，并设置变频器的名称为【ATV9xx_1】，通信的数据格式为整型【Data_INT】，变频器的 IP 地址为【192.168.1.3】，在连接参数中【Assembly Instance】中，将输入（Input）设为【101】，长度 32 个字节，输出（Output）设为【100】，长度为 32 个字节，将配置（Configuration）设为【6】，然后单击【OK】按钮，如图 8－13 所示。

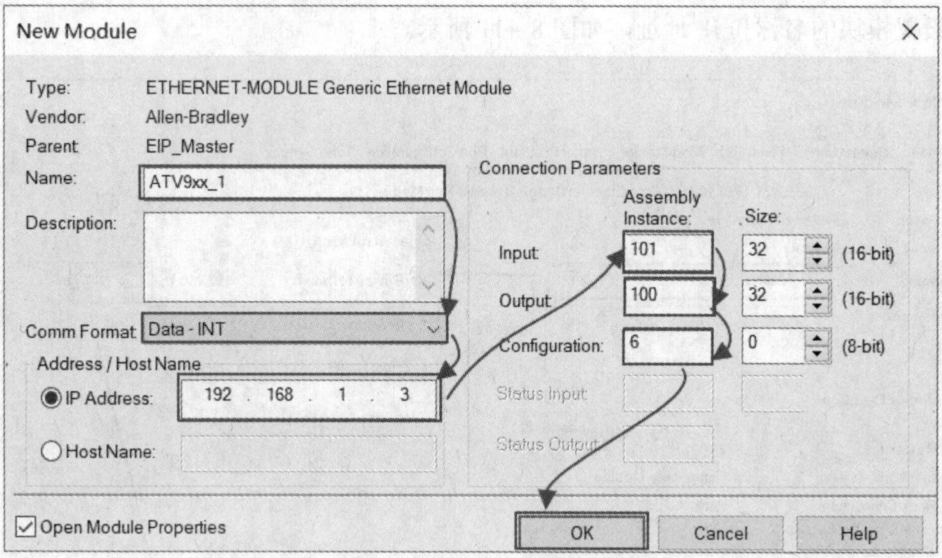

图 8–13　通用从站的配置

设置通信间隔的操作，当 EtherNetIP 网络上的变频器比较多时，要增大通信时间间隔，此处采用 20ms，如图 8–14 所示。

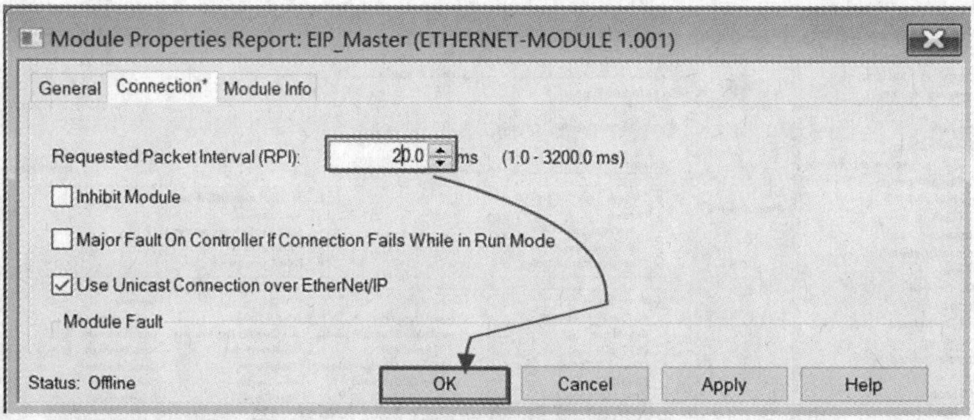

图 8–14　通信间隔（RPI）的设置

四、变量的映射关系

在以太网配置中规定了 ATV930 输入 32 个字，输出 32 个字，对应 Controller Tags 中的变量标签是 ATV9xx_1:I 和 ATV9xx_1:O，这两个都是 32 个字的数组，ATV9xx_1:I.DATA[0]是状态字，ATV9xx_1:I.DATA[0]是实际转速，ATV9xx_1:O.DATA[0]对应的是控制字，ATV9xx_1:I.DATA[1]是频率给定，ATV9xx_1:I.DATA[2]，这些 PLC 变量与变频器变量的对应关系是在 SoMove 中设置的，ATV9xx_1:I 和 ATV9xx_1:O 的位置如图 8–15 所示。

扫码看视频

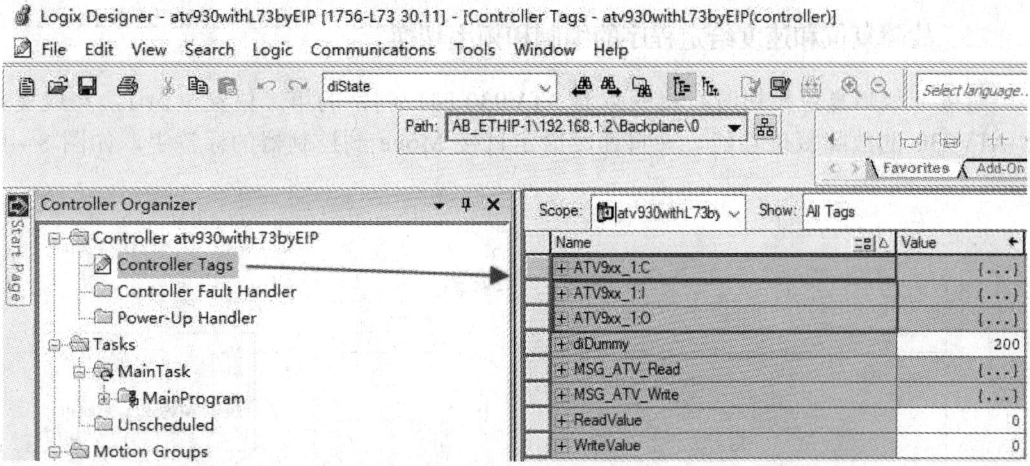

图 8－15　ATV9xx_1:I 和 ATV9xx_1:O 在 Controller Tags 中的位置

第三节　EtherNetIP 通信控制系统中 RSlogix5000 的程序编制

一、ATV930 正反转运行的程序

变频器 ATV930 正转时，需要将变频器的控制字置位为 1，反转则置位为 2，无正转、反转、故障复位命令时将控制字设为 0。变频器 ATV930 正反转运行的程序如图 8－16 所示。

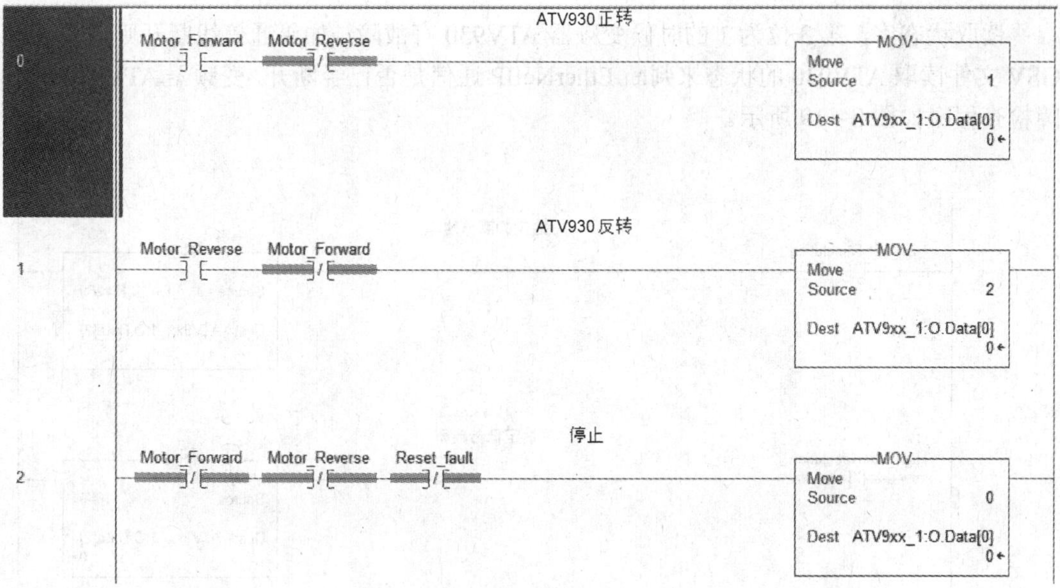

图 8－16　变频器 ATV930 正反转运行的程序

二、故障复位和速度给定程序的编制和频率切换

当按下故障复位按钮时，将变频器 ATV930 的控制字的第二位置位为 1，完成变频器 ATV930 的故障复位功能，并将速度给定直接 Move 到控制器的标签中，如图 8－17 所示。

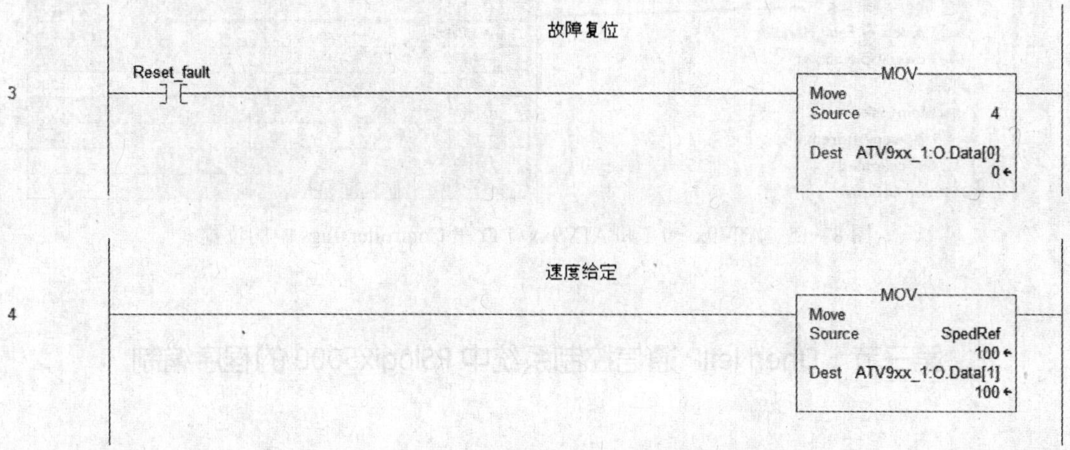

图 8－17　变频器 ATV930 的故障复位和速度给定程序

频率控制的高低分辨率的切换，高分辨时对扩展控制字的第 9 位写 1，低分辨率时需要对扩展控制字写入 0，程序如图 8－18 所示。

三、故障检查

读取状态字，第 3 位为 1 的时候变频器 ATV930 有故障，如果通信线断开则需要通过 GSV 文件读取 ATV930 的状态来判断 EtherNetIP 通信是否已经断开。变频器 ATV930 的故障检查程序如图 8－19 所示。

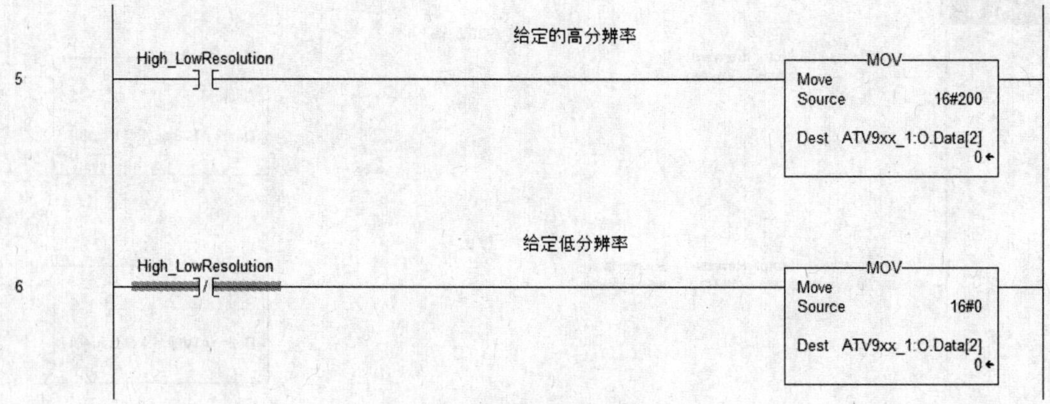

图 8－18　频率给定高低分辨率的切换程序

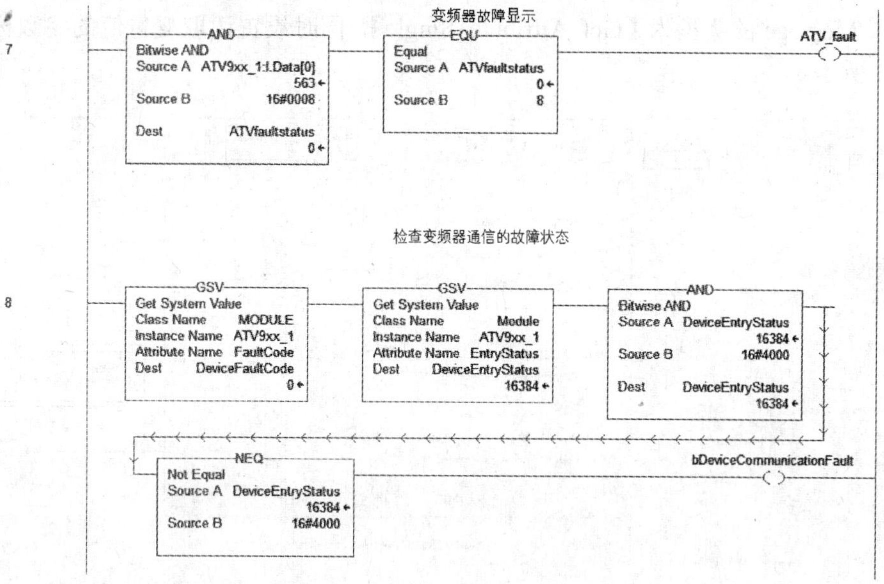

图 8－19　变频器 ATV930 的故障检查程序

四、相关参数

读取变频器 ATV930 参数，使用的是变频器参数的 Devicenet 地址，如读取加速时间参数时需使用 16#2A、01、12，当读参数完成后，即 MSG_ATV_Read.DN 为真时，将读取的参数值放到本地的 ATV9xx_1_readPara 标签当中。读取变频器 ATV930 的加速时间参数程序如图 8－20 所示。

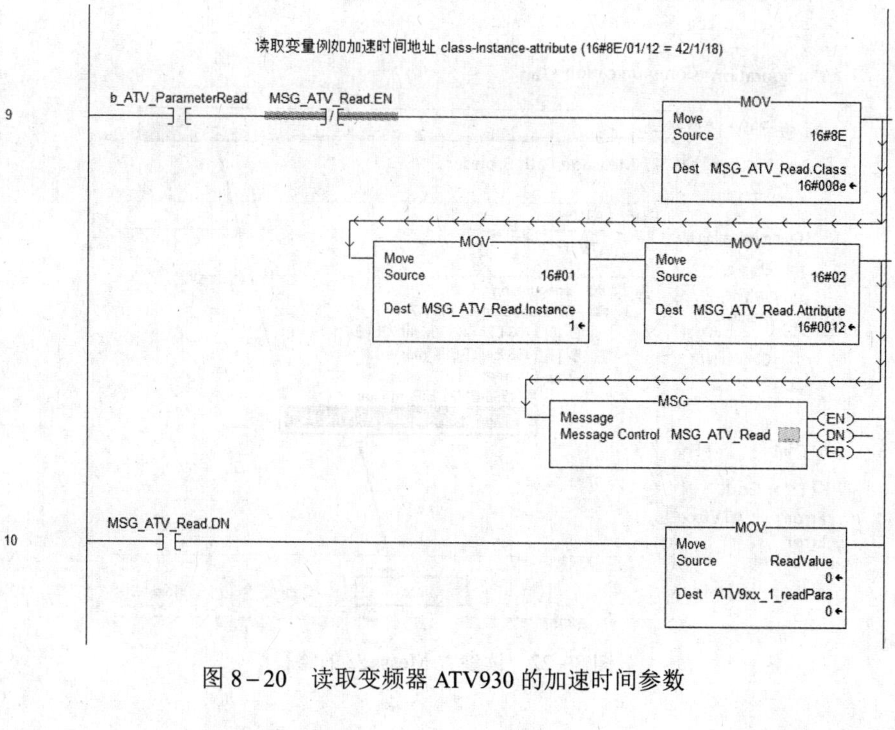

图 8－20　读取变频器 ATV930 的加速时间参数

设置 Message 的类型为【Get_Attribute_Single】，同时设置读取变量值的参数标签，如图 8－21 所示。

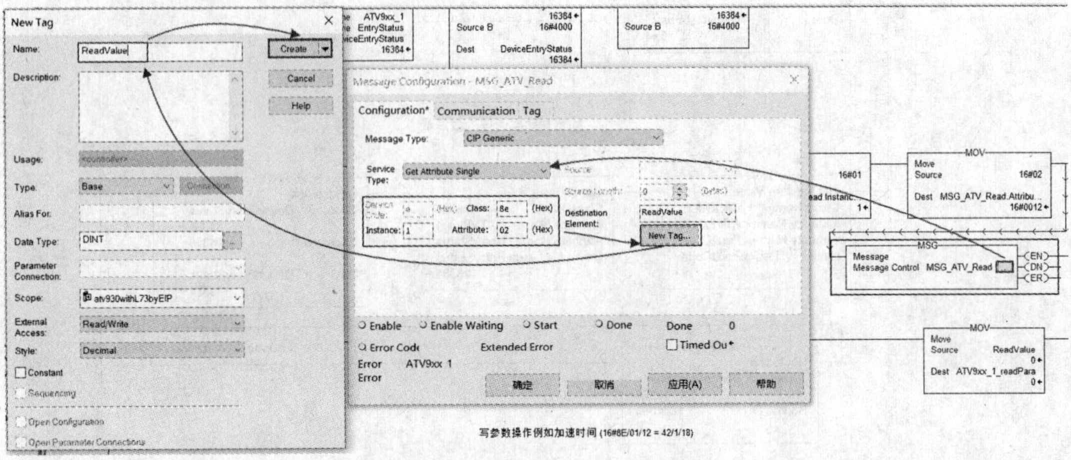

图 8－21　读参数 Message 消息的设置

设置读参数 Message 的路径（Path）为变频器【ATV9xx_1】，即读取参数的对象为 ATV9xx_1，如图 8－22 所示。

写变频器 ATV930 参数的编程方式与读参数类似，先把要写入的参数变量值，通过 Move 指令写入到使用的是变频器 ATV930 参数的 Devicenet 地址，如写入加速时间参数时，需使用 16#2A、01、12。注意有些变量不能写，如只读变量；有些变量只能在停止时才允许写入，如电动机的额定参数等，写变频器 ATV930 参数的程序如图 8－23 所示。

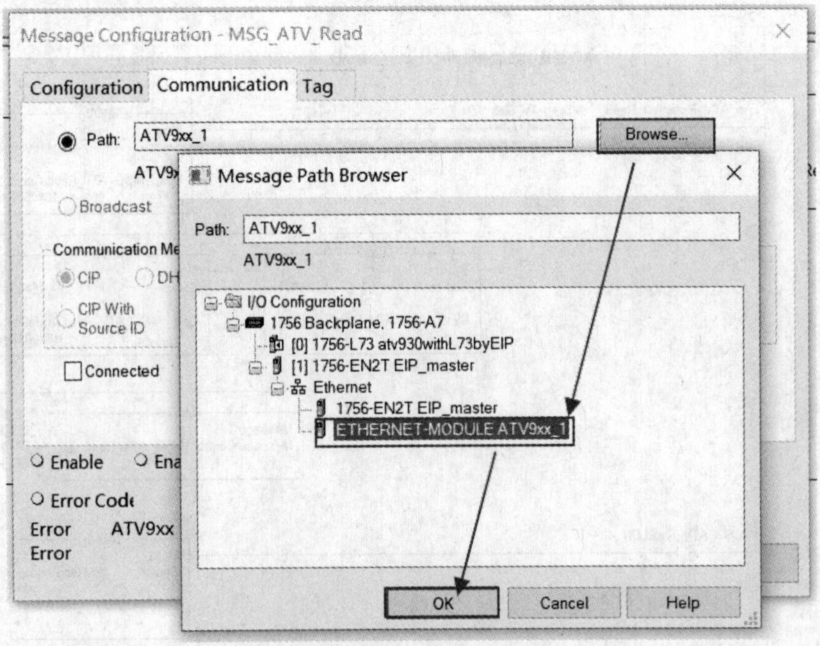

图 8－22　读参数 Message 的路径

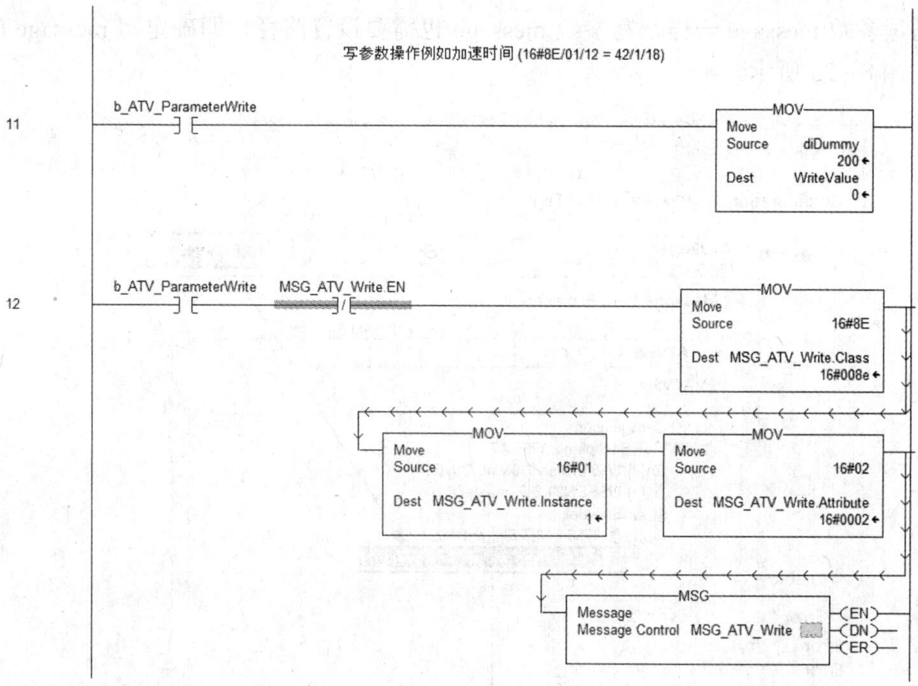

图 8-23 写变频器 ATV930 参数的程序

写参数 Message 的设置，将变量类型（Service Type）设置为【Set Attribute Single】，并设置要写入变量的 Tag【WriteValue】，变量的长度（Length）为【2】字节，如图 8-24 所示。

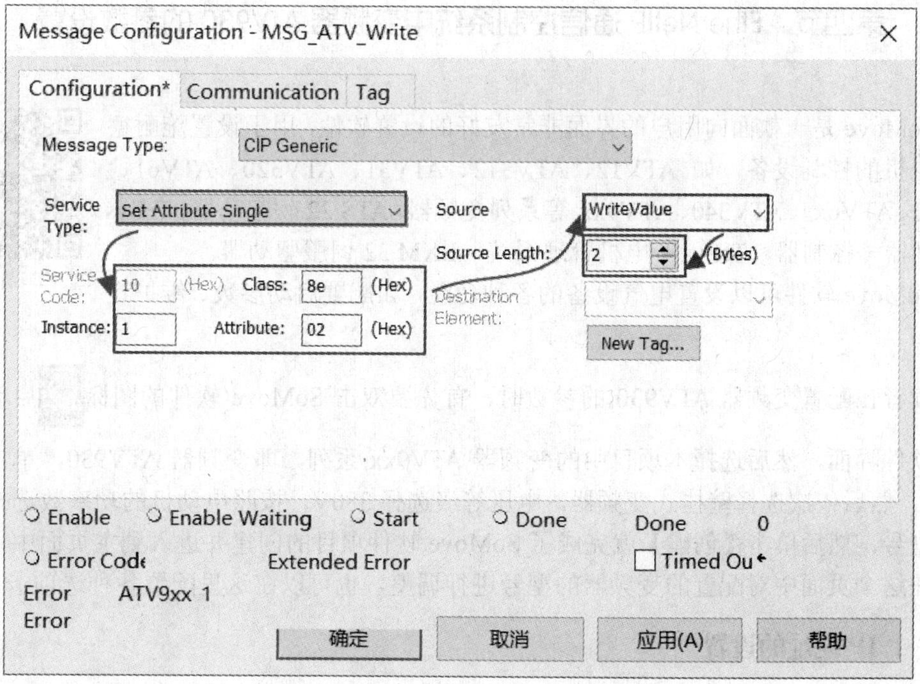

图 8-24 写参数 Message 的设置

与读参数 message 一样，写参数 message 也需要设置路径，即确定写 message 的变频器，如图 8－25 所示。

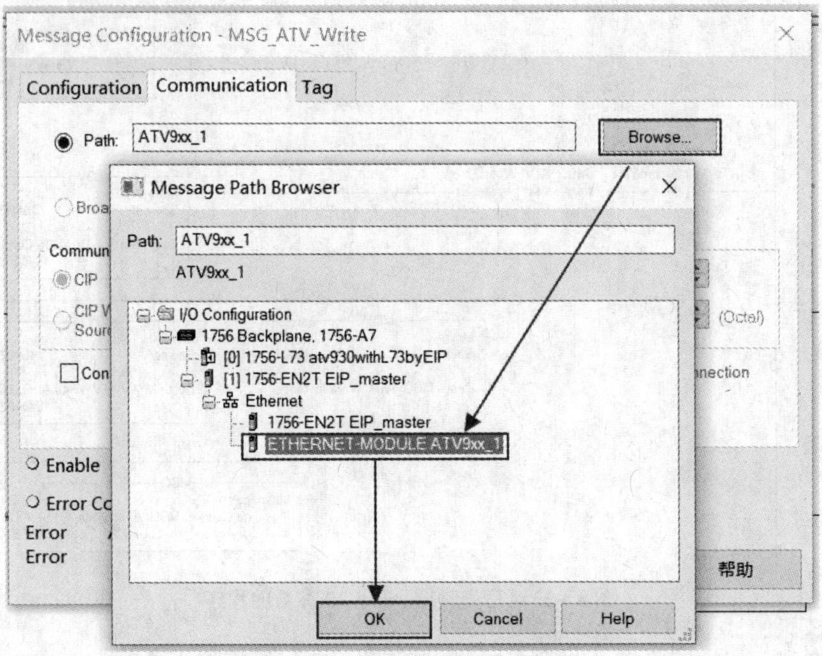

图 8－25　写参数 Message 的路径

第四节　EtherNetIP 通信控制系统中变频器 ATV930 的参数设置

SoMove 是一款面向用户的界面非常友好的设置软件，用于设置施耐德电气电机的控制设备，如 ATV12、ATV312、ATV31、ATV320、ATV61、ATV71、ATV6xx、ATV340、ATV9xx 等系列变频器，ATS 22 软起动器，TeSys U 起动器—控制器，TeSys T 电机管理系统，LXM 32 伺服驱动器。

扫码看视频

SoMove 软件可以设置电气设备的各种功能，如配置启动参数、维护设备等。

读者在配置变频器 ATV930 的参数时，首先要双击 SoMove 软件的图标启动软件进入软件界面，然后选择本项目中的变频器 ATV9xx 系列，即变频器 ATV930，单击【下一步】，然后依次选择壁挂式变频器，电压等级选择 380V，按照电动机的功率数选择变频器的型号，然后单击【创建】就完成了 SoMove 软件项目的创建并进入到主页面中，读者可以在这个页面中对配置的变频器的型号进行调整，也可以在这里配置各种选项卡。

一、IP 地址的设置

使用 SoMove 调试软件配置变频器 ATV930 参数前，首先使用串口下载线或以太网线连到变频器 ATV930，设置 ATV930 通信 IP 地址为 192.168.1.3，子网掩码与 PLC 的配置相同，如图 8-26 所示。

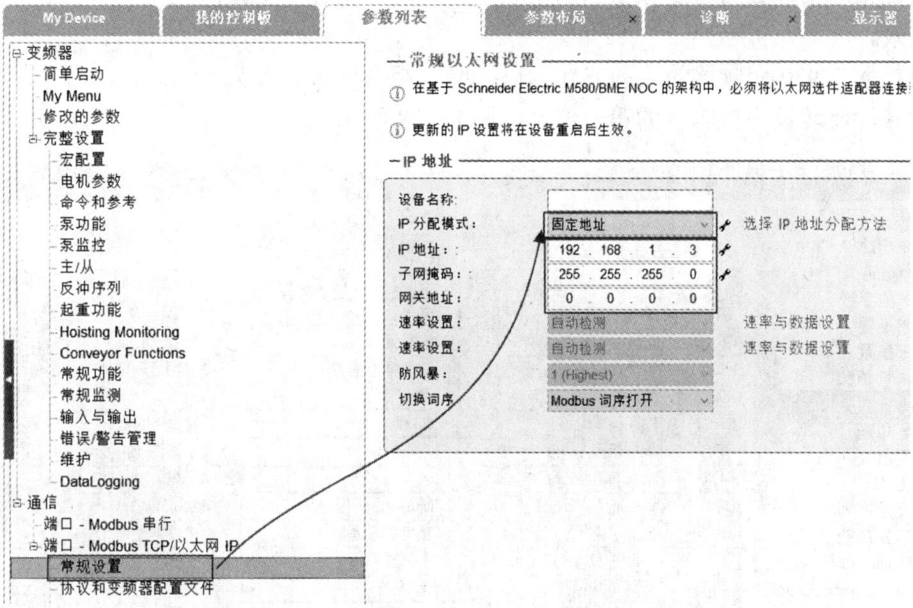

图 8-26 设置变频器 ATV930 的 IP 地址和子网掩码

二、EtherNetIP 参数配置

设置组合为 100、101，通信方式 EtherNetIP，并在变频器 ATV930 的 I/O 配置文件中右击插入所需要的变量，输入变量加入了电动机电流，地址为 3204；电源电压，地址为 3207；给定方式由电动机速度修改为输出频率 8502，输出变量加入了扩展控制字 CMI，地址为 8504，完成后单击绿色的对钩，如图 8-27 所示。

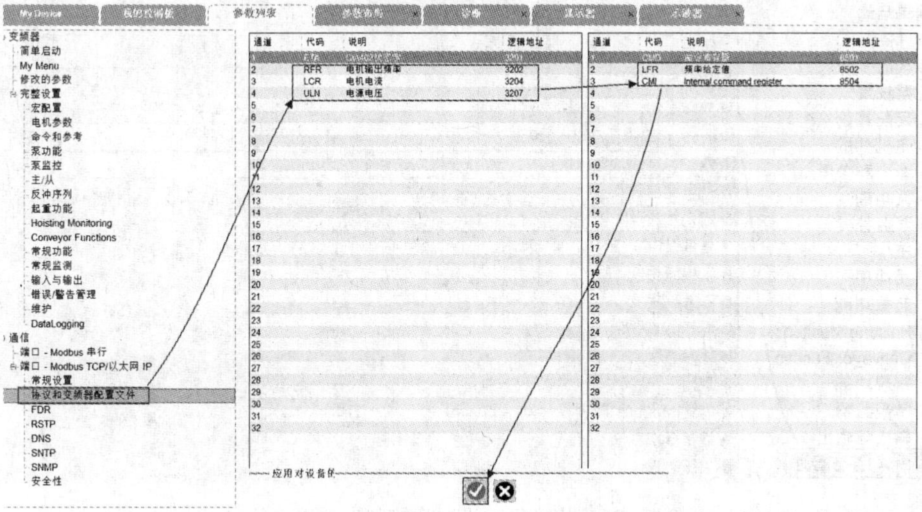

图 8-27 变频器 ATV930 的 EtherNetIP 参数配置

三、给定通道的设置

设置完通信参数后将变频器 ATV930 重新启动，或者将变频器 ATV930 断电再上电使配置生效。

设置 ATV930 变频器的启动方式为以太网，组合模式设置为 I/O 模式，命令通道也设为以太网，反转设为控制字的第一位，如图 8－28 所示。

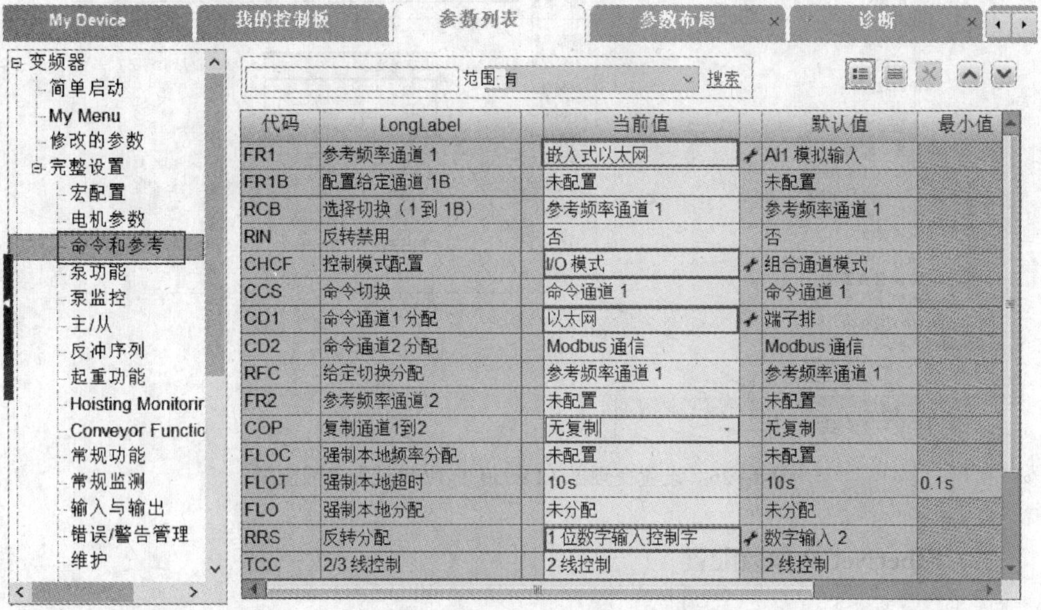

图 8－28　设置启动方式、组合模式、命令通道及反转分配

故障复位设置成控制字的第二位，如图 8－29 所示。

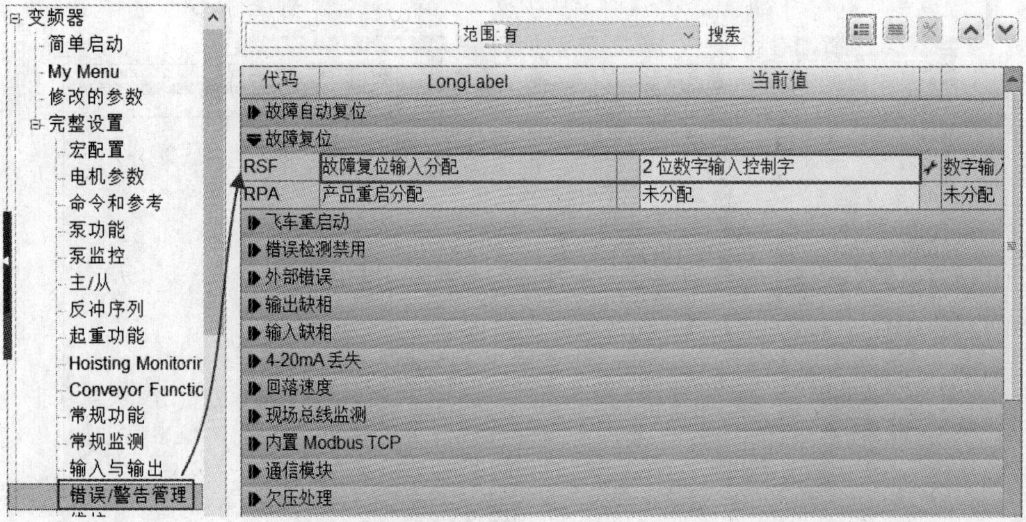

图 8－29　故障复位设置为控制字的第二位

第五节　ATV930 与 AB PLC 的 EtherNetIP 通信控制系统的调试

一、驱动的配置

打开 RSLinx Classic Lite，添加驱动，在通信菜单【Communications】中选择配置驱动程序【Configure Drivers…】，如图 8－30 所示。

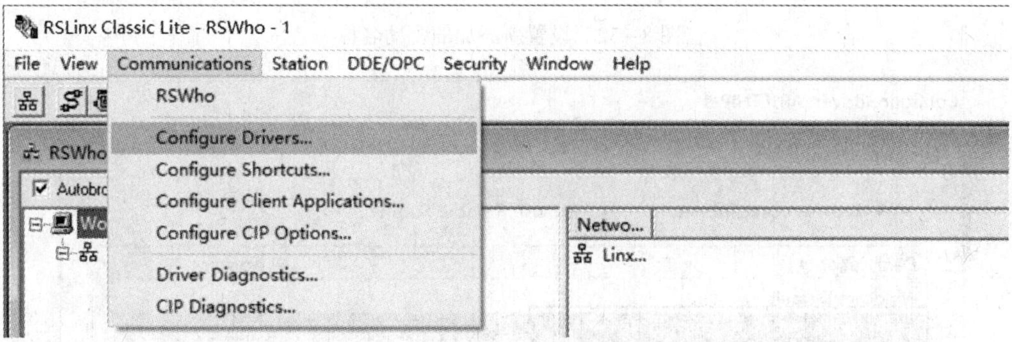

图 8－30　在通信菜单【Communications】中选择配置驱动【Configure Drivers…】

在配置驱动器页面中，首先在应用驱动器类型的输入框中，单击下拉图标 ▼，选择应用的驱动器的通信类型为【EtherNetIP Driver】，然后单击按钮【Add New…】，如图 8－31 所示。

在弹出的【Add New RSLinx Classic Driver】对话框中设置新添加的驱动名称为【AB_ETHIP－1】，然后单击按钮【OK】如图 8－32 所示。

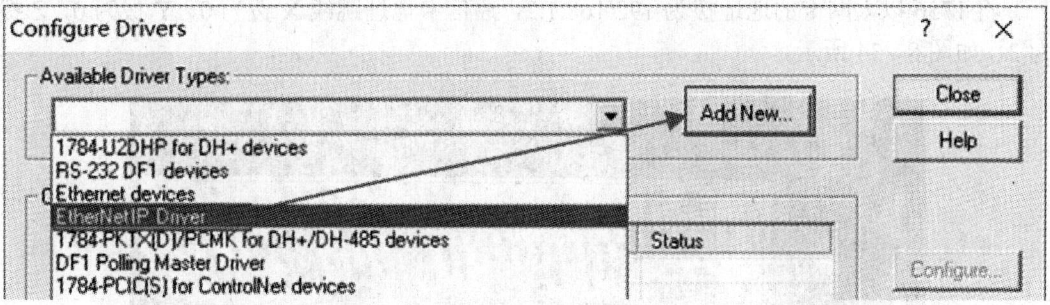

图 8－31　添加 EtherNetIP 驱动

二、配置网卡的操作

选择连接 EtherNetIP 通信的电脑硬件（网卡），然后单击【应用】按钮，如图 8－33 所示。

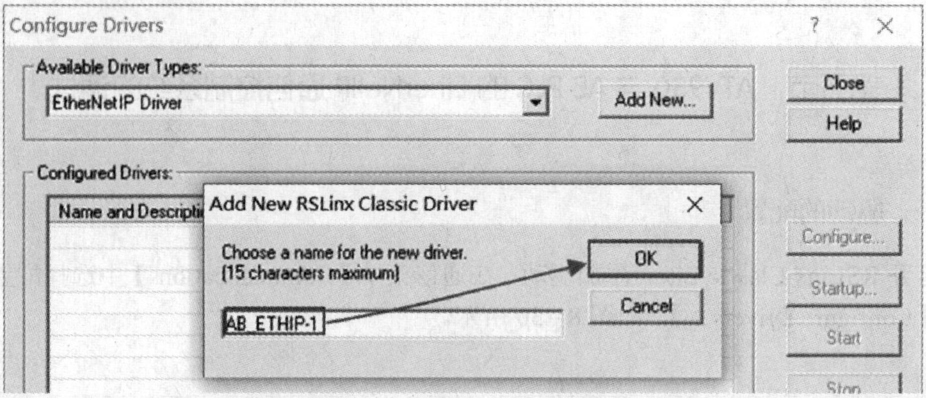

图 8－32　设置新添加的驱动名称

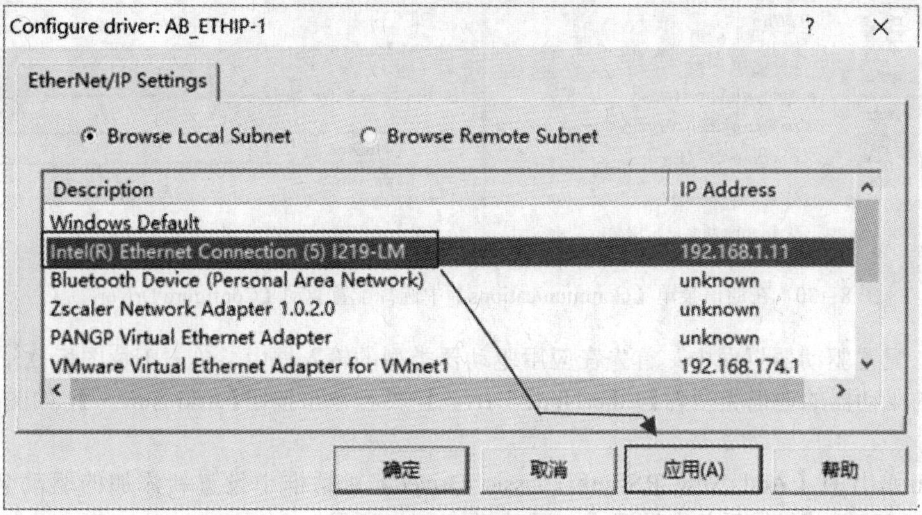

图 8－33　选择连接 EtherNetIP 通信的电脑硬件

将 1756 以太网卡的地址拨为 192.168.1.2，通信卡地址跳线 X 拨为 0，Y 拨为 0，Z 拨为 2，如图 8－34 所示。

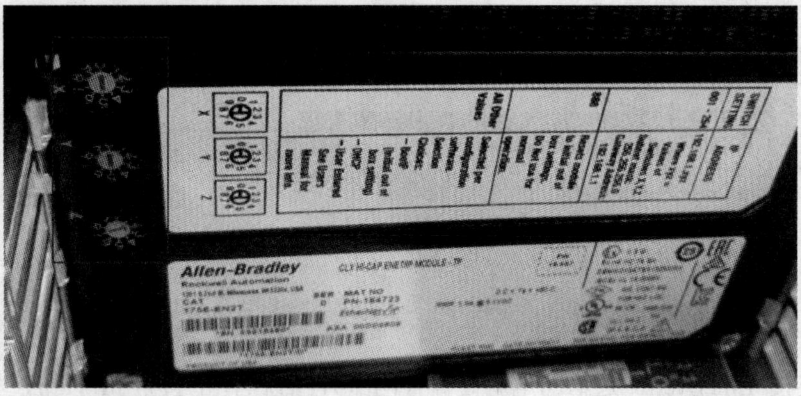

图 8－34　通信卡的跳线

1756－EN2T 的通信卡 IP 地址的跳线规则如下。

（1）001－244：地址为 192.168.1.XYZ，子网掩码为 255.255.255.0。

（2）除 888 和 1～244 之外的其他值，可使用软件设置为 BOOT，即根据 MAC 地址设置 IP；或 DHCP，即由 DHCP 服务器分配 IP 地址。

三、RSlogix5000 的操作

回到 RSlogix5000，打开通信菜单【Communications】下的【Who Active】，如图 8－35 所示，并连好计算机、PLC、变频器到 HUB 的连接线。

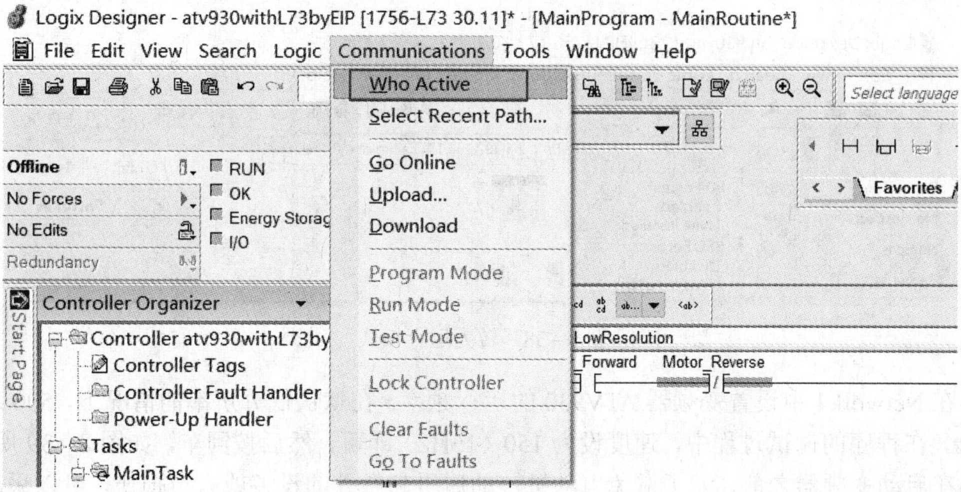

图 8－35　打开【Who Active】对话框

先选择背板下的 0 号槽 PLC，然后单击下载【Download】，在弹出的提示对话框中，可以看到 PLC 当中的现有项目，确认无误后，将 PLC 上的钥匙开关转到【PROG】，然后单击下载【Download】，如图 8－36 所示。

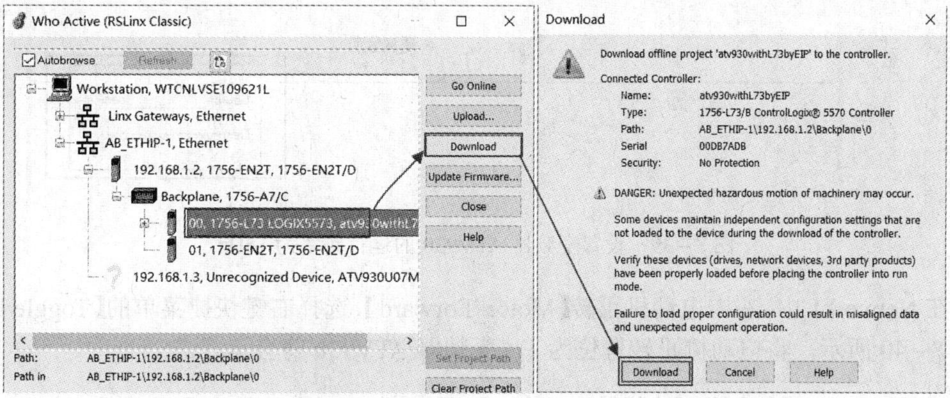

图 8－36　选择并下载 PLC 程序

程序下载后会提示离线时强制过 I/O 变量，会询问是否使用这些强制变量值，这里选择否，如图 8－37 所示。

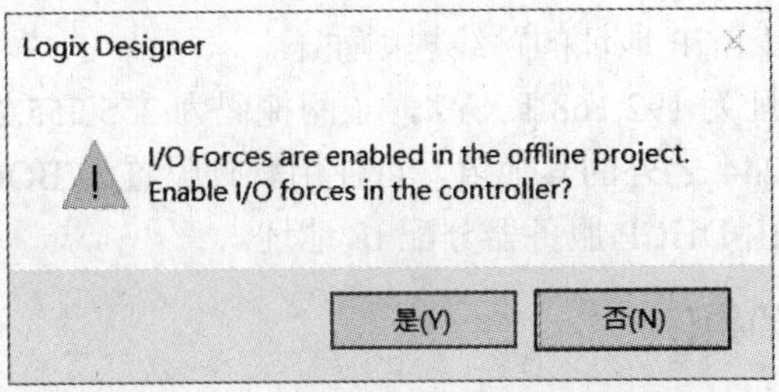

图 8－37　是否使用 I/O 强制变量值

将钥匙开关转到 RUN 位置，程序将正常开始运行，如图 8－38 所示。

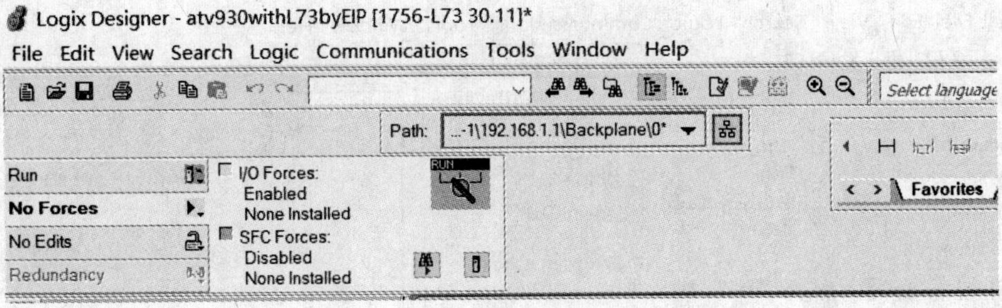

图 8－38　转为运行模式

在 Network4 中设置变频器 ATV930 的运行频率。在默认低分辨率的情况下，500 对应 50Hz，在程序的调试过程中，速度设为 150（15Hz）即可，然后按回车，如图 8－39 所示。

在启动变频器之前，为了避免电动机转动后引起意外的设备或人员损伤，可以采用不带电动机的方式来测试，在此情况下，必须禁止变频器 ATV930 的电动机缺相故障 OPF，即将输出缺相参数 OPL 设为 NO。

如果用户的变频器 ATV930 必须要带电动机进行通信调试，强烈建议断开电动机负载，以避免负载意外起动对人身和设备造成的危害。

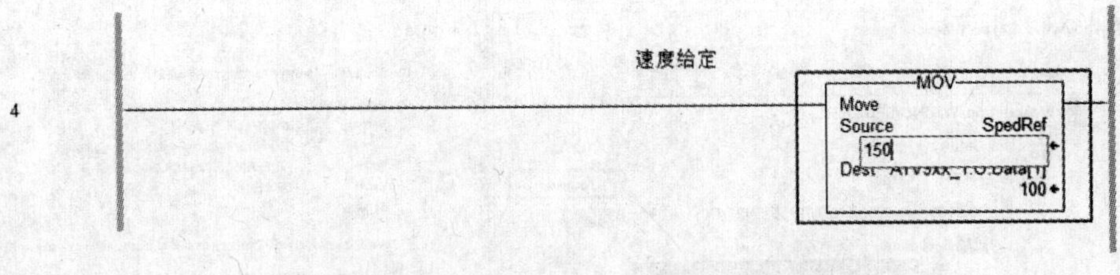

图 8－39　设置变频器 ATV930 的运行频率为 15Hz

在 Network1 中，右击电动机正转【Motor_Forward】，选择右键快捷菜单的【Toggle Bit】，如图 8－40 所示，将电动机正转置位为 1，变频器 ATV930 将会运行。

四、SoMove 软件的相关操作

将 SoMove 软件在线后，可以看到变频器 ATV930 的输出频率升到 10Hz，如图 8－41 所示。

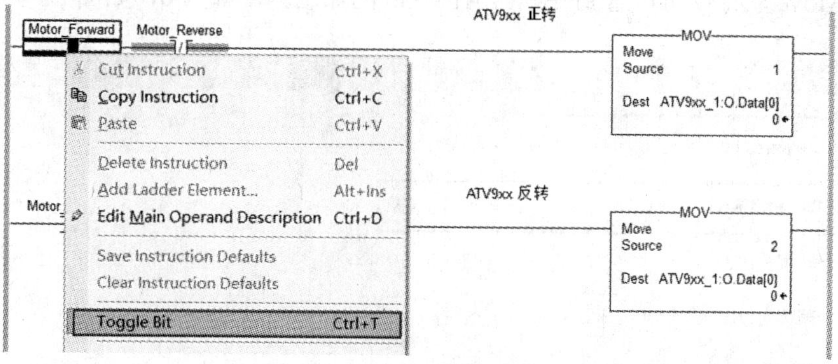

图 8-40　将【Move_Forward】置位为 1

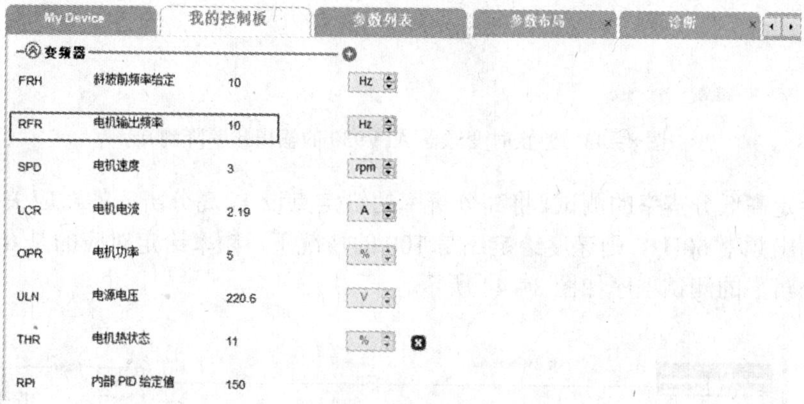

图 8-41　SoMove 中 ATV930 的输出频率

将 Motor_Forward 置位为 0，则变频器 ATV930 将停止，程序将向变频器 ATV930 的控制字写 0，如图 8-42 所示。

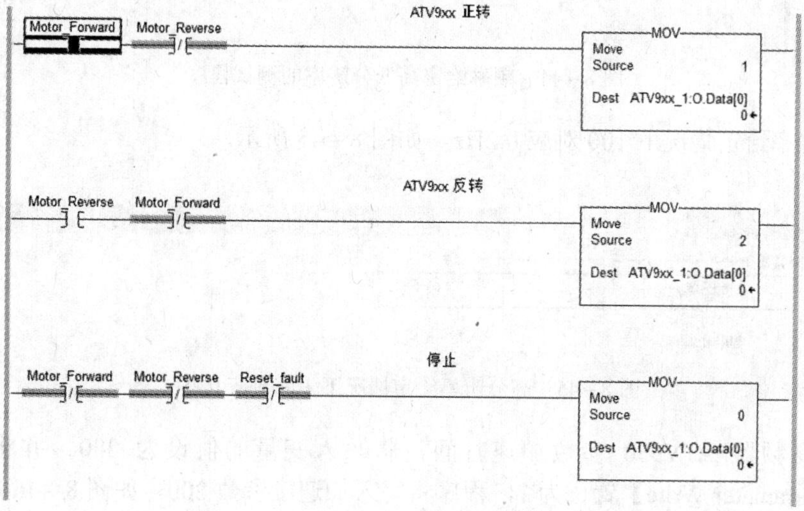

图 8-42　ATV930 停止的程序

在 SoMove 软件中可以看到变频器 ATV930 的输出频率降为 0，如图 8-43 所示。

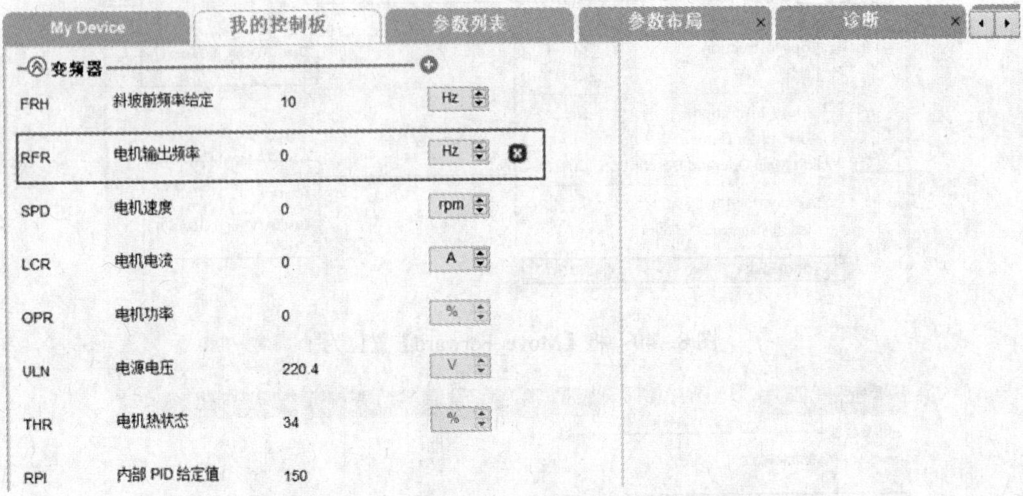

图 8-43　停止时变频器 ATV930 的输出频率降到 0

频率给定高低分辨率的测试，将高分辨率的给定点设 1，高分辨率的对应关系是 32767 对应最大输出频率 60Hz，则速度给定还是 100 的情况下，频率给定对应的是 0.2Hz。频率给定高低分辨率的测试程序如图 8-44 所示。

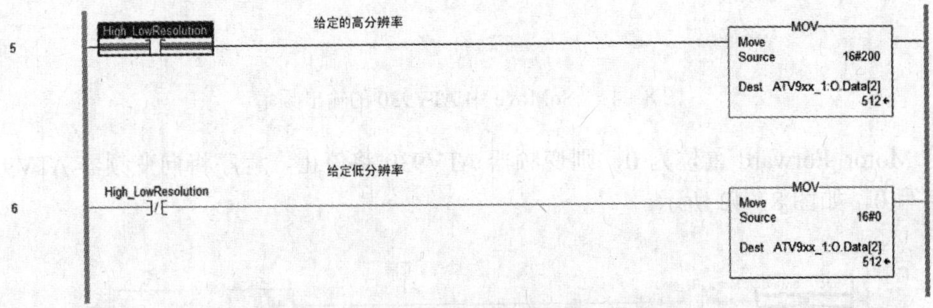

图 8-44　频率给定高低分辨率的测试程序

高分辨率给定情况下 100 对应 0.2Hz，如图 8-45 所示。

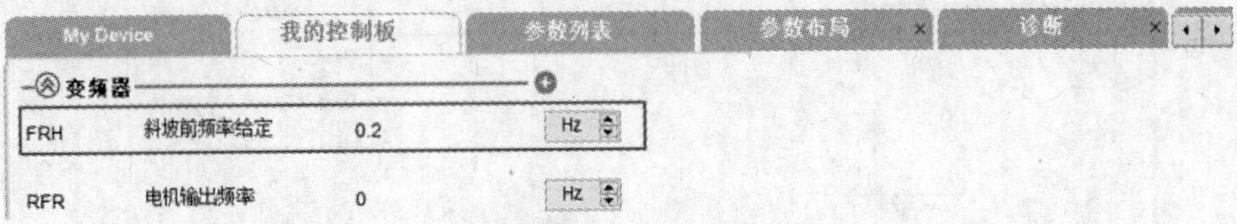

图 8-45　高分辨率给定情况下 100 对应 0.2Hz

写入变频器 ATV930 参数加速时间，将写入变量的值设为 200，并将写入变量【b_ATV_Parameter Write】置位为 1，程序将写入加速度参数 200，如图 8-46 所示。

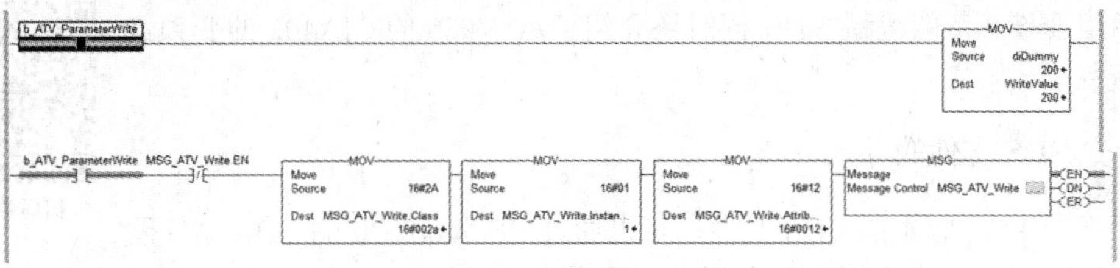

图 8-46　写入加速度参数 200

SoMove 读取的加速参数将由 3s 变为 20s，然后将 b_ATV_ParameterWrite 置位为 0，再将 b_ATV_ParameterRead 置位为 1，可以看到程序读取的参数为 200，如图 8-47 所示。

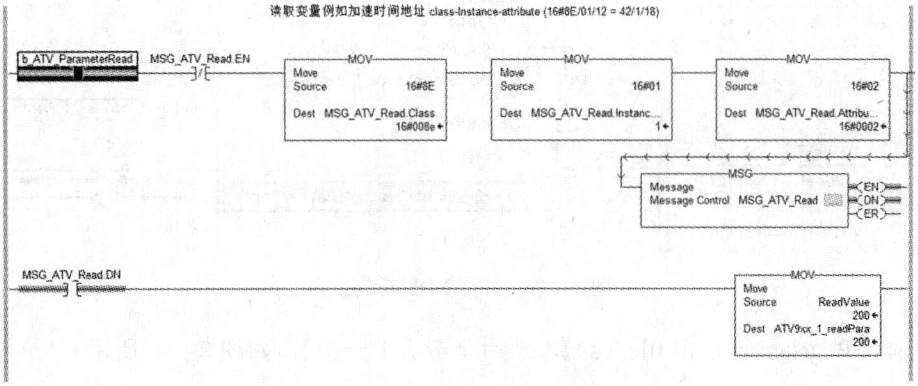

图 8-47　读取的参数为 200

面板的加速时间参数也由出厂的 3s 变为 20s，如图 8-48 所示。

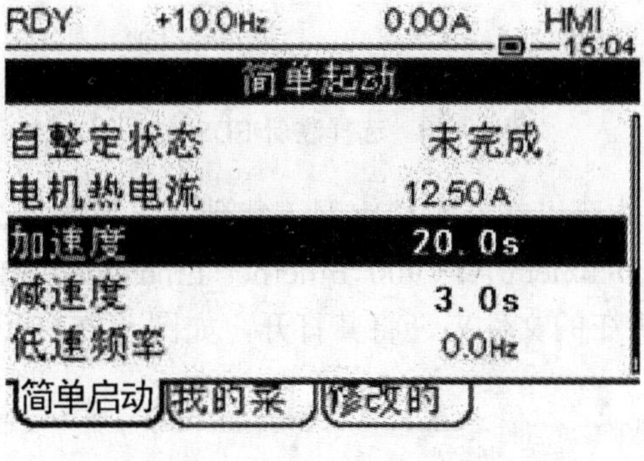

图 8-48　面板的加速时间参数

第六节　EtherNetIP 通信控制系统的实战总结

除了使用上面介绍的导入通用以太网模块之外，我们还可以导入 V1.7 版本的 ATV930 EDS 文件来完成对 ATV930 变频器的控制，此外，我们还介绍了导入 V1.7 版本的 EDS 文件之后组合模式下的编程方法，同时还介绍了 ATV930 的 CIA402 的变频器启动流程。

扫码看视频

一、EDS 文件的导入

最新的 V1.7 版本的 EDS 文件，可以通过 RSlogix5000 的 EDS 文件硬件管理器导入，在菜单【Tools】下面选择【EDS Hardware Installation Tool】，如图 8－49 所示。

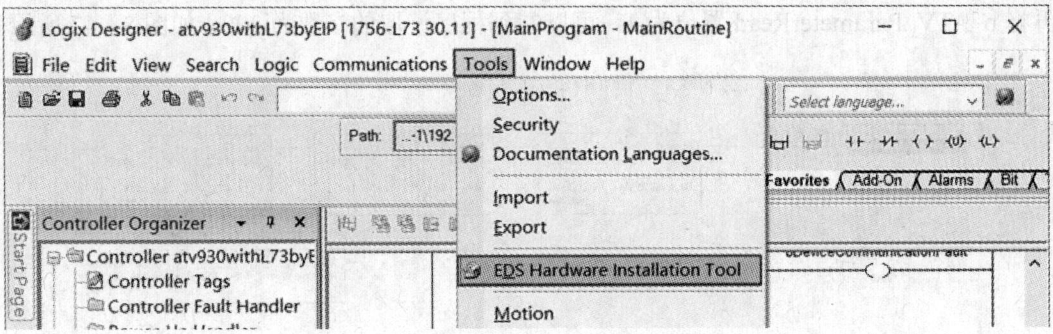

图 8－49　打开 EDS 安装工具

选择【Register an EDS file（s）】，然后单击【下一步】，如图 8－50 所示。

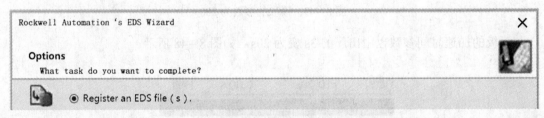

图 8－50　选择注册 EDS 文件

ATV930 的 EDS 文件可以在施耐德官网下载到，下载链接为 https://www.schneider-electric.com/en/download/document/ATV900_Ethernet_Embedded_EDS 文件/，将其下载后，在电脑中找到 EDS 文件所在的文件夹，将其打开，如图 8－51 所示。

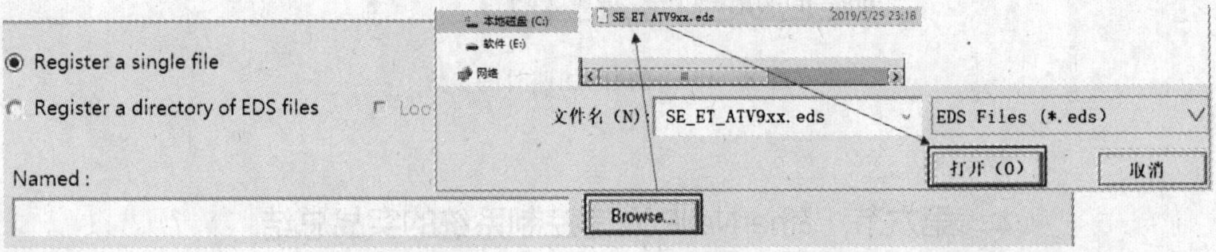

图 8－51　打开 EDS 文件

EDS 文件工具会测试 EDS 文件的正确性，如图 8－52 所示。

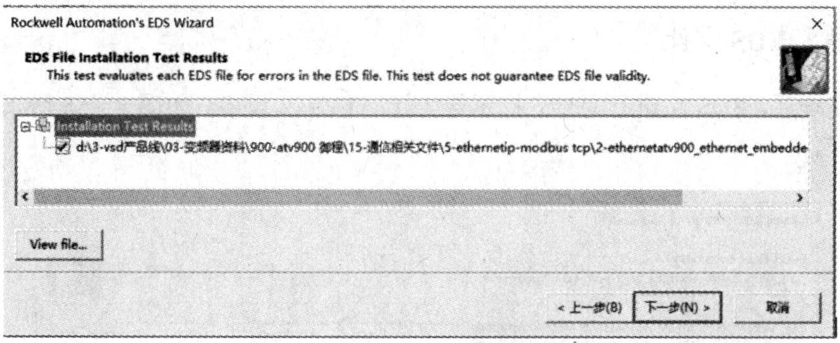

图 8－52　测试 EDS 文件的正确性

先选择【ATV9xx】，然后选择 EDS 的图标，单击【Change icon…】，在弹出的对话框中选择【Browse】，如图 8－53 所示。

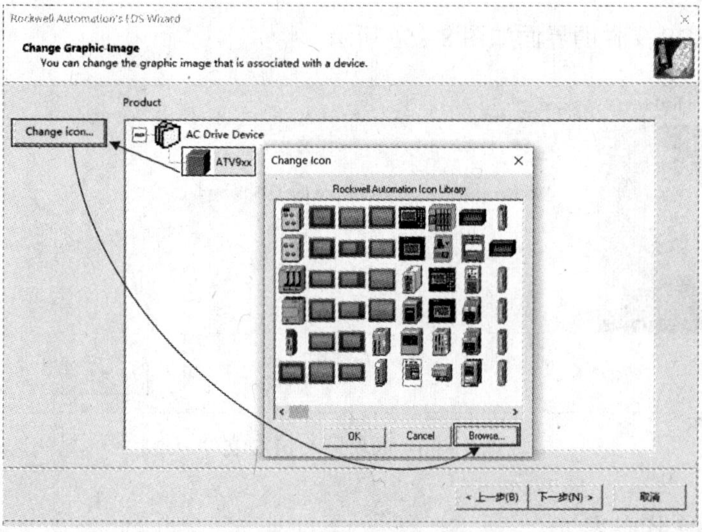

图 8－53　更改图标

然后找到 EDS 文件所在菜单，将 ATV9xx_EDS 的图标选中单击【打开】，如图 8－54 所示。

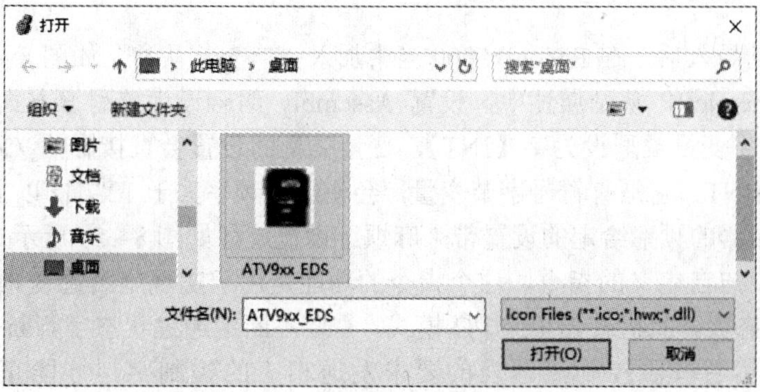

图 8－54　选择 EDS 的图标文件

二、导入 EDS 文件

选择完毕后，EDS 将进行总结，提示导入了 ATV9xx 设备，如图 8－55 所示，单击【下一步】即可。

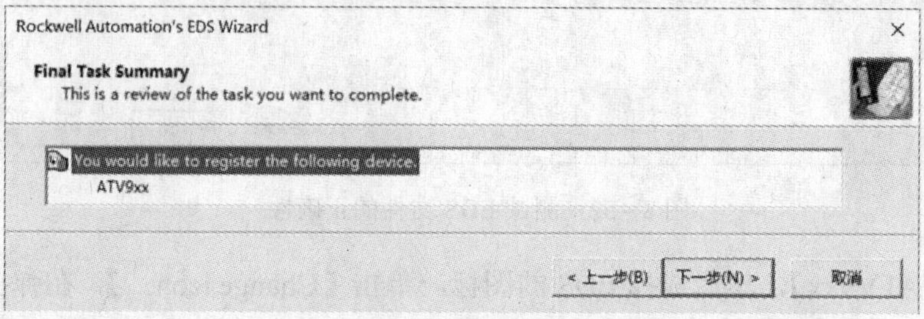
Rockwell Automation's EDS Wizard
Final Task Summary
This is a review of the task you want to complete.
You would like to register the following device.
ATV9xx
< 上一步(B)
下一步(N) >
取消

图 8－55　EDS 文件总结

成功导入 EDS 文件的界面如图 8－56 所示。

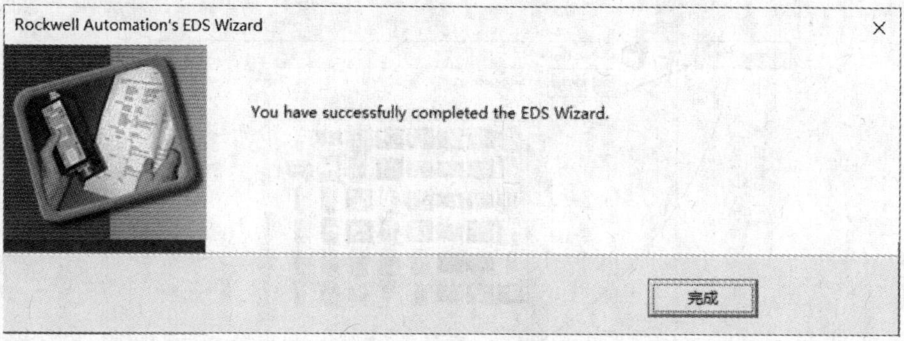
Rockwell Automation's EDS Wizard
You have successfully completed the EDS Wizard.
完成

图 8－56　成功导入 EDS 文件

三、CIA402 状态表

扫码看视频

施耐德变频器的 CIA402 控制状态表也叫 DriveCom 流程，其中，CMD 代表命令字，ETA 代表状态字，CIA402 的状态表如图 8-57 所示。

四、ATV9xx 的加入和参数设置

EDS 被成功导入后，在 RSlogix5000 当中加入 ATV9xx 从站，如图 8－58 所示。

然后在 EtherNetIP 从站属性中，设置 Assembly 组合设为施耐德方式【Native Drive Control】，并且将变量类型设为字【INT】，变量类型的设置会直接影响 Controllertag，如果使用默认的 SINT，它是有符号字节变量，会使给定频率大于 12.7Hz 以上时给定频率值不正常，给变频器的频率给定的设置带来麻烦。设置过程如图 8－59 所示。

然后创建用户自定义的指令，这个指令的功能是用于实现施耐德变频器 ATV930 的 CIA402 控制状态表，此状态表相比 I/O 模式，需要不断地通过状态字判断变频器 ATV930 的当前状态，然后按照控制流程表的要求发送相应的控制字，才能正常启动变频器 ATV930。

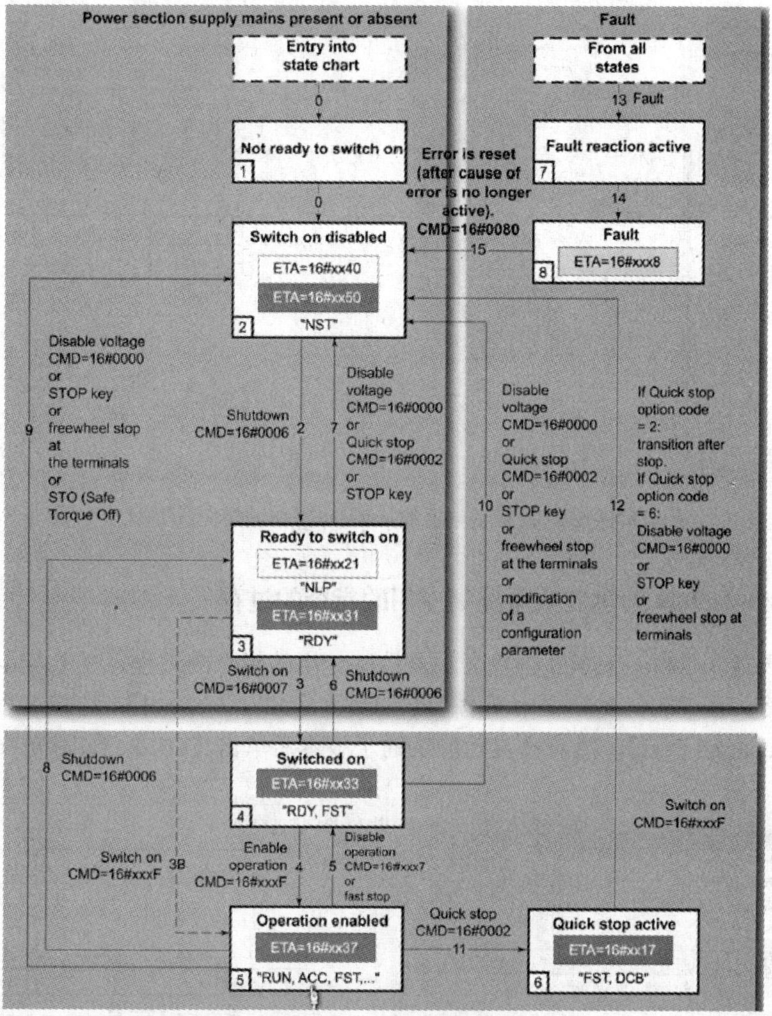

图 8－57　CIA402 状态表

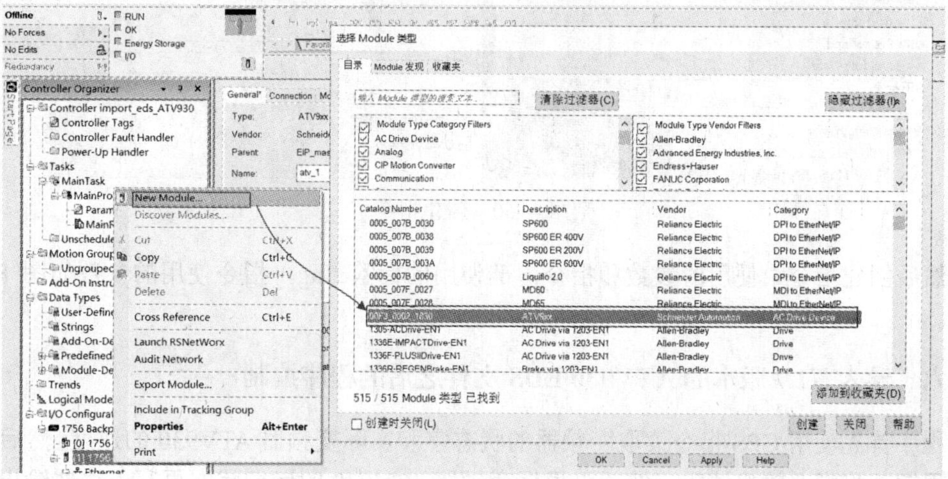

图 8－58　加入 ATV9xx 从站

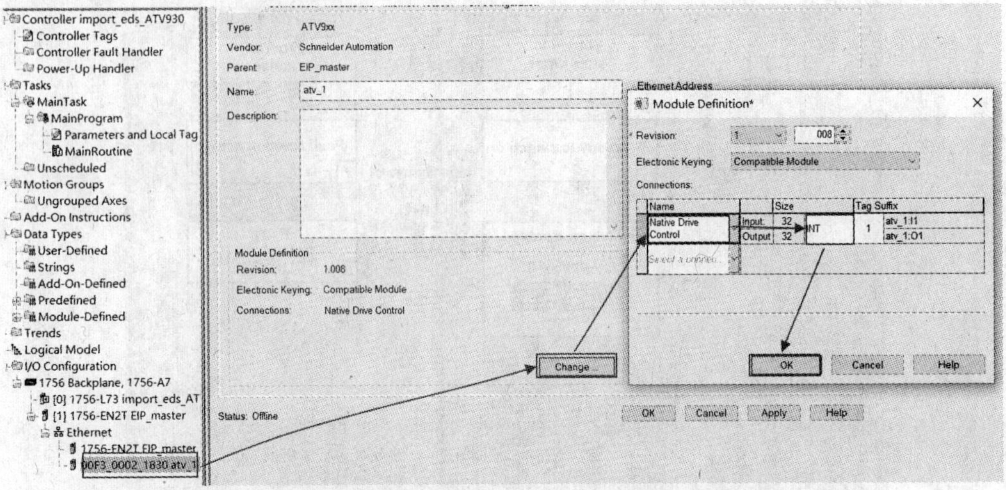

图 8 – 59　设置变频器的 Assembly 和通信变量类型

五、RSlogix5000 创建变频器控制专用的指令的过程

下面简要说明 RSlogix5000 创建变频器控制专用的指令的过程，在【Add-On】中右键添加新的指令，在弹出的对话框中填写指令的名称【ATV_Control】，选择编程语言为结构化文本【Structured Text】，然后设置功能块的子版本后单击【OK】，如图 8 – 60 所示。

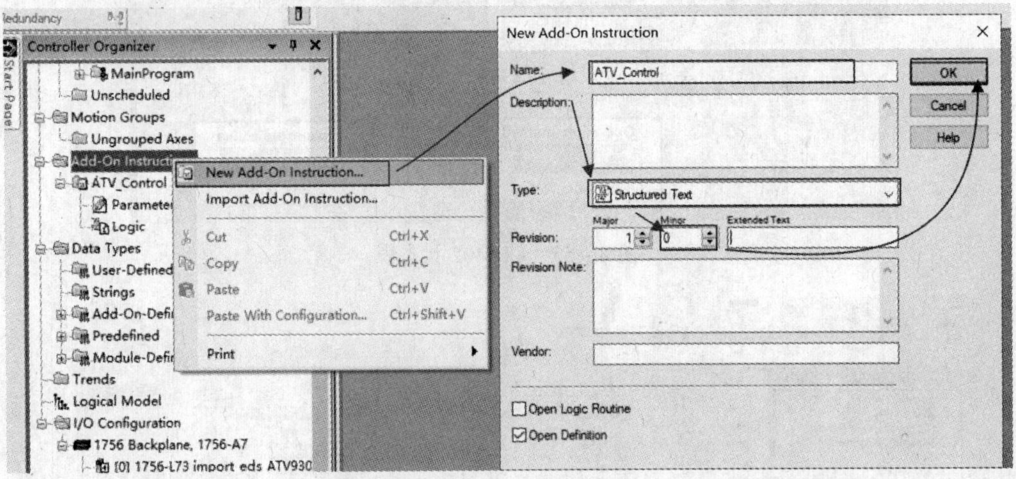

图 8 – 60　新建指令

然后创建指令中使用的参数和指令内部使用的标签 Tag，指令使用的参数如图 8 – 61 所示。

六、导入 V1.7 版本的 ATV930 EDS 文件之后的程序编制

程序首先使用 CPS 指令读取变频器的状态字和实际变频器 ATV930 的速度，然后每个循环周期都将指令输出清零，然后再根据变频器 ATV930 的运行状态再写入这些输出，程序如图 8 – 62 所示。

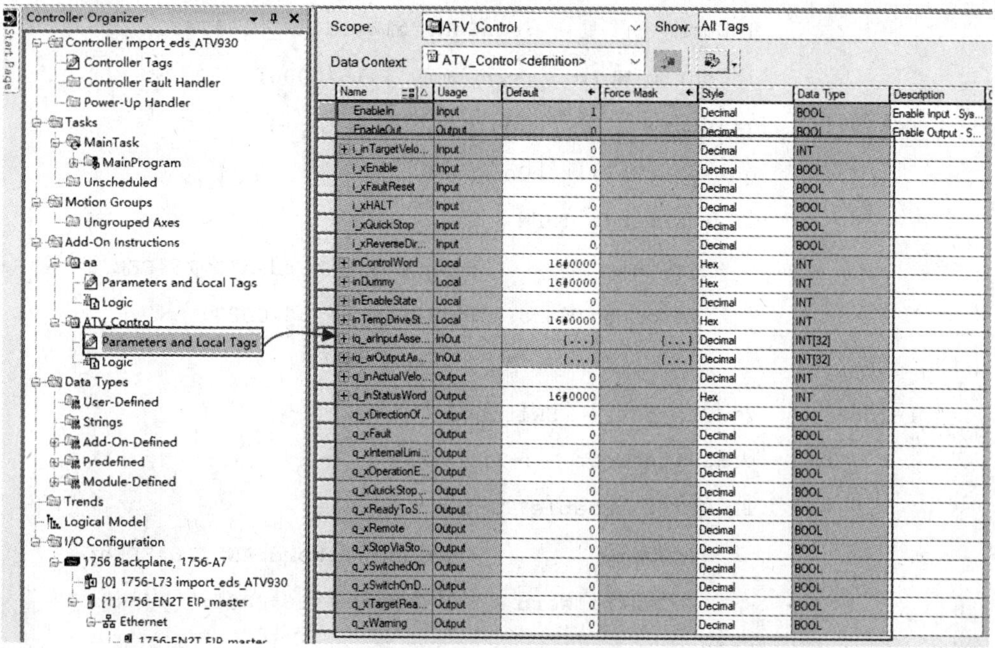

图 8-61　指令使用的参数

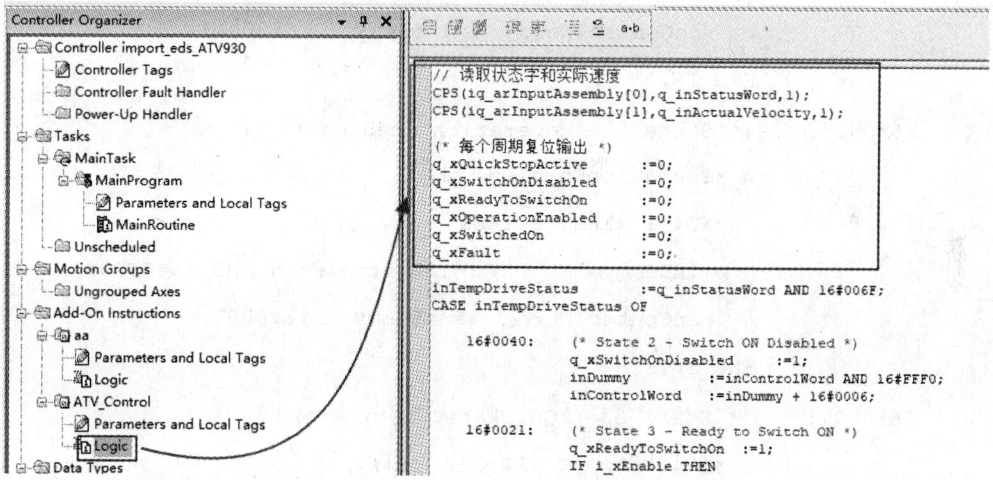

图 8-62　读取变频器 ATV930 状态字和速度并复位变频器状态位

然后按照 CIA402 状态表的流程进行编程，程序首先将读来的状态字按字与 16#6F，然后判断变频器 ATV930 处在状态表的状态机的位置，然后写控制字去控制变频器 ATV930，程序如下：

```
inTempDriveStatus        :=q_inStatusWord AND 16#006F;
CASE inTempDriveStatus OF


    16#0040:    (* State 2 - Switch ON Disabled *)
                q_xSwitchOnDisabled     :=1;
```

```
            inDummy          :=inControlWord AND 16#FFF0;
            inControlWord    :=inDummy + 16#0006;
16#0021:    (* State 3 - Ready to Switch ON *)
            q_xReadyToSwitchOn  :=1;
            IF i_xEnable THEN
                inDummy          :=inControlWord AND 16#FFF0;
                inControlWord    :=inDummy + 16#0007;
                                        END_IF;
16#0023:    (* State 4 - Switched ON *)
            q_xSwitchedOn   :=1;
            IF NOT i_xEnable THEN
                inDummy          :=inControlWord AND 16#FFF0;
                inControlWord    :=inDummy + 16#0006;
            ELSE
                inDummy          :=inControlWord AND 16#FFF0;
                inControlWord    :=inDummy + 16#000F;
            END_IF;
16#0027:    (* State 5 - operation Enabled *)
            q_xOperationEnabled :=1;
            IF NOT i_xEnable THEN
                inDummy          :=inControlWord AND 16#FFF0;
                inControlWord    :=inDummy + 16#0007;
            END_IF;
16#0007:    (* State 6 - QuickStop active *)
            q_xQuickStopActive      :=1;
            IF NOT i_xQuickStop THEN
                inDummy          :=inControlWord AND 16#FFF0;
                inControlWord    :=inDummy + 16#0000;
            END_IF;
                          ;

16#0008,16#0028:    (* State 8 - FAULT *)
            q_xFault    :=1;
            ;
```

```
    ELSE
        q_xFault            :=0;
        inControlWord       :=0;
        inTempDriveStatus   :=0;
END_CASE;
```

故障复位时，将控制字的第 7 位置 1，暂停时将控制字的第 8 位置 1，反转时将控制字的第 11 位置 1，同时将状态字的一些位状态写到指令的输出位上，最后通过 CPS 指令写控制字和速度给定值，程序如下：

```
(* QuickStop 急停 *)
IF i_xQuickStop THEN
    inDummy         :=inControlWord AND 16#FFF0;
    inControlWord   :=inDummy + 16#0002;

END_IF;

(* 故障复位 *)
IF i_xFaultReset THEN
    inControlWord.7 :=1;
ELSE
    inControlWord.7 :=0;
END_IF;

(* 暂停 *)
IF i_xHALT THEN
    inControlWord.8 :=1;
ELSE
    inControlWord.8 :=0;
END_IF;

(* 反转 *)
IF i_xReverseDirection THEN
    inControlWord.11    :=1;
ELSE
    inControlWord.11    :=0;
```

```
END_IF;

//启用的变频器状态
q_xWarning                :=q_inStatusWord.7;
q_xDirectionOfRotation    :=q_inStatusWord.15;
q_xStopViaStopKey         :=q_inStatusWord.14;
q_xInternalLimitActive    :=q_inStatusWord.11;
q_xTargetReached          :=q_inStatusWord.10;
q_xRemote                 :=q_inStatusWord.9;

// 写输出到变频器
CPS(inControlWord,iq_arOutputAssembly[0],1);
CPS(i_inTargetVelocity,iq_arOutputAssembly[1],1);
```

在主程序中调用新添加的指令，路径【Add-On】→【ATV_Control】，然后在指令中填写【ATV_3】，再将控制器的 Tag【ATV9xx_1：I1.Data】和【ATV9xx_1：O1.Data】填入【iq_arInutputAssembly】和【iq_arOutputAssembly】，这样就完成了 ATV_Control 指令的简单调用，如图 8-63 所示。

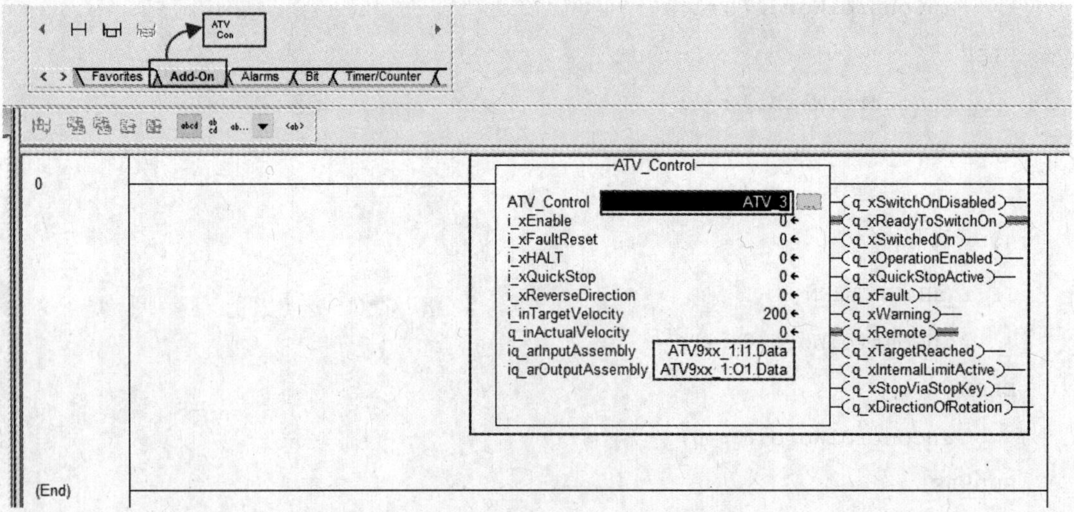

图 8-63　调用新添加的 ATV_Control 指令

变频器 ATV930 的组合模式采用默认的组合通道，并将给定 1 通道设为以太网。

下载程序在线后，先设置变频器的频率给定值 i_inTagetVelocity，此处设置的频率，然后将 i_xEnable 置位为 1 即可启动变频器，将 i_xEnable 置位为 0 则停止变频器。

I_xReverseDirection 置位为 1 时变频器反转，为 0 时正转，i_xFaultReset 为 1 时可以用来复位不太严重的变频器故障。

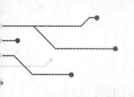

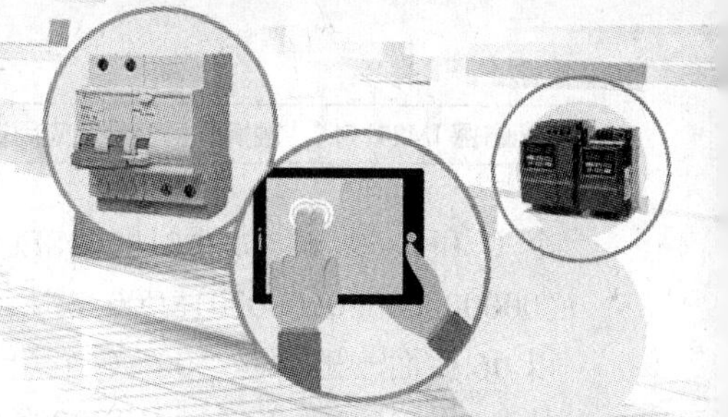

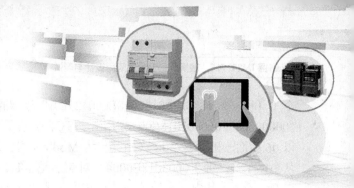

第九章

变频器 ATV340 和 TM241 PLC 与西门子 S7-1200 PLC 的 Modbus TCP 通信

第一节 Modbus TCP 的通信协议和通信设备

扫码看视频

一、Modbus TCP 的通信协议

Modbus 通信协议是由 Modicon 公司（现已经为施耐德公司并购）于 1979 年发明的，是全球最早用于工业现场的总线规约。由于其免费公开发行，使用该协议的厂家无需缴纳任何费用，Modbus 通信协议采用的是主从通信模式（即 Master、Slave 通信模式），其在分散控制方面应用极其广泛，从而使得 Modbus 协议在全球得到了广泛的应用。

Modbus 通信协议具有多个变种，其具有支持串口（主要是 RS－485 总线），以太网多个版本，其中最著名的是 Modbus RTU，Modbus ASCII 和 Modbus TCP。

Modbus RTU 与 Modbus ASCII 均为支持 RS－485 总线的通信协议。Modbus RTU 由于其采用二进制表现形式以及紧凑数据结构，通信效率较高，应用比较广泛；而 Modbus ASCII 由于采用 ASCII 码传输，并且利用特殊字符作为其字节的开始与结束标识，其传输效率要远远低于 Modbus RTU 协议，一般只有在通信数据量较小的情况下才考虑使用。在工业现场一般都是采用 Modbus RTU 协议。一般而言，大家说的基于串口通信的 Modbus 通信协议都是指 Modbus RTU 通信协议。

Modbus TCP 协议则是在 RTU 协议上加 1 个 MBAP 报文头，由于 TCP 是基于可靠连接的服务，RTU 协议中的 CRC 校验码就不再需要，所以在 Modbus TCP 协议中是没有 CRC 校验码的。

Modbus TCP 协议是在 RTU 协议前面添加 MBAP 报文头，共 7 个字节长度。其中传输标志占 2 个字节长度，标志 Modbus 询问、应答的传输，一般默认是 0000；协议标志占 2 个字节长度，0 表示是 Modbus，1 表示 UNI－TE 协议，一般默认也是 0000；后续字节计数占 2 个字节长度，其实际意义就是后面的字节长度，具体情况后面会介绍；单元标志占 1 个字节长度，一般默认为 00，单元标志对应于 Modbus RTU 协议中的地址码，当 RTU 与 TCP 之间进行协议转换的时候，特别是 Modbus 网关转换协议的时候，在 TCP 协议中，该数据就是对应 RTU 协议中的地址码。

当读取相关寄存器的时候，TCP 协议就是在 RTU 协议的基础上去掉校验码以及加上 5

个 0 和 1 个 6，如“0103018E000425DE”读取指令，用 TCP 协议来表述的话，指令是“000000000006003018E0004”，由于 TCP 是基于 TCP 连接的，不存在所谓的地址码，所以 06 后面一般都是“00”（当其作为 Modbus 网关服务器挂接多个 RTU 设备的时候，数值从 01－FF），即“0003018E0004”对应的是 RTU 中去掉校验码的指令，前面则是 5 个 0 以及 1 个 6。其中 6 表示的是数据长度，即“0003018E0004”有 6 个字节长度。而当其为写操作指令的时候，其指令是“000000000090110018e0001020000”，其中“0009”表示后面有 9 个字节。

Modbus RTU 与 Modbus TCP 读指令对比见表 9－1。

表 9－1　　Modbus RTU 与 Modbus TCP 读指令对比

	MBAP 报文头	地址码	功能码	寄存器地址	寄存器数量	CRC 校验
Modbus RTU	无	01	03	018E	0004	25DE
Modbus TCP	00000000000600	无	03	018E	0004	无

指令的含义：从地址码为 01（TCP 协议单元标志为 00）的模块 0x18E（018E）寄存器地址（03）开始读 4 个（0004）寄存器。

Modbus RTU 与 Modbus TCP 写指令对比表见表 9－2。

表 9－2　　Modbus RTU 与 Modbus TCP 写指令对比

	MBAP 报文头	地址码	功能码	寄存器地址	寄存器数量	数据长度	正文	CRC 校验
RTU	无	01	10	018E	0001	02	0000	A87E
TCP	00000000000900	无	10	018E	0001	02	0000	无

指令的含义：从地址码为 01（TCP 协议单元标志为 00）的模块 0x18E（018E）寄存器地址（10）开始写 1 个（0001）寄存器，具体数据长度为 2 个字节（02），数据正文内容为 0000（0000）。S7－1200 本体集成的以太网口除支持 Profinet 接口之外，也能够支持 Modbus TCP 通信。

以太网版本的变频器（ATV340E）支持 EtherNetIP 和 Modbus TCP 两种通信方式。

TM241 CE40T 集成以太网口，同时支持 EtherNetIP 和 Modbus TCP 两种通信方式。

二、Modbus TCP 的通信设备

1. 施耐德的 ATV340E 变频器的通信设备

ATV340E 变频器本体集成以太网通信。

2. 西门子 S7－1200 PLC 的通信设备

采用 S7－1200 本体集成的网口能够进行 Modbus TCP 通信主站。

3. 硬件版本

（1）西门子 S7－1200DC/DCAG40－0XB0 固件版本 V4.2。

（2）施耐德 ATV340D154E 固件版本 V1.1IE06。

4. 软件版本

（1）西门子博途版本：V14SP1。

（2）施耐德变频器调试软件 SoMove 版本：V2.6.5。

（3）施耐德 ATV340 变频器的设备文件 DTM 版本：V1.2.3.0。

（4）TM241 PLC 的编程软件采用 SoMachineV4.3SP2。

（5）PLC USB 下载线或网线。

第二节 Modbus TCP 通信项目的工艺要求和项目创建

一、通信架构

本示例中使用 S7－1200 PLC 通过 Modbus TCP 网络控制 ATV340 的起停和速度，实现 Modbus TCP 的网络通信，本示例主要展示的是通信的方式控制变频器的运行和速度给定，所以没有在 PLC 上给出硬件的连接。

Modbus TCP 的网络通信的示意图如图 9－1 所示。

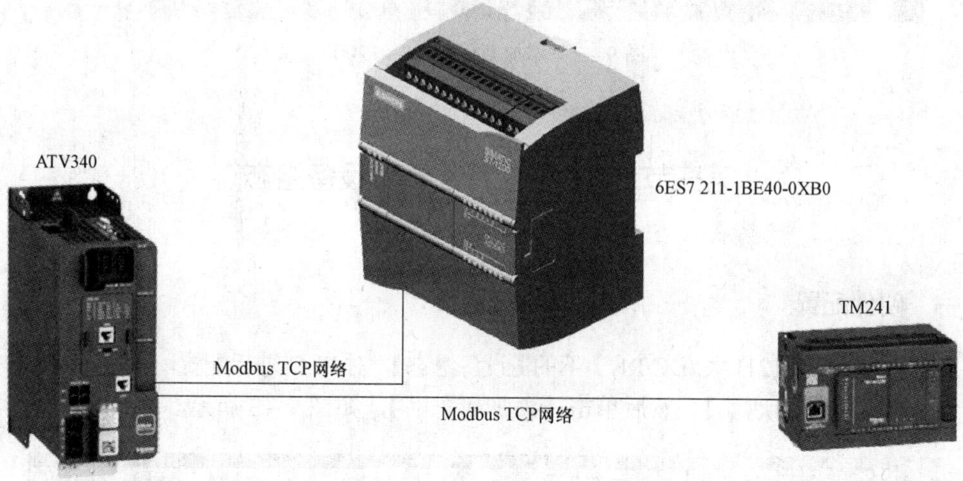

图 9－1　Modbus TCP 的网络通信示意图

二、通信线要求

扫码看视频

Modbus TCP 通信控制项目要选用 CAT5e 的带屏蔽网线。

三、Modbus TCP 通信控制系统的项目创建

在西门子 V14.0SP1 博途编程平台中，创建新项目后，输入新项目的名称，即：Modbus TCP，单击 S7－1200 with ATV340，单击【组态设备】，添加西门子 S7－1200，方法是单击【添加新设备】→【控制器】→【6ES7 211－1BE40－0XB0】，选择版本 V4.2，最后

单击【添加】按钮，如图 9-2 所示。

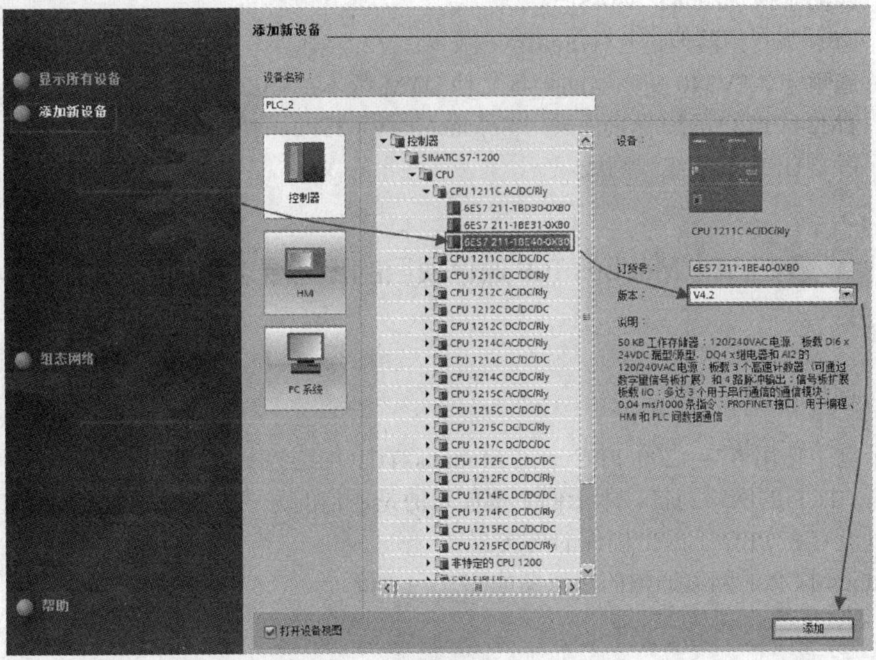

图 9-2　添加西门子 S7-1200

第三节　PLC 的硬件配置与设备组态

一、硬件配置

双击 PLC【CPU1211AC/DC/Rly】下的【设备组态】，对 PLC 进行配置，在【属性】→【常规】中选择【以太网地址】，然后单击【添加新子网】，如图 9-3 所示。

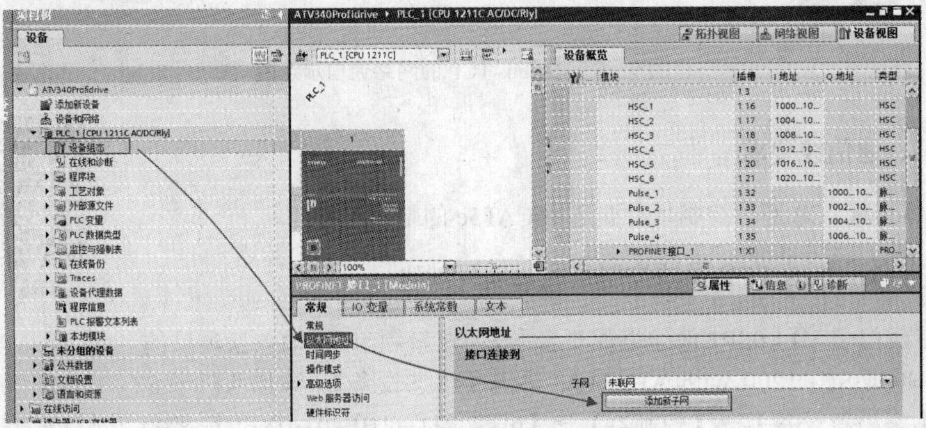

图 9-3　添加新子网

设置 PLC 网口的 IP 地址为 192.168.0.1，子网掩码为 255.255.255.0。

在【设备组态】中，双击 PROFINET 接口，然后在【属性】→【常规】中的【硬件标识符】中查看，操作流程如图 9-4 所示。

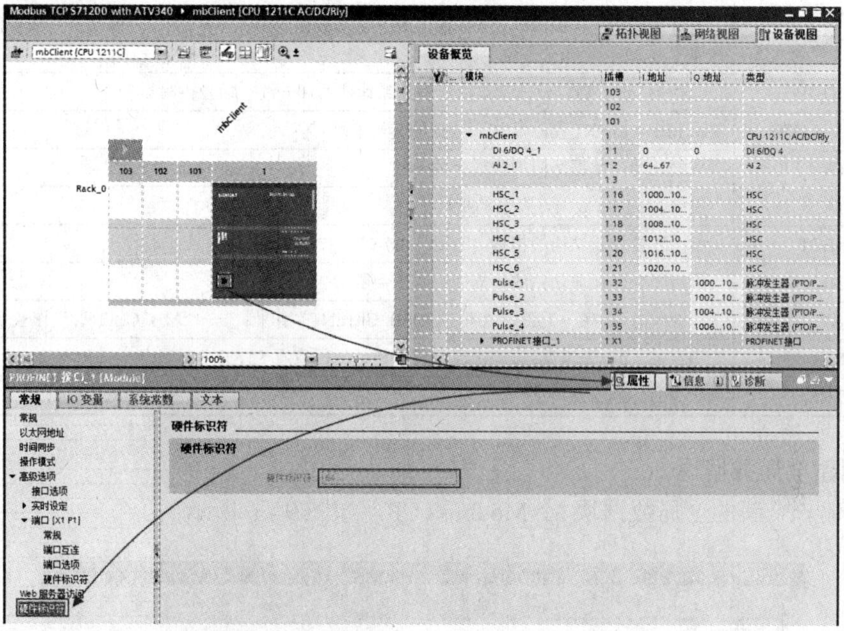

图 9-4　S7-1200 设备的 PROFINET 接口硬件标识符

二、设备组态的详细过程

因为变频器 ATV340 只能响应 S7-1200 PLC 的请求帧，因此，S7-1200 必须使用客户端，在博图软件中需要调用 MB_CLIENT 指令块，该指令块主要完成客户机和服务器的 TCP 连接、发送命令消息、接收响应以及控制服务器断开的工作任务。

1. 调用 Modbus TCP 客户端侧指令块

在【程序块】→【OB1】中的程序段里调用客户端侧指令块【MB_CLIENT】，调用时会自动生成背景 DB，单击【确定】即可，如图 9-5 所示。

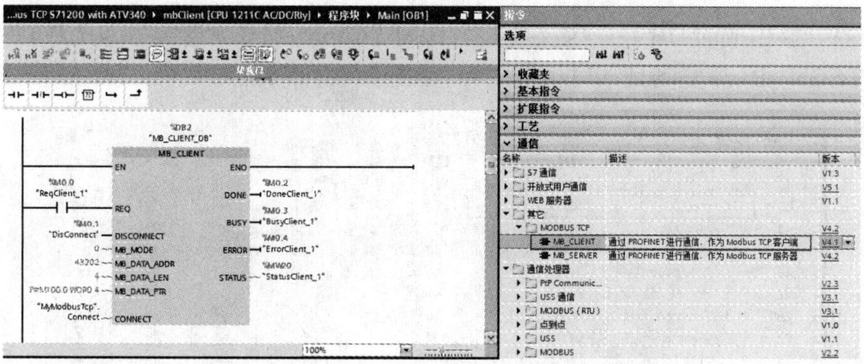

图 9-5　调用 Modbus TCP 客户端侧指令块

Modbus TCP 客户端侧指令块的各引脚定义见表 9-3。

表 9-3　　Modbus TCP 客户端侧指令块的各引脚定义

REQ	与服务器之间的通信请求，上升沿有效
DISCONNECT	通过该参数，可以控制与 Modbus TCP 服务器建立和终止连接。0（默认）—建立连接；1—断开连接
MB_MODE	选择 Modbus 请求模式（读取、写入或诊断）。0—读；1、2—写
MB_DATA_ADDR	由 MB_CLIENT 指令所访问数据的起始地址
MB_DATA_LEN	数据长度：数据访问的位或字的个数
MB_DATA_PTR	指向 Modbus 数据寄存器的指针
CONNECT	指向连接描述结构的指针。TCON_IP_v4（S7-1200）
DONE	最后一个作业成功完成，立即将输出参数 DONE 置位为 1
BUSY	作业状态位。0—无正在处理的“MB_CLIENT”作业；1—“MB_CLIENT”作业正在处理
ERROR	错误位。0—无错误；1—出现错误，错误原因查看 STATUS
STATUS	指令的详细状态信息

2. 创建全局数据块

先创建一个新的全局数据块 MyModbusTCP，如图 9-6 所示。

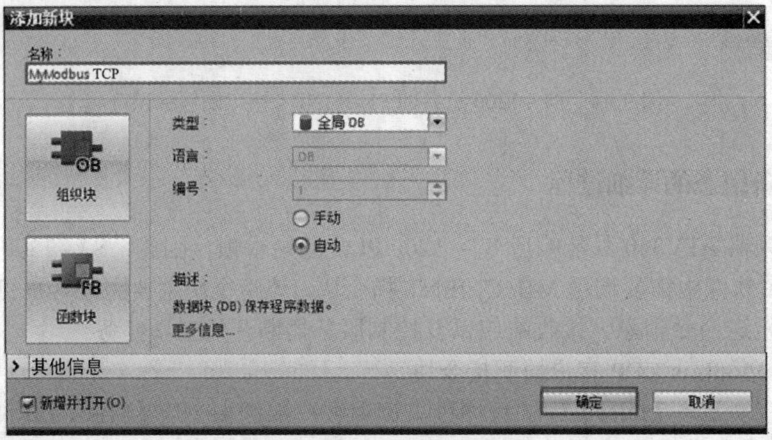

图 9-6　创建全局数据块

双击打开新生成的 DB 块，定义变量名称为【Connect】，数据类型为【TCON_IP_v4】（可以将 TCON_IP_v4 复制到该对话框中），如图 9-7 所示。

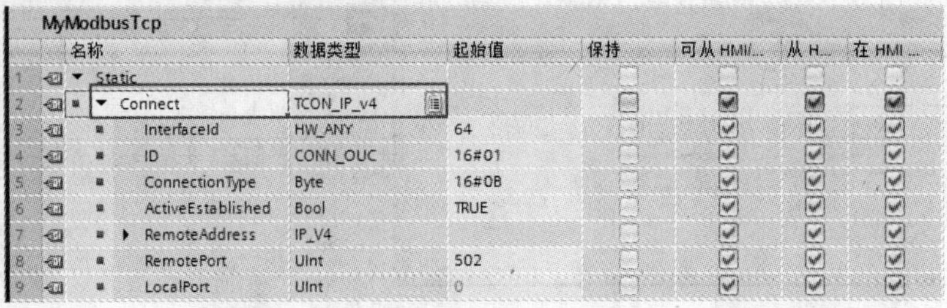

图 9-7　创建 MB_CLIENT 中的 TCP 连接结构的数据类型

TCON_IP_v4 数据结构的引脚定义见表 9-4。

表 9-4　TCON_IP_v4 数据结构的引脚定义

InterfaceId	硬件标识符
ID	连接 ID，取值范围 1～4095
ConnectionType	连接类型。TCP 连接默认为 16#0B
ActiveEstablished	建立连接。主动为 1（客户端），被动为 0（服务器）
ADDR	服务器侧的 IP 地址
RemotePort	远程端口号
LocalPort	本地端口号

ATV340 变频器的连接 ID 为 1，它的 IP 地址为 192.168.0.2，远程端口号设为 502。客户端侧 Connect 引脚数据定义如图 9-8 所示。

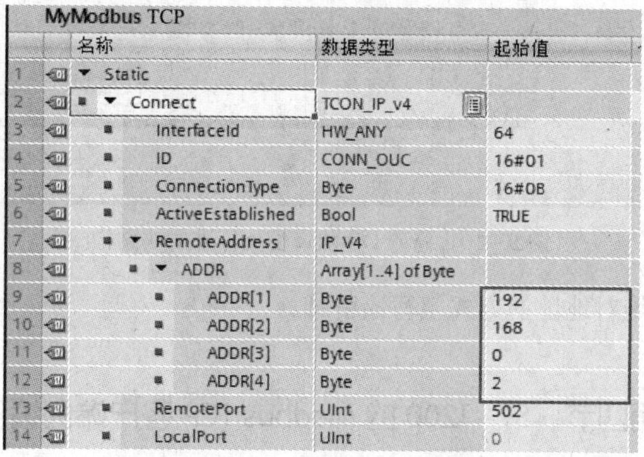

图 9-8　客户端侧 Connect 引脚数据定义

注意，Connect 引脚的填写需要用符号寻址的方式。

用类似的方法创建 TM241 PLC mbClient 的数据块【TM241 Modbustcp [DB4]】，在本项目中 TM241 PLCCE40T 的 IP 地址是 192.168.0.11，如图 9-9 所示。

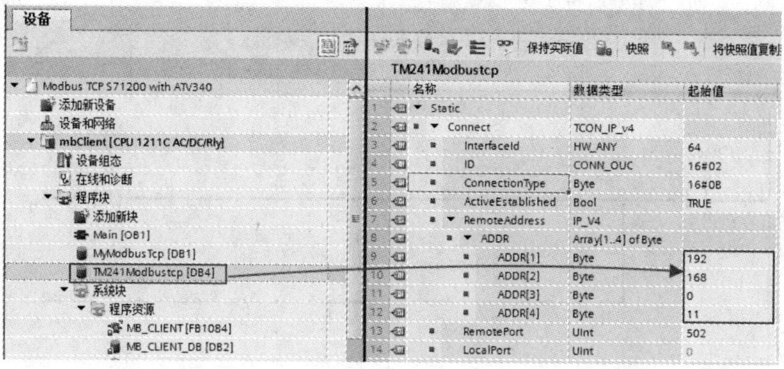

图 9-9　创建【TM241 Modbustcp [DB4]】

注意，MB_DATA_PTR 指定的数据缓冲区可以为 DB 块或 M 存储区地址中。

DB 块可以为优化的数据块，也可以为标准的数据块结构。如果为优化的数据块结构，编程时需要以符号寻址的方式填写该引脚，如果为标准的数据块结构，可以右击 DB 块后在【属性】中将【优化的块访问】前面的钩去掉，如图 9－10 所示。

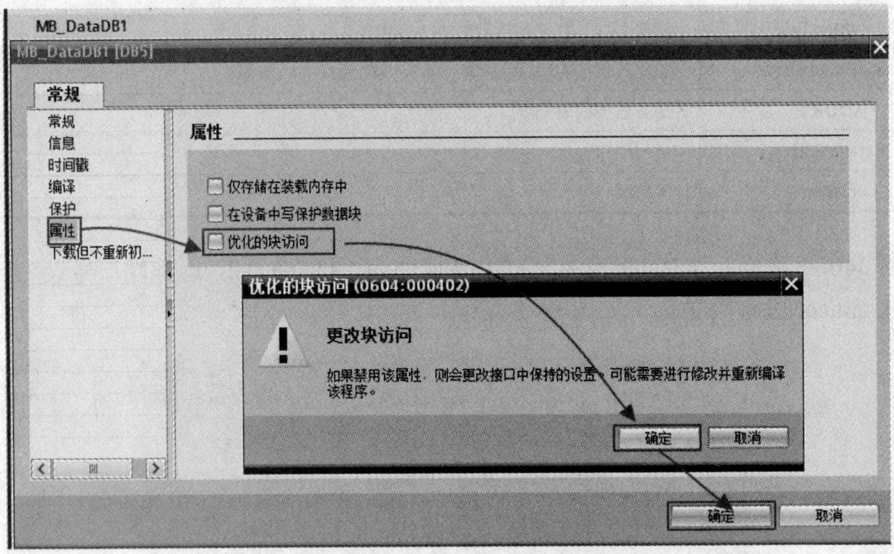

图 9－10　修改 DB 块属性为标准的块结构

注意，需要以绝对地址的方式填写该引脚。

第四节　S7－1200 的 Modbus TCP 客户端侧编程

扫码看视频

一、初始化的程序编制

在 OB1 组织块程序段 1 中，在 PLC 的第一个循环复位 ATV340 的通信起始位和 TM241 PLC 已经连接完成，上电初始化命令如图 9－11 所示。

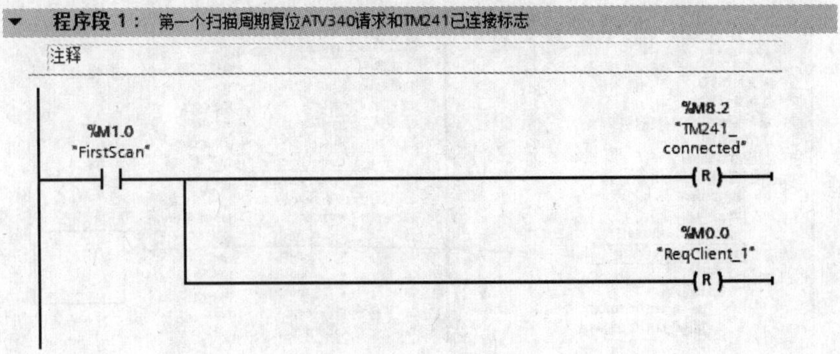

图 9－11　上电初始化命令

在程序段 2 中，MB_CLIENT 数据块是 ATV340MB_Client 功能块的背景数据块，此数据块中静态变量【Connected】用于指示 TCP 连接是否建立，当通信建立，程序复位 M0.0～0.7 和 M4.0～4.7，并置位 M0.0。ATV340 通信建立后的初始化程序如图 9－12 所示。

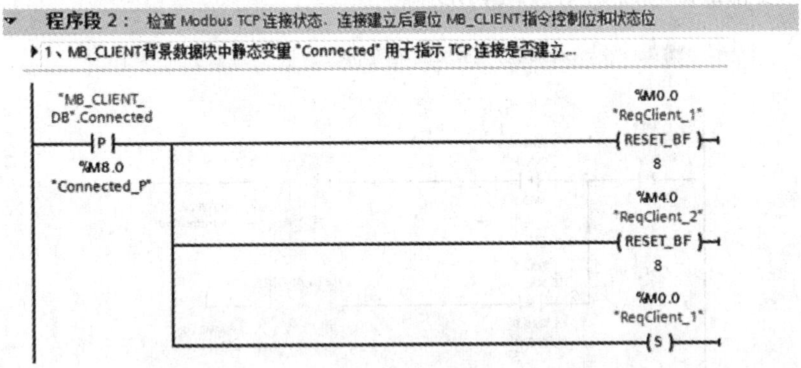

图 9－12　ATV340 通信建立后的初始化程序

二、ATV340 的正反转和故障位的程序编制

在程序段 3，4，5 中，实现 I/O 模式下的 ATV340 控制，实现了正反转之间的互锁，当变频器正转拨钮拨到正转位置时，向控制字中写入 1（位 0 置位 1），当变频器反转拨钮拨到反转位置时，向控制字中写入 2（位 1 置位 1），拨到停止位置时，控制字写 0。ATV340 变频器的正反转和故障复位程序如图 9－13 所示。

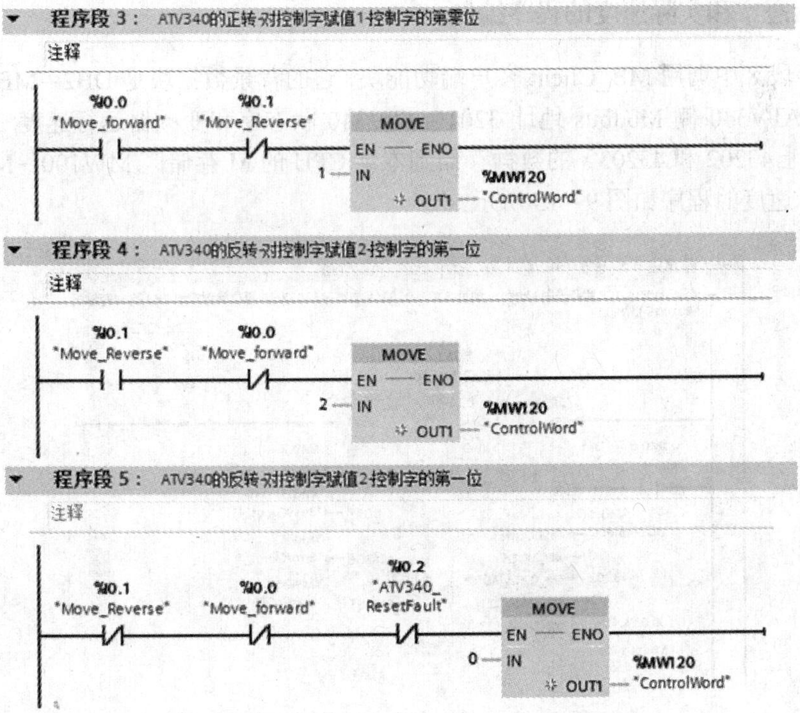

图 9－13　ATV340 变频器的正反转和故障复位

在程序段 6 中，当按下复位按钮后，采用 PLC 内部的 1Hz 方波脉冲，每隔 500ms 将控制字设为 4，再隔 500ms 设为 0，这样就在控制字的位 2 形成上升沿来复位故障，在程序段 7 中将机器速度送到 ATV340 的频率给定值里，这里采用的是低分辨率方式，500 对应 50Hz。复位故障程序如图 9－14 所示。

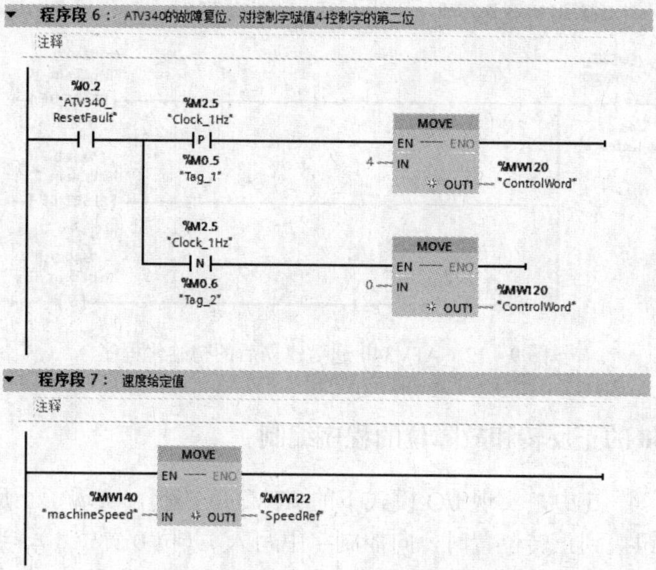

图 9－14　复位故障和速度给定值的设置

三、状态字和实际速度的程序编制

在程序段 8 中调用 MB_Client 客户端功能块，它的背景数据块是 DB2－MB_CLIENT_DB，读取 ATV340 侧 Modbus 地址 3201－ATV340 状态字和变频器运行速度 3202（对应 Modbus 地址 43202 和 43203）的数据存储到本地 CPU 的 M 存储区 MW100～MW102。状态字和实际速度的程序如图 9－15 所示。

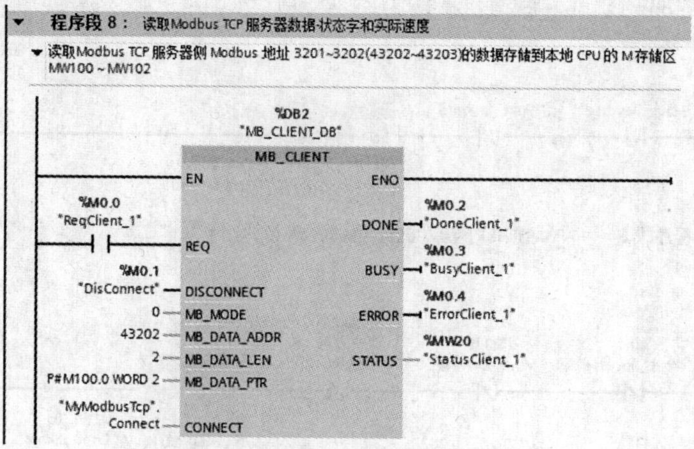

图 9－15　状态字和实际速度的程序

四、读写操作的程序

在程序段 9 中，第一个 MB_CLIENT 指令的 DONE 或 ERROR 复位本次读指令的请求位，同时置位 ATV340 写请求位，ATV340 的读操作程序如图 9－16 所示。

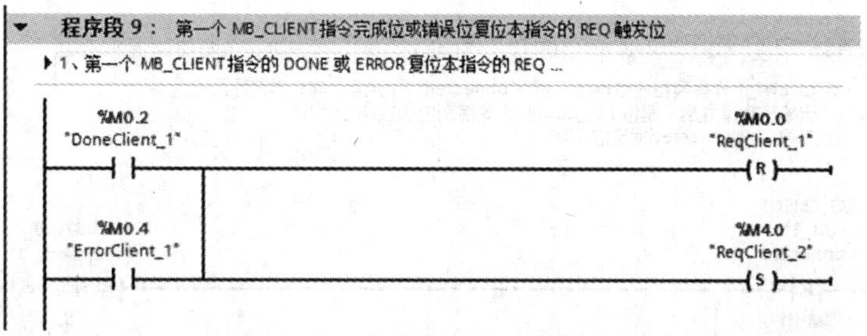

图 9－16　ATV340 的读操作程序

在程序段 10 中是 ATV340 写参数操作，将本地 CPU 的 M 存储区 MW120～MW122 写入 Modbus TCP 服务器侧 Modbus 地址控制字 8501 和频率给定 8502 对应 Modbus 地址 48502 和 48503，在程序段 11 中，第二个 MB_CLIENT 指令的 DONE 或 ERROR 复位本次写指令的请求位，同时置位 TM241 PLC 的读请求位。ATV340 的写参数操作程序如图 9－17 所示。

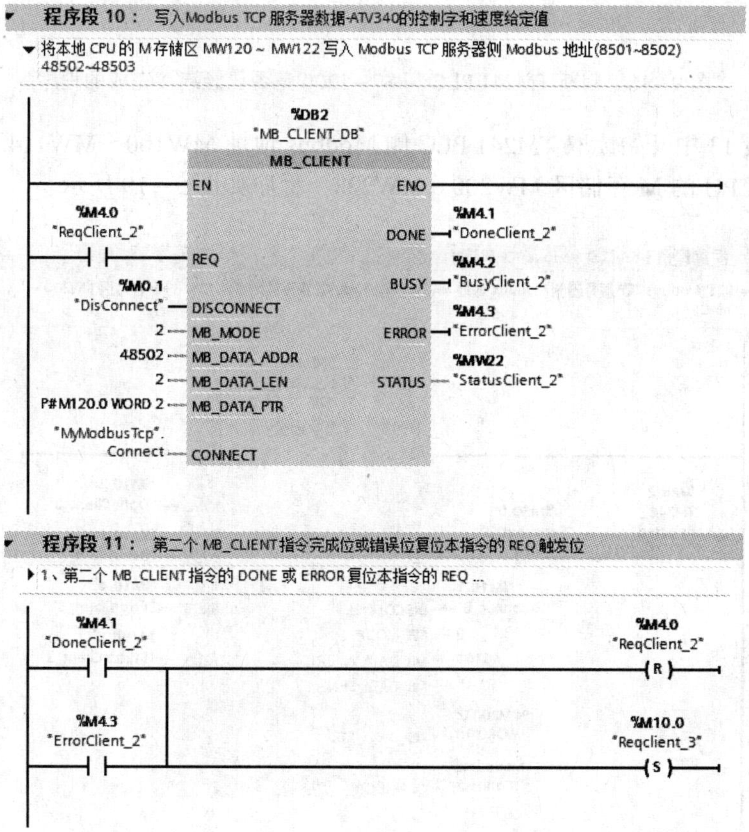

图 9－17　ATV340 的写参数操作程序

在程序段 12 中判断 TM241 PLC 和 S7－1200 是否已经连接完成，使用 MB_CLIENT_1 背景数据块中静态变量 " Connected " 用于指示 TCP 连接是否建立，TCP 连接成功建立后，复位 MB_CLIENT 指令控制位和状态位，同时置位 TM241 PLC_connected 标志位，程序如图 9－18 所示。

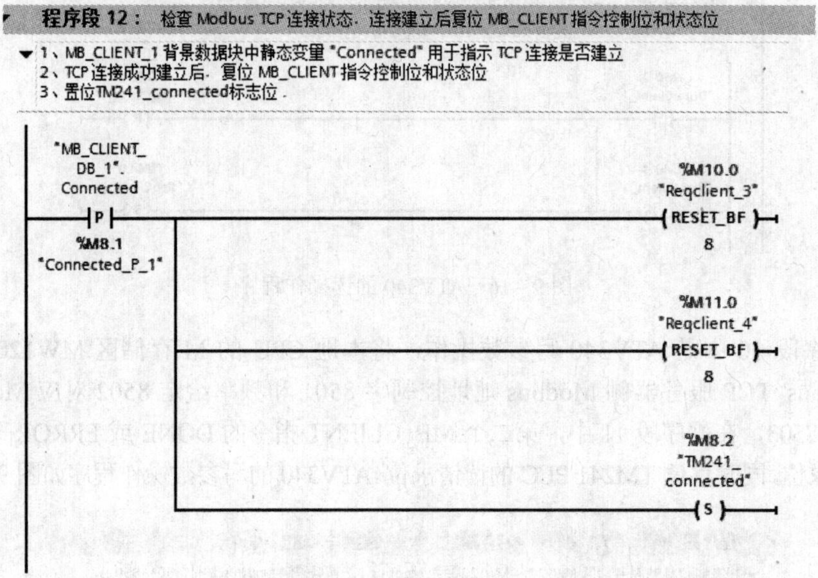

图 9－18　判断 TM241 PLC 和 S7－1200 是否已经连接完成的程序

在程序段 13 中开始读取 TM241 PLC 侧 Modbus 地址 MW100～MW114 的数据，存储到 S7－1200 CPU 的 M 存储区 MW200～MW228，程序如图 9－19 所示。

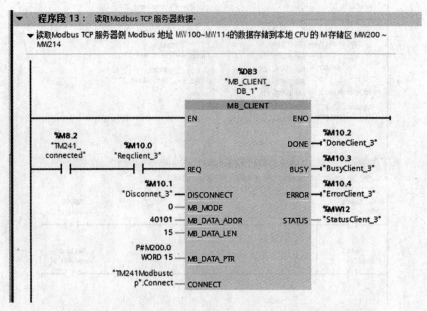

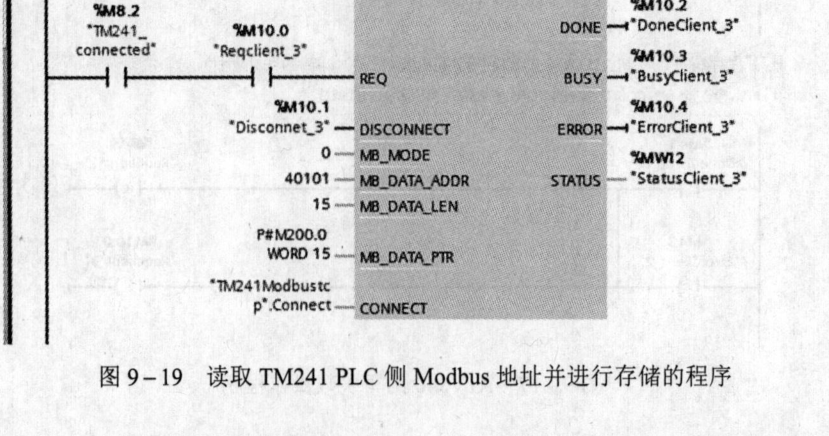

图 9－19　读取 TM241 PLC 侧 Modbus 地址并进行存储的程序

在程序段 14 中，第三个 MB_CLIENT 指令的 DONE 或 ERROR 复位本次读指令的请求位并置位 TM241 PLC 写请求位，程序如图 9-20 所示。

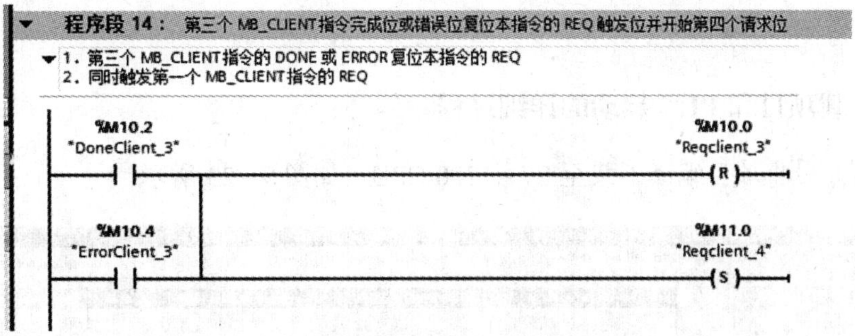

图 9-20　复位本次读指令的请求位并置位 TM241 PLC 写请求位

在程序段 15 中将 S7-1200 CPU 的 M 存储区 MW250～MW278 的内容写入到 Modbus TCP TM241 PLC 服务器侧地址 MW200～MW214 的数据存储，程序如图 9-21 所示。

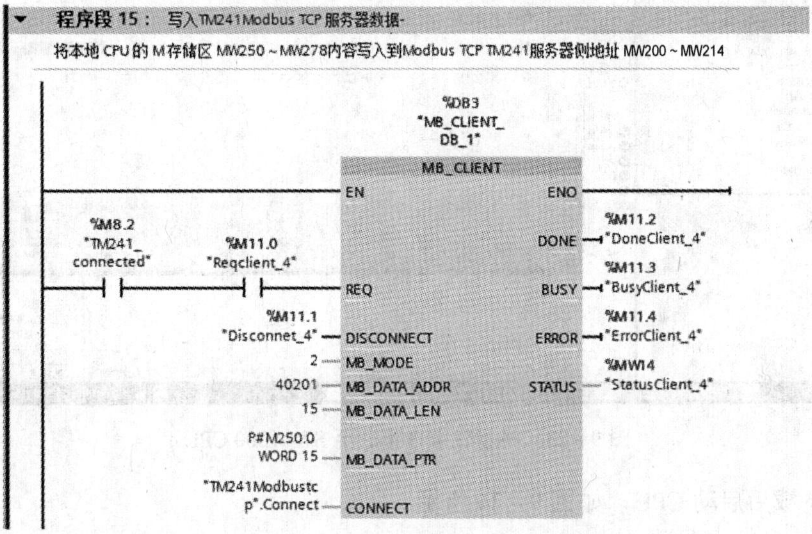

图 9-21　将 M 存储区的内容写入服务器侧地址的程序

在程序段 16 中，第四个 MB_CLIENT 指令的 DONE 或 ERROR 复位本次读指令的请求位，同时置位 ATV340 读请求位，程序如图 9-22 所示。

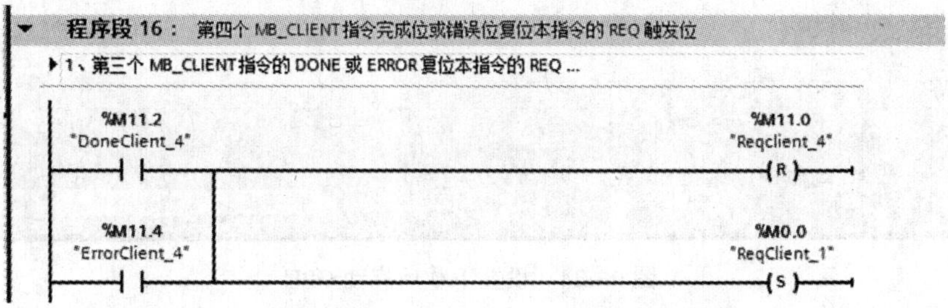

图 9-22　复位本次读指令的请求位并置位 ATV340 读请求位

第五节　将项目下载到 S7－1200

一、下载项目和 PLC 启动的详细过程

单击图标将项目编译下载至 S7－1200 CPU，如图 9－23 所示。

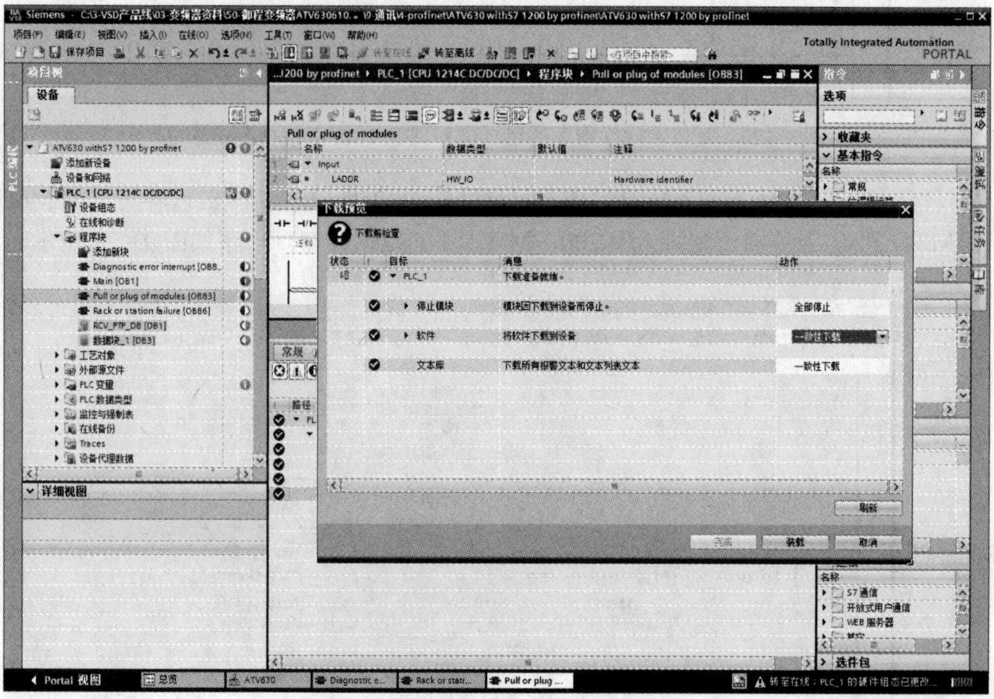

图 9－23　将项目编译下载至 S7－1200 CPU

设置下载后启动 CPU，如图 9－24 所示。

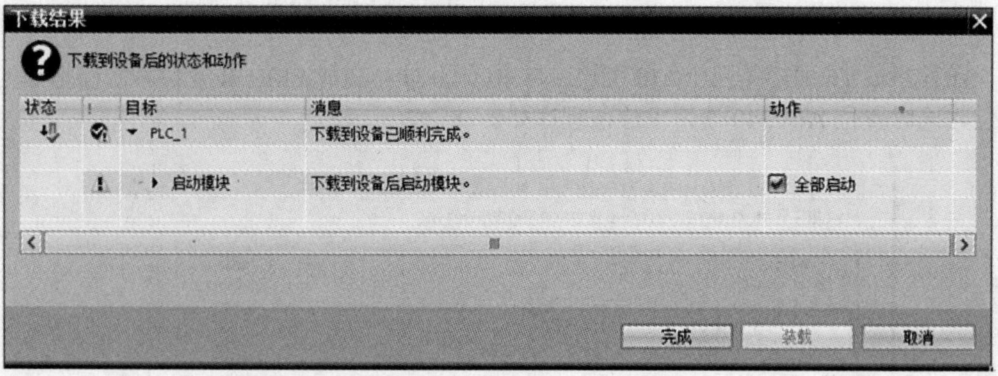

图 9－24　设置下载后启动 CPU

二、在线的操作

单击【转至在线】，将 ATV340 的背景数据块中的【MB_Unit_ID】设为 1，即【16#01】，如图 9-25 所示。

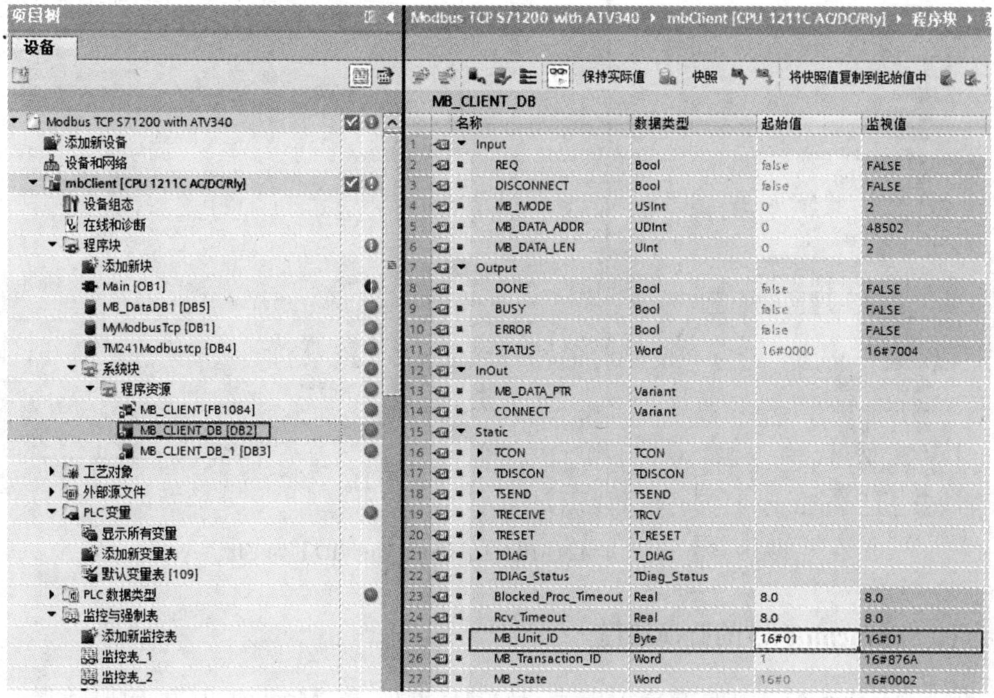

图 9-25　设置 ATV340 的【MB_Unit_ID】

将 ATV340 的 MB_Unit_ID 设置为 1 是关键设置，此设置必须与 ATV340 的串口地址 1 相对应，否则无法通信。ATV340 的串口地址设置如图 9-26 所示。

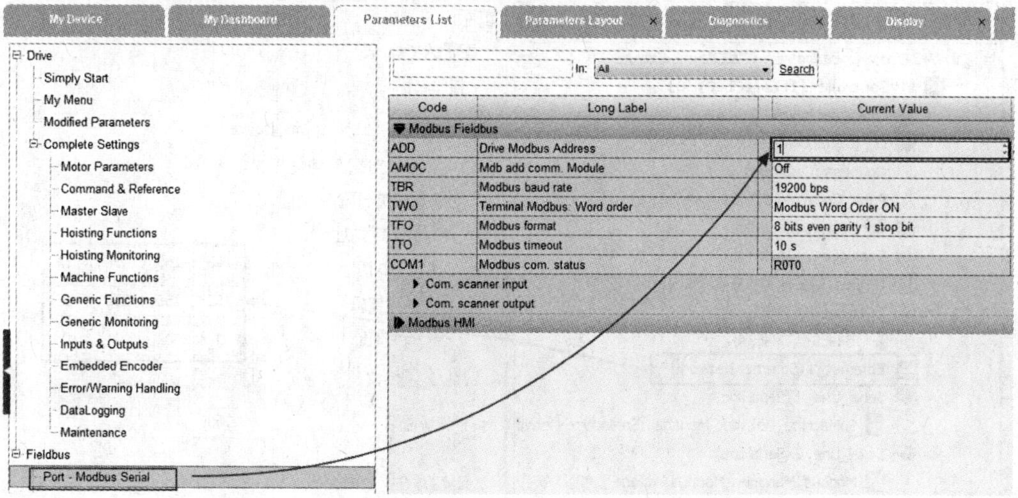

图 9-26　ATV340 的串口地址设置

同样的，TM241 PLC 的【MB_Unit_ID】需设置为 248，即【16#F8】，如图 9－27 所示。

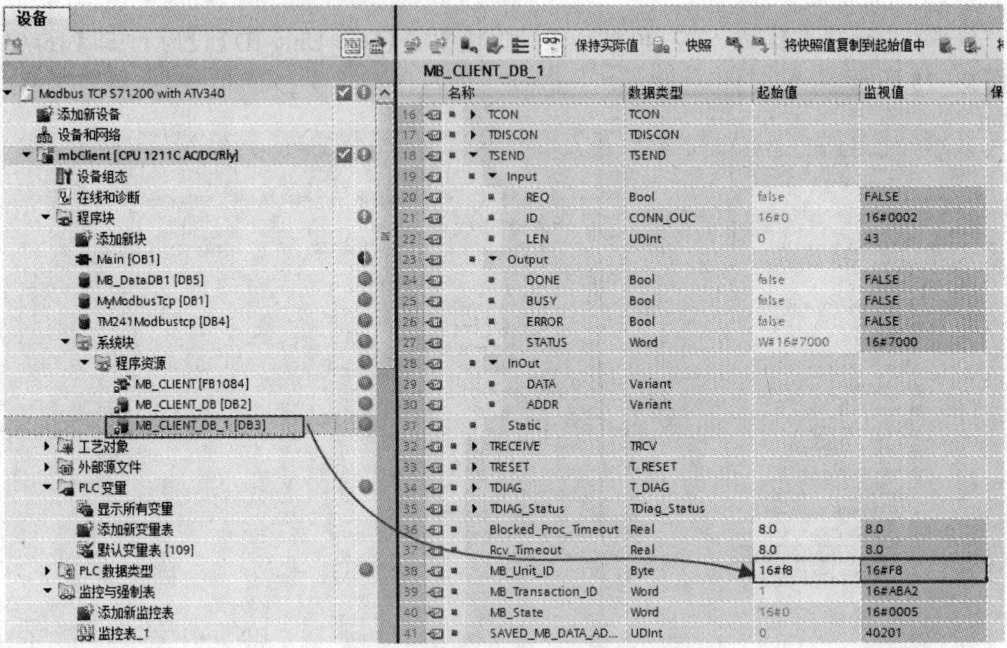

图 9－27　设置 TM241 PLC 的【MB_Unit_ID】为 248

三、SoMachine4.3 的监视编程

在 SoMachine4.3 中的编程，由于 TM241 PLC 是 Modbus TCP 的服务器，在 SoMachine4.3 中仅需配置以太网口的 IP 地址为 192.168.0.11，子网掩码为 255.255.255.0，如图 9－28 所示。

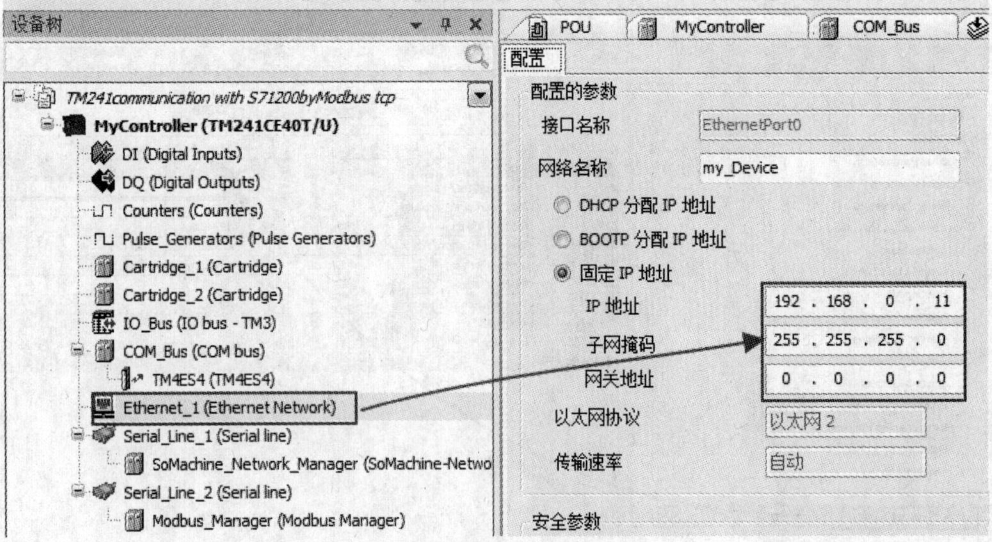

图 9－28　配置以太网口的 IP 地址

单击【视图】→【监视】→【监视 1】，加入监视 1，如图 9-29 所示。

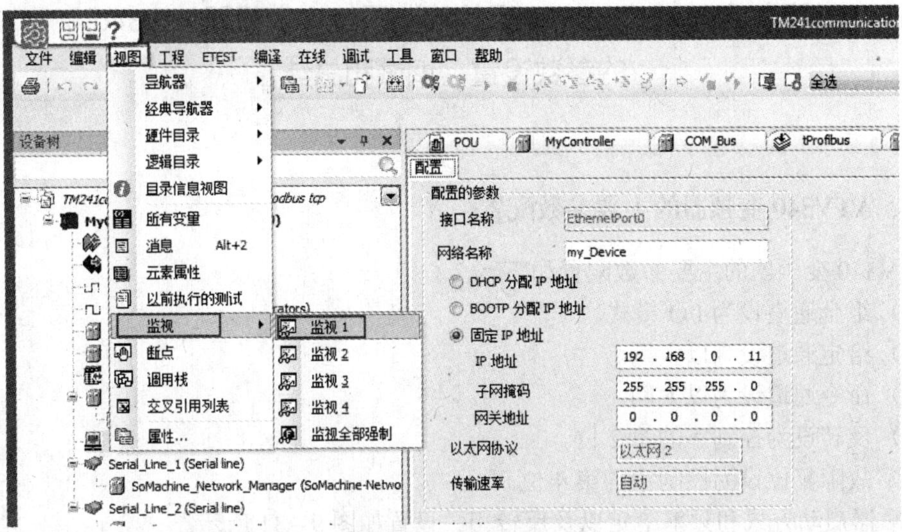

图 9-29　加入监视 1

在监视 1 中加入要监视 S7-1200 读取的变量（%MW100～114）和要写入的变量（%MW200～214），如图 9-30 所示。

监视 1

表达式	类型	值	准备值
MyController.Application.%MW100	WORD	<没有登录>	
MyController.Application.%MW101	WORD	<没有登录>	
MyController.Application.%MW102	WORD	<没有登录>	
MyController.Application.%MW103	WORD	<没有登录>	
MyController.Application.%MW104	WORD	<没有登录>	
MyController.Application.%MW105	WORD	<没有登录>	
MyController.Application.%MW106	WORD	<没有登录>	
MyController.Application.%MW107	WORD	<没有登录>	
MyController.Application.%MW108	WORD	<没有登录>	
MyController.Application.%MW109	WORD	<没有登录>	
MyController.Application.%MW110	WORD	<没有登录>	
MyController.Application.%MW111	WORD	<没有登录>	
MyController.Application.%MW112	WORD	<没有登录>	
MyController.Application.%MW113	WORD	<没有登录>	
MyController.Application.%MW114	WORD	<???>	
MyController.Application.%MW200	WORD	<???>	
MyController.Application.%MW201	WORD	<???>	
MyController.Application.%MW202	WORD	<???>	
MyController.Application.%MW203	WORD	<???>	
MyController.Application.%MW204	WORD	<???>	
MyController.Application.%MW205	WORD	<???>	
MyController.Application.%MW206	WORD	<???>	
MyController.Application.%MW207	WORD	<???>	
MyController.Application.%MW208	WORD	<???>	
MyController.Application.%MW209	WORD	<???>	
MyController.Application.%MW210	WORD	<???>	
MyController.Application.%MW211	WORD	<???>	
MyController.Application.%MW212	WORD	<???>	
MyController.Application.%MW213	WORD	<???>	
MyController.Application.%MW214	WORD	<???>	

图 9-30　监视 1 加入的变量

第六节 Modbus TCP 通信控制系统中变频器 ATV340 的参数设置、调试和总结

一、ATV340 变频器的主要参数配置

ATV340 变频器的主要参数配置如下。

（1）组合通道设为 I/O 模式。

（2）给定通道设为以太网。

（3）命令通道设为以太网。

（4）反转设为控制字的第 2 位。

（5）故障复位设为控制字的第 4 位。

变频器启动方式和频率给定以及反转相关设置如图 9－31 所示。

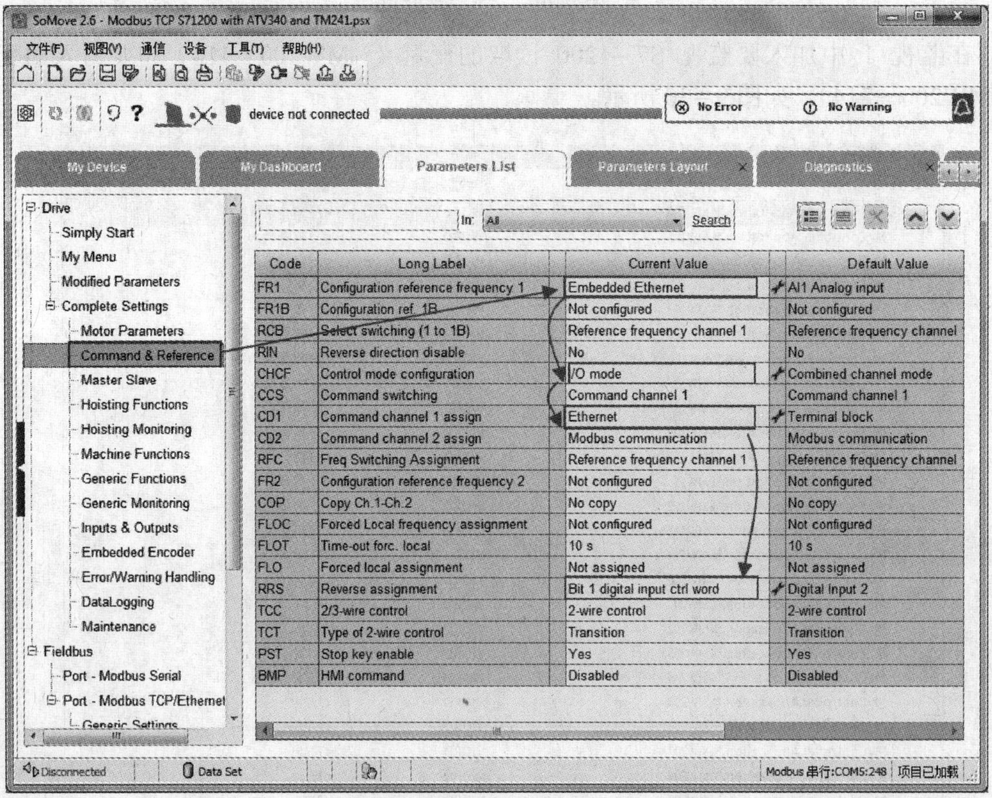

图 9－31　变频器的控制方式和反转相关设置

ATV340 变频器的 Modbus TCP 相关设置如下：① IP 地址分配方式设成固定；② IP 地址设为 192.168.0.2；③ 子网掩码设成 255.255.255.0。在线修改完成后，单击 SoMove 界面下方的对钩来确认所做的修改，如图 9－32 所示。

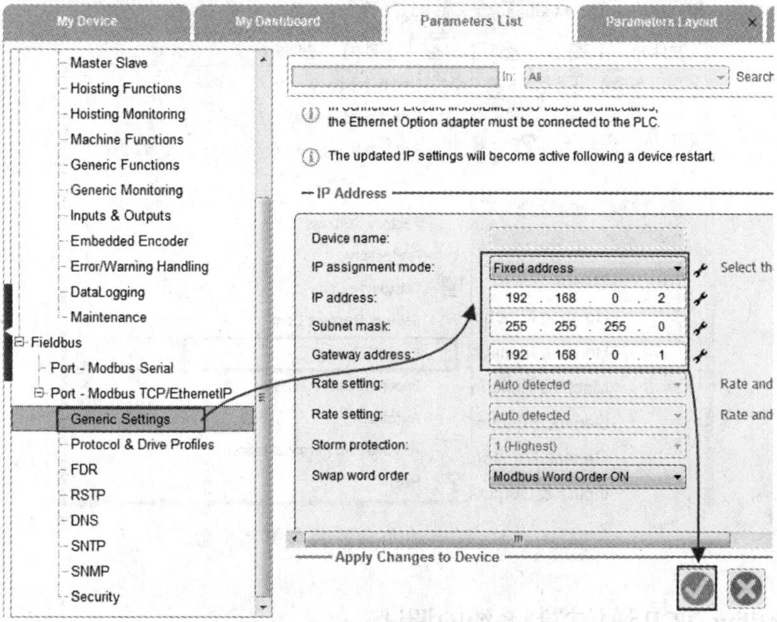

图 9-32　ATV340 变频器的 Modbus TCP 相关设置

设置 Modbus 地址设为 1，如图 9-33 所示。

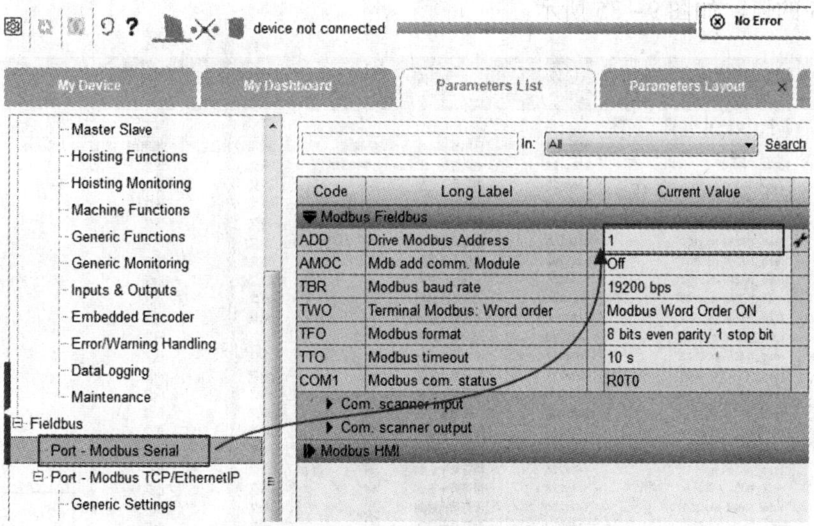

图 9-33　设置 Modbus 地址为 1

二、变频器重启的操作

设置完成后将变频器 ATV340 断电再上电，重新启动变频器，使通信设置生效。

如果已经使用 SoMove 在线连接变频器，可以单击【设备】→【Restart Device】重新启动变频器，如图 9-34 所示。这在变频器功率比较大的时候，不用长时间的等待变频器断电，用起来比较方便。

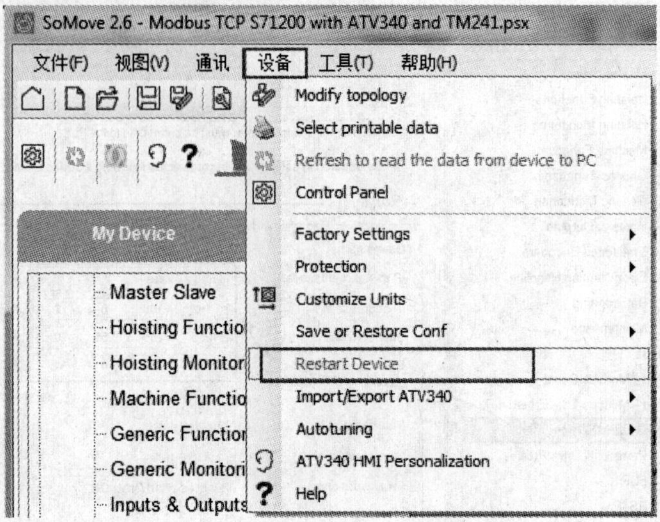

图 9-34 重启动变频器的菜单和参数

三、Modbus TCP 通信控制系统的调试

程序下载完成后，单击【转至在线】，在 SoMachine4.3 中设定%MW100～114 的值，然后按 CTRL+F7 修改这些变量的值，然后进入 S7-1200 的监控表，将%MW250～%MW278 写入 1～15 的值，如图 9-35 所示。

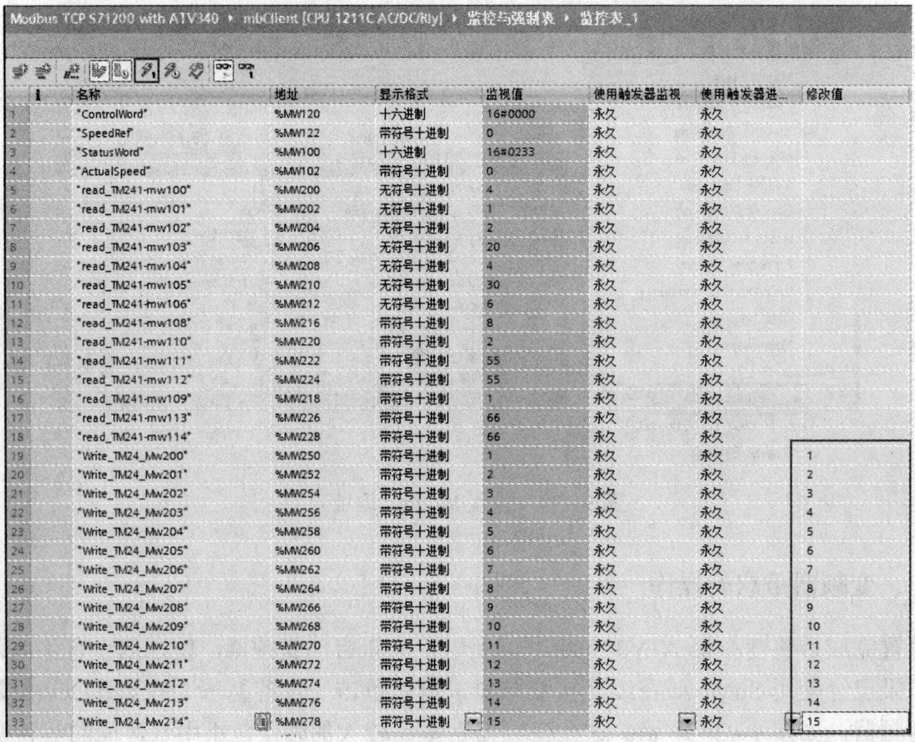
Modbus TCP S71200 with ATV340 ▸ mbClient [CPU 1211C AC/DC/Rly] ▸ 监控与强制表 ▸ 监控表_1

	i	名称	地址	显示格式	监视值	使用触发器监视	使用触发器进...	修改值
1		"ControlWord"	%MW120	十六进制	16#0000	永久	永久	
2		"SpeedRef"	%MW122	带符号十进制	0	永久	永久	
3		"StatusWord"	%MW100	十六进制	16#0233	永久	永久	
4		"ActualSpeed"	%MW102	带符号十进制	0	永久	永久	
5		"read_TM241-mw100"	%MW200	无符号十进制	4	永久	永久	
6		"read_TM241-mw101"	%MW202	无符号十进制	1	永久	永久	
7		"read_TM241-mw102"	%MW204	无符号十进制	2	永久	永久	
8		"read_TM241-mw103"	%MW206	无符号十进制	20	永久	永久	
9		"read_TM241-mw104"	%MW208	无符号十进制	4	永久	永久	
10		"read_TM241-mw105"	%MW210	无符号十进制	30	永久	永久	
11		"read_TM241-mw106"	%MW212	无符号十进制	6	永久	永久	
12		"read_TM241-mw108"	%MW216	带符号十进制	8	永久	永久	
13		"read_TM241-mw110"	%MW220	带符号十进制	2	永久	永久	
14		"read_TM241-mw111"	%MW222	带符号十进制	55	永久	永久	
15		"read_TM241-mw112"	%MW224	带符号十进制	55	永久	永久	
16		"read_TM241-mw109"	%MW218	带符号十进制	1	永久	永久	
17		"read_TM241-mw113"	%MW226	带符号十进制	66	永久	永久	
18		"read_TM241-mw114"	%MW228	带符号十进制	66	永久	永久	
19		"Write_TM24_Mw200"	%MW250	带符号十进制	1	永久	永久	1
20		"Write_TM24_Mw201"	%MW252	带符号十进制	2	永久	永久	2
21		"Write_TM24_Mw202"	%MW254	带符号十进制	3	永久	永久	3
22		"Write_TM24_Mw203"	%MW256	带符号十进制	4	永久	永久	4
23		"Write_TM24_Mw204"	%MW258	带符号十进制	5	永久	永久	5
24		"Write_TM24_Mw205"	%MW260	带符号十进制	6	永久	永久	6
25		"Write_TM24_Mw206"	%MW262	带符号十进制	7	永久	永久	7
26		"Write_TM24_Mw207"	%MW264	带符号十进制	8	永久	永久	8
27		"Write_TM24_Mw208"	%MW266	带符号十进制	9	永久	永久	9
28		"Write_TM24_Mw209"	%MW268	带符号十进制	10	永久	永久	10
29		"Write_TM24_Mw210"	%MW270	带符号十进制	11	永久	永久	11
30		"Write_TM24_Mw211"	%MW272	带符号十进制	12	永久	永久	12
31		"Write_TM24_Mw212"	%MW274	带符号十进制	13	永久	永久	13
32		"Write_TM24_Mw213"	%MW276	带符号十进制	14	永久	永久	14
33		"Write_TM24_Mw214"	%MW278	带符号十进制	15	永久	永久	15

图 9-35 将%MW250～%MW278 写入 1～15 的值

在回到 SoMachine4.3 的在线监控，可以看到，S7－1200 的数值已经写入到 TM241 PLC 中，而 TM241 PLC 中变量的值也已经成功读取到 S7－1200 中，通信读写都已经成功完成，如图 9－36 所示。

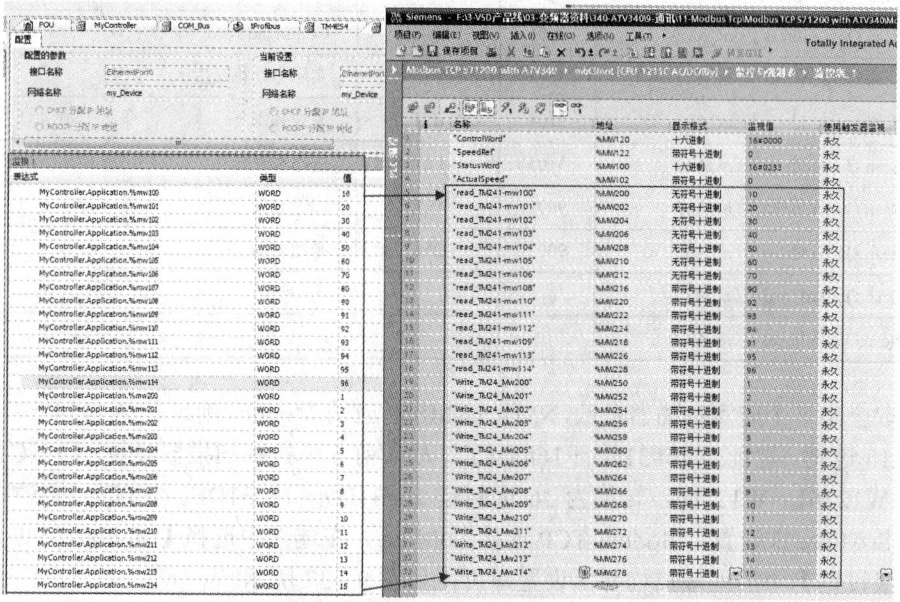

图 9－36　TM241 PLC 和 S7－1200 之间的数据交换成功画面

四、Modbus TCP 通信控制系统的实战总结

当应用比较复杂时，可能需要读取或写入多个不连续的变量地址，比如需要写入控制字 8501，转速给定值 8602、扩展控制字变量地址 8504 和加速时间变量地址 9001 和减速时间 9002，如果不使用【通信扫描器】，则必须要写入 3 次，即调用 3 个 Modbus_Client 功能块，增加了编程者的工作量，ATV340 提供了【通信扫描器】参数，可以将不连续的变频器通信地址自动复制到相邻参数区。这样，使用一个读和写请求即可读取或写入最多 8 个若干非相邻变频器参数，提高了整个通信的性能和效率。

读取参数 COMScanner－input 设置举例见表 9－5。

表 9－5　　读取参数 COMScanner－input 设置举例

菜单	值	代码	参数名
［**Scan.In1address**］（nNA1）	3201	ETA	Statusword（状态字）
［**Scan.In2address**］（nNA2）	8604	RFRD	Outputspeed（输出速度）
［**Scan.In3address**］（nNA3）	3204	LCR	Motorcurrent（电动机电流）
［**Scan.In4address**］（nNA4）	3205	OTR	OTRTorque（力矩）
［**Scan.In5address**］（nNA5）	3207	ULN	Mainsvoltage（主电压）
［**Scan.In6address**］（nNA6）	3209	THD	Thermalstateofthedrive（变频器的热态）
［**Scan.In7address**］（nNA7）	9630	THR	Thermalstateofthemotor（电动机的热态）
［**Scan.In8address**］（nNA8）	7121	LFT	Lastfault（最近的故障）

写入参数 COMScanner－Output 设置举例见表 9－6。

表 9－6　写入参数 COMScanner－Output 设置举例

菜单	值	代码	参数名
［Scan.Out1address］（nCA1）	8501	CMD	Commandword（命令字）
［Scan.Out2address］（nCA2）	8602	LFRD	实际电动机速度
［Scan.Out3address］（nCA3）	3104	HSP	高速频率
［Scan.Out4address］（nCA4）	3105	LSP	低速频率
［Scan.Out5address］（nCA5）	9001	ACC	加速时间
［Scan.Out6address］（nCA6）	9002	DEC	减速时间
［Scan.Out7address］（nCA7）			
［Scan.Out8address］（nCA8）			

读取全部 8 个监测扫描器参数，NM1～NM8 对应的 Modbus 地址是 W12741～W12748 转换为 16 进制，地址是 16#31C5～16#31CC。写入前 6 个控制扫描器参数，即 NC1～NC6 对应的 W12761～W12766，转换为 16 进制是 16#31D9～16#31DE。这部分的参数设置可以使用 SoMove 来设置，Modbus TCP 连接 SoMove，在连接中选择【Modbus TCP】，然后在【高级设置】中的地址扫描界面设置即可，如图 9－37 所示。

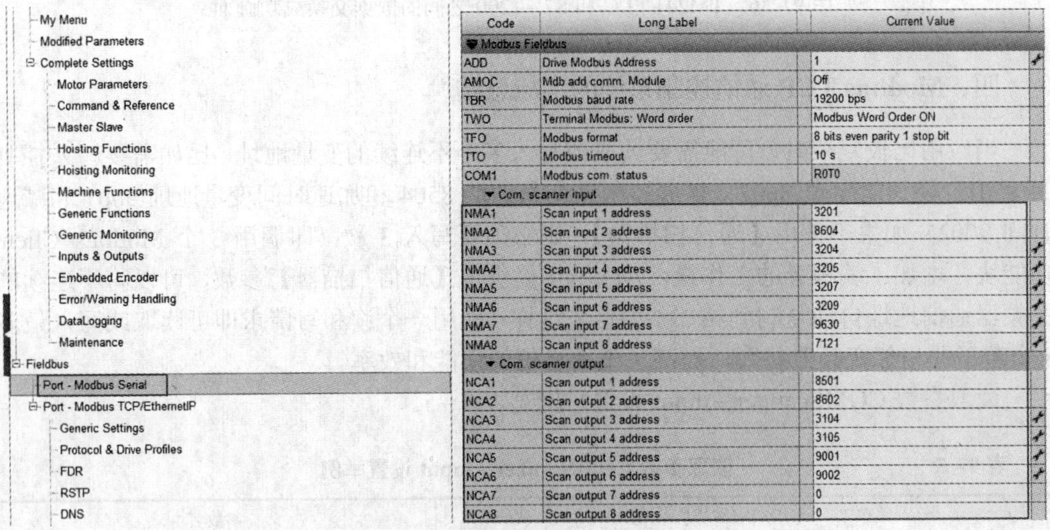

图 9－37　SoMove 的地址扫描界面

总体而言，西门子 S7－1200 的 Modbus TCP 没有 TM241 PLC 的 Modbus TCP 编程来的方便，S7－1200 的 Modbus TCP 也支持服务器，使用的功能块是 Modbus_Server。

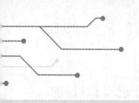

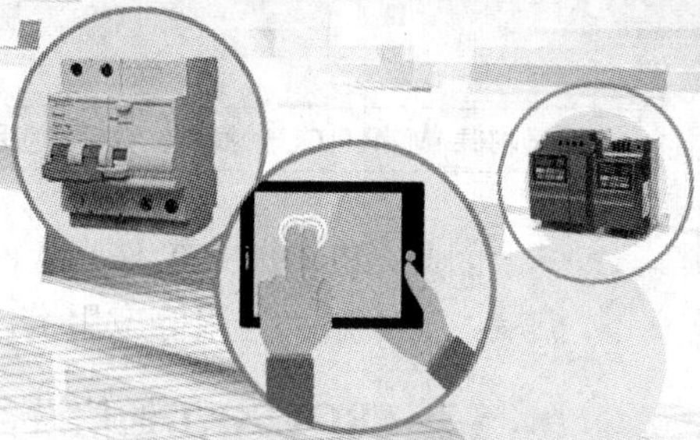

第十章

变频器 ATV630 与西门子 S7-1200 PLC 的 PROFINET 通信

扫码看视频

第一节 PROFINET 通信协议和通信设备

一、PROFINET 通信协议

PROFINET 由 PROFIBUS 国际组织（PROFIBUSInternational）推出，是新一代基于工业以太网技术的工业自动化通信标准。PROFINET 解决方案囊括了诸如实时以太网、运动控制、分布式自动化、故障安全及网络安全等。

PROFINET 支持即 TCP/IP 标准通信、实时（RT）通信和等时同步实时（IRT）通信 3 种通信方式。

1. TCP/IP 标准通信

PROFINET 基于工业以太网技术，使用 TCP/IP 和 IT 标准。TCP/IP 是 IT 领域关于通信协议方面事实上的标准，尽管其响应时间大概在 100ms 的量级，但对于工厂控制级的应用来说，这个响应时间已经足够了。

2. 实时（RT）通信

对于传感器和执行器设备之间的数据交换，系统对响应时间的要求更为严格，因此，PROFINET 提供了一个优化的、基于以太网第 2 层（Layer2）的实时通信通道，通过该实时通道可极大地减少数据在通信栈中的处理时间。PROFINET 实时通信的典型响应时间是 5～10ms，网络节点也包含在网络的同步过程之中，即交换机。同步的交换机在 PROFINET 概念中占有十分重要的位置。在传统的交换机中，要传递的信息必定在交换机中延迟一段时间，直到交换机翻译出信息的目的地址并转发该信息为止。这种基于地址的信息转发机制会对数据的传送时间产生不利的影响。为了解决这个问题，PROFINET 在实时通道中则使用优化的机制来实现信息的转发。

3. 等时同步实时（IRT）通信

现场级通信对通信实时性要求最高的是运动控制，PROFINET 的等时同步实时技术可以满足运动控制的高速通信需求，在 100 个节点下，其响应时间要小于 1ms，抖动误差要小于 1ms，以此来保证及时的、确定的响应。

因此，PROFINET 作为实时性非常好的工业以太网总线，已广泛地用于远程 I/O 站的扩展、变频器、伺服等应用上。

二、PROFINET 通信设备

1. ATV630 的 PROFINET 通信设备

ATV630 本体不集成 PROFINET 通信，如果需要进行 PROFINET 通信，需外加通信卡 VW3A3627。

2. 西门子 S7－1200 PLC 的 PROFINET 通信设备

采用 S7－1200 本体集成以太网口作为 PROFINET 通信主站。

3. 硬件版本

（1）西门子 S7－1211CAC、DC、RLY6ES7211－1BE40－0XB0 固件版本 V4.2。

（2）施耐德 ATV630U07N4 固件版本 2.2。

（3）施耐德 PROFINET 通信卡 VW3A3627 固件版本 V1.7IE02。

4. 软件版本

（1）西门子博途版本：V14。

（2）施耐德变频器调试软件 SoMove 版本：V2.6.5。

（3）施耐德 ATV630 变频器的设备文件 DTM 版本：V2.2.1.0。

（4）需导入到博图软件中的 PROFINET 文件 GSDXML 版本：V2.3。

第二节 ATV630 与 S7－1200 PROFINET 通信项目的工艺要求和电气设计

一、通信架构

本项目中的 PID 控制由 S7－1200 编程完成，实现的是 S7－1200 PLC 通过 PROFINET 控制变频器 ATV630 的启停和速度，工艺原理如图 10－1 所示。

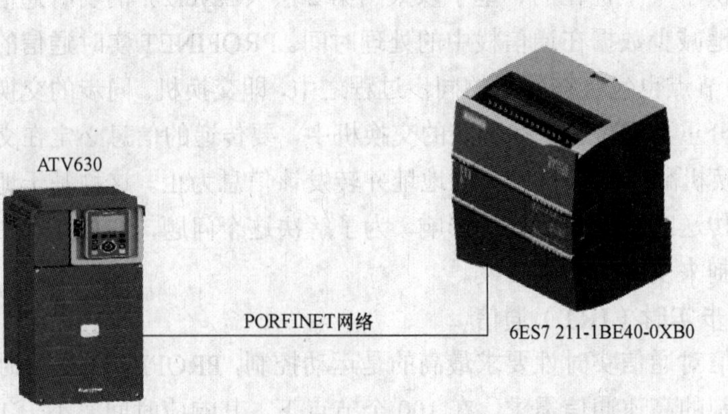

图 10－1　PROFINET 通信控制 ATV630 的工艺原理图

二、通信线要求

为保证 PROFINET 通信的可靠性，在本项目中采用了专用的 PROFINET 通信线，即原装西门子 PROFINET 通信线如图 10-2 所示。

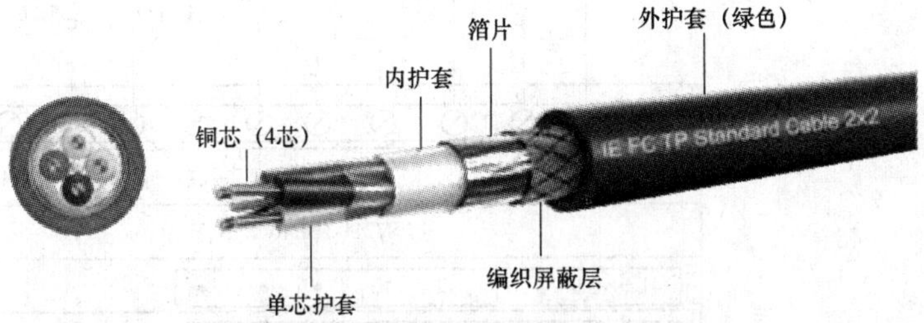

图 10-2　原装西门子 PROFINET 通信线

三、电气系统设计

1. 变频器 ATV630 的电气原理图

变频器 ATV630 的进线电源采用 AC380V，控制三相交流电动机，空气断路器 Q2 作为变频器 ATV630 的电源隔离短路保护开关，由于本项目要重点说明的是通信控制变频器的运行，所以没有连接变频器的硬件控制，ATV630 变频器主电路的电气原理图如图 10-3 所示。

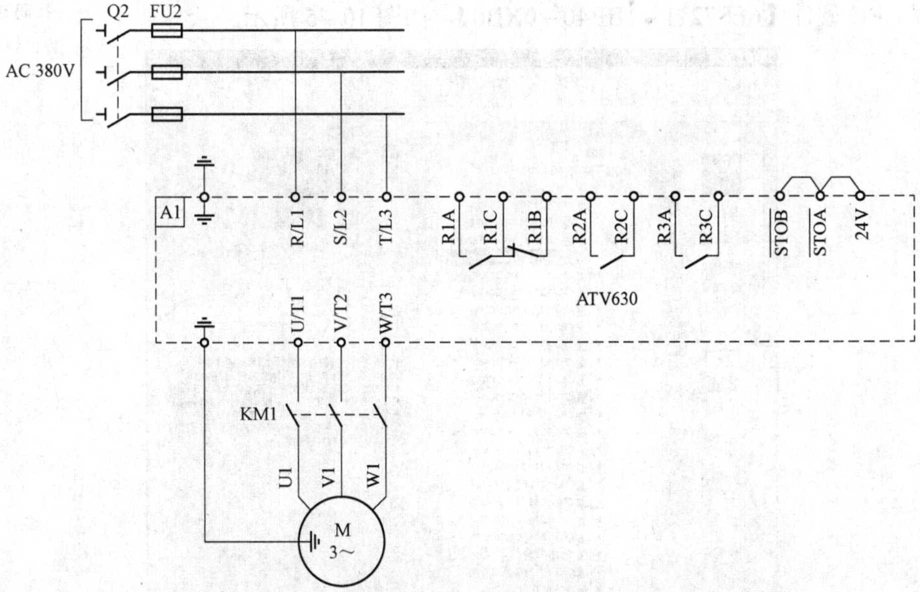

图 10-3　ATV630 变频器主电路的电气原理图

2. 西门子 S7-1200 PLC 的控制原理图

本示例采用 AC220V 电源供电，空气断路器 Q1 作为 S7-1200 PLC 的电源隔离短路保护开关，启停拨钮 ST1 和 ST2 连接到输入端子 I0.0 及 I0.1 上，故障复位按钮连接到输入端子 I0.2，西门子 S7－1200 PLC 控制原理图如图 10－4 所示。

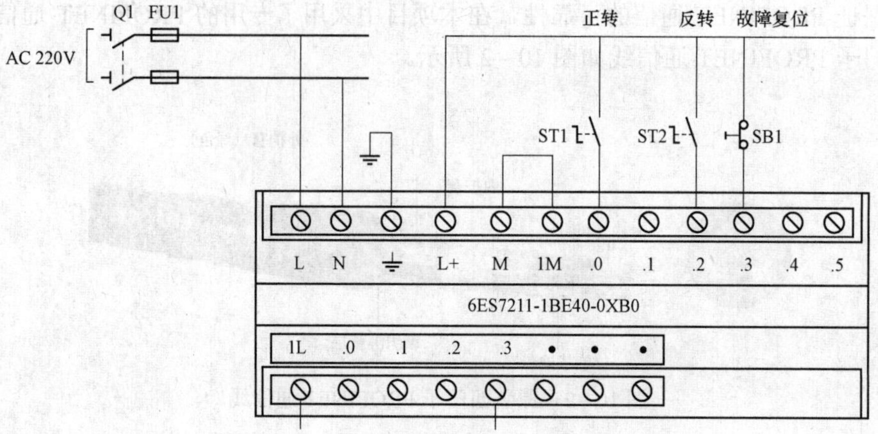

图 10－4　西门子 S7－1200 PLC 控制原理图

第三节　ATV630 与 S7－1200 PROFINET 通信的项目创建和硬件组态

一、项目创建和 GSD 文件的导入

打开博途 V14.0，创建新项目，单击【组态设备】，在【添加新设备】中选择 CPU 硬件【6ES7211－1BE40－0XB0】，如图 10－5 所示。

扫码看视频

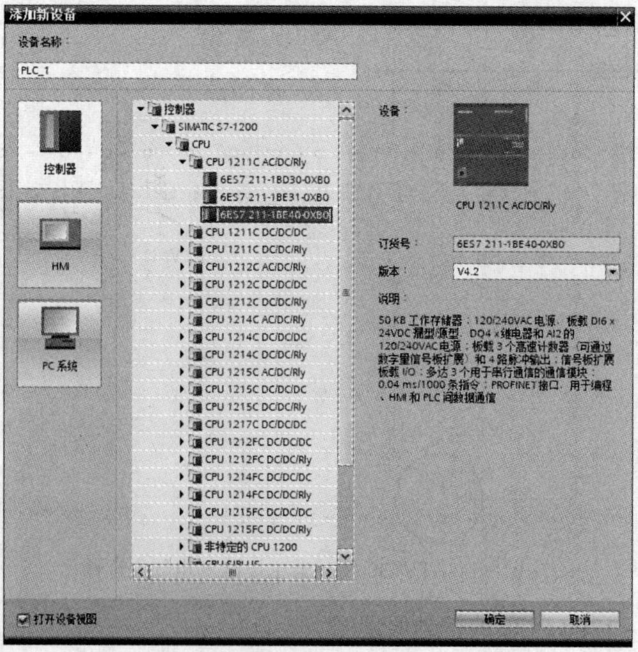

图 10－5　选择 CPU 硬件

在菜单【选项】下选择【管理通用站描述文件（GSD）】导入 PROFINET 通信用的 GSDXML 文件，在弹出的对话框中选择【源路径】右侧的【...】，再选择 GSDXML 文件所在路径，勾选文件后，单击【安装】按钮，如图 10－6 所示。

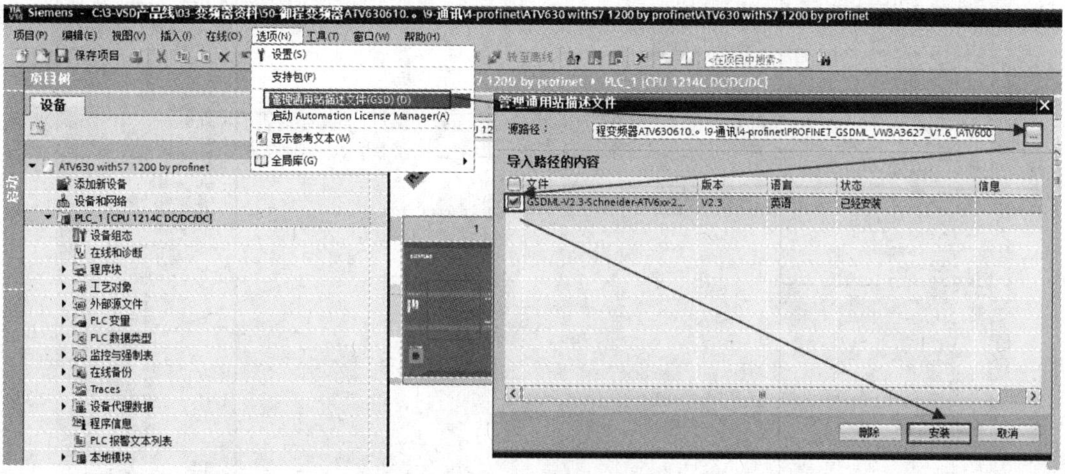

图 10－6　导入 GSDXML 文件的操作

安装成功后，软件会提升安装完成，如图 10－7 所示。然后单击【关闭】按钮，关闭对话框。

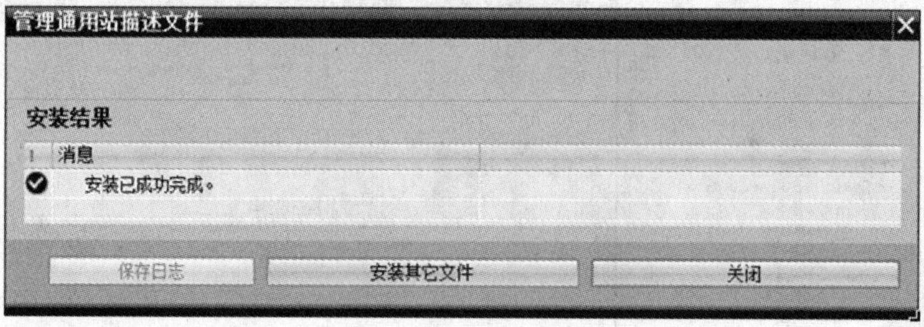

图 10－7　GSDXML 文件成功安装完成

扫码看视频

二、西门子 PLC 的硬件组态

GSDXML 文件成功安装完成后读者需要组态网络，首先添加 ATV630 PROFINET 从站，双击【设备和网络】，在软件右侧的【硬件目录】中按以下路径【其他以太网设备】→【PROFINET IO】→【SchneiderElectric】找到【ATV630】后双击进行添加，如图 10－8 所示。

单击【未分配】在弹出的菜单中，选【PLC_1.PROFINET 接口_1】建立变频器和 PLC 的通信连接，如图 10－9 所示。

建立的通信连接如图 10－10 所示。

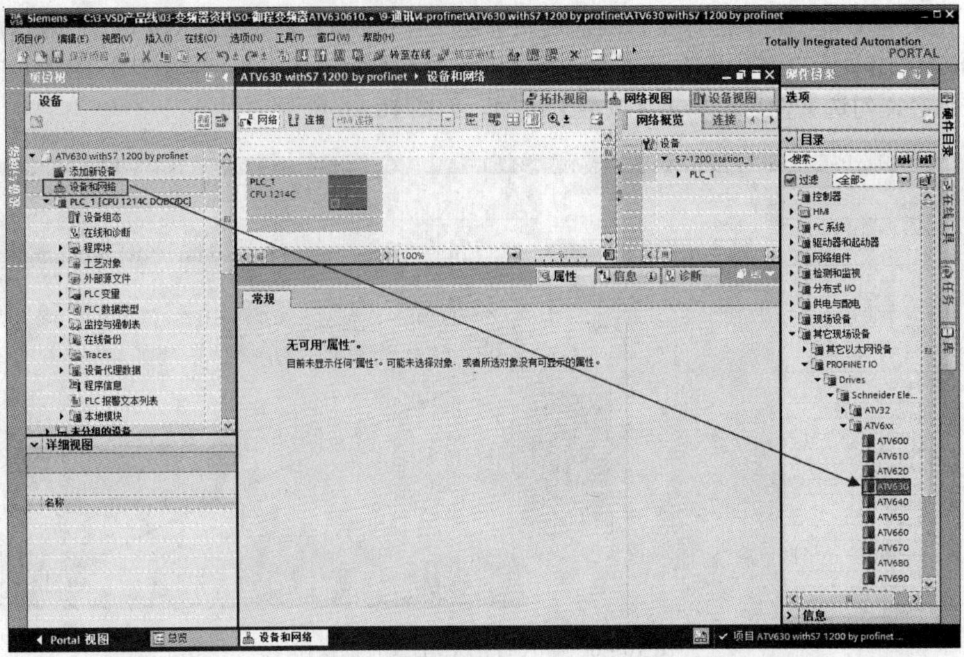

图 10-8　添加 ATV630 PROFINET 从站

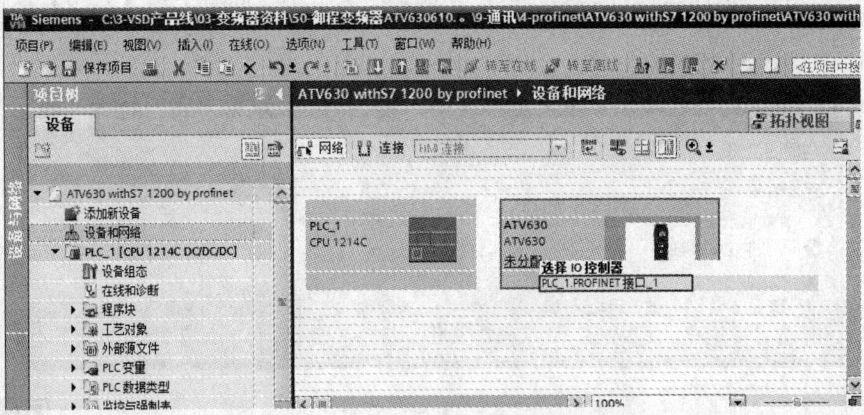

图 10-9　建立 PROFINET 通信连接

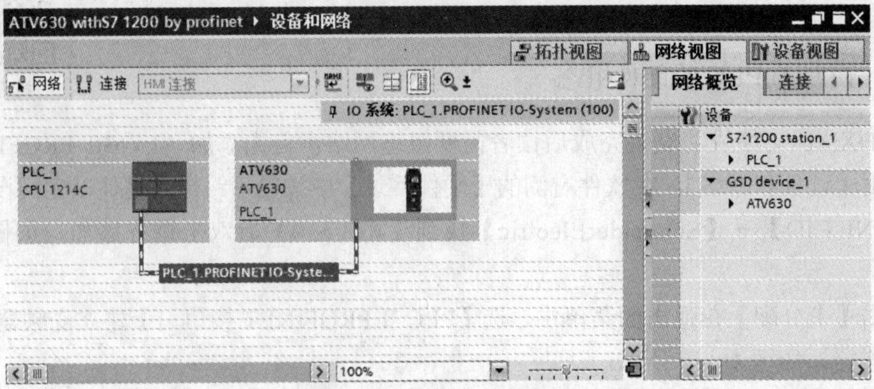

图 10-10　建立的通信连接

双击 ATV630，配置变频器的 IP 地址为 192.168.0.2，如图 10-11 所示。

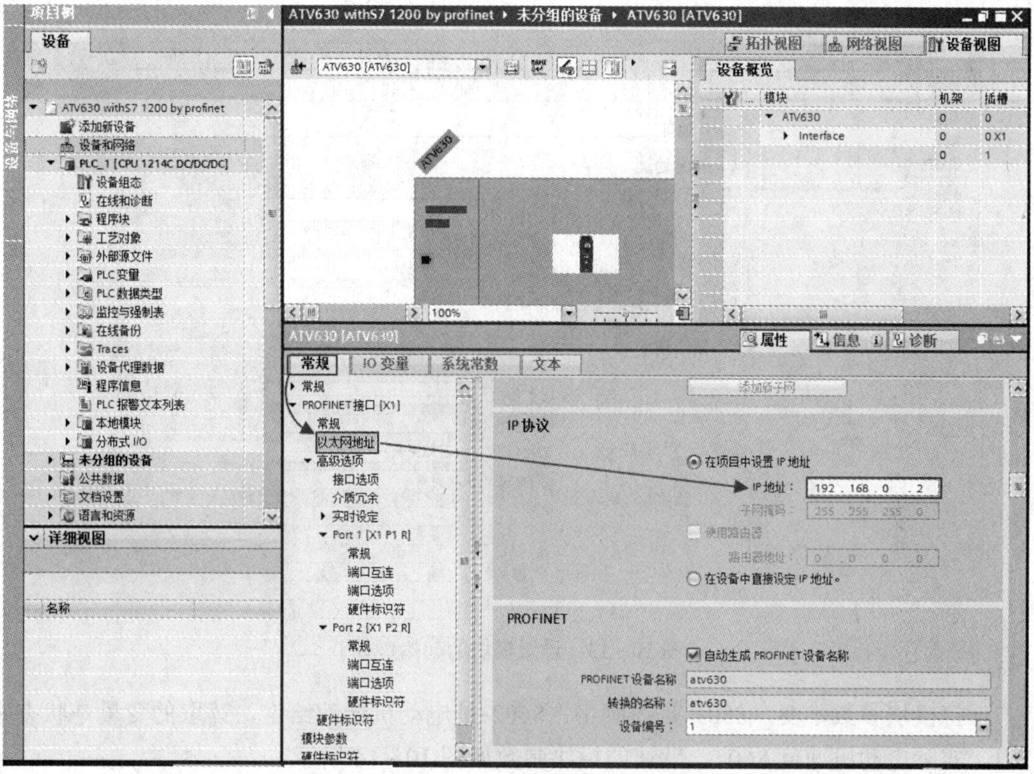

图 10-11 配置变频器的 IP 地址

接着添加需要的报文，选择【设备视图】→【Interface】的下一行→【模块】→【Telegrams】→【Telegram100（4PKW、2PZD）】，如图 10-12 所示。

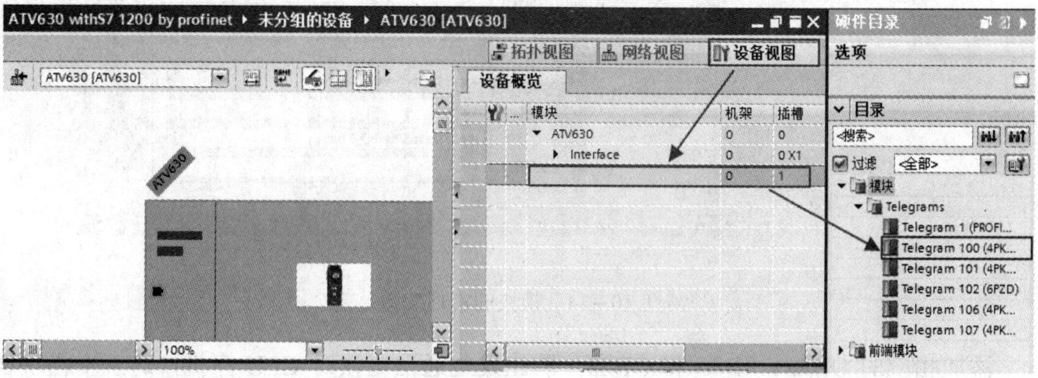

图 10-12 添加需要的报文

为了使编程更加容易，将 I/O 起始地址都设置为 100，如图 10－13 所示。

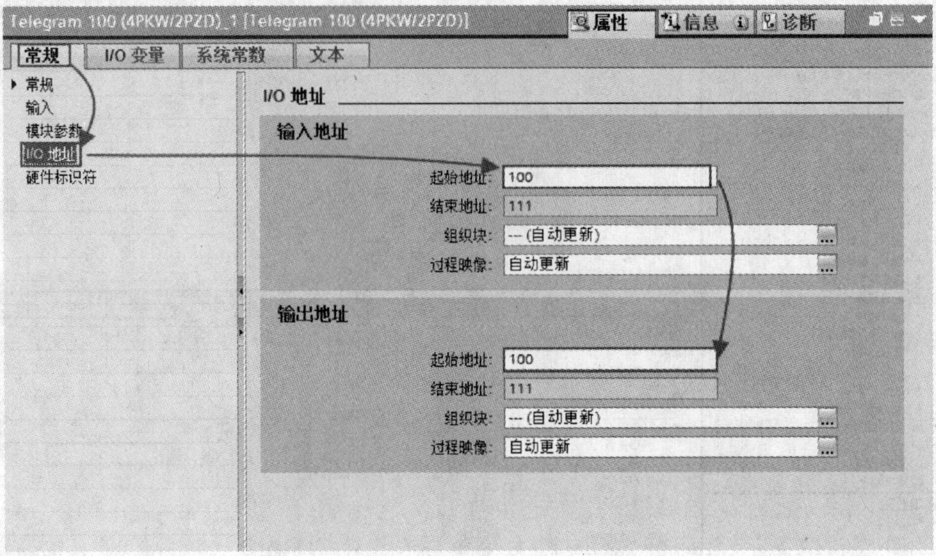

图 10－13　设置模块的起始参数

保持模块参数不变，8501 是控制字，8602 是电动机转速给定，读取的变量是状态字 3201，实际电动机速度 8604。默认的模块参数如图 10－14 所示。

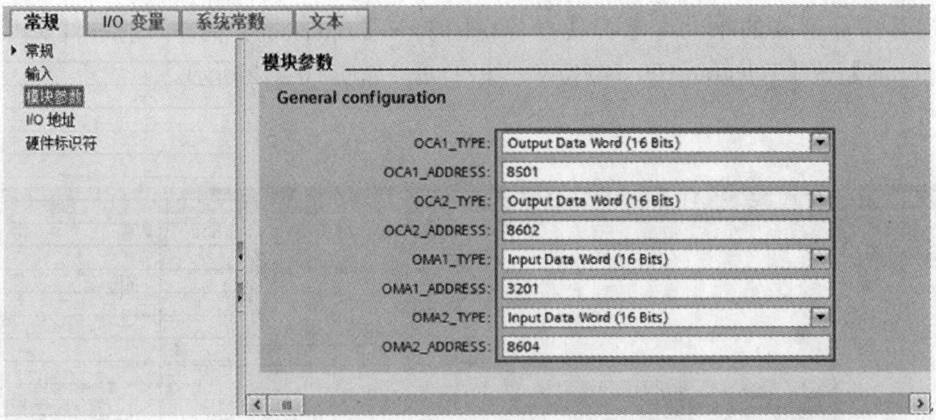

图 10－14　模块的常规参数

添加相应的 OB82、0B86 和 OB83，防止发生通信错误时 CPU 停机，这三个模块在【添加新块】页面中的位置如图 10－15 所示，添加完成后单击【确定】按钮即可。

图 10-15　添加相应的组织块

单击【转至在线】，依次选择【PN/IE】→【Intel（R）Ethernet Connection 1217-LM】→【插槽“1×1”处的方向】→【开始搜索】，如图 10-16 所示。

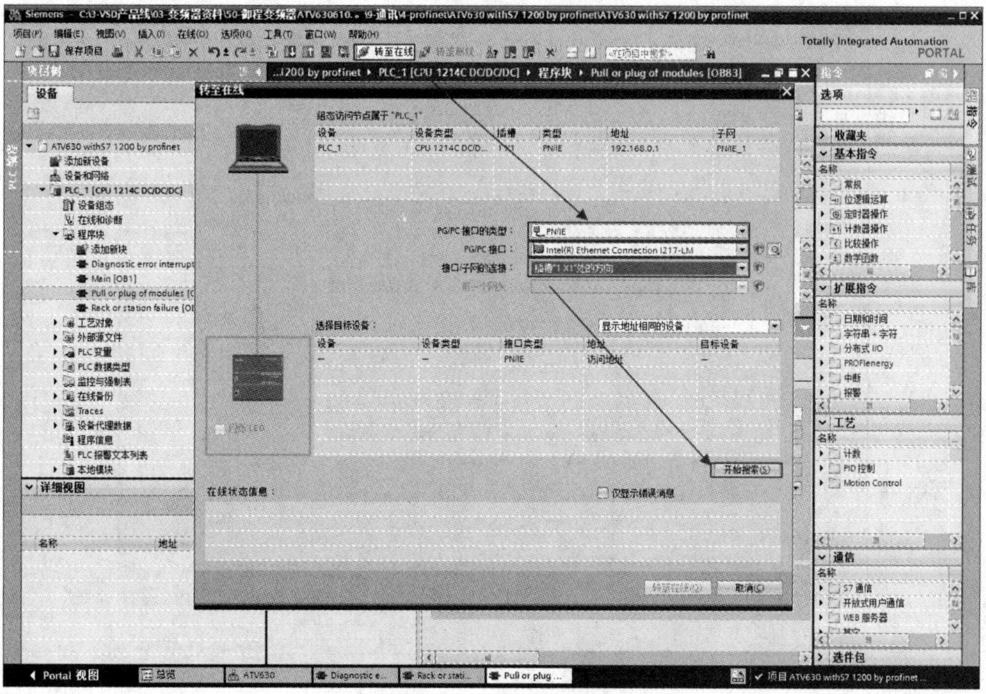

图 10-16　在线扫描设备

搜索结果如图 10－17 所示。

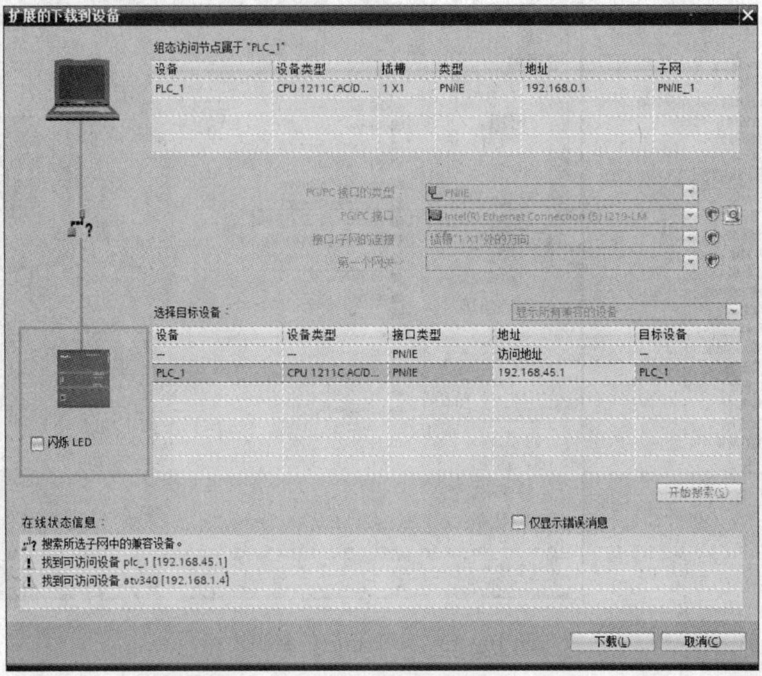

图 10－17　搜索结果

单击【转至在线】，将会弹出对话框，要求分配新的 IP 地址，如图 10－18 所示。

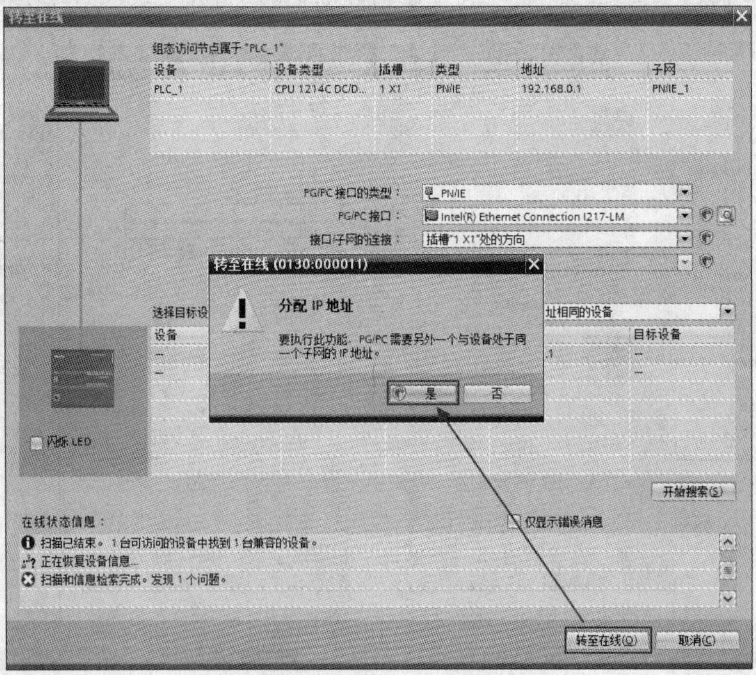

图 10－18　分配新的 IP 地址

搜索到 CPU 后，单击【下载】，软件会弹出【下载预览】对话框，如图 10-19 所示。

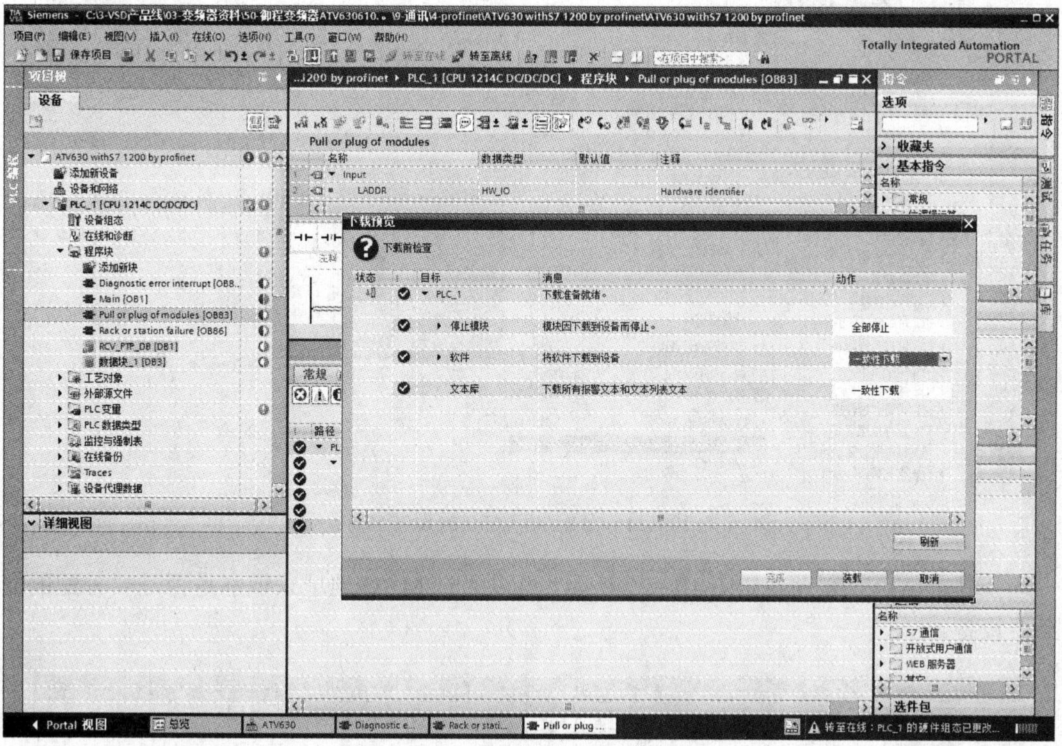

图 10-19 【下载预览】对话框

设置下载后启动 CPU，如图 10-20 所示。

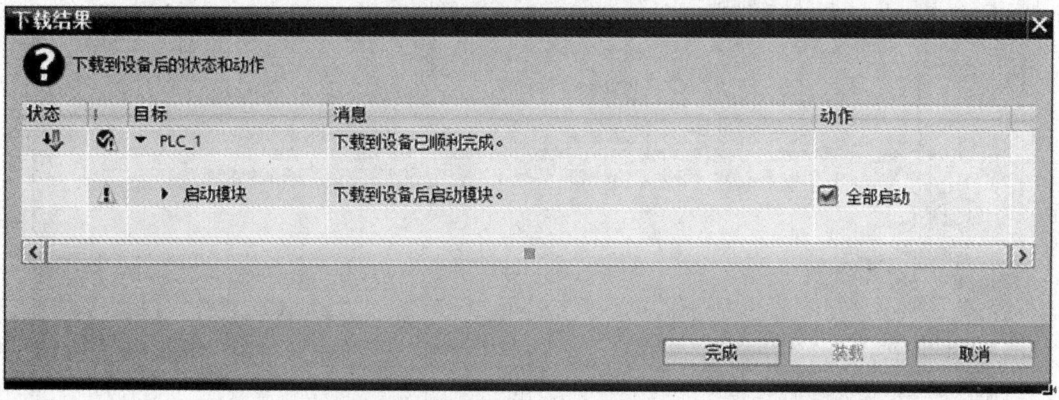

图 10-20 下载后启动 CPU

在【在线】菜单下找到【分配设备名称】，如图 10-21 所示。变频器只有被分配设备名称以后，才能进行正常通信。

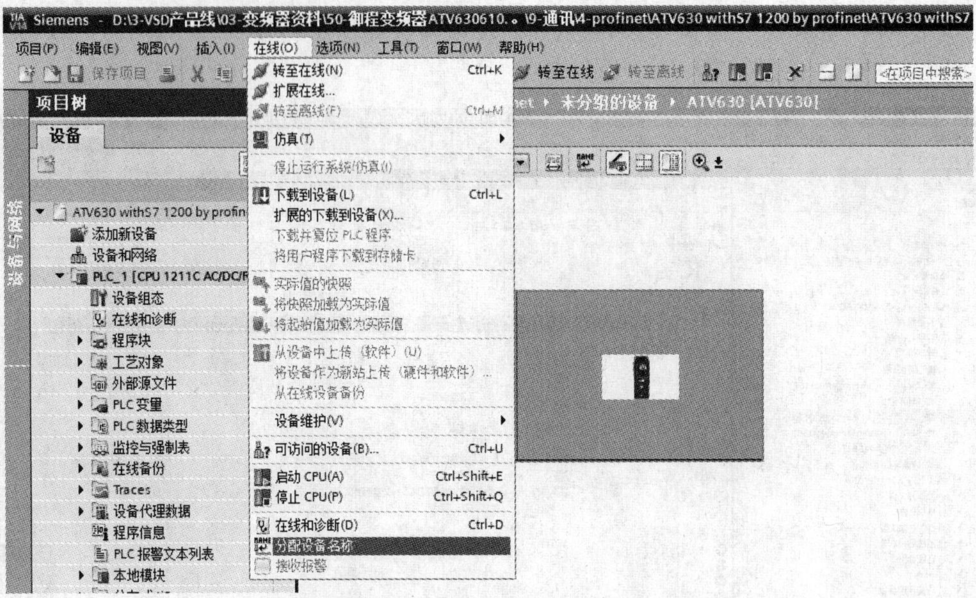

图 10－21 分配 ATV630 的设备名称

找到的 ATV630 设备如图 10－22 所示，可以通过 MAC 地址来识别是否是要分配的变频器设备。

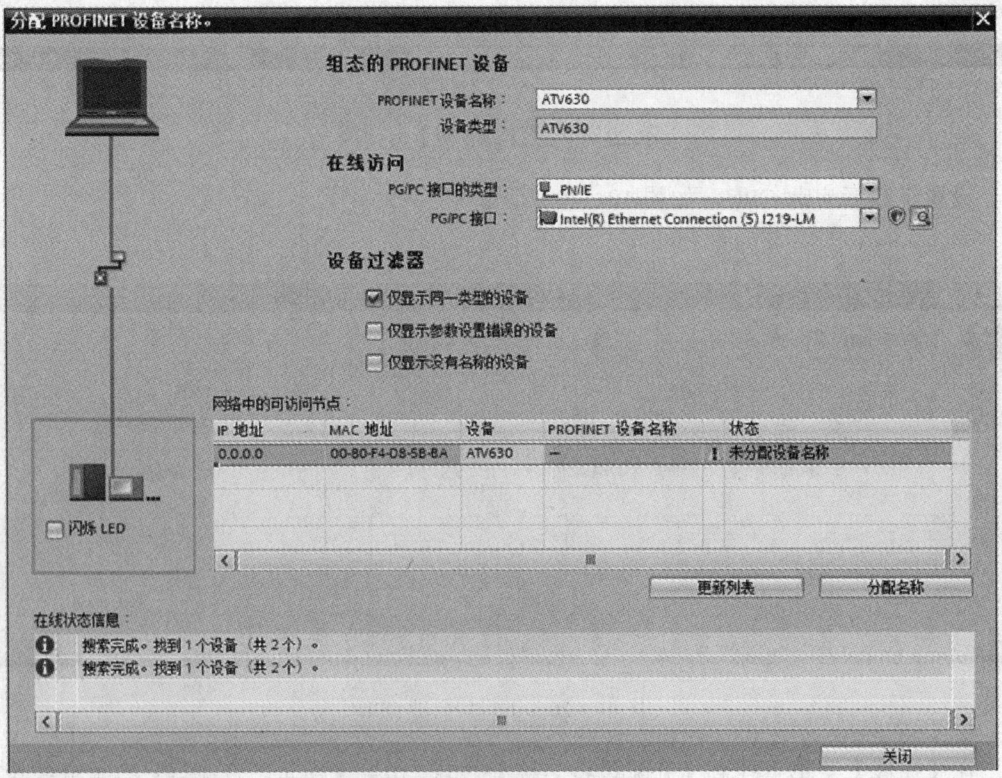

图 10－22 找到的 ATV630 设备

单击【分配名称】，PLC 将显示【PROFINET 设备名称“ATV630”已成功分配给 MAC 地址“00－80－F4－D8－5B－BA”】，说明这时 PROFINET 设备已经被成功分配好，如图 10－23 所示。这是 PROFINET 配置的关键一步。

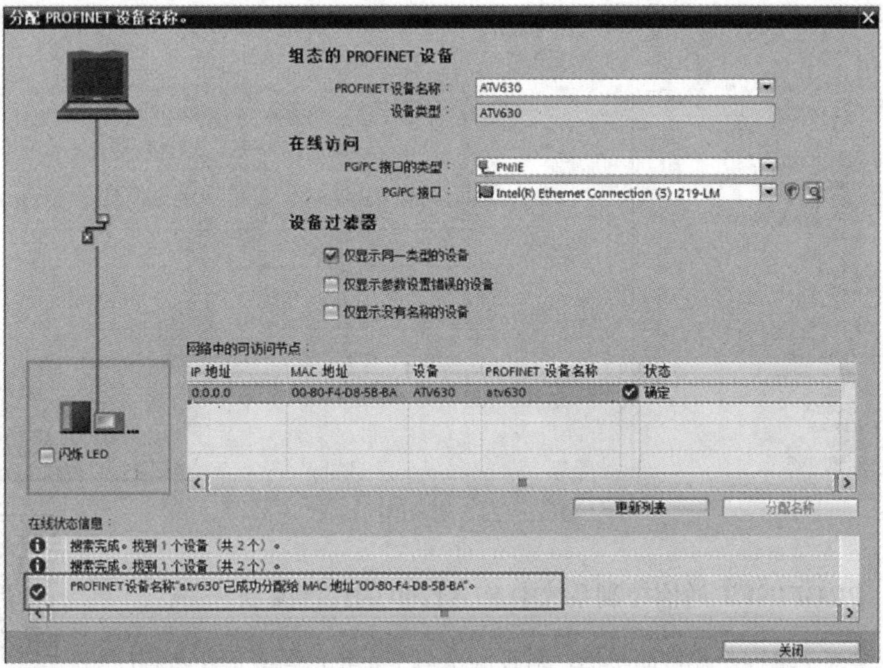

图 10－23　成功分配设备名称

在分配了设备名称之后就可以创建监控表了，此时，分别创建 ATV630 的%IW100～112 和%QW100～112，如图 10－24 所示。

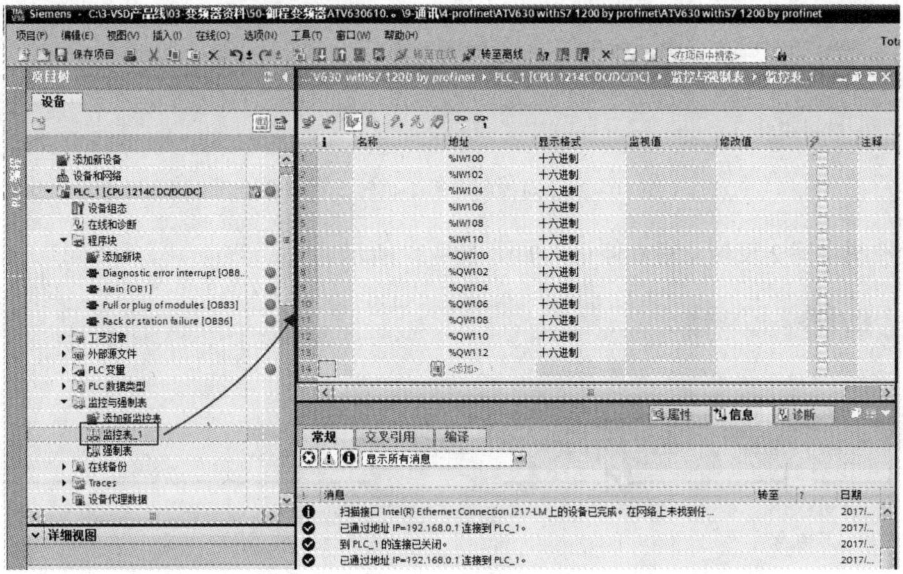

图 10－24　创建监控表

控制字%QW108 设为 1 时启动正转，设 0 停止；设为 2 时反转，设 0 停止。

%QW110 是电动机的转速给定，默认情况下是 1500r/min 对应 50Hz，此处为 200，如图 10－25 所示。

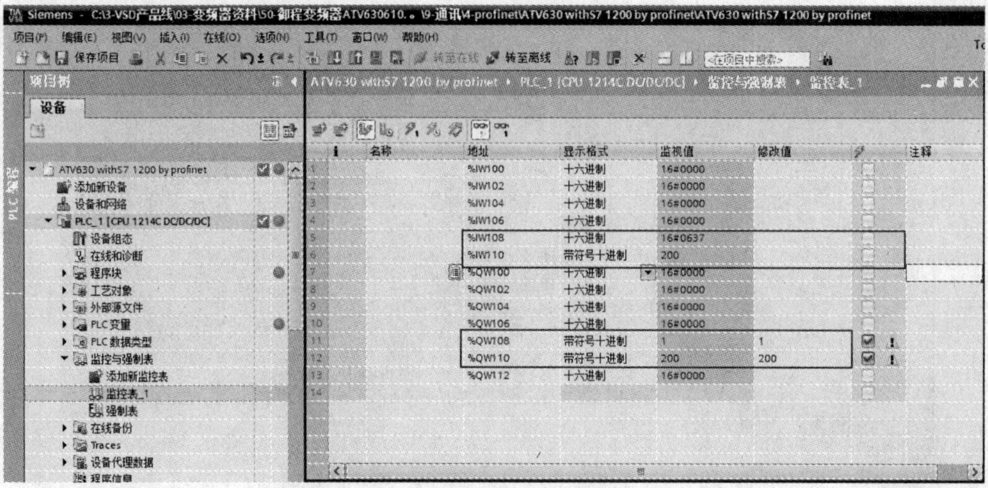

图 10－25　变频器的运行

三、PROFINET 通信控制系统中 S7－1200 的程序编制

I/O 模式下编程是非常简单的，对控制字写 1 正转，写 0 停止，程序如图 10－26 所示。

扫码看视频

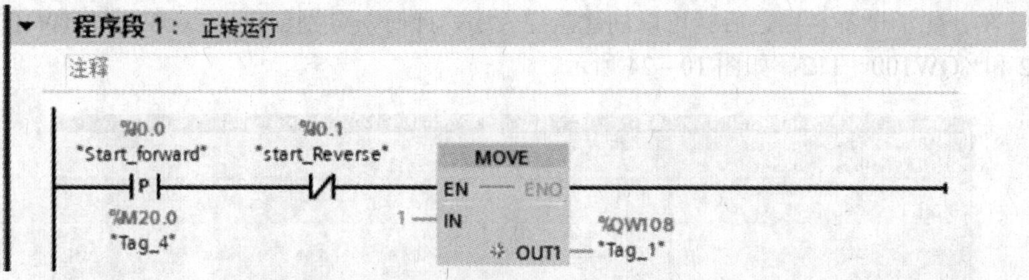

图 10－26　对控制字写 1 正转，写 0 停止

对控制字写 2 反转，写 0 停止，如图 10－27 所示。

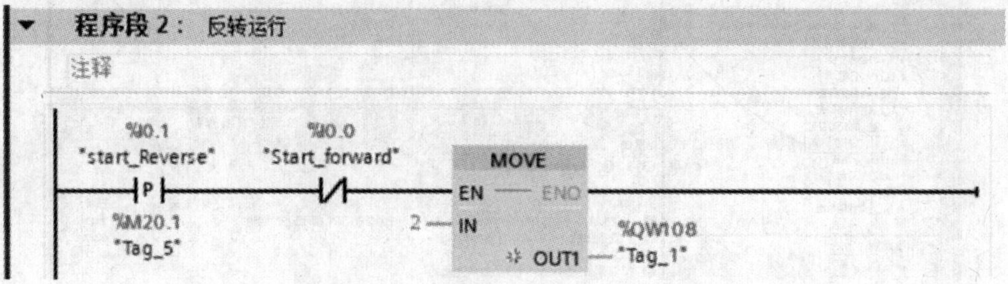

图 10－27　对控制字写 2 反转，写 0 停止

在正转和反转按钮变为 0 时将控制字写 0，完成变频器的停止，如图 10－28 所示。

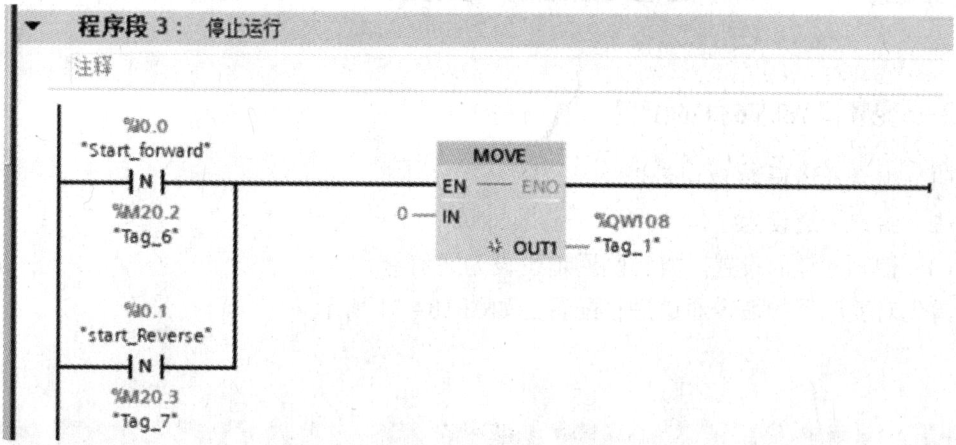

图 10－28　变频器停止时将控制字写入 0

将速度给定发送到变频器的转速给定值，默认四极电动机的对应关系是 1500r/min 对应 50Hz，如图 10－29 所示。

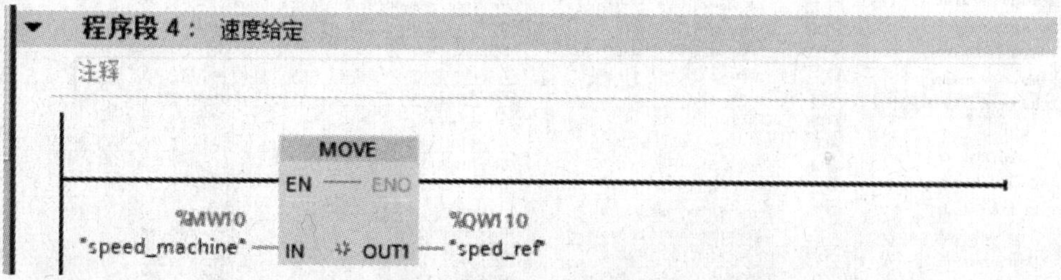

图 10－29　将速度给定写入到 Profinet 的输出

当有故障时，按下复位按钮即将控制字写 4 复位，按钮松开后将控制字写 0，如图 10－30 所示。

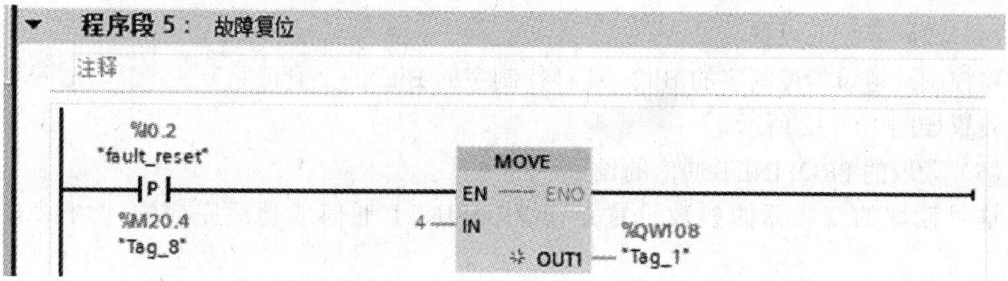

图 10－30　将控制字写 4 复位

第四节 PROFINET 通信控制系统中变频器 ATV630 的参数设置和调试

一、变频器 ATV630 的配置

（1）组合通道设为 I/O 模式。

（2）给定通道设为通信卡。

（3）控制通道的设置，将控制通道也设为通信卡。

首先对变频器的命令通道进行配置，如图 10－31 所示。

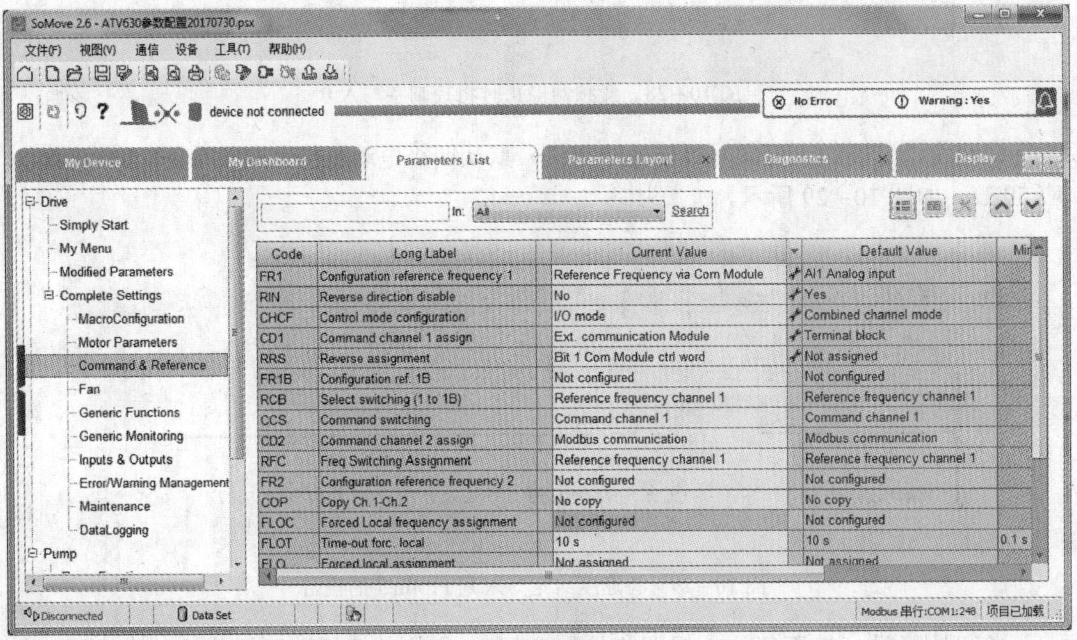

图 10－31　命令通道的设置

（4）故障复位的设置

将控制通道设为控制字的 Bit2，这样控制字的 Bit2 的上升沿将复位故障。故障复位的参数设置如图 10－32 所示。

（5）读取的 PROFINET 通信的设置

这里读取的变频器的参数设置是在 PROFINET 通信成功后完成的，如图 10－33 所示。

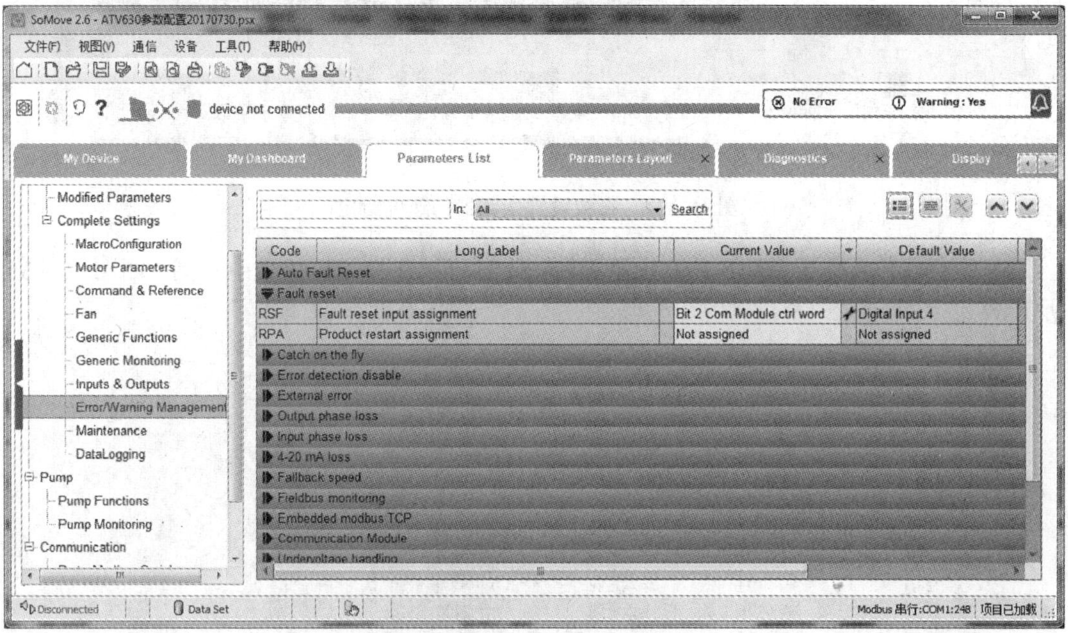

图 10-32　故障复位的参数设置

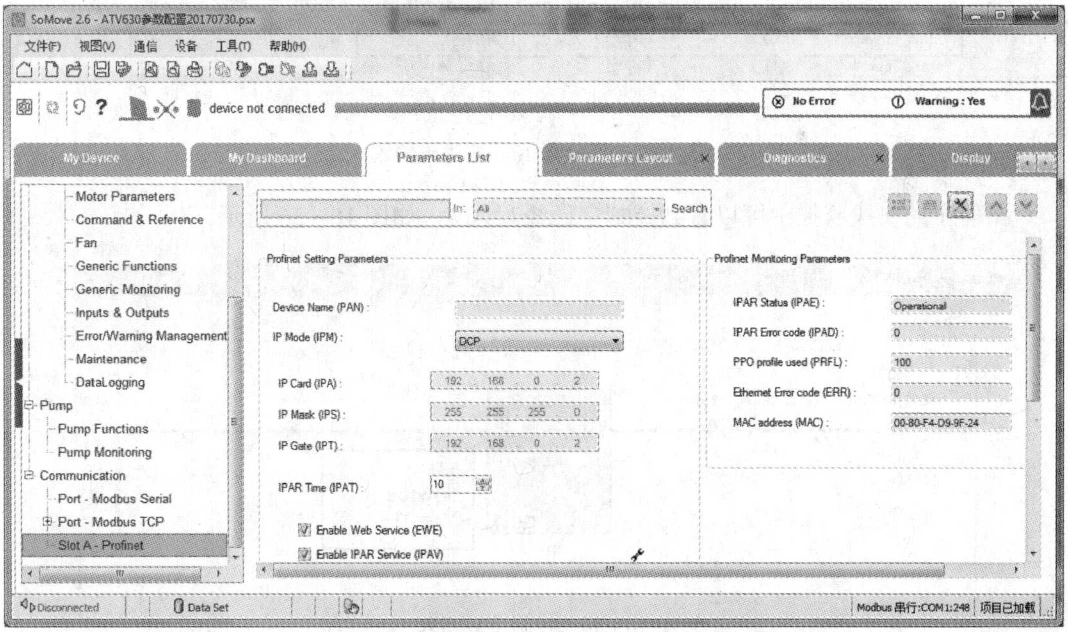

图 10-33　PROFINET 通信成功后的参数设置

二、PROFINET 通信控制系统的调试

首先在速度给定值处设置变频器的转速给定为 200r/min，如图 10-34 所示。

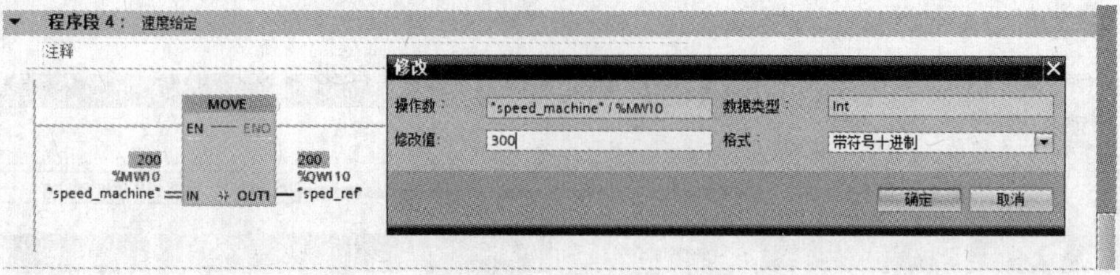

图 10－34　在线设置变频器的速度给定

然后接通 I0.0 的逻辑输入，变频器正转，此时可以在变量监控表中看到，如图 10－35 所示。

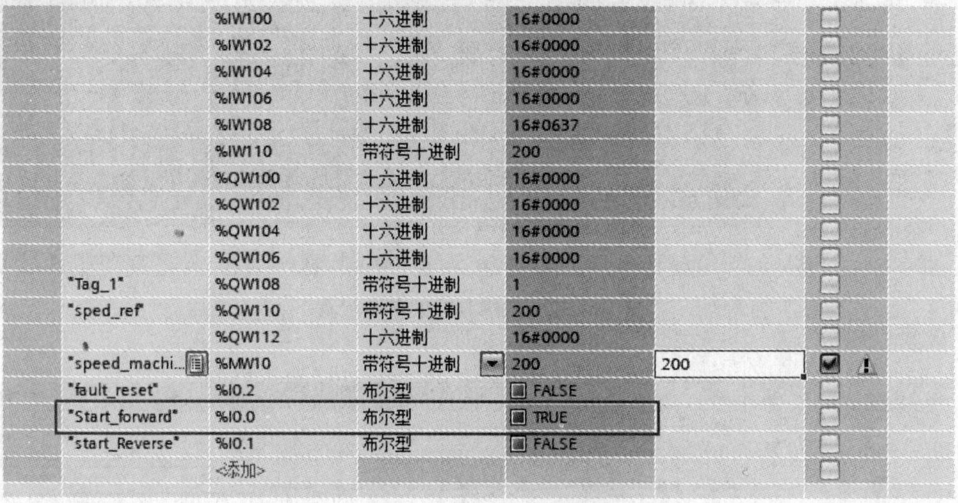

	%IW100	十六进制	16#0000		
	%IW102	十六进制	16#0000		
	%IW104	十六进制	16#0000		
	%IW106	十六进制	16#0000		
	%IW108	十六进制	16#0637		
	%IW110	带符号十进制	200		
	%QW100	十六进制	16#0000		
	%QW102	十六进制	16#0000		
	%QW104	十六进制	16#0000		
	%QW106	十六进制	16#0000		
"Tag_1"	%QW108	带符号十进制	1		
"sped_ref"	%QW110	带符号十进制	200		
	%QW112	十六进制	16#0000		
"speed_machi...	%MW10	带符号十进制	200	200	!
"fault_reset"	%I0.2	布尔型	FALSE		
"Start_forward"	%I0.0	布尔型	TRUE		
"start_Reverse"	%I0.1	布尔型	FALSE		
	<添加>				

图 10－35　接通 I0.0 的逻辑输入

在程序的在线监控中可以看到控制字已经写入 1，如图 10－36 所示。

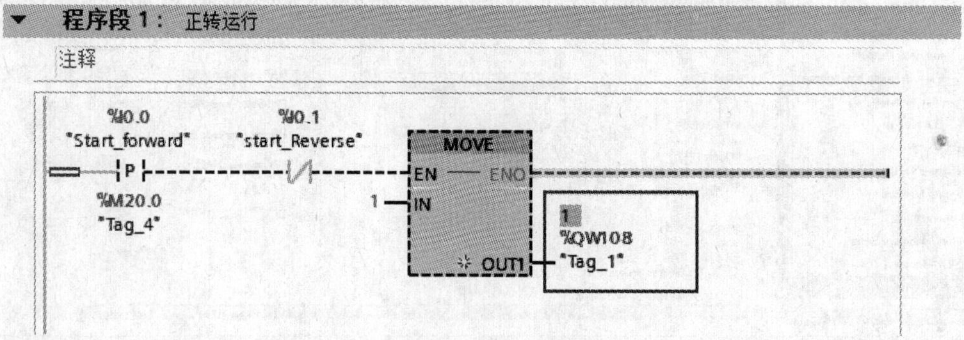

图 10－36　控制字被写入 1

在 SoMove 的在线画面中可以看到 ATV630 变频器的给定频率为 6.7Hz，实际运行频率也到达了 6.7Hz，即电动机的实际转速达到了 200r/min（1500r/min 对应 50Hz），如图 10－37 所示。

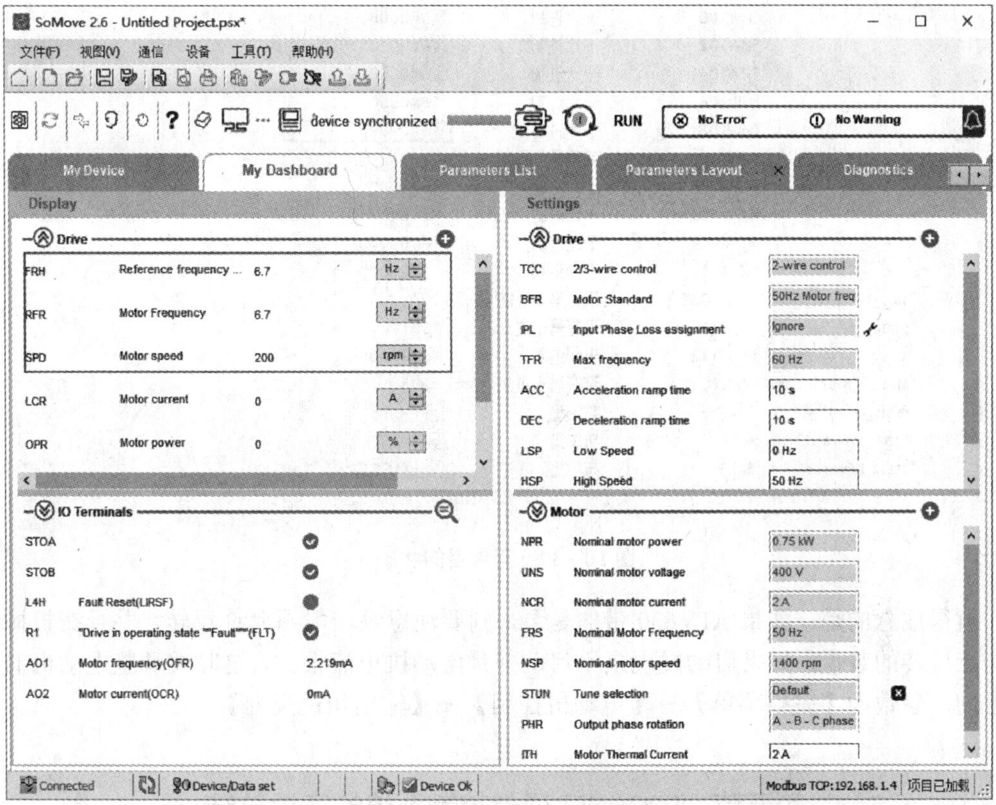

图 10-37　SoMove 在线读取的变频器状态

断开变频器 ATV630 的正转按钮则变频器停止运行，在正转和反转信号的下降沿将变频器的控制字写入 0，变频器的停止运行程序如图 10-38 所示。

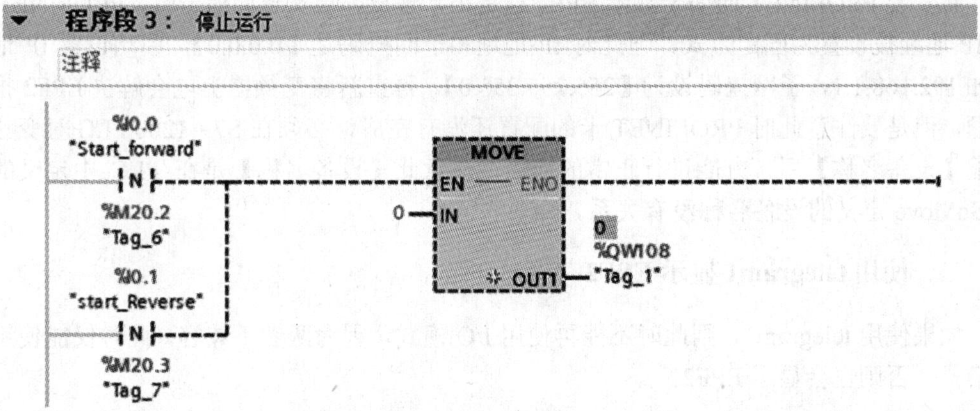

图 10-38　变频器的停止运行程序

在博图的监控变量表中也可以看到，状态字已经变为 16#0233，即变频器的准备状态，如图 10-39 所示。

	%IW100	十六进制	16#0000			
	%IW102	十六进制	16#0000			
	%IW104	十六进制	16#0000			
	%IW106	十六进制	16#0000			
	%IW108	十六进制	16#0233			
	%IW110	带符号十进制	0			
	%QW100	十六进制	16#0000			
	%QW102	十六进制	16#0000			
	%QW104	十六进制	16#0000			
	%QW106	十六进制	16#0000			
"Tag_1"	%QW108	带符号十进制	0			
"sped_ref"	%QW110	带符号十进制	200			
	%QW112	十六进制	16#0000			
"speed_machi...	%MW10	带符号十进制	200	200	☑	!
"fault_reset"	%I0.2	布尔型	FALSE			
"Start_forward"	%I0.0	布尔型	FALSE			
"start_Reverse"	%I0.1	布尔型	FALSE			
	<添加>					

图 10－39　变频器的状态

值得注意的是，如果 ATV630 带的是泵，则要注意泵一般不允许反转，并且在机械上有防止反转的装置，如果启动发现泵不启动并且电动机电流很大，这时要调整电动机的旋转方向，参数为【完整菜单】→【电动机控制】→【输出相位反向】。

第五节　PROFINET 通信控制系统的实战总结

一、新安装 PROFINET 通信卡显示 EPF2

新安装 PROFINET 通信卡显示 EPF2 这是正常现象，刚安装通信卡时，PROFINET 卡的 IP 地址被设置为固定方式，但此时 IP 地址和子网掩码是【0.0.0.0】，手动设置 IP 地址例如 192.168.1.1，子网掩码设为【255.255.255.0】，再重新将变频器上电会解决 EPF2 报警问题，但是要注意此时 PROFINET 卡的配置还没有完成，必须在 S7－1200 PLC 对变频器分配【设备名称】后，方能进行正常的通信，注意此【设备名称】是在 PLC 中定义的，与 SoMove 定义的设备名称没有关系。

二、使用 telegram1 显示 EPF2

如果使用 telegram1，则此时不能再使用 I/O 模式，因为两者不兼容，此时仅能使用组合模式，否则也会显示 EPF2。

三、PROFINET 卡与 ATV630 变频器的固件版本的兼容性

目前，ATV630 的固件版本目前最新的是 V2.2IE26（2019 年 2 月），与此版本变频器兼容的 PROFINET 卡的最低版本是 V1.6IE01，如果卡的版本比较低，应在变频器 ATV32 和 ATV320 上将卡的固件进行升级，目前最新的版本为 V1.8IE01。

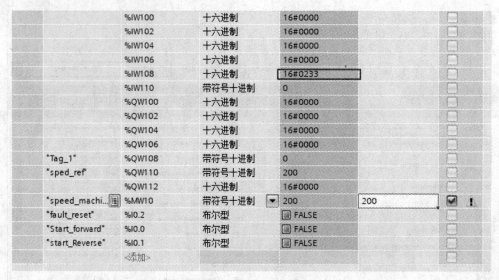

四、变频器 CNF 故障的处理

一般来讲，CNF 故障是因为驱动器在 PLC 规定的时间内没有接收到 PLC 的数据帧。关键在于，根据拓扑结构，驱动器行为可能不同。

首先确认卡的版本为 V1.8ie01（最新版本）。在这个版本中没有 CNF 的问题。

在之前的版本上碰到过一些 CNF 的故障问题，但这个问题已经在 V1.5 和 V1.6PROFINET 卡上进行了改进。

在星型拓扑中，当一个设备关闭时，连接到交换机的另一个设备不会因 CNF 触发故障。

在菊花链拓扑的情况下，当一个 ATV630 断电时，同时也了关闭 PROFINET 卡的电源。因此，之后的所有设备将不再接收帧，因此会引发 CNF 故障。当驱动器再次通电时，通信返回正常的通信帧，PLC 重新启动初始化流程，如果 PLC 在 CMD（第 7 位）的复位位发送上升沿，则故障复位并且驱动器准备就绪。

如果采用环形拓扑，当一个驱动器断电时，冗余管理器应更改拓扑以避免其他设备丢失通信。

设置 PLC 侧 CNF 报警门槛时，应增大 I/O 数据丢失时允许的更新时间，如果网络中 PROFINET 从站较多或者使用环网，可加大此参数设置，直到不报警为止。更新时间的设置如图 10-40 所示。

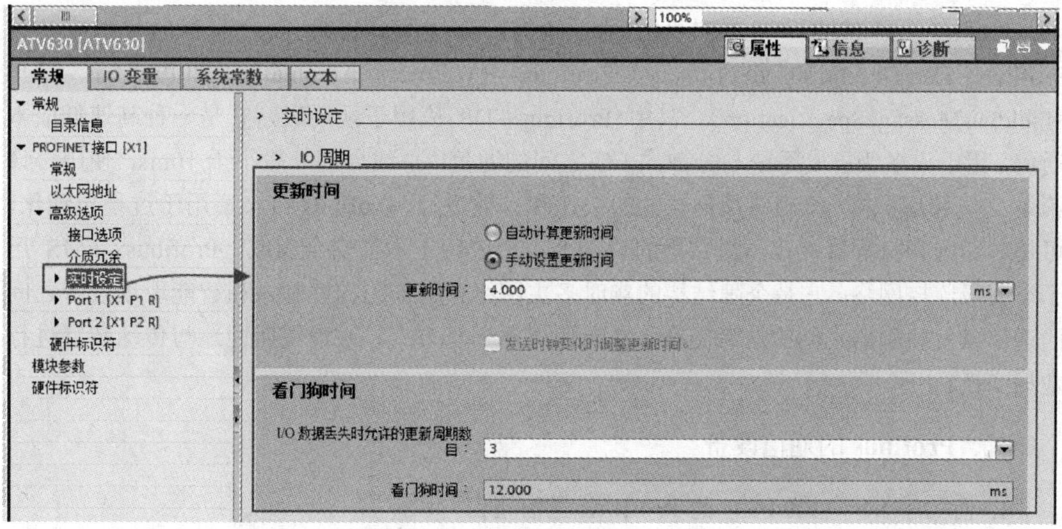

图 10-40　更新时间的设置

干扰是造成变频器报 CNF 的重要原因，EMC 抗干扰措施要做到位：包括接地、隔离和屏蔽，同时将通信线和动力线的走线分开至少 30cm。

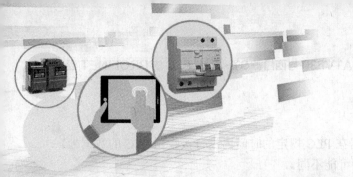

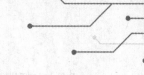

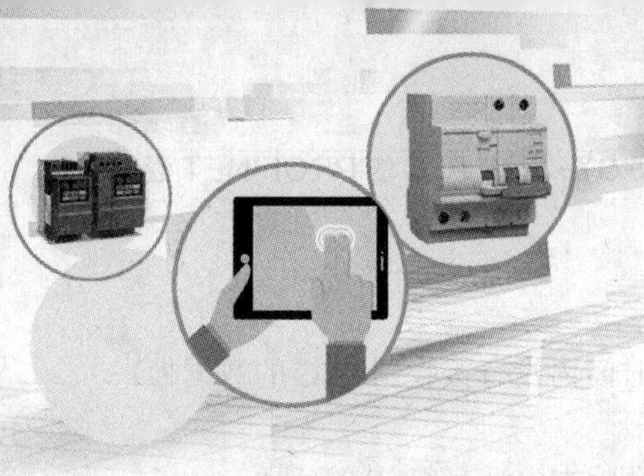

第十一章

变频器 ATV610 与西门子 S7-1200 PLC 的 Profibus 通信

扫码看视频

第一节 Profibus 的通信协议和通信设备

一、Profibus 的通信协议

Profibus 是一种国际化、开放式、不依赖于设备生产商的现场总线标准。Profibus 传送速度可在 9.6kbaud～12Mbaud 范围内选择广泛适用于制造业自动化、流程工业自动化和楼宇、交通电力等其他领域自动化。

Profibus 于 1989 年正式成为现场总线的国际标准。它由 3 个兼容部分组成，即 Profibus－DP（DecentralizedPeriphery）、Profibus－PA（Process Automation）和 Profibus－FMS（FieldbusMessageSpecification）。其中 Profibus－DP 应用于现场级，它是一种高速低成本通信，用于设备级控制系统与分散式 I/O 之间的通信，总线周期一般小于 10ms，使用协议第 1、2 层和用户接口，确保数据传输的快速和有效进行，Profibus－PA 适用于过程自动化，可使传感器和执行器接在一根共用的总线上，可应用于本征安全领域，Profibus－FMS 用于车间级监控网络，它是令牌结构的实时多主网络，用来完成控制器和智能现场设备之间的通信以及控制器之间的信息交换。主要使用主—从方式，通常周期性地与传动装置进行数据交换。

二、Profibus 的通信设备

1. 西门子 S7－1200 PLC 的 Profibus 通信接口

西门子 PLC1211C 继电器型的 PLC 的订货号为 6ES7211－1BE40－0XB0，它连接器的端子排 X10、X11 和 X12 的引脚定义表见表 11－1，可以按照每个端子的不同定义进行通信连接。

表 11－1　端子排 X10、X11 和 X12 的引脚定义

引脚	X10	X11（镀金）	X12
1	L1/120－240V AC	2M	1L

续表

引脚	X10	X11（镀金）	X12
2	N/120－240V AC	AI 0	DQa.0
3	功能性接地	AI 1	DQa.1
4	L+/24V DC 传感器输出	—	DQa.2
5	M/24V DC 传感器输出	—	DQa.3
6	1M	—	无连接
7	DIa.0	—	无连接
8	DIa.1	—	无连接
9	DIa.2	—	—
10	DIa.3	—	—
11	DIa.4	—	—
12	DIa.5	—	—
13	无连接	—	—
14	无连接	—	—

2. 变频器 ATV610 的通信接口模块

施耐德变频器 ATV610 除本体支持 Modbus RTU 外，只能通过 VW3A3607 进行 Profibus-DP 的通信，要求通信卡的版本至少为 1.AIE01 以上版本，才能和变频器 ATV610 一起使用。

ATV610 与 S7－1200 通信的变频器固件版本为 V1.5IE02。

3. Profibus 的波特率与传输距离的关系

通信电缆最大长度取决于波特率，波特率通俗点说就是通信的传输速率，如果使用 A 型电缆，则传输速率和长度的关系见表 11－2。波特率（传输速率）越高，距离越短，如果超出了表中电缆的最大距离要使用中继器。

表 11－2　　使用 A 型电缆时传输速率与长度的关系

波特率（Kb/s）	9.6～93.75	187.5	500	1500	3000	6000	12 000
通信电缆长度（m）	1200	1000	400	100	100	100	100

A 型电缆技术特性如下：阻抗为 135～165W；电容小于 30pf；线规为 0.64mm，导线面积大于 0.34mm，信号衰减为 9db。

4. Profibus 的总线网段扩展从站、接线相关知识介绍

每个网段（segment）上最多可接 32 个站（包括主站、从站、Repeater、OLM 等），因此一个 Profibus 系统中需要连接的站多于 32 站时，必须将它分成若干个网段。

对于 RS－485 接口而言，中继器是一个附加的负载，因此在一个网内，每使用一个 RS－485 中继器，可运行的最大总线站数就必须减少 1。这样，如果此总线段包括一个中继器，则在此总线段上可运行的站数为 31。由于中继器不占用逻辑的总线地址，因此在整个总线配置中的中继器数对最大总线站数无影响。

（1）第一个和最后一个网段最大有 31 个元件。

（2）两个中继器间最大有 30 个站。

（3）每一个网段首末端必须有终端电阻。

如果总线上多于 32 站，那么每个网段彼此由中继器（也称线路放大器）相连接，中继器起放大传输信号的电平作用。按照 EN50170 标准，在中继器传输信号中不提供位相的时间再生（信号再生）。由于存在位信号的失真和延迟，因此 EN50170 标准限定串接的中继器数为 3 个，这些中继器单纯起线路放大器的作用。但实际上，在中继器线路上已实现了信号再生，因此可以串接的中继器个数与所采用的中继器型号和制造厂家有关。如由西门子生产的型号为 6ES7972－OAAO－OXAO 中继器，最多可串接 9 个。中继器的应用图示如图 11－1 所示。

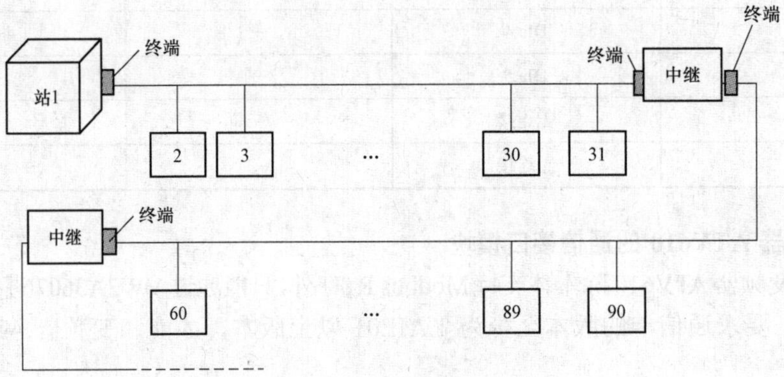

图 11－1　中继器的应用图示

注：中继器没有站地址，但被计算在每段的最多站数中。

每个网段的头和尾各有一个总线终端电阻。使用终端电阻的站点不能掉电，否则整个网络将瘫痪。

传输速率高于 1500Kb/s 时，短截线将使整个网络瘫痪。

总线与总线连接器的 9 针 D 型插头直接连接时，在总线系统的线性结构中将产生短截线。

尽管 EN50170 标准指出，传输速率为 1500Kb/s 时，每个总线段短截线允许小于 6.6m，但是通常在总线系统配置时，最好尽量避免有短截线。一种例外是临时连接编程装置或诊断工具时可使用短截线。根据短截线的数量和长度，它可能会引起线反射从而干扰报文通信。当传输速率高于 1500Kb/s 时，不允许使用短截线。在有短截线的网络中，只允许编程装置和诊断装置工具通过有源的（active）总线连接导线与总线连接。

Profibus 总线接头如图 11－2 所示。

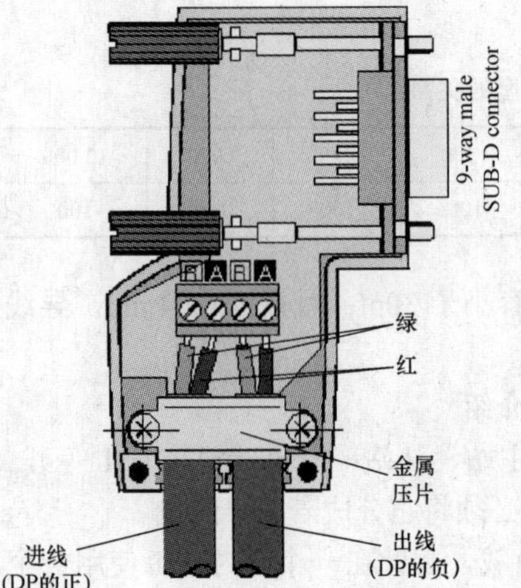

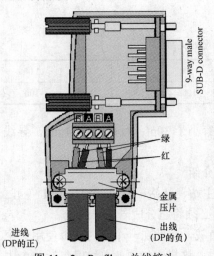

图 11－2　Profibus 总线接头

第二节 ATV610 的 Profibus 通信项目的工艺要求和项目创建

本项目将详细说明如何使用博图 TIAV14，项目中采用西门子 S7－1200 CPU，施耐德变频器 ATV610 进行 Profibus 通信，Profibus 通信网络示意图如图 11－3 所示。

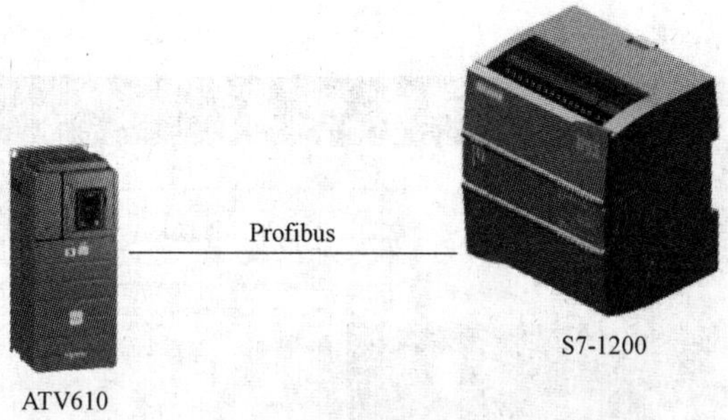

图 11－3 Profibus 通信网络示意图

一、西门子 S7－1200 PLC 的控制原理

本示例采用 AC220V 电源供电，空气断路器 Q1 作为 PLC 的电源隔离短路保护开关，起停拨钮 ST1 连接到输入端子 I0.2 上，故障复位按钮连接到输入端子 I0.3，急停按钮连接到输入端子 I0.0 上，PLC 控制原理图如图 11－4 所示。

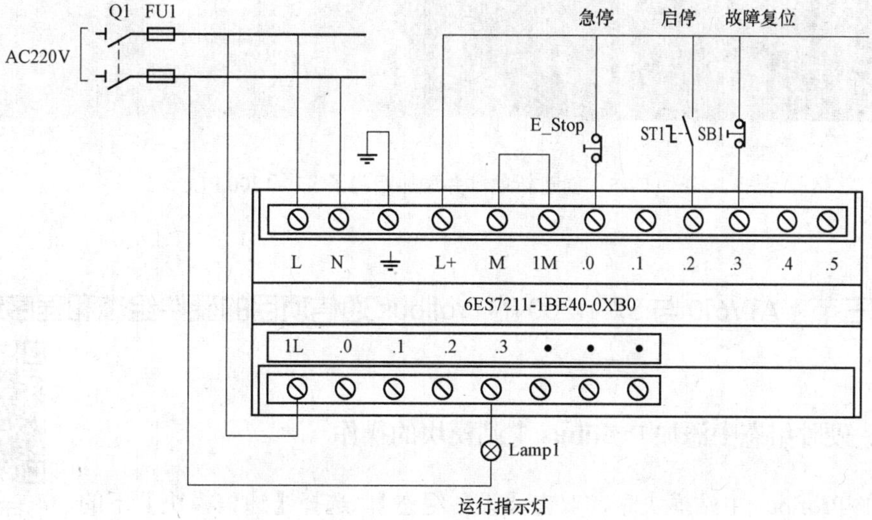

图 11－4 西门子 S7－1200 PLC 控制原理图

二、Profibus 通信控制系统的项目创建

在西门子 V14.0SP1 博途编程平台创建新项目，输入项目名称【ATV 610Profibuswith S7－1200V14】，单击【添加新设备】，在弹出的【添加新设备】对话框中添加西门子 S7－1200，即【添加新设备】→【控制器】→【6ES7211－1BE40－0XB0】，选择版本 V4.2，单击【添加】按钮，如图 11－5 所示。

图 11－5 创建新项目并添加西门子 S7－1200 PLC

第三节 ATV610 与 S7－1200 的 Profibus 通信项目的硬件组态和程序编制

扫码看视频

一、硬件组态中添加 Profibus 主站模块的操作

添加 Profibus 主站模块时，双击【设备组态】，选择【通信模块】下的 Profibus 主站【CM1243－5】，将其拖放至 CPU 的左侧【101】处，如图 11－6 所示。

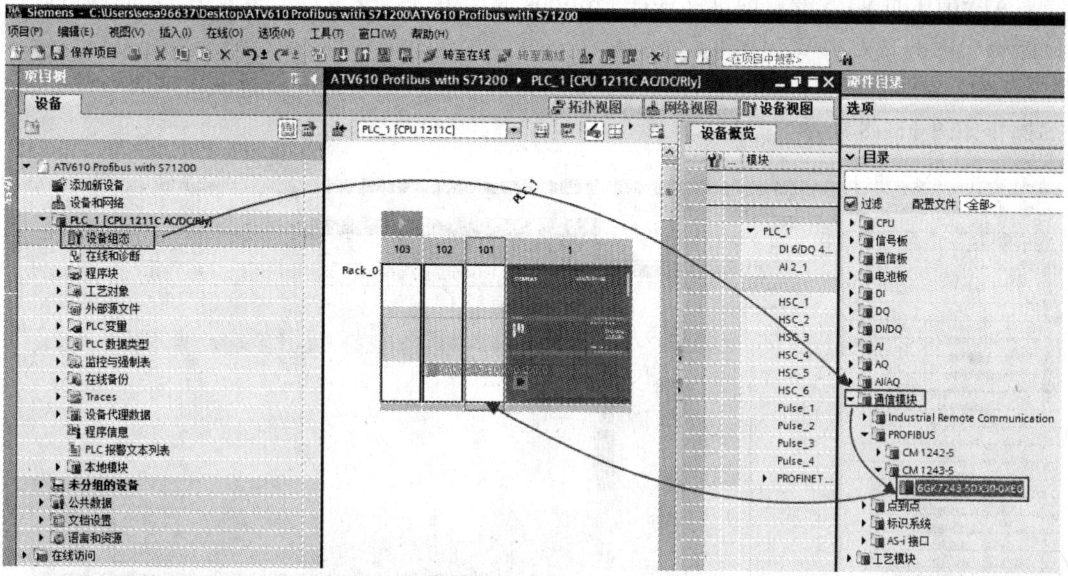

图 11-6　图添加 Profibus 主站模块

双击新添加的 Profibus 主站模块的 DP 接口，在 DP 接口模块的属性的【常规】选项卡下，参数一栏中的默认地址是 2。

二、添加 ATV610 的 GSD 文件

ATV610 的 GSD 文件可以在施耐德中国的官方网站上下载，如图 11-7 所示。

扫码看视频

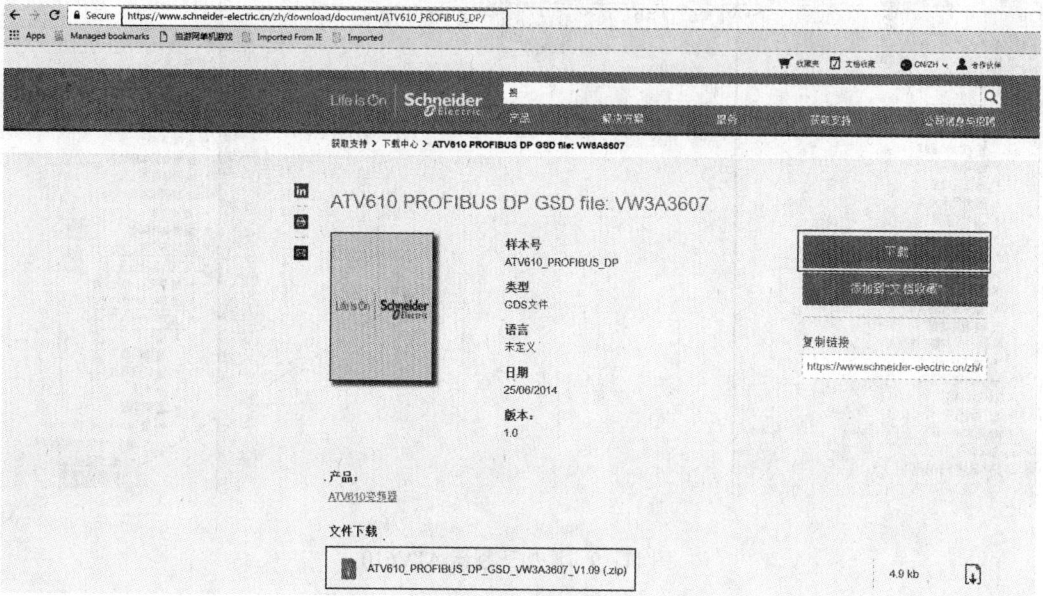

图 11-7　ATV610 的 GSD 文件下载页面

ATV610 的 V1.5 变量地址文件在 Profibus 通信中选择变量也非常有用，它同样可以在施耐德中国的官方网站上下载。

GSD 文件安装后，TIA 软件会提示成功完成，并自动更新硬件目录。添加 GSD 文件的操作如图 11－8 所示。

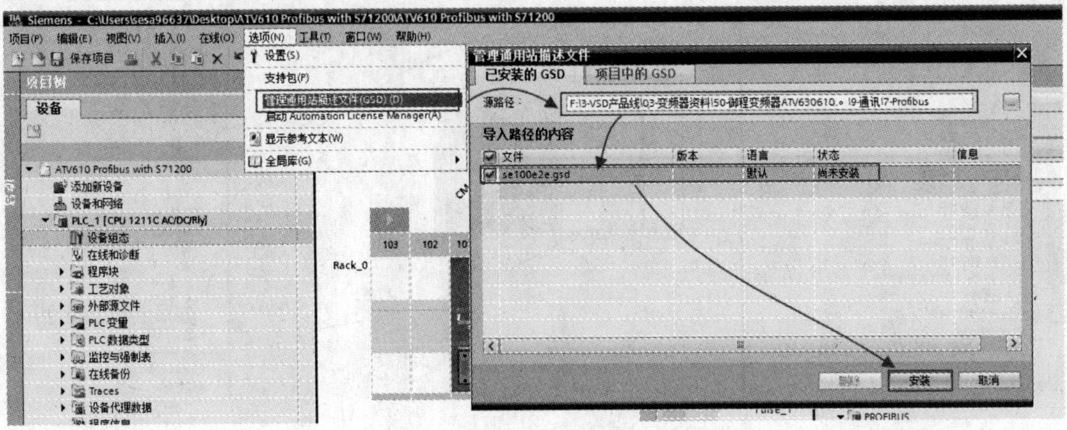

图 11－8　添加 GSD 文件

三、在网络组态中添加 ATV610 从站

先双击【设备和网络】，在硬件目录中选择【其他现场设备】→【Profibus DP】→【驱动器】→【Schneider Electric】→【ATV6xx】，添加变频器 ATV610，如图 11－9 所示。

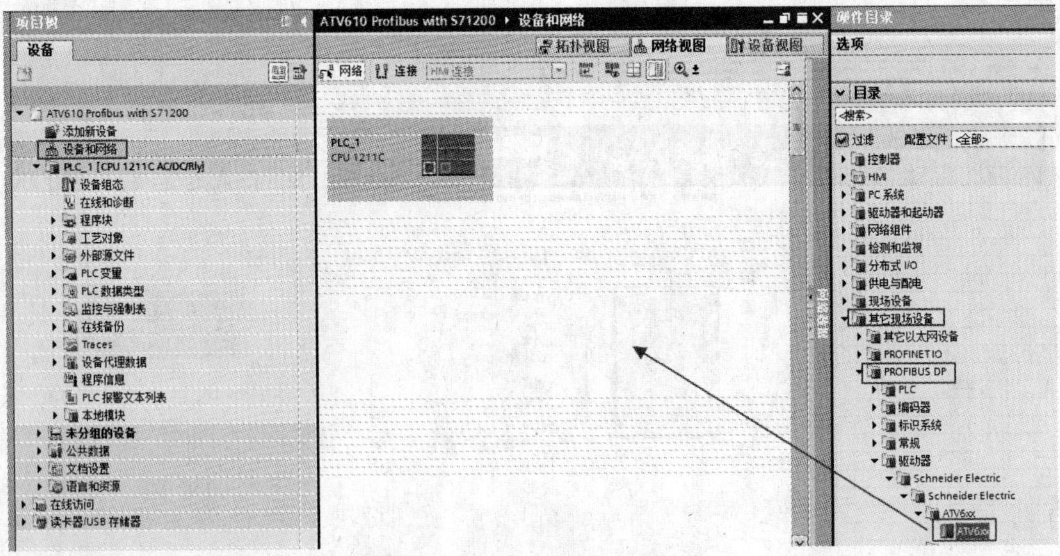

图 11－9　添加变频器 ATV610

选择 1243－5.Profibus 口，在右键快捷菜单中选择【添加子网】，如图 11－10 所示。

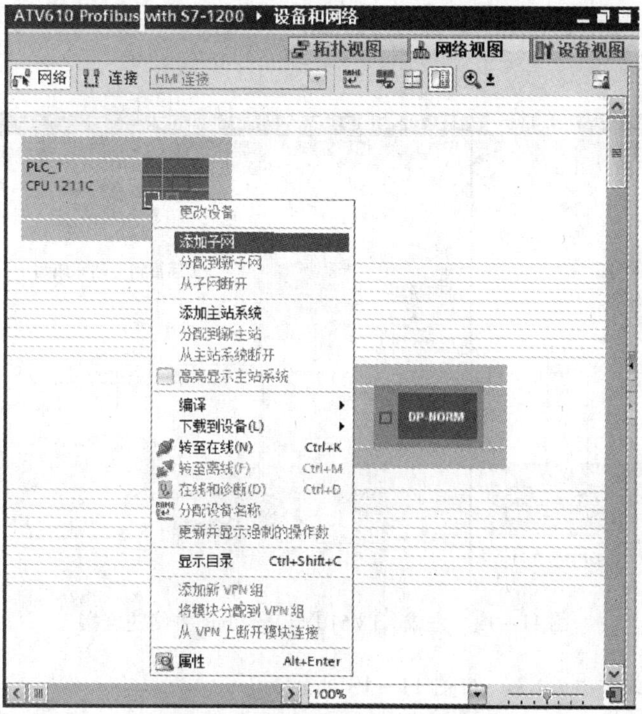

图 11－10　添加 Profibus 子网

四、将 ATV610 添加到 Profibus 网络的操作

选择 ATV610 的 Profibus 口，在右键快捷菜单中选择【分配到新子网】，在弹出的对话框中选择刚才在主站添加的子网，然后单击【确定】，如图 11－11 所示。

图 11－11　将 ATV610 添加到 Profibus 网络

选择 ATV610 上的【未分配】，选择【PLC_1.CM1243－5.DP 接口】，连接过程和完成图如图 11－12 所示。

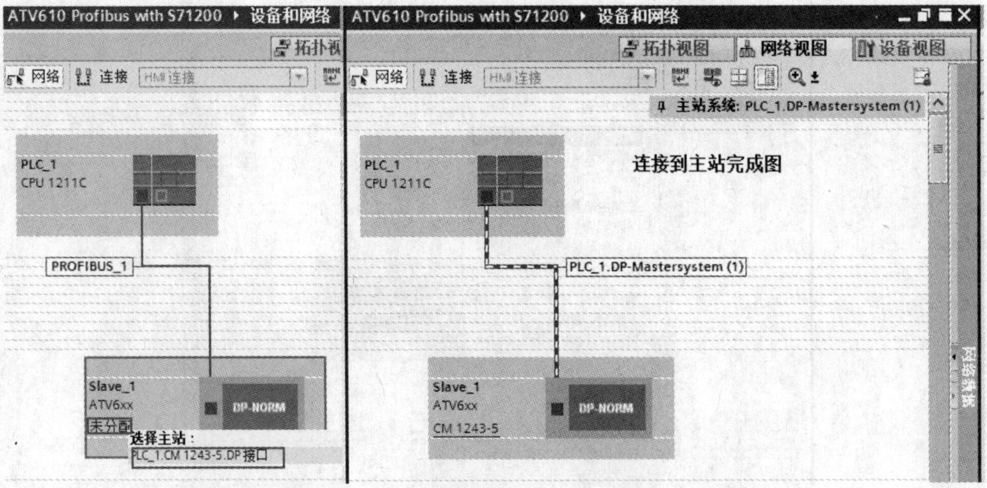

图 11－12 完成 ATV610 与 Profibus 主站的连接

ATV610 的从站地址为 3，如图 11－13 所示。

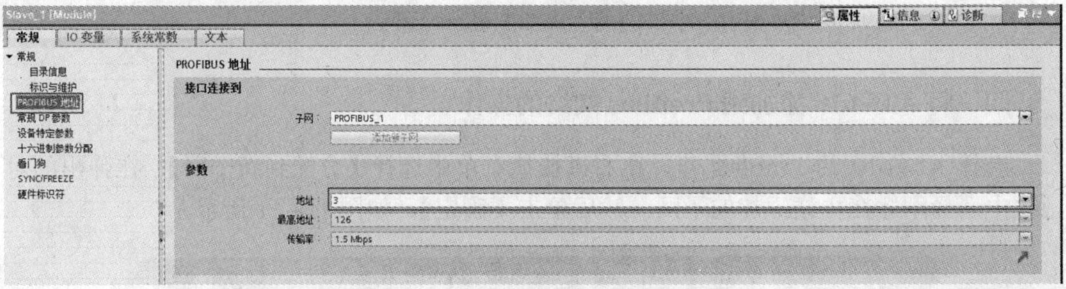

图 11－13 ATV610 的从站地址为 3

五、选择 ATV610 使用的报文

扫码看视频

变频器 ATV610 共支持 6 种报文，其中 Profidive1 是采用西门子的通信规约，Profidive 是在 Profibus 和 Profinet 基础上开发的一种驱动技术和应用行规，它为驱动器产品提供了一致的规范，通过认证后，产品可以方便地接入 Profibus 和 Profinet 网络。

- 报文 100，包含 4 个 PKW 用于参数通道，2 个 PZD 用于过程通道。
- 报文 101，包含 4 个 PKW 用于参数通道，6 个 PZD 用于过程通道。
- 报文 102，包含 6 个 PZD 用于过程通道。
- 报文 106，包含 4 个 PKW 用于参数通道，8 个 PZD 用于过程通道。
- 报文 107，包含 4 个 PKW 用于参数通道，16 个 PZD 用于过程通道。

双击 ATV610，添加使用的报文为 101，即 4 个 PKW 用于参数通道，6 个 PZD 用于过程通道，如图 11－14 所示。

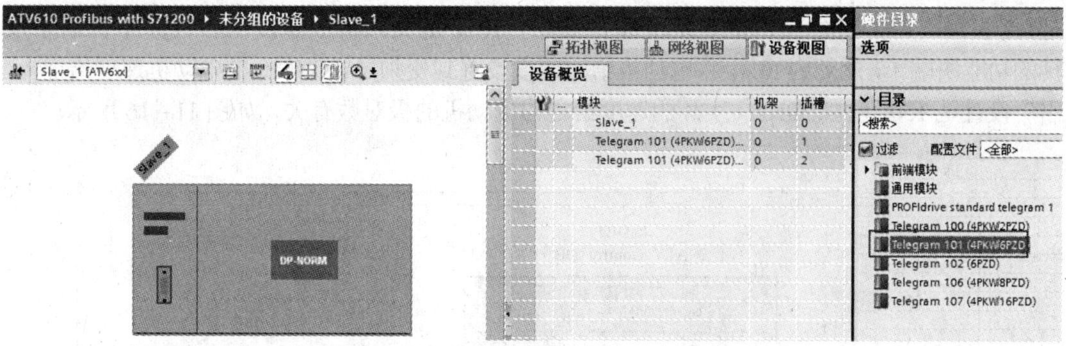

图 11－14　添加 ATV610 使用的报文

报文中，PZD 的使用的变量参数在 ATV610 的报文中配置，双击【Telegram101】，然后选择【设备待定参数】，在 OCA3～6 设置需要的参数变量地址，此处配置的变量为加速时间 9001，减速时间 9002，读取的变量是 3204，为电动机电流，变频器的主电源电压是 3007，其配置如图 11－15 所示。

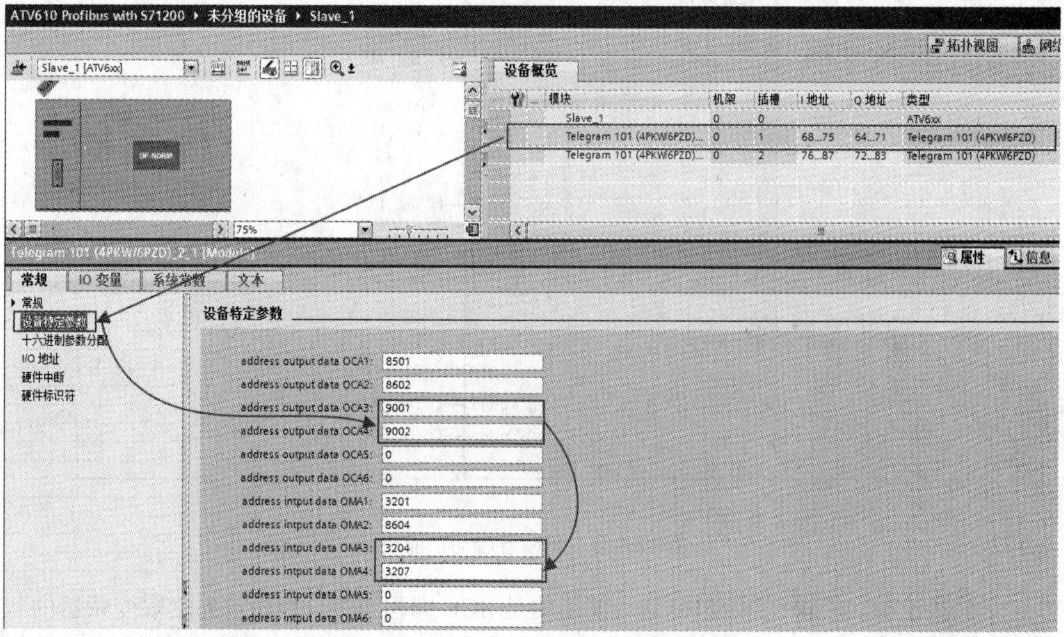

图 11－15　变频器通信变量的配置

扫码看视频

六、S7－1200 PLC 程序编制

1. 功能块的编程思路

在本示例中采用了组合模式，在 OB1 中调用的是 ATV_Control 功能块。编程还是按照前面章节中介绍的 CIA402 的控制流程进行的。

2. 功能块的调用

ATV610 的驱动器的状态字是%IW76，时间速度%78，控制字是%QW72，速度给定是%QW74，I0.0 是急停，I0.2 是变频器启动，I0.3 是变频器故障复位，程序中保留了反转的功能块端子，此处为 I0.4，将电动机给定速度设置到变频器 ATV610 的电动机速度给定上，出厂设置是 1500 对应 50Hz，实际的速度给定与电动机的极对数有关，如图 11－16 所示。

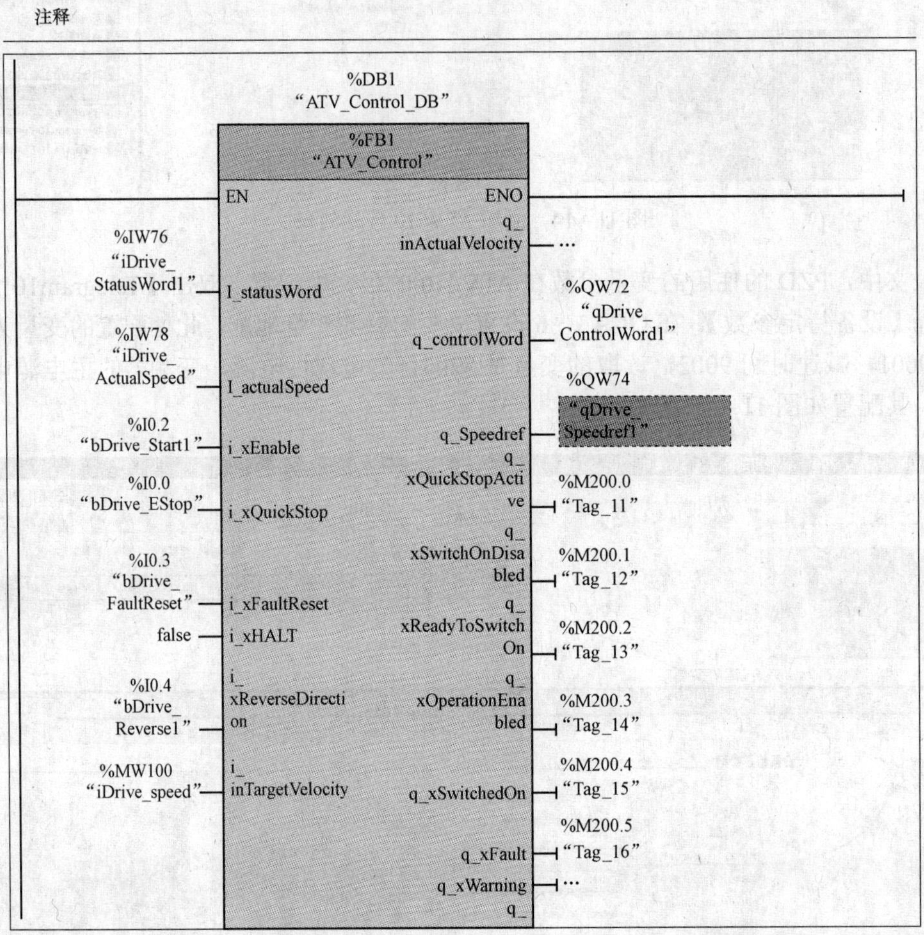

图 11－16　变频器启动功能块

变频器控制功能块使用的 FB 块，使用的是 SCL 编程语言，程序首先读取变频器的状态字，然后将其与 16#7F 与（CIA402 流程时不考虑伺服的报警位），然后在每个功能块执行的开始，将功能块的输出位清零，程序如下：

```
// **********************************************************************

// 读取 ATV 的状态字

#inTempDriveStatus := WORD_TO_INT(#I_statusWord AND 16#00FF);

(* Reset outputs each cycle *)
```

```
#q_xQuickStopActive := 0;
#q_xSwitchOnDisabled := 0;
#q_xReadyToSwitchOn := 0;
#q_xOperationEnabled := 0;
#q_xSwitchedOn := 0;
#q_xFault := 0;
```

然后进入 CIA402 状态图的处理过程，程序使用 CASE 语句判断驱动器处于哪个状态，然后做相应的处理，驱动器处于 16#40，50 禁止合闸状态时要将控制字写 6 进入准备合闸状态，在准备合闸状态，等待变频器启动的信号，信号到来后控制字发 7，程序如下：

```
CASE #inTempDriveStatus OF

    16#0040:    (* 禁止合闸无动力电 *)
        #q_xSwitchOnDisabled := 1;
        #inDummy := #inControlWord AND 16#FFF0;
        #inControlWord := #inDummy + 16#0006;

    16#0050:    (* 禁止合闸有动力电 *)
        #q_xSwitchOnDisabled := 1;
        #inDummy := #inControlWord AND 16#FFF0;
        #inControlWord := #inDummy + 16#0006;


        16#0021,16#0031:    (* 准备合闸 *)
        #q_xReadyToSwitchOn := 1;
        IF #i_xEnable THEN
            #inDummy := #inControlWord AND 16#FFF0;
            #inControlWord := #inDummy + 16#0007;
        END_IF;
```

当变频器 ATV610 的状态字变为 16#33 合闸状态后，如果使能断开，则控制字写 7，把变频器 ATV610 停止，如果使能接通则发送控制字为 16#F，然后变频器将进入 16#37 运行状态，在此状态中，如果断开使能信号则发送状态 7 停止变频器，如果在运行过程中按下快停，则变频器 ATV610 状态变为 16#17 快停状态，当快停信号断开后发送 16#0，使变频器 ATV610 进入禁止合闸状态，程序如下：

```
16#0033:    (* 合闸 *)
        #q_xSwitchedOn := 1;
```

```
        IF NOT #i_xEnable THEN
            #inDummy := #inControlWord AND 16#FFF0;
            #inControlWord := #inDummy + 16#0007;
        ELSE
            #inDummy := #inControlWord AND 16#FFF0;
            #inControlWord := #inDummy + 16#000F;
        END_IF;

    16#0037:   (* 运行 *)
        #q_xOperationEnabled := 1;
        IF NOT #i_xEnable THEN
            #inDummy := #inControlWord AND 16#FFF0;
            #inControlWord := #inDummy + 16#0007;
        END_IF;
    16#0017:   (* 急停 *)
        #q_xQuickStopActive := 1;
        IF NOT #i_xQuickStop THEN
            #inDummy := #inControlWord AND 16#FFF0;
            #inControlWord := #inDummy + 16#0000;
        END_IF;

    ELSE
        #q_xFault := 0;
        #inControlWord := 0;
        #inTempDriveStatus := 0;
END_CASE;
```

程序还提取状态字的故障位用于功能块的输出，提示变频器 ATV610 已经报警，在按下快停按钮后，将发送控制字 2，使变频器 ATV610 进入快停状态。当按下故障复位按钮，则程序发送控制字的值 16#80 对变频器 ATV610 的故障进行复位，程序如下：

```
(*故障的显示*)
#inTempDriveStatus_1 := WORD_TO_INT(#I_statusWord AND 16#000F);
IF #inTempDriveStatus_1 = 16#0008 THEN  (* 故障 *)
    #q_xFault := 1;
ELSE
```

```
    #q_xFault := 0;
END_IF;

(* 急停的处理 *)
IF #i_xQuickStop THEN
    #inDummy := #inControlWord AND 16#FFF0;
    #inControlWord := #inDummy + 16#0002;

END_IF;
(* 故障复位 *)
IF #i_xFaultReset THEN // Bit 7
    #inControlWord := #inControlWord OR 16#0080;// 1;
ELSE
    #inControlWord := #inControlWord AND 16#FF7F;//0;
END_IF;

(* HALT *)
IF #i_xHALT THEN
    #inControlWord := #inControlWord OR 16#0100;
ELSE
    #inControlWord := #inControlWord AND 16#FEFF;
END_IF;

(* 反转 *)
IF #i_xReverseDirection THEN // Bit 11
    #inControlWord :=#inControlWord OR 16#0800;
ELSE
    #inControlWord := #inControlWord AND 16#F7FF;
END_IF;
```

功能块还对状态字的其他位状态进行了提取，程序如下：

```
// 其他状态字信息
// 警告位 7
#woDummy:=#I_statusWord AND 16#0080;
IF #woDummy > 0 THEN
```

```
    #q_xWarning := TRUE;
ELSE
    #q_xWarning := FALSE;
END_IF;
// 远程位 bit9
#woDummy := #I_statusWord AND 16#0200;
IF #woDummy > 0 THEN
    #q_xRemote := TRUE;
ELSE
    #q_xRemote := FALSE;
END_IF;
// 速度到达 bit10
#woDummy := #I_statusWord AND 16#0400;
IF #woDummy > 0 THEN
    #q_xTargetReached := TRUE;
ELSE
    #q_xTargetReached := FALSE;
END_IF;
// 内部限位激活 11
#woDummy := #I_statusWord AND 16#0800;
IF #woDummy > 0 THEN
    #q_xInternalLimitActive := TRUE;
ELSE
    #q_xInternalLimitActive := FALSE;
END_IF;
// 停止按键 Bit 14
#woDummy := #I_statusWord AND 16#4000;
IF #woDummy > 0 THEN
    #q_xStopViaStopKey := TRUE;
ELSE
    #q_xStopViaStopKey := FALSE;
END_IF;
// 旋转方向 bit 15
#woDummy := #I_statusWord AND 16#8000;
```

```
IF #woDummy > 0 THEN
   #q_xDirectionOfRotation := TRUE;
ELSE
   #q_xDirectionOfRotation := FALSE;
END_IF;

//  ATV 速度给定带符号
#q_controlWord := #inControlWord;
#q_Speedref := #i_inTargetVelocity;
```

第四节　ATV610 与 S7－1200 的 Profibus 控制系统中 HMI 的设置

一、创建 HMI 项目

启动 TIAPortal 时，可以双击桌面上的图标进行启动，也可以在 Windows 中，选择【开始】→【程序】→【Siemens Automation】→【TIAPortal V14】进行启动。TIAPortal 打开时会使用上一次的设置。

创建新项目时，单击【启动】→【创建新项目】，然后在【创建新项目】的设置框中，输入项目名称、安装项目的路径、作者和项目注释，然后单击软件右下方的【创建】即可，如图 11－17 所示。

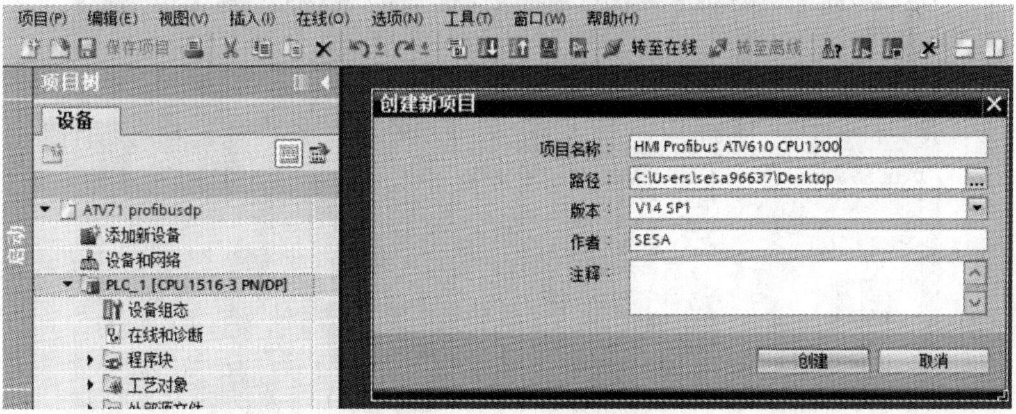

图 11－17　创建新项目

二、组态设备

新项目创建完成后，单击【设备和网络】，再单击【添加新设备】，在弹出来的页面中，选择控制器为【6ES7211－1BE40－0XB0】，如图 11－18 所示。

图 11－18　为 HMI 项目添加控制器

本项目添加的触摸屏为 KTP1000，即【6AV6 647－0AE11－3AX0】，添加完成后单击【确定】按钮即可，添加 HMI 的操作如图 11－19 所示。

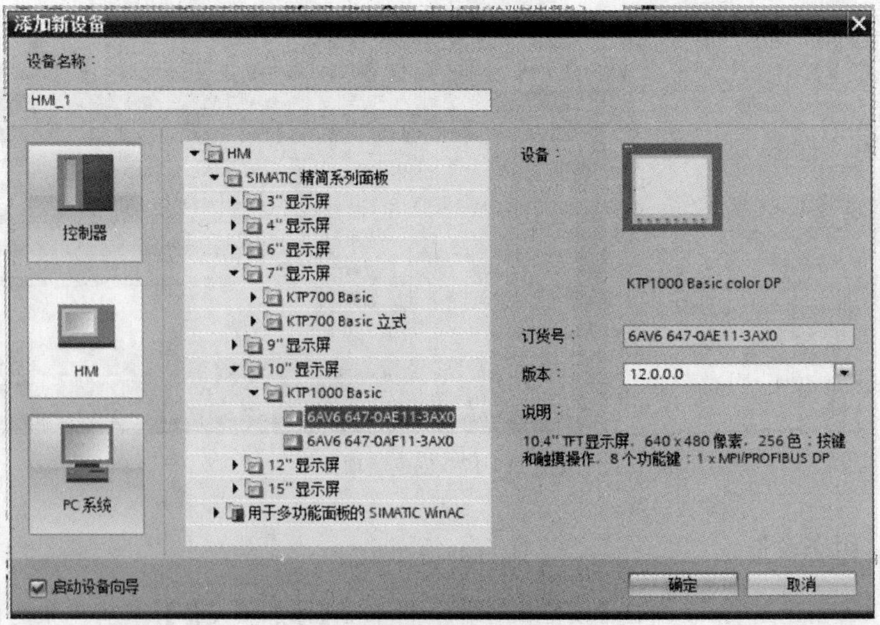

图 11－19　为项目添加 HMI

为新建项目组态，选择新添加的控制器，如图 11-20 所示。

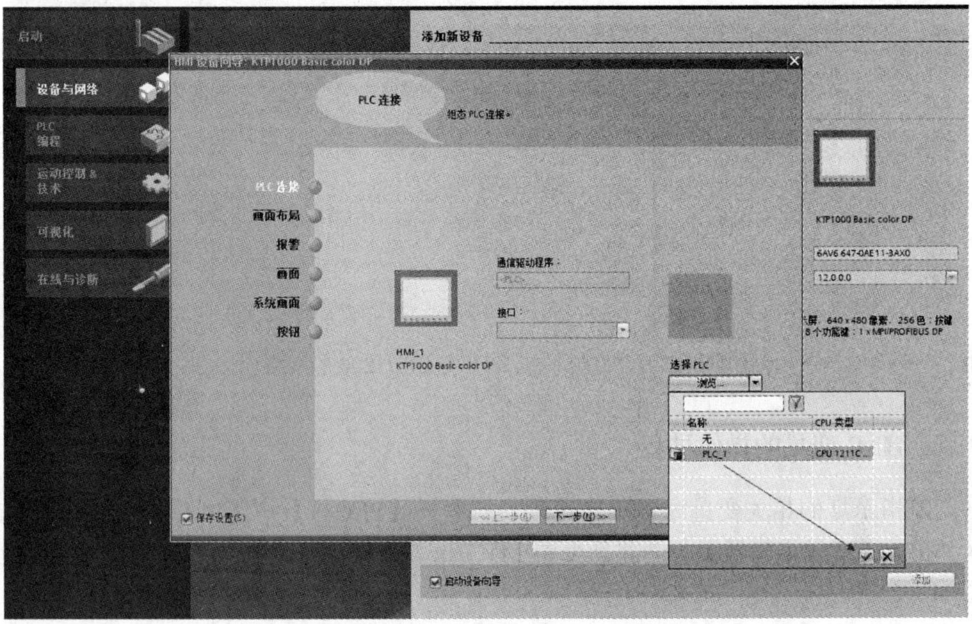

图 11-20　选择新添加的控制器

创建完成后如图 11-21 所示，在创建项目或编辑项目后，可以通过以下方法对项目进行保存。单击工具条上的 Windows 保存图标进行保存。

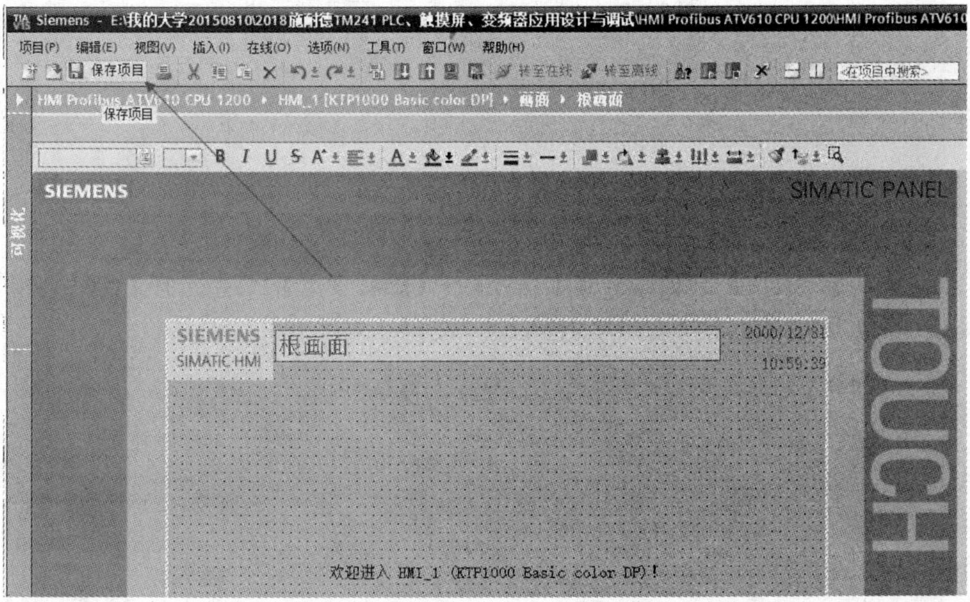

图 11-21　创建完成

建立触摸屏 KTP 与 CPU1200 的网络连接，如图 11－22 所示。

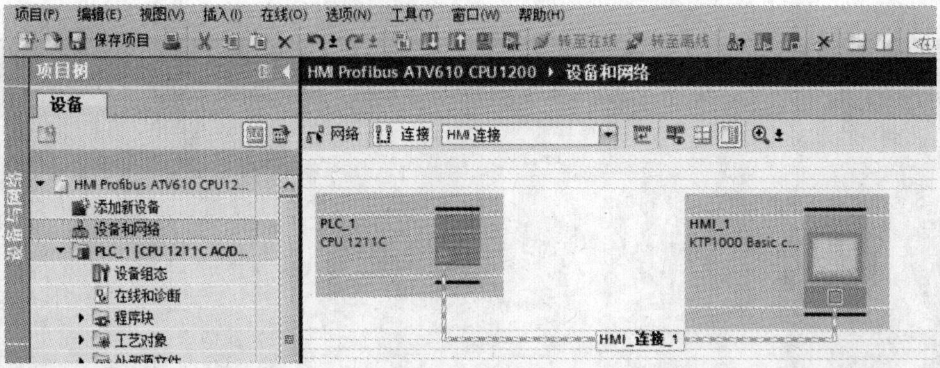

图 11－22　建立触摸屏 KTP 与 CPU1200 的网络连接

三、HMI 变量的操作过程

创建指示灯的相关变量时，单击【项目树】→【PLC_1】→【PLC 变量】，然后在工作区弹出的【变量编辑器】中创建新变量 M1_Run，数据类型选择为 Bool，地址为%Q2.5，如图 11－23 所示。

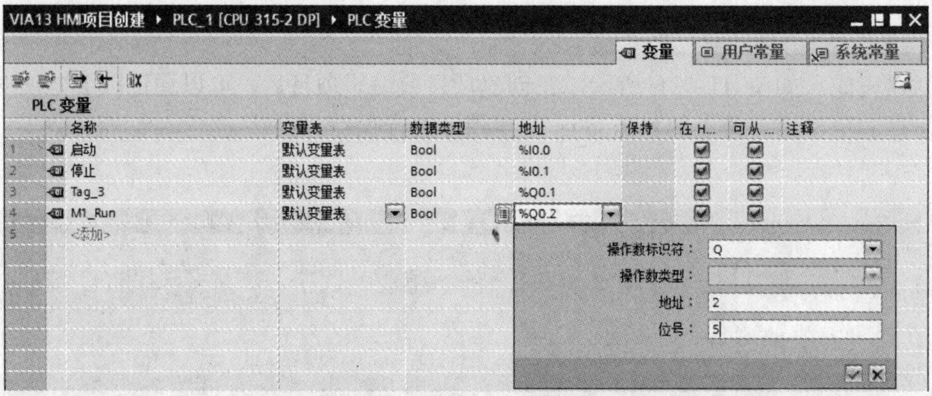

图 11－23　创建 PLC 上的新变量

然后单击【项目树】→【HMI_基本项目】→【HMI 变量】，连接选择【HMI 连接_1】，数据类型选择 Bool 量，地址是 PLC 的输出点%Q2.5，如图 11－24 所示。

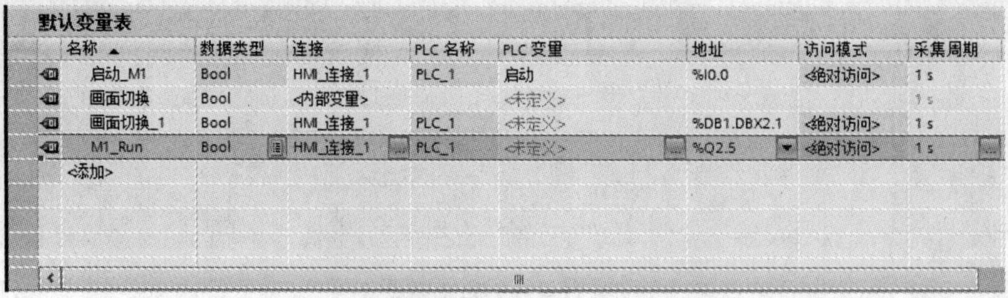

默认变量表
名称 数据类型 连接 PLC 名称 PLC 变量 地址 访问模式 采集周期
启动_M1 Bool HMI_连接_1 PLC_1 启动 %I0.0 <绝对访问> 1 s
画面切换 Bool <内部变量> <未定义> 1 s
画面切换_1 Bool HMI_连接_1 PLC_1 <未定义> %DB1.DBX2.1 <绝对访问> 1 s
M1_Run Bool HMI_连接_1 PLC_1 <未定义> %Q2.5 <绝对访问> 1 s
<添加>

图 11－24　设置 HMI 上连接的变量

在项目库中添加全局库中的指示灯，方法是单击【库】→【全局库】→【Button_and_switches】→【主模板】→【PilotLights】，然后拖拽到【项目库】下的【主模板】当中，如图 11－25 所示。

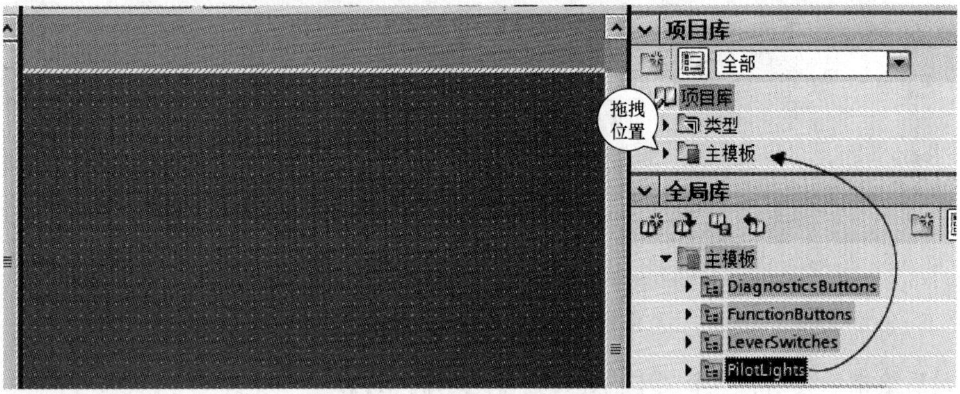

图 11－25　在项目库中添加指示灯元素

添加指示灯时，要单击【项目库】→【主模板】→【PilotLights_Round_G】，然后在画面中放置合适的位置，如图 11－26 所示。

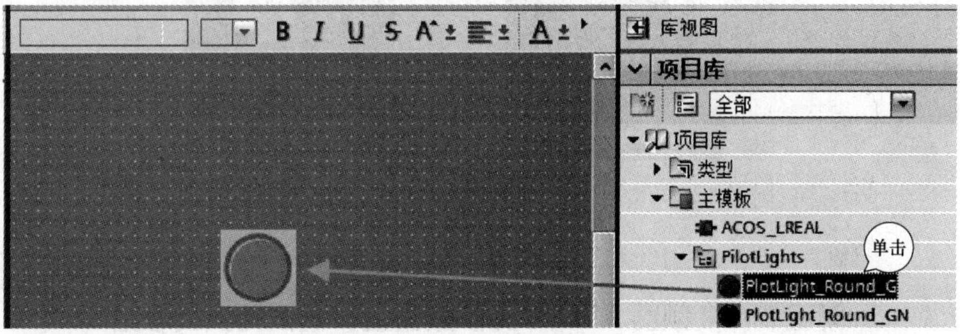

图 11－26　创建指示灯

添加完指示灯后还要对指示灯进行组态，方法是双击新创建的指示灯，然后在弹出来的属性视图中，连接过程变量 M1_Run，如图 11－27 所示。

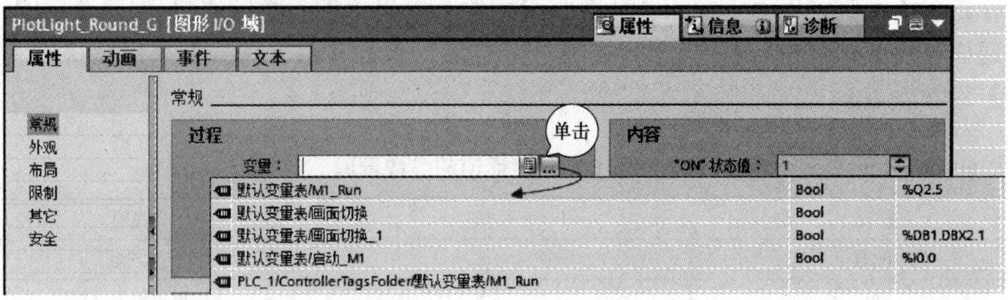

图 11－27　组态指示灯的变量

在【模式】下选择【双状态】，然后在【内容】栏中选择指示灯点亮时连接的指示灯为【PliotLight_Round_G_ON_256c】，在选择指示灯熄灭时连接的指示灯为【PliotLight_

Round_G_Off_256c】，如图 11－28 所示。

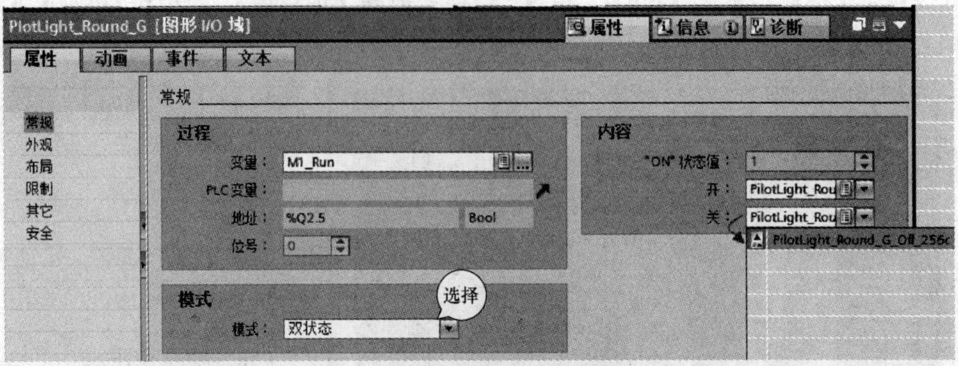

图 11－28　组态指示灯的双状态

最后给指示灯添加一个文本描述，为【电动机 M1】。

模拟指示灯的运行，模拟运行后在电动机运行时，指示灯变为绿色，电动机在停止时，指示灯变为红色，如图 11－29 所示。

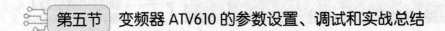

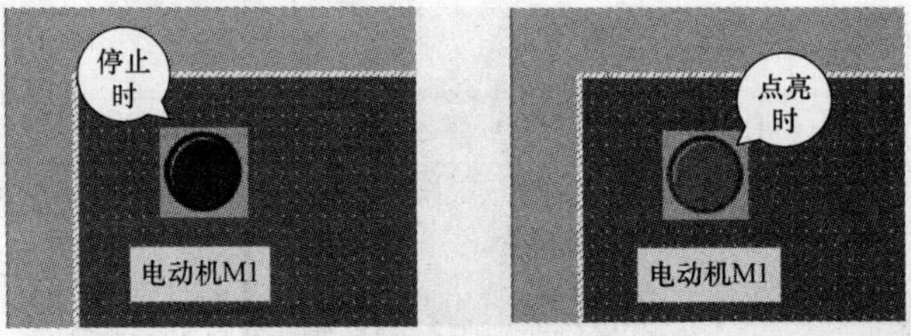

图 11－29　指示灯在电动机运行和停止时的两种状态显示

第五节　变频器 ATV610 的参数设置、调试和实战总结

一、变频器 ATV610 的参数设置

首先在【完整菜单】下面的【命令和给定值】菜单下的参考频率 1 配置【FrL】设置为【通信模块】，变频器的速度给定由通信卡给出，参数【组合模式】采用默认的【组合通道】见表 11－3。

表 11－3　　　　ATV610 的给定通道的参数设置

设置	代码/值	说明
［未配置］	NO	未分配
［AI1］	A, 1	模拟输入 AI1 出厂设置
［AI2］…［AI3］	A, 2…A, 3	模拟输入 AI1…AI3
［AI4］…［AI5］	A, 4…A, 5	模拟输入 AI4…AI5（如果已插入 VW3A3203 I/O 扩展模块）

续表

设置	代码/值	说明
[通过DI的参考频率]	UPDT	通过DIx分配的加/减功能
[HMI]	LCC	通过远程终端的参考频率
[Modbus]	MPB	通过Modbus的参考频率
[通信模块]	NEE	如果已插入现场总线模块，则为通过现场总线模块的参考频率
[DI5脉冲输入分配]… [DI6脉冲输入分配]	P，S…P，S	用作脉冲输入的数字输入DI5…DI6

在【完整菜单】下面【通用功能】子菜单，然后找到【EOCE】将参数【PID反馈】设置为【NA】未设置，PID反馈参数见表11-4。

表11-4　　PID反馈参数选择出厂设置的图示

设置	代码/值	说明
[nA]	NR	无特殊 出厂设置
[压力]	PRESS	压力控制和单位
[流量]	FLOW	流量控制和单位
[其他]	OEHER	其他控制和单位

在【通信】菜单下的子菜单【AdrC】中设置Profibus的从站地址为3，设置完成后将ATV610断电再上电。地址参数说明见表11-5。

表11-5　　地址参数

设置	代码	值	说明
[2…126]	2…126	2～126	Profibus地址 出厂设置：126

二、Profibus通信控制系统的调试

连接好通信线后，将泵启动的逻辑输入端子I0.2接通后，同时将急停按钮I0.0保持为高电平，并将变频器ATV610的速度给定为500，此时可以看到变频器的给定频率为16.7Hz，变频器将启动，直到输出频率达到给定频率，断开将泵启动的逻辑输入端子I0.2，变频器将停止。

当变频器出现故障时，例如缺相故障，排除故障后可以通过按下故障复位按钮I0.3，来复位变频器的故障。

三、Profibus通信控制系统的实战总结

1. ATV610的通信变量的读写

ATV610通信变量的访问类型有只读（-R）、在停止时可读写（-R/WS）和在任何时

候都可读写（RW）3 种，如图 11－30 所示。

319	BFR	Motor Standard	16#0BC7 = 3015	16#2000/10	16#70/01/10 = 112/01/16	BFR	Configuration and settings	R/WS
320	NPR	Nominal motor power	16#258D = 9613	16#2042/E	16#91/01/0E = 145/01/14		Configuration and settings	R/WS
321	COS	Motor 1 Cosinus Phi	16#2586 = 9606	16#2042/7	16#91/01/07 = 145/01/07		Configuration and settings	R/WS
322	UNS	Nominal motor voltage	16#2581 = 9601	16#2042/2	16#91/01/02 = 145/01/02		Configuration and settings	R/WS
323	NCR	Nominal motor current	16#2583 = 9603	16#2042/4	16#91/01/04 = 145/01/04		Configuration and settings	R/WS
324	FRS	Nominal Motor Frequency	16#2582 = 9602	16#2042/3	16#91/01/03 = 145/01/03		Configuration and settings	R/WS
325	NSP	Nominal motor speed	16#2584 = 9604	16#2042/5	16#91/01/05 = 145/01/05		Configuration and settings	R/WS
326	TFR	Max frequency	16#0C1F = 3103	16#2001/4	16#70/01/68 = 112/01/104		Configuration and settings	R/WS
327	TUN	Autotuning	16#2588 = 9608	16#2042/9	16#91/01/09 = 145/01/09	ACTION	Configuration and settings	R/W
328	AUT	Automatic autotune	16#258F = 9615	16#2042/10	16#91/01/10 = 145/01/16	AUT	Configuration and settings	R/W
329	TUS	Autotuning status	16#2589 = 9609	16#2042/A	16#91/01/0A = 145/01/10	ACT	Configuration and settings	R

图 11－30　ATV610 的通信变量的访问类型

只读型变量在变量表中的标志是 R，这类变量一般是变频器的状态例如变频器的电压、电流、实际速度、实际运行频率等，这类变量只能读取，不能写入。

读取变量 OMA 的参数选择没有限制，值得注意的是读取变量 OMA 的参数选择没有限制，但是在写入变量 OCA 的参数选择中，要注意不要使用只读类型或者在停止时可读写变量类型，使用只读类型的变量会报通信错误（因为只读型变量是不允许写入的），严重的会使通信中断。

在停止时可以读写型变量的标志是 R/WS，包括电动机的额定电流、额定功率、额定转速等参数，这些参数在变频器运行时是不能写入的。因此，不能在 OCA 写入 PZD 过程数据配置停止型读写变量，因为 PZD 写入过程数据在每一个通信数据交换中都会由 PLC 写入到驱动器，如果在 OCA 中设置了这些数据会导致通信出错，如果需要写入这些输入，应使用 PKW 非周期读写方式，并且应在判断变频器处于停止的基础上，使用参数通道 PKW 进行这类参数的写入工作。

最后一类是任何时候都可读写型变量，标志是 RW，这部分变量因为在运行时也可以写入，比较典型的变量包括加速时间、减速时间等，在应用中这类变量碰到的问题比较少，主要是重复设置导致设置值和期望值的问题。

2. ATV610 的 INF6 相关问题

出现 INF6 卡的主要原因之一是把驱动器或者卡的插针插弯了，驱动器的插针变形如图 11－31 所示。

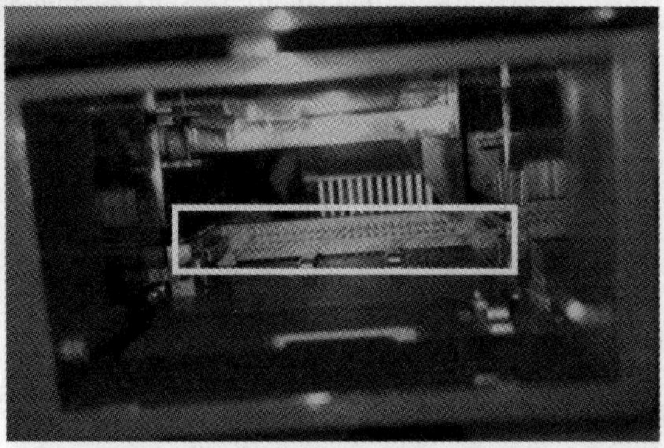

图 11－31　驱动器的插针变形

检查卡的插针是否也已经损坏，如图 11-32 所示。

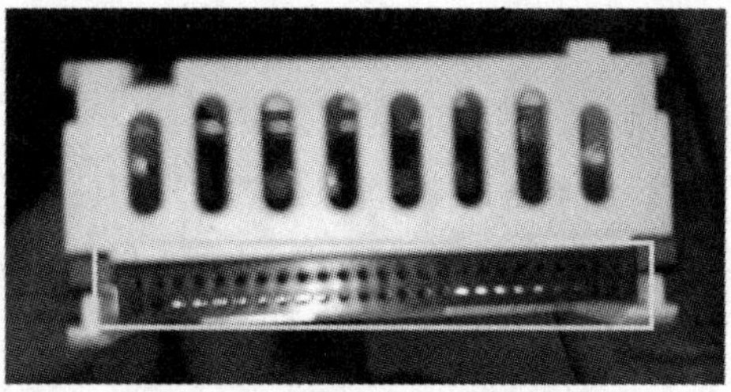

图 11-32　Profibus 卡的插针

如果插针没有问题，并且通信现场还有其他驱动器和正常的通信卡，可以进行交叉测试，用来确认 INF6 的问题是在驱动器上还是在通信卡上。

INF6 另一个可能的原因是卡的固件版本过低，这个原因在变频器 ATV610 上更常见，可以尝试在 ATV32、ATV320 变频器上升级卡的固件，刷通信卡的固件可以向施耐德技术人员索取。

参 考 文 献

[1] 王兆宇. 彻底学会施耐德 PLC、变频器、触摸屏综合应用. 北京：中国电力出版社，2012.
[2] 王兆宇. 一步一步学 PLC 编程（施耐德 SoMachine）. 北京：中国电力出版社，2013.
[3] 王兆宇. 施耐德 PLC 电气设计与编程自学宝典. 北京：中国电力出版社，2014.